面向新文科、新工科融合数据管理与创新应用

SQL and NoSQL Fusion Data Management and Application Tutorial

Based on MS SQL Server and Neo4j Graph Database

SQL 与 NoSQL 融合数据管理与应用实战教程

基于 MS SQL Server 与 Neo4j 图数据库

吴海东　骈文景　田丽君 ◎主　编

杨隆浩　李美娟　冯　玮 ◎副主编

北京大学出版社
PEKING UNIVERSITY PRESS

图书在版编目(CIP)数据

SQL与NoSQL融合数据管理与应用实战教程:基于MS SQL Server与Neo4j图数据库/吴海东,骈文景,田丽君主编.—北京:北京大学出版社,2024.3

ISBN 978-7-301-34767-6

Ⅰ.①S… Ⅱ.①吴… ②骈… ③田… Ⅲ.①关系数据库系统—教材 Ⅳ.①TP311.132.3

中国国家版本馆CIP数据核字(2023)第256023号

书　　名	SQL与NoSQL融合数据管理与应用实战教程: 基于MS SQL Server与Neo4j图数据库 SQL YU NoSQL RONGHE SHUJU GUANLI YU YINGYONG SHIZHAN JIAOCHENG: JIYU MS SQL Server YU Neo4j TUSHUJUKU
著作责任者	吴海东　骈文景　田丽君　主编
责任编辑	张宇溪　杨丽明
标准书号	ISBN 978-7-301-34767-6
出版发行	北京大学出版社
地　　址	北京市海淀区成府路205号　100871
网　　址	http://www.pup.cn　　新浪微博:@北京大学出版社
电子邮箱	zpup@pup.cn
电　　话	邮购部 010-62752015　发行部 010-62750672　编辑部 021-62071998
印 刷 者	北京圣夫亚美印刷有限公司
经 销 者	新华书店
	787毫米×1092毫米　16开本　23.75印张　628千字
	2024年3月第1版　2024年3月第1次印刷
定　　价	98.00元

序

伴随产业结构调整、发展方式转变，国家对文科类、商科类高级专门人才的知识、能力、素质结构提出了全新要求。尤其是从 2022 年底开始在全球刮起了以 ChatGPT 为代表的 AIGC(生成式人工智能)之风，使得“新文科”特别是商科与 IT、DT 融合的紧迫性更强了，也使得我们重新考虑与数据库管理和应用相关教材的编写。

“新文科”基于传统文科进行学科中各专业课程的重组，形成文理交叉，即把现代信息技术融入哲学、文学、语言、经济学、管理学等课程中，促进学生进行综合性的跨学科学习，使其知识得到扩展、创新思维得到培养。

“新商科”是在“新文科”理念下开展经济管理类教育的新概念。“新商科”以行业为导向培养跨学科复合型人才，如财富管理、金融科技、新营销等。

基于多年的课程教学经验，结合经管专业新一轮人才培养计划的修订，我们决定采用关系型数据库与非关系型数据库并行的方式推进“新文科”与“新工科”的融合。在技术路径上，我们采用关系型数据库 SQL Server 和非关系型数据库 Neo4j 图数据库融合的模式；在案例数据选择上，尽可能保持前后一惯性，采用本土化数据；在平台和软件的应用上，尽量选择易安装、易维护的免费资源。

本教程在大数据、人工智能逐渐常态化应用的背景下，坚持“以生为本、以本为本”的人才培养理念，坚持“高阶性、创新性、挑战度”高度一致的人才培养质量标准，面向“新文科”“新商科”，探析各行业专业人士在数据处理、管理、应用等方面的不同要求，整合统计学、数据分析与挖掘基本原理，利用主流工具讲解数据管理和查询分析相关内容，既涉及教学过程中常用的 Web 浏览器、SSMS 客户端工具，也涉及利用 Python 开展数据融合处理，以及 SQL Server 与 Neo4j 模型迁移、图谱架构实现和分析等。我们还利用两个案例数据，模拟融合数据管理和应用的完整流程，在实践中对原理进行进一步糅合，如结构化数据和非结构化数据的提取，从单表数据、关联数据到数据模型的构建，以及基于数据库、表、节点与关系等开展的由浅入深的查询分析，为不同专业后续课程如 Python 大数据分析、数据库营销、商务智能、社会网络计算等课程的学习奠定扎实的数据管理基础。

全书内容共分为四部分：第一部分主要是第 1 章，讲解关系型数据库和非关系型数据库的概念、类别和特征等；第二部分主要是第 2 章至第 6 章，基于 SQL Server 讲解关系型数据库环境下的 CRUD 操作；第三部分主要是第 7 章至第 8 章，基于 Neo4j 图数据

库讲解图谱数据的CRUD操作;第四部分主要是第9章,基于实际数据进行案例剖析。其间,Python作为中间语言,在数据处理、模型转换、架构实现和数据分析方面起到关键的中介作用。

从体系上看,全书给各专业学生以立体的数据分析理论与应用全貌。在业务需求理解、多元数据获取、异构数据整理、分析和决策支持方面,做到"浅入而深出"、梯次推进。这对培养大学生融合数据思维、融合数据管理与分析能力有很好的帮助作用,特别是在创新创业活动过程中,融合数据驱动,帮助大学生更精准地进行组织架构规划、运营方案设计、路径查询、客户群落划分、关系链路预测等。

在本教程的编写过程中,我们对教学思想、教学观念和教学方法与手段进行了一定的创新性探讨,但由于水平有限,还有很多内容和编写方法需要进一步的充实和完善,希望读者不吝赐教,以使本教程将来能够以更加崭新的面貌呈现在广大读者面前。

本教程由"福州大学教材建设基金资助出版"项目支持,由经济与管理学科长期从事数据管理、数据挖掘与商务智能课程教学的一线教师共同编写。其中,吴海东负责总体规划、项目进程检查,杨隆浩、李美娟参与内容衔接与质量把控。具体分工如下:第1章、第2章由吴海东、冯玮、李美娟撰写,第3章由杨隆浩、吴海东撰写,第4章、第5章由骈文景、吴海东、田丽君撰写,第6章、第7章由吴海东、杨隆浩、冯玮撰写,第8章、第9章由吴海东、骈文景、田丽君撰写。本教程在编写过程中,得到了福州大学教务处、经济与管理学院、管理科学与工程研究院等相关机构的大力支持;作为产学协作育人合作伙伴的北京新故乡文化产业有限公司、湖南安娜智能科技有限公司提供了大力协助,包括案例数据、计算平台等支持;国家级企业经济活动虚拟仿真实验教学中心提供了强有力的私有云基础平台支持。另外,在书稿的校对过程中还得到了信息管理与信息系统、电子商务、工业工程、经济统计学等相关专业学生的协助。在此表示诚挚的谢意!

因能力与水平有限,本教程难免存在不足之处,恳请读者批评指正。

吴海东
2023年7月26日于福州

第1章

SQL 与 NoSQL 概述

一般情况下，从数据结构角度，可以将数据分为结构型数据和非结构型数据。结构型数据常被称为关系型数据或者二维数据，而非结构型数据又称为非关系型数据或非二维数据。

在对关系型数据进行管理过程中常用的语言是结构化查询语言（Structured Query Language，SQL），而在对非关系型数据进行管理过程中，则会因为非关系型数据的不同而使用与 SQL 相似但又各具自身特点的语言。

使用 SQL 进行的数据管理一般称为结构化数据管理，而使用非 SQL 进行的数据管理一般称为非结构化数据管理。从广义上看，这两种语言的融合管理构成了 NoSQL（Not Only Structure Language）数据管理。从狭义上看，NoSQL 与 SQL 是相对的，称为非结构化查询语言。本教程使用其狭义定义，比如特指 Neo4j 图数据库或其他非关系型数据库。

本章学习要点：

☑ 了解 SQL 与 NoSQL 基本概念
☑ 了解 SQL 与 NoSQL 主流技术
☑ 了解和掌握 SQL 与 NoSQL 环境准备
☑ 了解和掌握 Python 环境准备

1.1 SQL 概述

本节所述的 SQL 既包括关系型数据（库），也包括用于管理关系型数据（库）对象的结构化查询语言。除非特别说明，本教程中的 SQL 主要指结构化查询语言。

关系型数据库指的是数据项的集合，数据项之间具有预定义的关系。这些数据项被组织为一组具有列和行的表，需要在数据库中表示的对象信息则保存于这些表中。

SQL 是一种标准化的编程语言，用于管理关系数据库并对其中的数据执行各种操作。SQL 最初创建于 20 世纪 70 年代，不仅经常被数据库管理员使用，而且被编写数据集成脚本的开发人员以及希望设置和运行分析查询的数据分析师使用。

1.1.1 SQL 概念

SQL 是一种操作数据库的语言，包括创建数据库、删除数据库、查询记录、修改记录、添加字段等。SQL 虽然是一种被 ANSI 标准化的语言，但是它有很多不同的实现版本。

> 注意：ANSI 是 American National Standards Institute 的缩写，中文译为“美国国家标准协会”。

SQL 是一种计算机语言，是关系型数据库的标准处理语言，用来存储、检索和修改关系型数据库中存储的数据。所有的关系型数据库管理系统（RDBMS），比如 MySQL、Oracle、SQL Server、MS Access、Sybase、Informix、PostgreSQL 等，都将 SQL 作为标准处理语言。

此外，具体的技术厂商会根据自身产品的特点，对 SQL 进行特定的封装——满足特定需求的语法标准，比如：

- 微软的 SQL Server 使用 T-SQL；
- Oracle 使用 PL/SQL；
- 微软 Access 版本的 SQL 被称为 JET SQL（本地格式）。

它们具有以下共同用途：

- 允许用户访问关系型数据库系统中的数据；
- 允许用户描述数据；
- 允许用户定义数据库中的数据，并处理该数据；
- 允许将 SQL 模块、库或者预处理器嵌入其他编程语言中；
- 允许用户创建和删除数据库、表、数据项（记录）；
- 允许用户在数据库中创建视图、存储过程、函数；
- 允许用户设置对表、存储过程和视图的权限。

1.1.2 SQL 技术

当用户在任何一款 RDBMS 中执行 SQL 命令时，系统首先确定执行请求的最佳方式，然后 SQL 引擎将会翻译 SQL 语句，并处理请求任务。

整个执行过程包含多种组件，比如：

- 查询调度程序；
- 优化引擎；
- 传统的查询引擎；
- SQL 查询引擎。

1. SQL 体系结构

图 1-1 展示了 SQL 的体系结构。

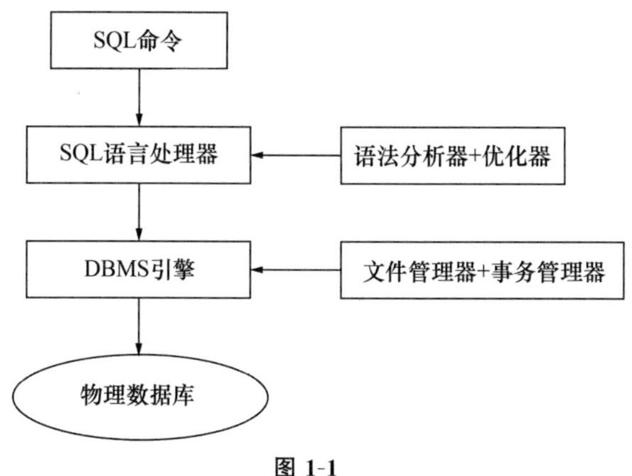

图 1-1

（1）SQL 命令

SQL 命令可以是 SQL 客户端接受输入的命令，也可以通过其他客户端接受命令的输入，如 Web 查询页面、APP 客户端等等。

与关系型数据库有关的 SQL 命令包括 CREATE、SELECT、INSERT、UPDATE、DELETE、DROP 等，根据特性，可以将它们分为以下几个类别：

① DDL

DDL 即 Data Definition Language，指数据定义语言。它对数据的结构和形式进行定义，一般用于数据库和表的创建、删除、修改等。它的主要命令及功能说明如表 1-1 所示。

表 1-1　DDL 主要命令及功能

命令	说明
CREATE	用于在数据库中创建一个新表、一个视图或者其他对象
ALTER	用于修改现有的数据库，比如表、记录
DROP	用于删除整个表、视图或者数据库中的其他对象

② DML

DML 即 Data Manipulation Language，指数据处理语言。它对数据库中的数据进行处理，一般用于数据项（记录）的插入、删除、修改和查询。它的主要命令及功能说明如表 1-2 所示。

表 1-2　DML 主要命令及功能

命令	说明
SELECT	用于从一个或者多个表中检索某些记录
INSERT	插入记录
UPDATE	修改记录
DELETE	删除记录

③ DCL

DCL 即 Data Control Language，指数据控制语言。它控制数据的访问权限，只有被授权的用户才能进行操作。它的主要命令及功能说明如表 1-3 所示。

表 1-3　DCL 主要命令及功能

命令	说明
GRANT	向用户分配权限
REVOKE	收回用户权限

DDL 和 DML 是本系列教程中的重要内容之一。在本教程和后续教程中将会利用专题、案例进行详细介绍。

（2）SQL 语言处理器

语法分析器会先做“词法分析”。一条 SQL 语句由字符串和空格组成，数据库服务器引擎需要识别出 SQL 语句的字符串分别是什么，代表什么。以下面这条 SQL 语句为例来解释一下分析器的执行流程：

```
select * from Products where PID = 9;
```

首先，SQL 会把“select”这个关键字识别出来，说明这是一个查询语句。然后，SQL 需要识别表名和列 PID。它把字符串“Products”识别成“表名 Products”，把字符串“PID”识别成“列 PID”。

做完这些识别以后，就要做“语法分析”。根据词法分析的结果，语法分析器会根据语法规则，判断用户输入的这个 SQL 语句是否满足 SQL 的语法。如果语法不对，就会收到类似“You have an error in your SQL syntax”的错误提醒。一般的语法错误会提示第一个出现错误的位置。

经过语法分析器，数据库服务器引擎就知道 SQL 要做什么了。在开始执行之前，还要经过优化器的处理。

优化器是在表里面有多个索引的时候，决定使用哪个索引；或者在一个语句有多表关联（join）的时候，决定各个表的连接顺序。以下面这条 SQL 语句为例来具体说明：

```
select * from t1 join t2 on (ID) where t1.c = 10 and t2.d = 20;
select * from Products inner join Ptypes on Ptypes. 类别名称 = '日用品'
AND Products. 类别 = '饮料'
```

这条 SQL 语句用于执行两个表的 join 操作（可能毫无实际意义，仅为了说明优化器存在的意义）。有两种处理思路：

① 从表 Ptypes 取出类别名称＝‘日用品’的记录，再判断表 Products 中类别的值是否等于‘饮料’的记录；

② 先从表 Products 取出类别＝‘饮料’的记录，再判断表 Ptypes 中类别名称的值是否等于‘日用品’的记录。

这两个方案的最后处理结果是一样的，但是执行的效率不同。优化器的作用就是判断哪一个方案效率高，然后决定使用哪一个方案。经过优化器的操作，这条 SQL 语句的执行计划就确定了，接下来就进入执行器阶段。

（3）DBMS 引擎

DBMS 引擎的主要作用是接受逻辑请求，将它们转换为物理等价物，并访问数据库和数据字典。DBMS 引擎将逻辑与物理分离。其主要功能通过事务管理器和文件管理器实现。

① 事务管理器

事务管理器保证在有并发和有故障的情况下，外部指令能正常运行，数据库的状态也能保持正确和一致。

② 文件管理器

文件管理器管理磁盘上存储空间的分配，完成事务与物理存储之间的交互转换。

1.1.3　SQL 环境准备

本节以 MS SQL Server 2019 Developer 版本为例，简单介绍 SQL 数据库环境的准备，包括数据库管理系统的安装与调试。以下主要内容来自 MS SQL Server 2019 官方技术文档。

1. 硬件要求

以下内存和处理器要求适用于所有版本的 SQL Server，如图 1-2 所示。

实际硬盘空间需求取决于系统配置和用户决定安装的功能。图 1-3 提供了 SQL Server 各组件对磁盘空间的要求。

2. 软件要求

以下要求适用于所有安装，如图 1-4 所示。

SQL Server 安装程序需要以下软件组件：

① SQL Server Native Client；

② SQL Server 安装程序支持文件。

安装的关键过程如图 1-5 所示，可根据需要决定是否添加机器学习服务和语言扩展功能、数据挖掘模式。

成功安装 SQL Server 数据库系统后，在 Windows 的服务管理器（在运行中输入 services. msc 调用）中可以看到如图 1-6 所示的相关服务。其中最为核心的组件是 SQL Server（MSSQLSERVER）数据库引擎，该服务启动后，即可使用 SQL Server Management Studio 客户端管理工具进行数据库服务器的连接，并开始数据库服务器的管理工作，如图 1-7 所示。

其他具体过程及注意事项请参考微软官网相关资料，以及本教程后续章节的相关介绍。

组件	要求
硬盘	SQL Server 要求最少 6 GB 的可用硬盘空间。 磁盘空间要求将随所安装的 SQL Server 组件不同而发生变化。 有关详细信息，请参阅本文后面部分的硬盘空间要求 。 有关支持的数据文件存储类型的信息，请参阅 Storage Types for Data Files。
监视	SQL Server 要求有 Super-VGA (800x600) 或更高分辨率的显示器。
Internet	使用 Internet 功能需要连接 Internet（可能需要付费）。
内存*	**最低要求：** Express Edition：512 MB 所有其他版本：1 GB **推荐：** Express Edition：1 GB 所有其他版本：至少 4 GB，并且应随着数据库大小的增加而增加来确保最佳性能。
处理器速度	最低要求：x64 处理器： 1.4 GHz **推荐：** 2.0 GHz 或更快
处理器类型	x64 处理器：AMD Opteron、AMD Athlon 64、支持 Intel EM64T 的 Intel Xeon，以及支持 EM64T 的 Intel Pentium IV

ⓘ **备注**

仅 x64 处理器支持 SQL Server 的安装。 x86 处理器不再支持此安装。

图 1-2

1.2 NoSQL 概述

在当今社会，人们通过传统 PC、移动通信装备、穿戴模块等计算设备产生大量的数据，并借助互联网进行更大范围的传输、分享。这些数据中的很大一部分由 RDBMS 来处理。

随着存储成本的迅速下降，传输速度的迅速提升，各种应用程序需要存储和查询的数据量增加了，并且这些数据有各种形状和大小——结构化、半结构化和多态（即提前定义这类数据的模式几乎是不可能的）。NoSQL 数据库允许开发人员存储大量非结构化数据，从而赋予它们很大的灵活性，不仅优化了人们在互联网中冲浪的体验感，而且也促进了数据管理技术的发展。

功能	磁盘空间要求
数据库引擎和数据文件、复制、全文搜索以及 Data Quality Services	1480 MB
数据库引擎（如上所示）带有 R Services（数据库内）	2744 MB
数据库引擎（如上所示）带有针对外部数据的 PolyBase 查询服务	4194 MB
Analysis Services 和数据文件	698 MB
Reporting Services	967 MB
Microsoft R Server（独立）	280 MB
Reporting Services - SharePoint	1203 MB
用于 SharePoint 产品的 Reporting Services 外接程序	325 MB
数据质量客户端	121 MB
客户端工具连接	328 MB
Integration Services	306 MB
客户端组件（除 SQL Server 联机丛书组件和 Integration Services 工具之外）	445 MB
Master Data Services	280 MB
用于查看和管理帮助内容的SQL Server 联机丛书组件*	27 MB
所有功能	8030 MB

图 1-3

组件	要求
操作系统	Windows 10 TH1 1507 或更高版本 Windows Server 2016 或更高版本
.NET Framework	最低版本操作系统包括最低版本 .NET 框架
网络软件	SQL Server 支持的操作系统具有内置网络软件。独立安装项的命名实例和默认实例支持以下网络协议：共享内存、命名管道和 TCP/IP

图 1-4

NoSQL 数据库出现在 21 世纪初。当人们使用术语“NoSQL 数据库”时，通常用来指代任何非关系型数据库。有人说“NoSQL”一词代表“非 SQL”，也有人说它

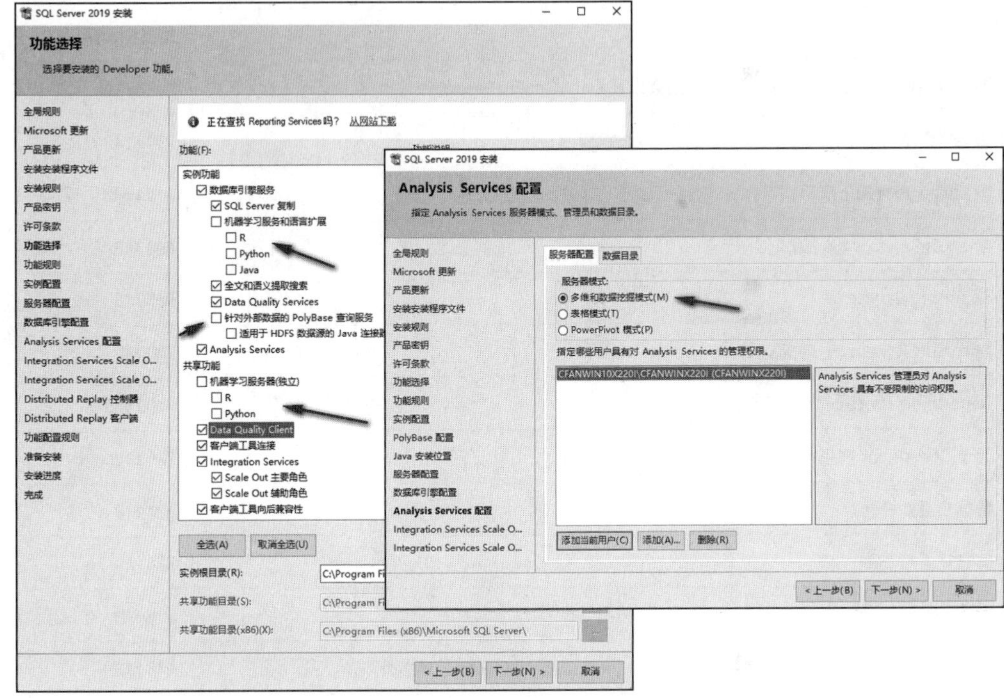
SQL Server 2019 安装
功能选择
选择要安装的 Developer 功能。
全局规则
Microsoft 更新
产品更新
安装安装程序文件
安装规则
产品密钥
许可条款
功能选择
功能规则
实例配置
服务器配置
数据库引擎配置
Analysis Services 配置
Distributed Replay 控制器
Distributed Replay 客户端
功能配置规则
准备安装
安装进度
完成
正在查找 Reporting Services 吗？ 从网站下载
功能(F):
实例功能
数据库引擎服务
SQL Server 复制
机器学习服务和语言扩展
R
Python
Java
全文和语义提取搜索
Data Quality Services
针对外部数据的 PolyBase 查询服务
Analysis Services
共享功能
机器学习服务器(独立)
Data Quality Client
客户端工具连接
Integration Services
Scale Out 主要角色
Scale Out 辅助角色
客户端工具向后兼容性
全选(A)
取消全选(U)
实例根目录(R):
共享功能目录(S):
共享功能目录(x86)(X):
C:\Program Files (x86)\Microsoft SQL Server\
< 上一步(B)
下一步(N) >
取消
Analysis Services 配置
指定 Analysis Services 服务器模式、管理员和数据目录。
PolyBase 配置
Java 安装位置
服务器配置
数据目录
服务器模式:
多维和数据挖掘模式(M)
表格模式(T)
PowerPivot 模式(P)
指定哪些用户具有对 Analysis Services 的管理权限。
Analysis Services 管理员对 Analysis Services 具有不受限制的访问权限。
添加当前用户(C)
添加(A)...
删除(R)

图 1-5

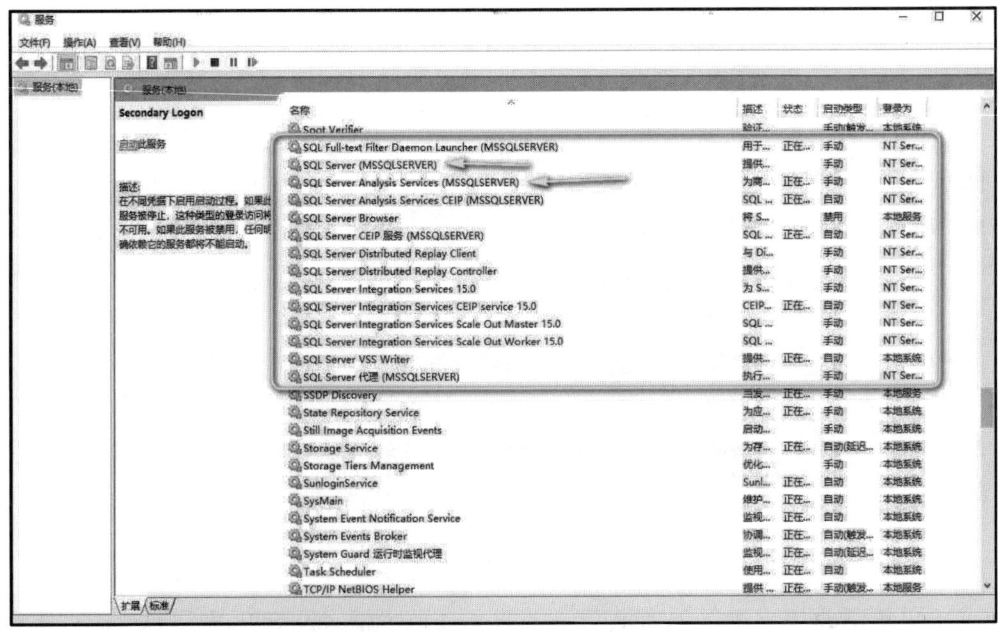
服务
文件(F) 操作(A) 查看(V) 帮助(H)
服务(本地)
Secondary Logon
启动此服务
名称
描述
状态
启动类型
登录为
Spot Verifier
SQL Full-text Filter Daemon Launcher (MSSQLSERVER)
SQL Server (MSSQLSERVER)
SQL Server Analysis Services (MSSQLSERVER)
SQL Server Analysis Services CEIP (MSSQLSERVER)
SQL Server Browser
SQL Server CEIP 服务 (MSSQLSERVER)
SQL Server Distributed Replay Client
SQL Server Distributed Replay Controller
SQL Server Integration Services 15.0
SQL Server Integration Services CEIP service 15.0
SQL Server Integration Services Scale Out Master 15.0
SQL Server Integration Services Scale Out Worker 15.0
SQL Server VSS Writer
SQL Server 代理 (MSSQLSERVER)
SSDP Discovery
State Repository Service
Still Image Acquisition Events
Storage Service
Storage Tiers Management
SunloginService
SysMain
System Event Notification Service
System Events Broker
System Guard 运行时监视代理
Task Scheduler
TCP/IP NetBIOS Helper
扩展
标准

图 1-6

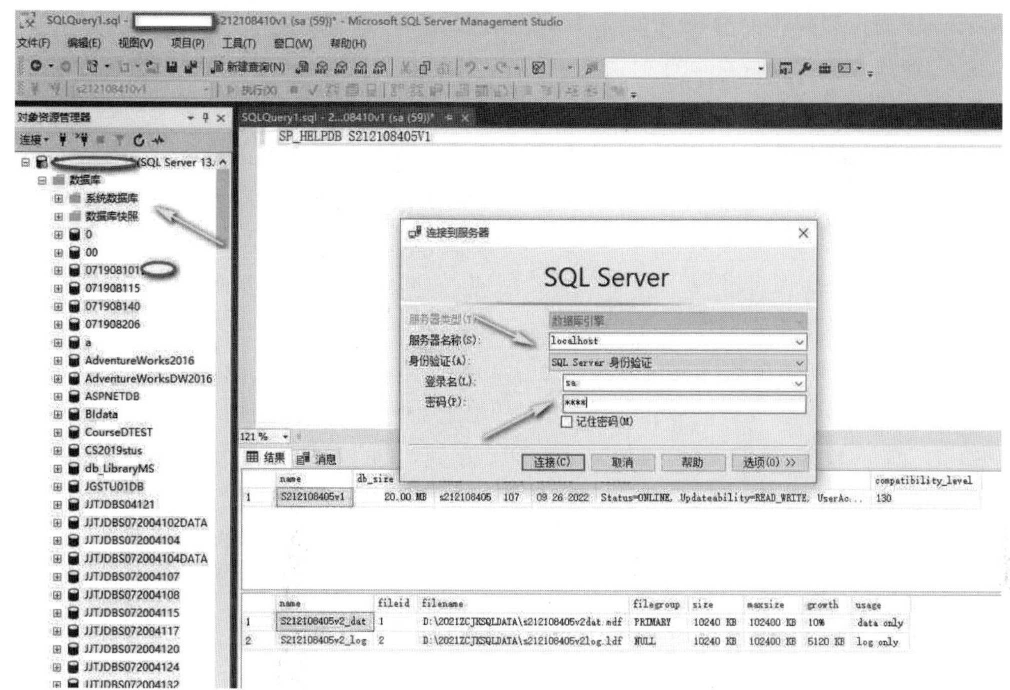

图 1-7

代表的“不仅仅是 SQL”。无论哪种方式，大多数人都同意 NoSQL 数据库是以关系表以外的格式存储数据的数据库。

当前，云计算的应用越来越广泛，开发人员开始使用公共云来托管他们的应用程序和数据。他们希望能够跨多个服务器和区域分发数据，以使他们的应用程序具有弹性，横向扩展而不是纵向扩展，并智能地放置他们的数据。一些 NoSQL 数据库（如 MongoDB）提供了这些功能。

1.2.1　NoSQL 概念

简而言之，NoSQL 数据库是以关系表以外的格式存储数据的数据库。

每个 NoSQL 数据库都有自己独特的功能。概括地说，许多 NoSQL 数据库具有以下特性：

- 灵活的模式；
- 水平缩放；
- 数据模型带来的快速查询；
- 易于开发人员使用。

什么时候应该使用 NoSQL？在决定使用哪个数据库时，决策者通常会发现以下一个或多个因素导致他们选择 NoSQL 数据库：

- 敏捷开发；
- 海量数据管理；

- 横向扩展架构的要求（包括异构组织之间）；
- 现代应用如微服务和实时流等；
- 结构化和半结构化数据的混合存储。

因篇幅所限，有关上述因素的更多详细信息，请参阅网上相关资料。

1.2.2 NoSQL 技术

随着时间的推移，出现了四种主要类型的 NoSQL 数据库：文档数据库、键值数据库、宽列存储和图数据库。

（1）文档数据库将数据存储在类似于 JSON（JavaScript 对象表示法）对象的文档中。每个文档都包含成对的字段和值。这些值通常可以是多种类型，包括字符串、数字、布尔值、数组或对象。（以 MongoDB 为例，可访问其官方网站：https：//www.mongodb.com/）

（2）键值数据库是一种更简单的数据库类型，其中每个项目都包含键和值。（以 Redis 为例，可访问其官方网站：https：//redis.io/）

（3）宽列存储将数据存储在表、行和动态列中。（以 HBase 为例，可访问其官方网站：https：//hbase.apache.org/）

（4）图数据库将数据存储在节点和边中。节点通常存储有关人、地点和事务的信息，而边存储有关节点之间关系的信息。（以 Neo4j 图数据库为例，可以访问其官方网站：https：//neo4j.com/）

本教程主要以图数据库 Neo4j 为例学习 NoSQL 数据库的特性与功能。

1.2.3 NoSQL 环境准备

本节在 Windows 10 环境下，以 Neo4j 图数据库的安装、配置和调试为例，讲解 NoSQL 数据库的环境准备。

1. 软件准备

从 https：//neo4j.com/download-center/#community 官方网站下载免费版本的 Graph Database，注意选择合适的版本和适用平台，如图 1-8 所示。

Neo4j 是基于 Java 的图数据库，运行时需要启动 JVM 进程，因此必须安装匹配版本的 Java SE 的 JDK。可以从 Oracle 官方网站下载，本教程所使用的版本是 JDK11，如图 1-9 所示。

2. 安装配置

（1）将下载得到的 Neo4j 4.4.11 压缩包解压到如 D：\ neo4j 目录下，如图 1-10 所示。

（2）配置环境变量，新建两个用户变量 JAVA_HOME 与 NEO4J_HOME，并在系统变量 Path 中添加相应的环境变量，单击“确定”后退出，如图 1-11 所示。

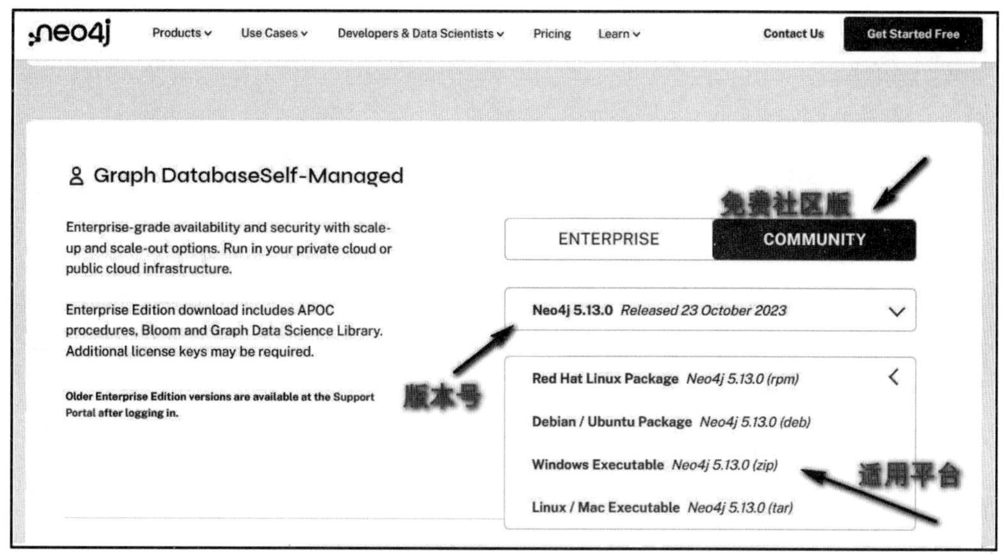

图 1-8

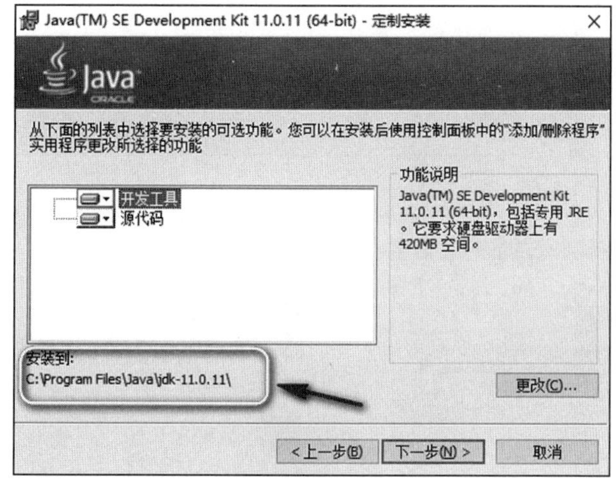

图 1-9

3. 服务调试

(1) Java 环境调试

使用管理员权限调用 Windows 命令提示符，输入“java-version”命令检查本机的 Java 相关环境配置情况，如图 1-12 所示，说明 Java 环境基本配置完成。

(2) 安装 Neo4j 服务

在命令提示符下，输入命令“neo4j install-service”为 Neo4j 安装相应的服务，请注意在 Neo4j 5. 0 版本后使用“neo4j windows-service install”安装服务，如图 1-13 所示。

本地磁盘 (D:) › neo4j ›

名称	修改日期	类型	大小
bin	2022/6/8 14:25	文件夹	
certificates	2022/5/9 15:21	文件夹	
conf	2022/6/8 14:25	文件夹	
data	2022/6/8 14:31	文件夹	
import	2022/5/9 15:21	文件夹	
labs	2022/6/8 14:25	文件夹	
lib	2022/6/8 14:25	文件夹	
licenses	2022/5/9 15:21	文件夹	
logs	2022/9/27 9:51	文件夹	
plugins	2022/6/8 14:25	文件夹	
run	2022/5/9 15:21	文件夹	
LICENSE.txt	2022/5/7 5:00	文本文档	36 KB
LICENSES.txt	2022/5/7 5:00	文本文档	107 KB
neo4j.cer	2022/5/9 15:21	安全证书	2 KB
NOTICE.txt	2022/5/7 5:00	文本文档	10 KB
README.txt	2022/5/7 5:00	文本文档	2 KB
UPGRADE.txt	2022/5/7 5:00	文本文档	1 KB

图 1-10

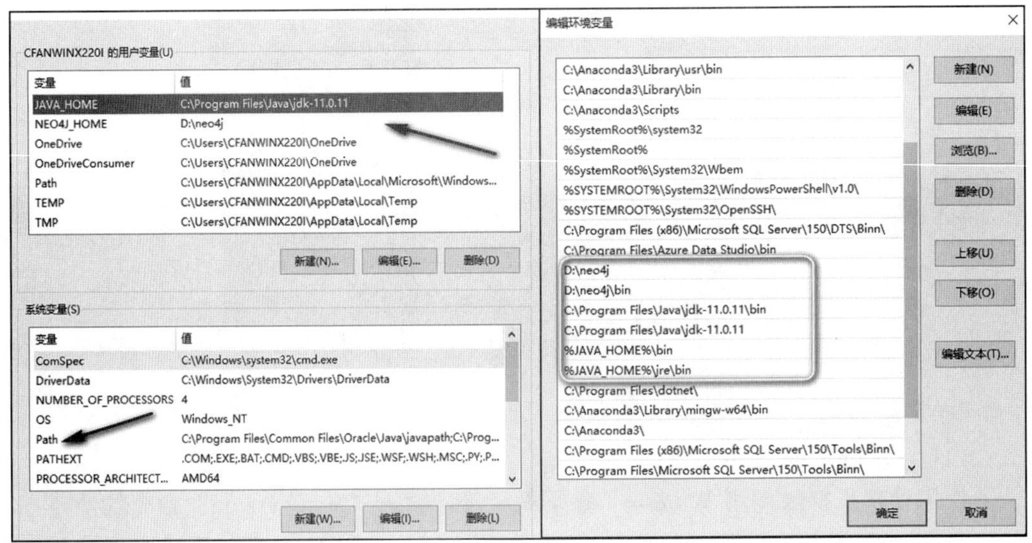

图 1-11

（3）启动 Neo4j 服务

在命令提示符下，输入命令“net start neo4j”，启动相应的服务，如图 1-14 所示。

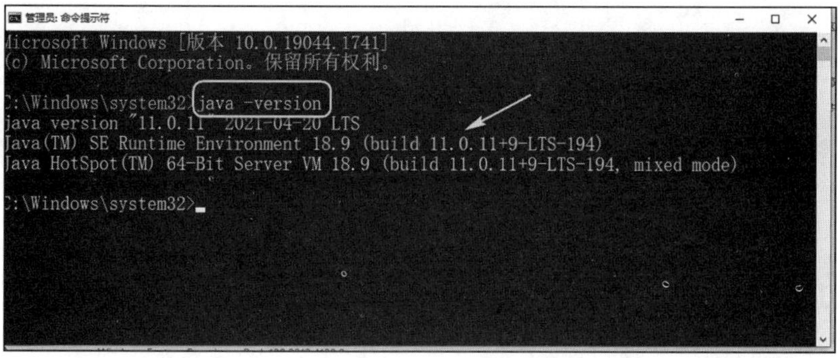

图 1-12

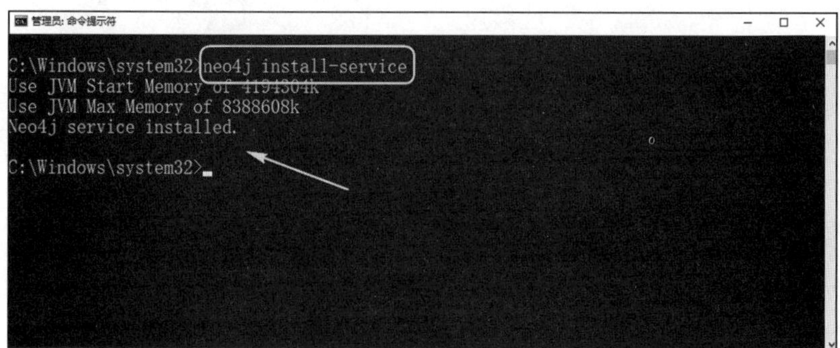

图 1-13

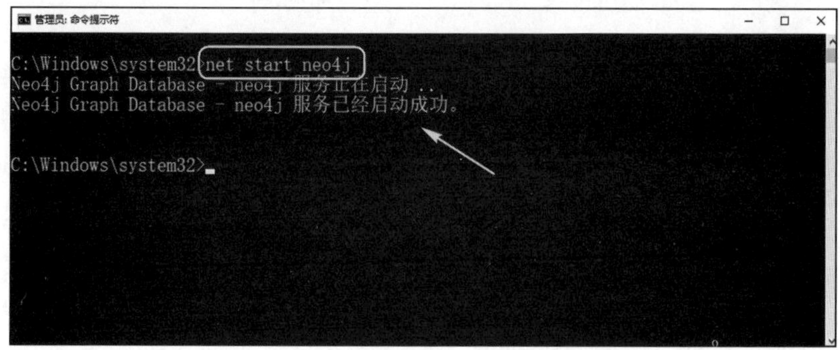

图 1-14

4. 数据库管理测试

当正常启动 Neo4j 数据库服务后，可使用浏览器或 Neo4j Desktop 客户端进行数据库的访问。本教程主要使用浏览器进行图数据库的连接、管理，服务器所在的地址和端口是 http：//127.0.0.1：7474，如图 1-15 所示。

更加详尽的安装与配置请参考 Neo4j 官方网站提供的指导手册：https：//neo4j.com/docs/operations-manual/4.0/installation/requirements/。

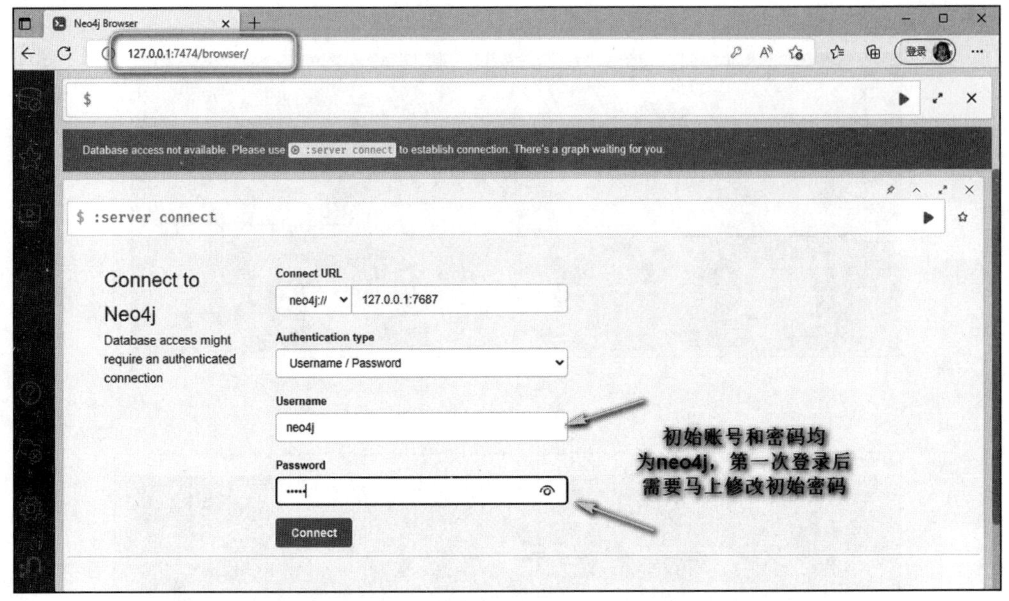

图 1-15

虽然 SQL 和 NoSQL 数据库之间存在各种差异，但关键差异之一是数据在数据库中的建模方式。在后续章节中，将在数据模型构建、实施，以及对数据的增、删、改、查等方面逐步体现二者的区别。

1.3 Python 环境准备

本教程将使用 Python 及相关的第三方库作为完成 SQL 与 NoSQL 融合数据管理的主要工具。运行 Python 的主要平台是 Anaconda 下的 Jupyter Notebook。其安装过程简单说明如下，详细安装步骤请参考 Anaconda 官方网站（http：//anaconda. org）或其他相关资料。

1. 软件准备

从官网 https：//www. anaconda. com/products/distribution 获取 Anaconda Distribution for Windows，如图 1-16 所示。

2. 安装

启动安装程序，设置主程序安装目录，并进一步设置环境变量，为其他开发工具配置 Python 应用关联等，如图 1-17 所示。

若在安装过程中没有添加 Anaconda3 到系统路径环境变量中，则需要手动在环境变量中设置，以便更加高效地调用相关程序，如图 1-18 所示。

假定代码的主要存放目录是 d：\ mypython，那么可执行 jupyter notebook-generate-config，如图 1-19 所示。

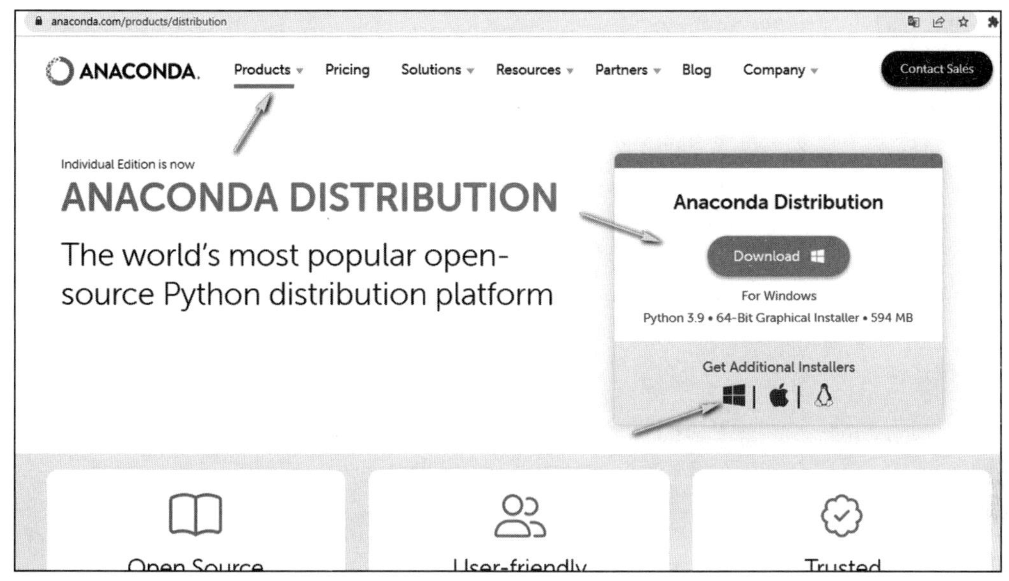

图 1-16

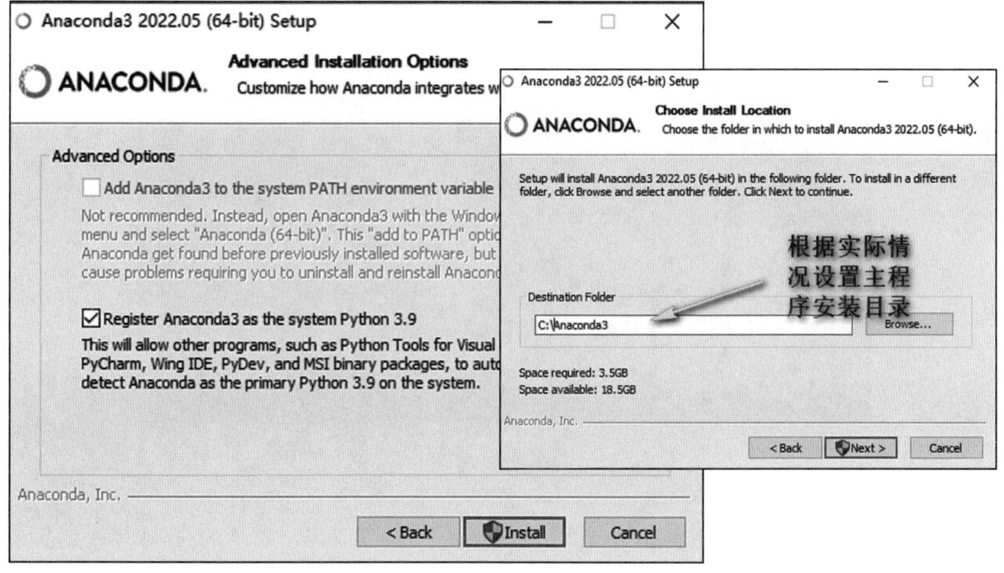

图 1-17

之后，在用户主目录下生成配置文件 jupyter_notebook_config. py，对该文件进行编辑，设置主工作目录，如图 1-20 所示。

3. 调试

启动安装程序 Anaconda Navigator，并根据需要调用其中的 Notebook，或者 Jupyter Lab 等，如图 1-21 所示。

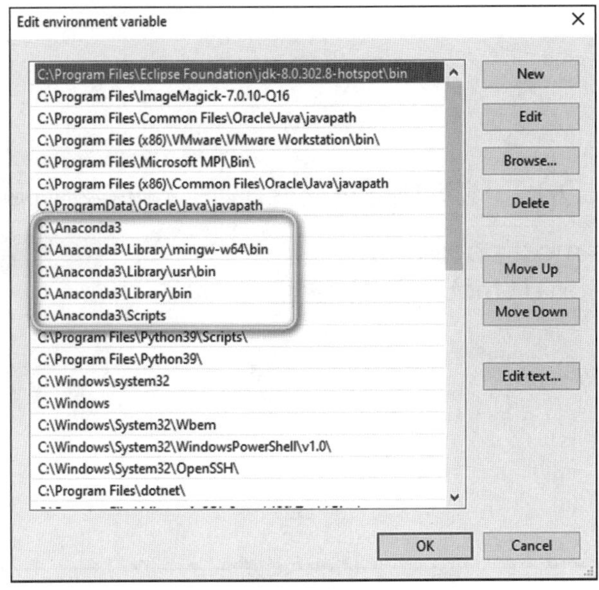

图 1-18

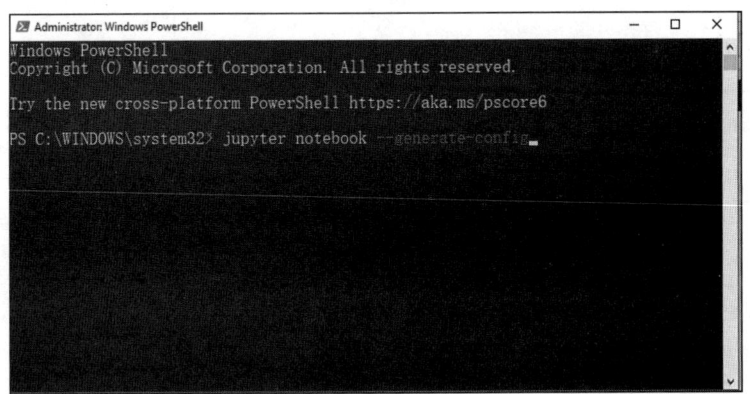

图 1-19

也可直接在“运行”对话框中调用“jupyter notebook”，系统将使用默认浏览器进入 Python 工作平台，如图 1-22 所示。

在 Web 环境下，可开始编辑 Python 代码。本教程后续章节及本系列后续教程将会重点介绍如何利用 Python 实现数据的融合管理、分析与可视化。

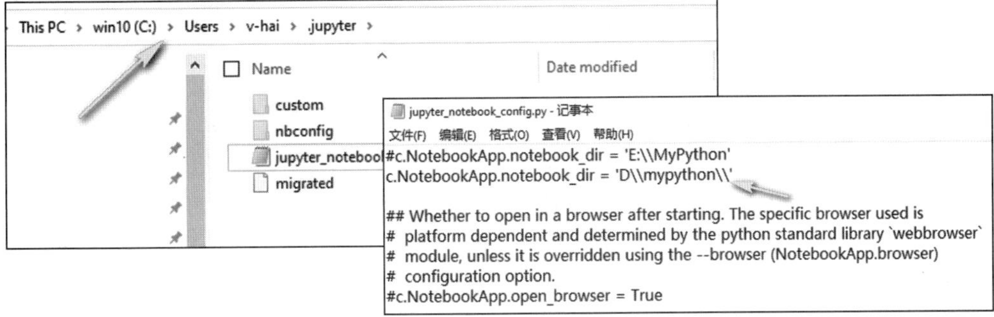

图 1-20

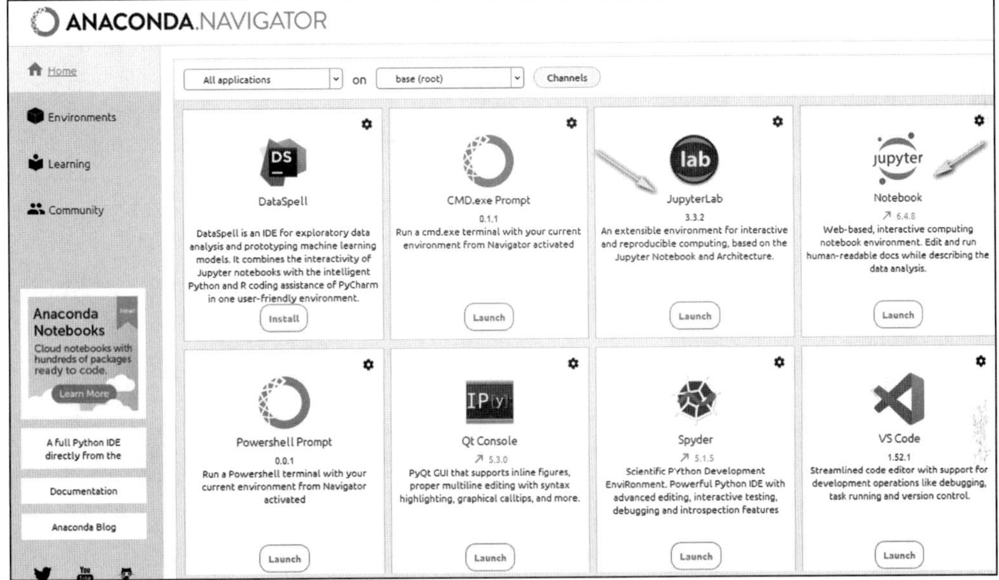

图 1-21

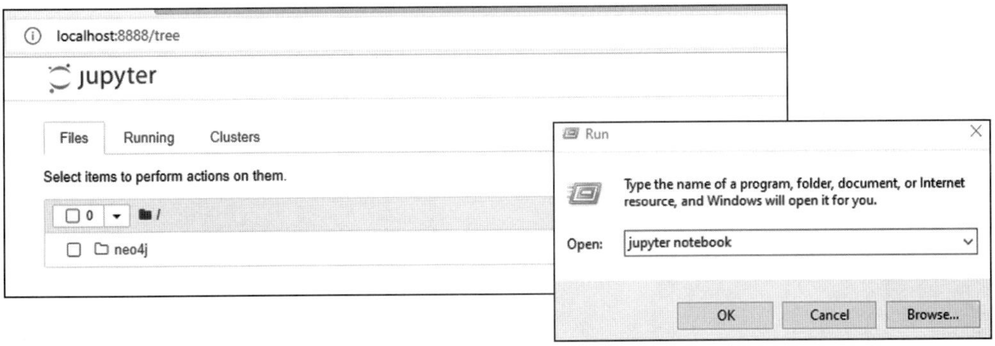

localhost:8888/tree

jupyter

Files　Running　Clusters

Select items to perform actions on them.

0　/

neo4j

Run

Type the name of a program, folder, document, or Internet resource, and Windows will open it for you.

Open: jupyter notebook

OK　Cancel　Browse...

图 1-22

1.4 小　　结

本章对 SQL 和 NoSQL 的基本概念、主要功能和主流技术进行了介绍，并在 Windows 环境下介绍了相关软件的安装，为教程后续内容的学习构建了环境。其中，Python 不仅可以大大提高结构化和非结构化两种数据的处理效率，而且能够在两种数据的相互转换方面发挥较大的作用，因此必须预先准备好。

第2章

数据库的创建与管理基础

通过第1章的学习，已经基本了解了SQL和NoSQL的相关概念、特征，以及它们之间的区别与联系，并做好了SQL和NoSQL实践的环境准备。本章将在已构建平台的基础上，利用不同方式创建关系型数据库及相关对象，进行SQL Server服务器属性的配置等。

本章学习要点：

☑ 了解SQL Server常见实用程序

☑ 熟练掌握SSMS的操作方法

☑ 掌握SQL Server服务器属性的配置方法

☑ 掌握SQL Server数据库的创建和管理

SQL Server数据库以数据库管理系统为运行平台，所以，本章先介绍数据库管理系统及其工具，再讲解数据库的创建及其管理基础。相关操作基于利用微软SQL Server 2019 Developer版本构建的数据库管理系统。

2.1 SQL Server常见实用程序

开始数据库的创建和管理之前，有必要了解SQL Server数据库管理系统自身提供的大量管理工具，主要包括：

1. SQL Server管理平台

SQL Server管理平台（SQL Server Management Studio，SSMS）是一个集成环境，用于访问、配置和管理SQL Server的所有组件。SSMS组合了大量图形工具以及丰富的脚本编辑器，使各种技术水平的开发人员和管理员都能访问SQL Server。SSMS可用于开发和管理数据库对象，以及管理和配置现有Analysis Services对象。如果要实现使用SQL Server数据库服务的解决方案，或者要管理使用SQL Server、Analysis Services、Integration Services或Reporting Services的现有解决方案，则应当使用Management Studio，如图2-1所示。

通过SSMS进行数据库的管理、维护和开发是本教程的核心内容之一。

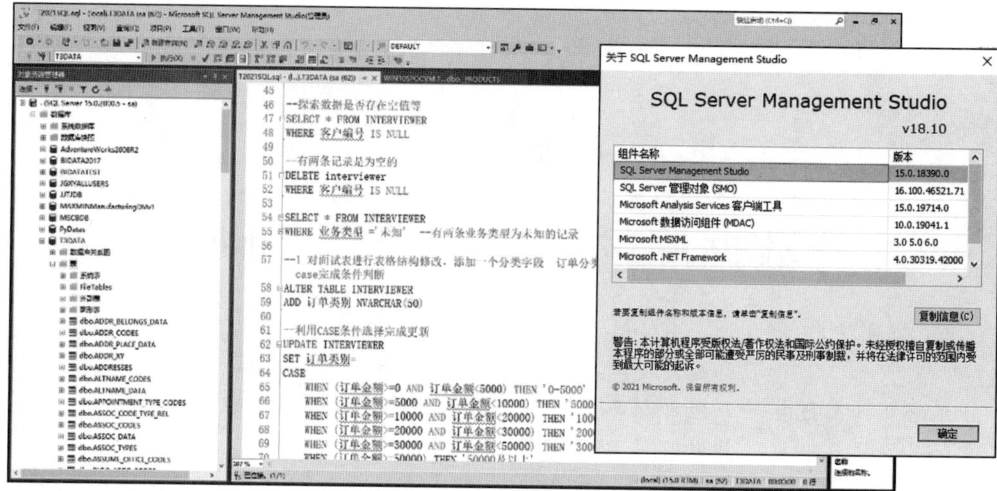

图 2-1

2. SQL Server Integration Services

SQL Server Integration Services（SSIS）提供了完整的 SQL Server 创建和管理工具，比如 SSIS 设计器、查询生成器、表达式生成器以及若干命令提示符实用工具，如图 2-2 所示。

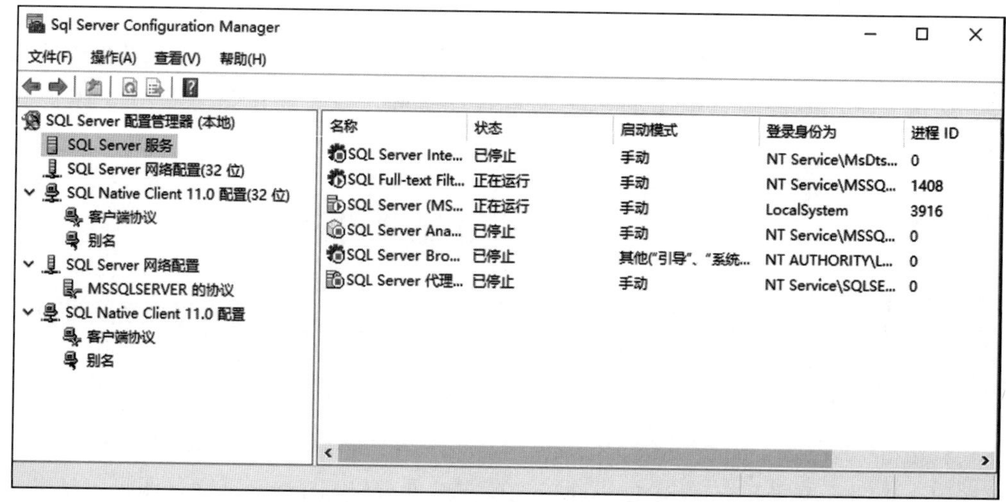

图 2-2

3. SQL Server 配置管理器

SQL Server 配置管理器用于管理与 SQL Server 相关联的服务、配置 SQL Server 使用的网络协议以及从 SQL Server 客户端计算机管理网络连接配置，如图 2-3 所示。

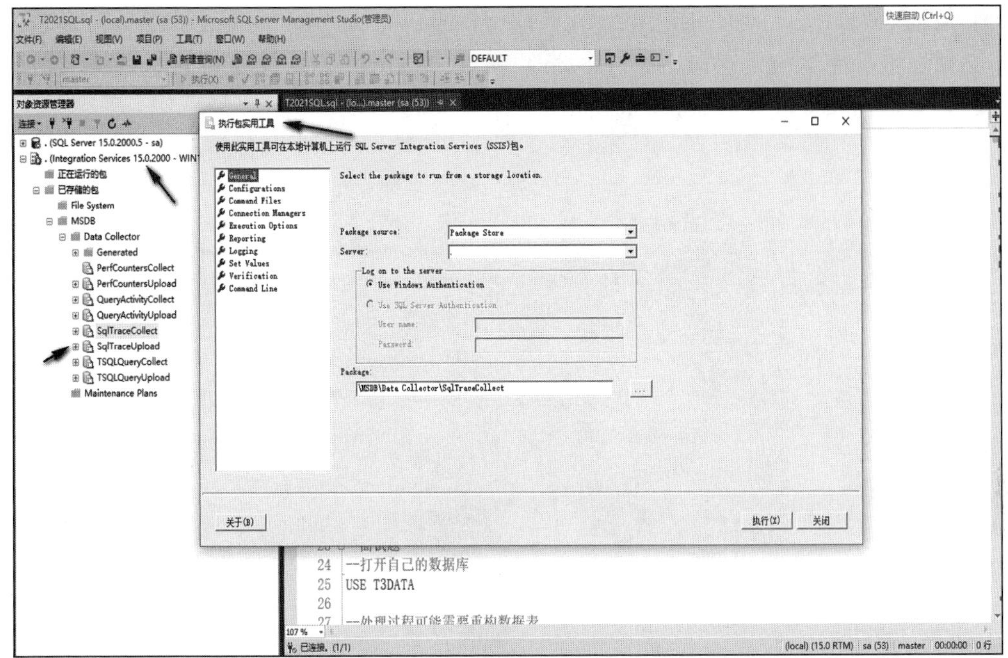

图 2-3

4．SQL Server 分析器

SQL Server 分析器（SQL Server Profiler）是从数据库引擎的实例中捕获 SQL Server 事件的工具。这些事件保存在一个跟踪文件中，之后试图进行问题诊断时，可以对该文件进行分析或用它来重播特定的一系列步骤，如图 2-4 所示。

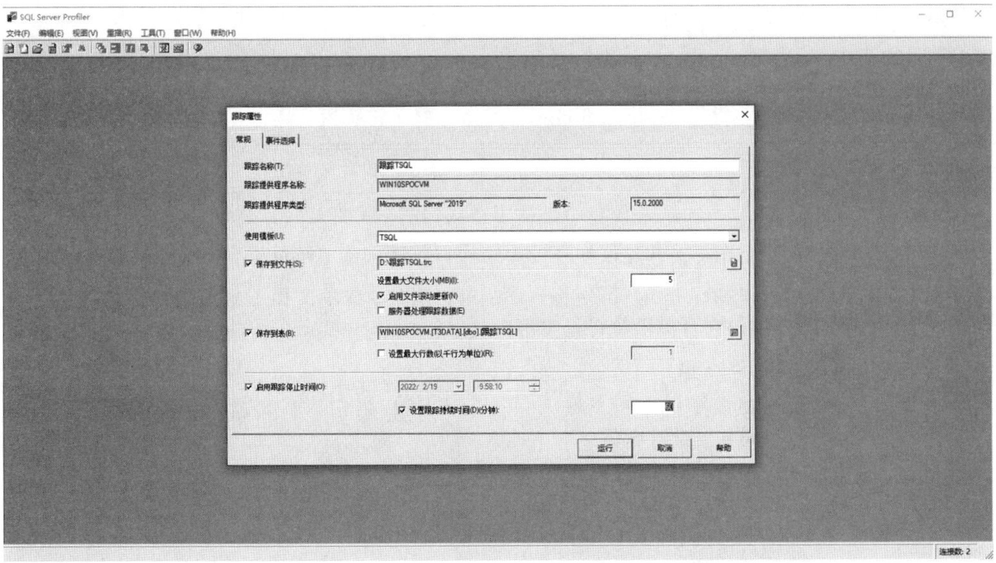

图 2-4

5. 数据库引擎优化顾问

借助 SQL Server 数据库引擎优化顾问（Database Engine Tuning Advisor），用户不必精通数据库结构或深谙 SQL Server，就可以使用该工具选择和创建最合适的索引、索引视图和分区等，如图 2-5 所示。

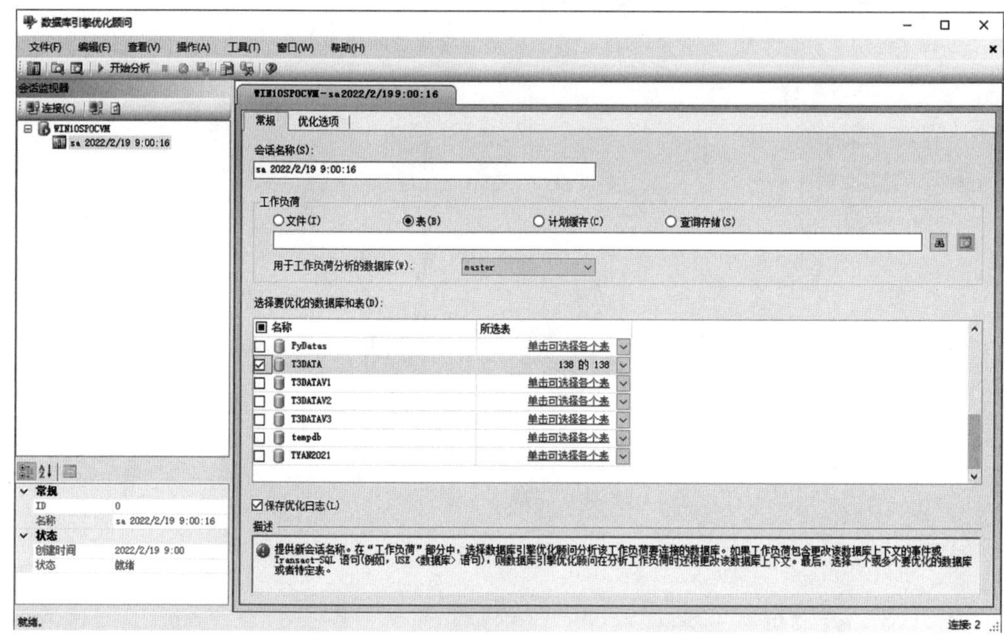

图 2-5

6. 命令提示符实用工具

SQL Server 数据库引擎提供了其他可从命令提示符中运行的工具，主要包括如表 2-1 所示的工具。

表 2-1　SQL Server 常用命令提示符实用工具

实用工具	说明
bcp	用于在 SQL Server 实例和用户指定格式的数据文件之间复制数据
dta	用于分析工作负荷并建议物理设计结构，以优化该工作负荷下的服务器性能
dtexec	用于配置和执行 Integration Services 包。该命令提示实用工具的用户界面版本称为 DTExecUI，它可提供执行包实用工具
dtutil	用于管理 SSIS 包
osql	用户可以在命令提示符下输入 Transact-SQL 语句、系统过程和脚本文件；通过 ODBC 与服务器进行通信
Profiler	用于在命令提示符下启动 SQL Server Profiler
rs	用于运行专门管理 Reporting Services 报表服务器的脚本
rsconfig	用于配置报表服务器连接

（续表）

实用工具	说明
rskeymgmt	用于管理报表服务器上的加密密钥
sqlagent90	用于在命令提示符下启动 SQL Server 代理
sqlcmd	用户可以在命令提示符下输入 Transact-SQL 语句、系统过程和脚本文件；通过 OLE DB 与服务器通信
SQLdiag	用于为 Microsoft 客户服务和支持部门收集诊断信息
sqllogship	应用程序可用其执行日志传送配置中的备份、复制和还原操作以及相关的清除任务，而无须运行备份、复制和还原作业
sqlmaint	用于执行早期版本的 SQL Server 创建的数据库维护计划，如备份、更新统计信息，重建索引并生成报表等
sqlps	用于运行 PowerShell 命令和脚本；加载和注册 SQL Server PowerShell 提供的程序和 cmdlet
sqlservr	用于在命令提示符下启动和停止数据库引擎实例以排除故障
ssms	用于在命令提示符下启动 SQL Server Management Studio
tablediff	用于比较两个表中的数据以查看数据是否无法收敛，这对于排除复制过程中的故障很有用

部分工具的使用方法将在本书 SQL Server 管理和维护相关章节涉及，其他工具请参考官方相关资料。

2.2　SSMS 基本功能

学习 SQL Server 的一个重要任务就是利用 SSMS 这一集成化的管理和开发环境，进行数据库访问、配置、控制、管理和开发 SQL Server 的相关组件。SSMS 将一组多样化的图形工具与多种功能齐全的脚本编辑器组合在一起，可为各种技术级别的开发人员和管理员提供对 SQL Server 的访问。

熟练使用 SSMS 进行 SQL Server 的管理和开发是数据库管理工程师和设计师必备的技能，也是当前融合数据管理工作人员的必经之路。本节及之后的章节将大量涉及使用 SSMS 进行数据库的启动和连接、模板资源管理器的应用和管理、解决方案与项目脚本的使用、服务器属性的配置和查询分析器的使用等相关内容。

2.2.1　SSMS 的启动和连接

成功安装 SQL Server 后，将会建立起多个服务，这些服务由操作系统监控。而 SSMS 是作为一个单独的进程进行的，如一个客户端工具通过 SSMS 就能够访问 SQL Server 所提供的各种服务。

在 Windows 环境中调用 SSMS 的步骤如下：

通过“开始”按钮，在“所有程序”中，找到“Microsoft SQL Server”下的“Microsoft SQL Server Management Studio”选项，打开“连接到服务器”对话框，

选择、配置相关正确信息后即可单击“连接”，如图 2-6 所示。

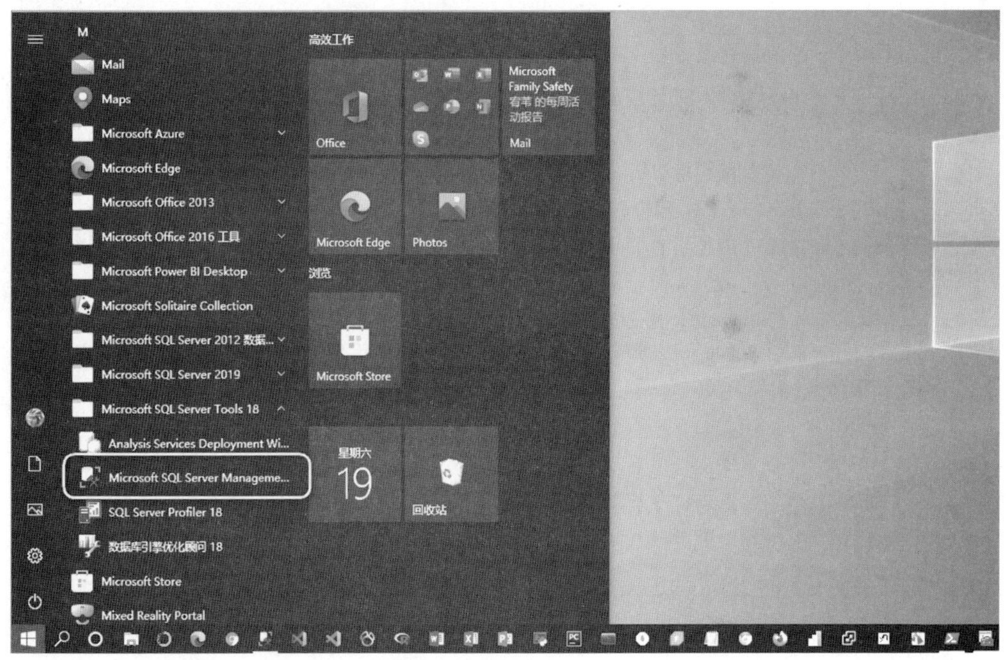

图 2-6

主要配置信息有：

(1) 服务器类型。根据需要连接包括数据库引擎、Analysis Services、Reporting Services、Integration Services 等相关服务。本教程主要讲解数据库的管理、维护和 T-SQL 开发设计，所以主要选择的是“数据库引擎”。

(2) 服务器名称。下拉列表中可列出在局域网内、域环境中所有能够被连接到的数据库服务器名称，有时也可以用 127.0.0.1 或者 (local) 甚至一个半角的点“.”作为本机连接地址；如果要连接到远程数据库服务器，则需要输入远程服务器的 IP 地址或者已经注册的主机名，并要求在远程服务器上开启相关的协议和端口，如 TCP/IP 和 TCP 1433 端口（某些特殊环境下，SQL Server 的默认访问端口可能更改，此时的访问需要注意更改相关端口），否则将导致连接失败。

(3) 身份验证模式。SQL Server 在安装过程中会选择身份验证模式，一般有两种：Windows 身份验证和数据库身份验证。如果是在本机上安装和使用 SQL Server 且安装时选择了混合身份验证模式，则两种验证模式都可以使用，且 Windows 身份验证模式不需要输入账号和密码，如图 2-7 所示。

> 注意：如果远程数据库服务器 10.6.5.2 默认 TCP 端口已经更改为 14433，那么在“服务器名称”文本数据框中应该填入的是“10.6.5.2，14433”，该方法同样适用于在类似 NAT（网络地址转换）环境中从 Internet 访问内网的数据库服务器。

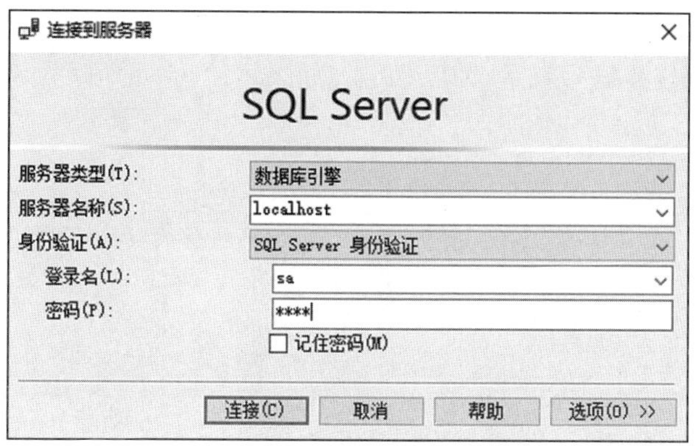

图 2-7

（4）连接属性。单击“选项”可调用连接属性和其他连接参数的设置。该属性设置是对登录界面中出现的一些参数的细化，比如所使用的网络协议、网络传输数据包的大小限制、连接超时的限制、是否选择加密连接等，如图 2-8 所示。

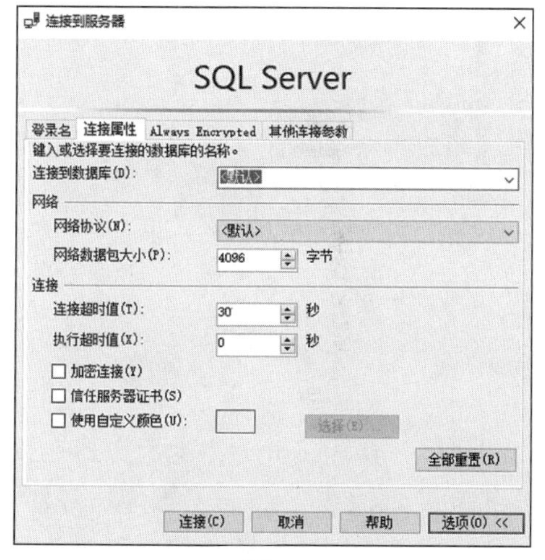

图 2-8

图 2-9

（5）其他连接参数。利用该设置选项可以添加更多的连接条件到连接配置中，但是需要注意的是，“其他连接参数”中的连接参数设置将会替代之前“登录”“连接属性”中的相关参数，并且连接参数字符串是以明文的方式在网络中传输，存在一定的安全隐患。比如，在“登录”中设置连接数据库服务器的目标是本地，但是在连接参数中如果设置了如图 2-9 所示的参数，那么最终连接的将是数据库服务器 10.6.5.2 上的 T3DATA 数据库（假定该数据库已经创建并且有数据表存在）。

注意：“其他连接参数”中各参数之间的分隔符号是半角分号“;”。如果数据库服务器 59.77.135.100 使用的是非 1433 端口，那么“其他连接参数”应该写成“Server = 59.77.135.100，11433；user = sa；pwd = 123”。

如何查看是否连接到T3DATA数据库呢？简单地通过单击“新建查询”按钮，可以发现默认的连接数据库就是T3DATA（如果用“sa”账号登录，一般默认连接的数据库是master），如图2-10所示。

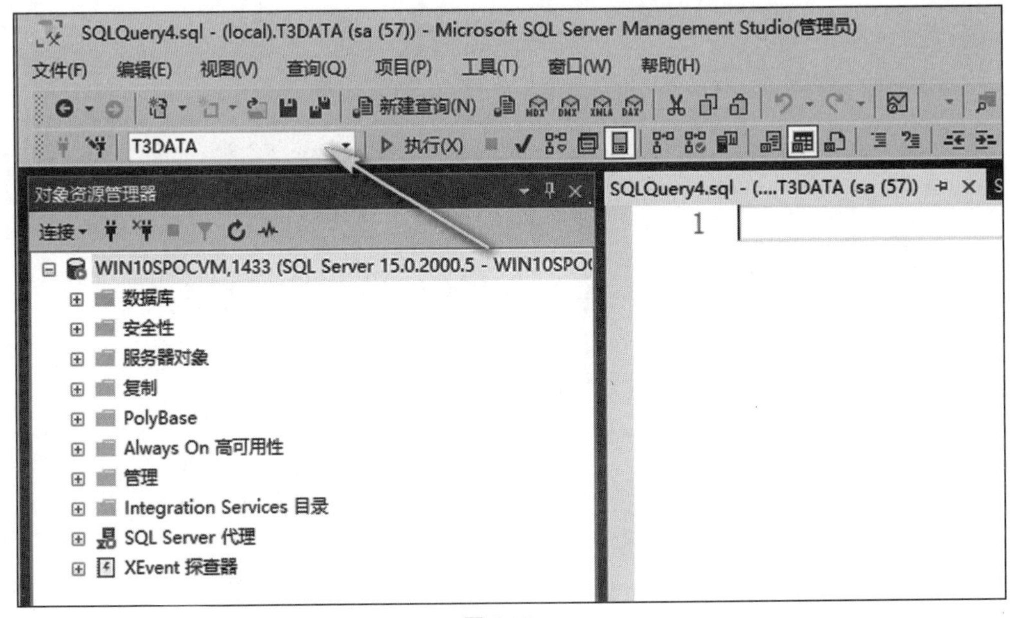

图2-10

连接参数的应用增强了用户在连接数据库服务器时的灵活度。

2.2.2 管理服务器连接

管理服务器连接是SSMS平台的重要功能之一。服务器连接分为本地服务器连接和多服务器连接。组织因为需求不同，可能需要部署多套SQL Server数据库服务器，每台服务器运行一个或多个数据库实例。如果服务器位于不同的地理位置，那么就需要一种能够集中管理数据库的工具平台，以利于提高管理效率。

1. 连接与断开本地数据库

在SSMS平台中，可以连接或断开本地数据库。调用“文件”菜单中的“连接对象资源管理器”或“断开与对象资源管理器的连接”功能也可以连接或断开本地数据库，如图2-11所示。

2. 管理多服务器连接

在大型组织机构中，数据库服务器往往是多台且分布在多个物理位置。SQL Server提供两种模式来管理多数据库服务器，分别是服务器组和注册服务器模式。

（1）管理服务器组

如果组织机构中部署了发挥不同功能的数据库服务器，如为教务系统、OA系统、即时通信系统等服务的多台数据库服务器，那么可以不同的功能类型建立服务器组，

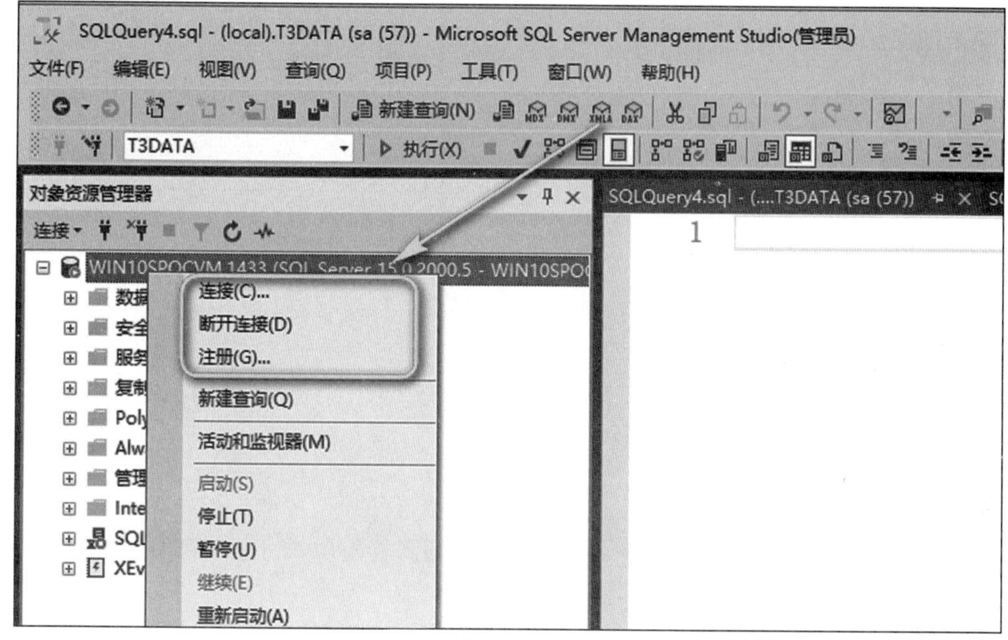

图 2-11

将同类数据库服务器置于同一个数据库服务器组，以便于快速定位管理。另外，也可以根据不同的数据库服务器版本构建服务器组。

（2）创建服务器组

在已经连接到本地数据库资源对象的情况下，通过“视图”菜单（有些版本将该菜单称为“视图”）调用“已注册的服务器”功能，如图 2-12 所示。

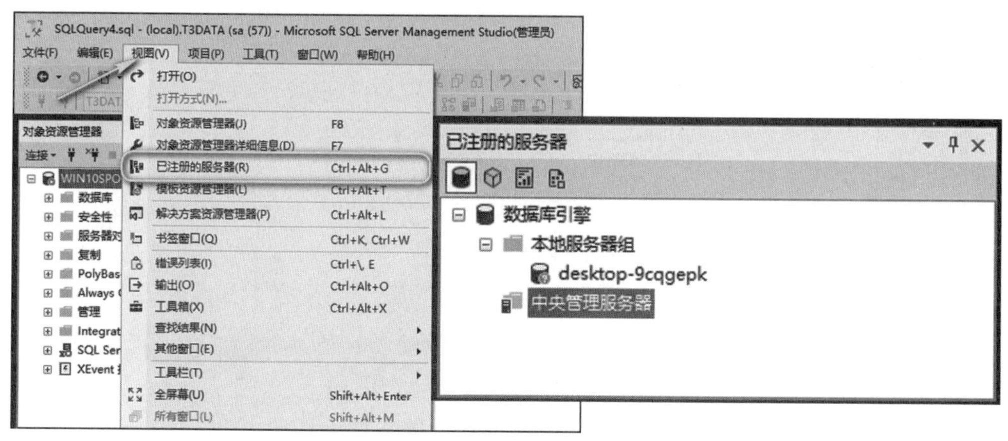

图 2-12

默认情况下已经创建了两个服务器组，分别是“本地服务器组”和“中央管理服务器”。右单击“本地服务器组”，选择“新建服务器组”，并设置服务器组的名称以及相关描述，如图 2-13 所示。

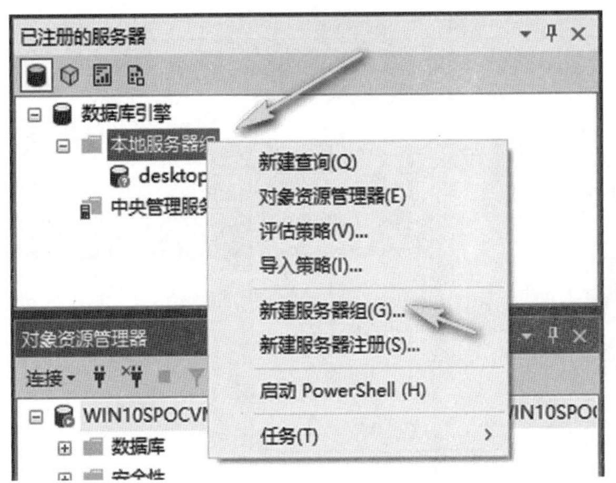

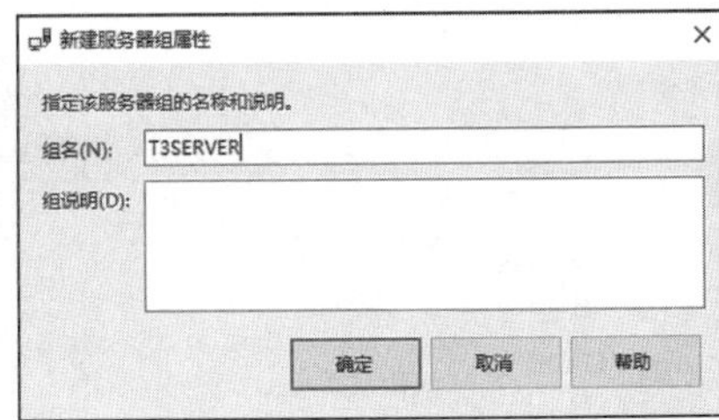

图 2-13

创建服务器组只是创建了一个容器，还需要通过注册服务器功能将相关的数据库服务器注册到已有的中央管理服务器或者新建的服务器组中，以便于集中管理。

在“已注册的服务器”窗口，选择目标服务器组，右单击其中的任何一个服务器组，在弹出的快捷菜单中选择“新建服务器注册”，在“新建服务器注册”对话框中，填写服务器名称或者 IP 地址、选择身份验证模式、填写可能需要的数据库用户密码。数据库的位置可以通过查找本地服务器或网络服务器来完成。如图 2-14 所示。

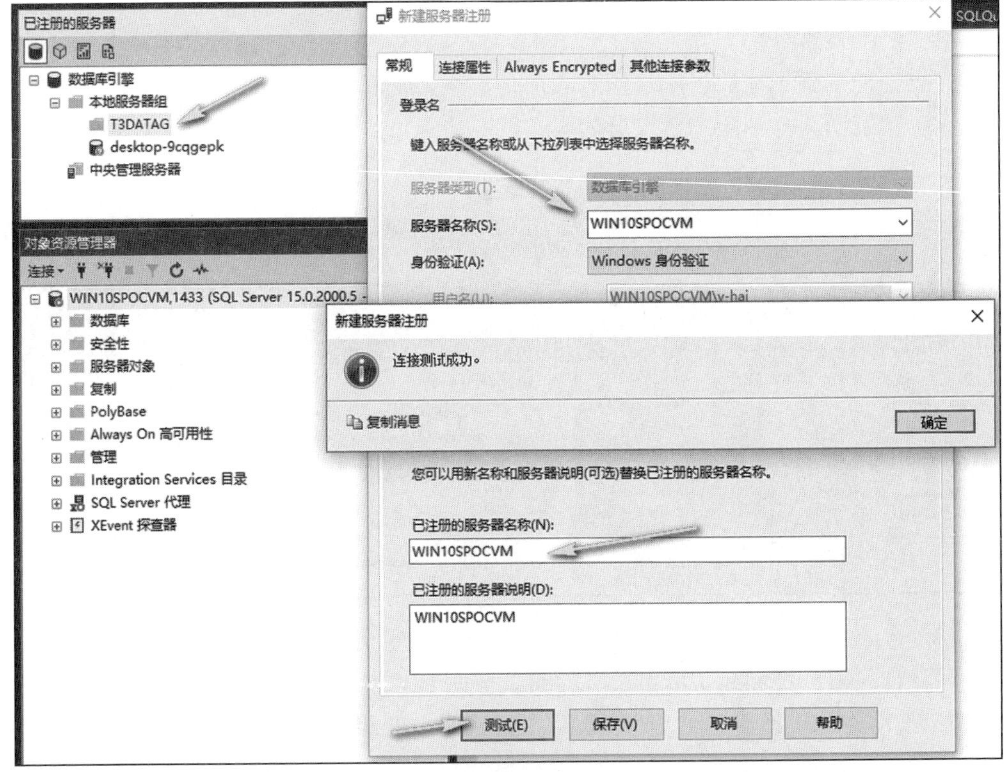

图 2-14

右单击已经注册的数据库服务器，在弹出的快捷菜单中，选择“任务”中的“移到”功能可以将数据库服务器移动到其他数据库服务器组中。

在服务器组中若有已经注册的数据库服务器，用户直接右单击目标服务器，选择其中的“对象资源管理器”命令即可管理目标服务器了。

2.2.3　模板、解决方案与项目脚本管理器

凡是涉及“模板”的功能应用往往都会帮助用户提高工作效率。SQL Server 的 SQL Server Management Studio 提供了大量的脚本模板，其中包含许多常用任务的 Transact-SQL 语句（简称 T-SQL 语句，将于后文详细讲解）。这些模板包含用户提供的值（如表名称）的参数。使用该参数，可以只键入一次名称，就能自动将该名称复制到脚本中所有必要的位置。可以编写用户自定义模板，以支持频繁编写的脚本。也可以重新组织模板树，移动模板或创建新文件夹以保存模板。

1. 使用系统模板

在 SSMS 中，打开“视图”菜单下的“模板资源管理器”，如图 2-15 所示。

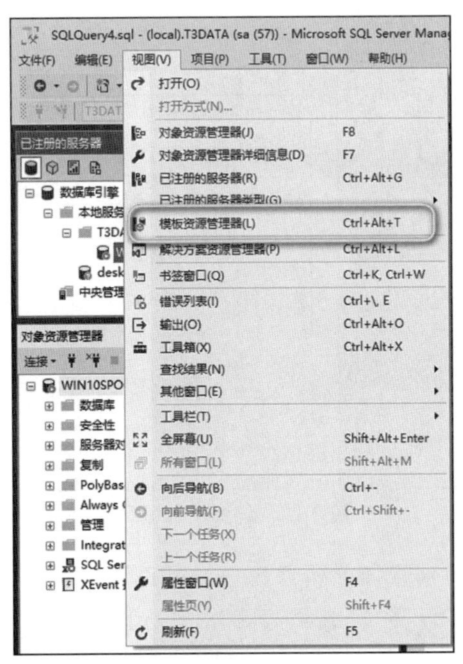

图 2-15

模板资源管理器中的模板是分类列出的，展开其中的“数据库”，再双击“创建数据库”，即可弹出一个查询分析器，如图 2-16 所示。

打开查询分析器后，在 SSMS 的窗口上会多出一个“查询”的菜单，打开该菜单下的“指定模板参数的值”，在窗口中设置相关的值，如“T3TEST”，这个值就是将要创建的数据库的名称，如图 2-17 所示。

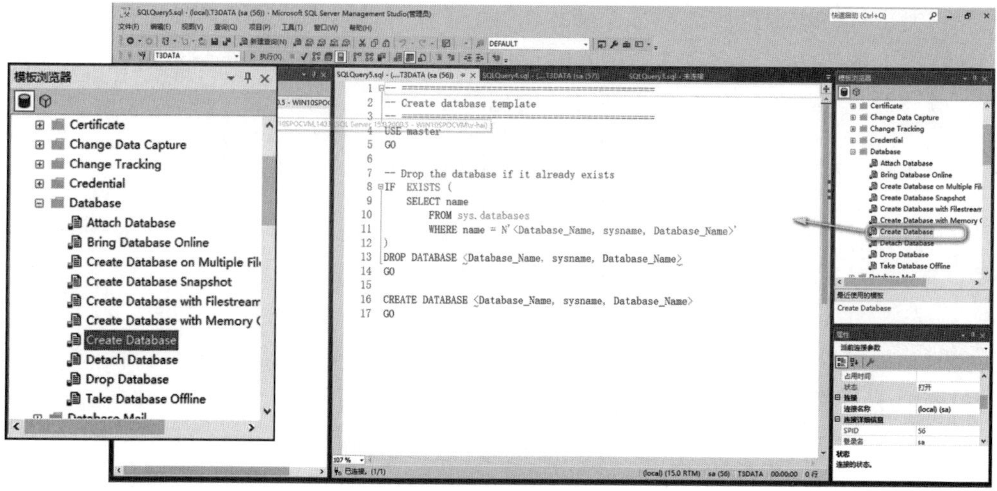

图 2-16

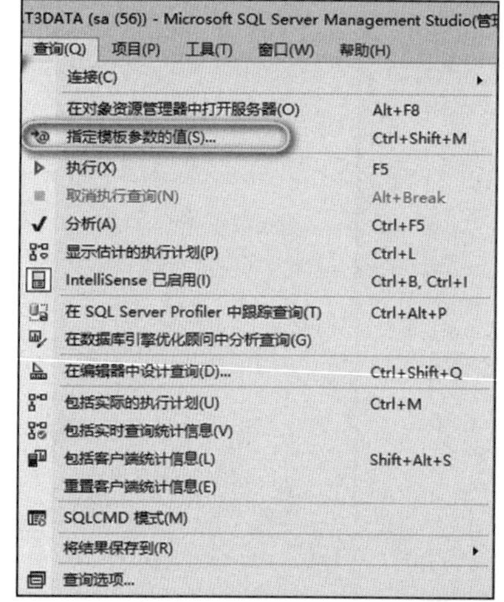

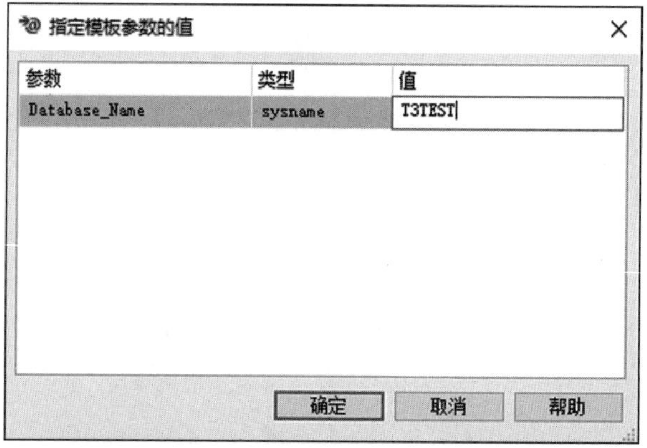

图 2-17 设置模板参数

输入模板参数后，回到查询分析器窗口，可以看到在 T-SQL 代码中原来的参数“database_Name”已经全部替换成了新参数中所设置的值“T3TEST”，如图 2-18 所示。

在模板资源管理器中，用户可通过“新建模板”功能，为自己定制一个模板。

2. 使用解决方案和项目脚本

熟悉 Microsoft Visual Studio 的开发人员惯于使用 SSMS 中的解决方案资源管理器。它可以将支持用户业务的脚本分为多个脚本项目，然后将各个脚本项目作为一个解决方案进行集中管理。将脚本置于脚本项目和解决方案中后，便可将其视为一个组同时打开，或者同时保存到 Visual SourceSafe 之类的源代码管理产品中。脚本项目包

```
-- =============================================
-- Create database template
-- =============================================
USE master
GO

-- Drop the database if it already exists
IF  EXISTS (
    SELECT name
        FROM sys.databases
        WHERE name = N'T3TEST'
)
DROP DATABASE T3TEST
GO

CREATE DATABASE T3TEST
GO
```

图 2-18

括可使脚本正确执行的连接信息，还包括非脚本文件，如支持文本文件。

使用解决方案和项目脚本的过程如下：

（1）打开 SSMS，然后使用解决方案资源管理器，如图 2-19 所示。

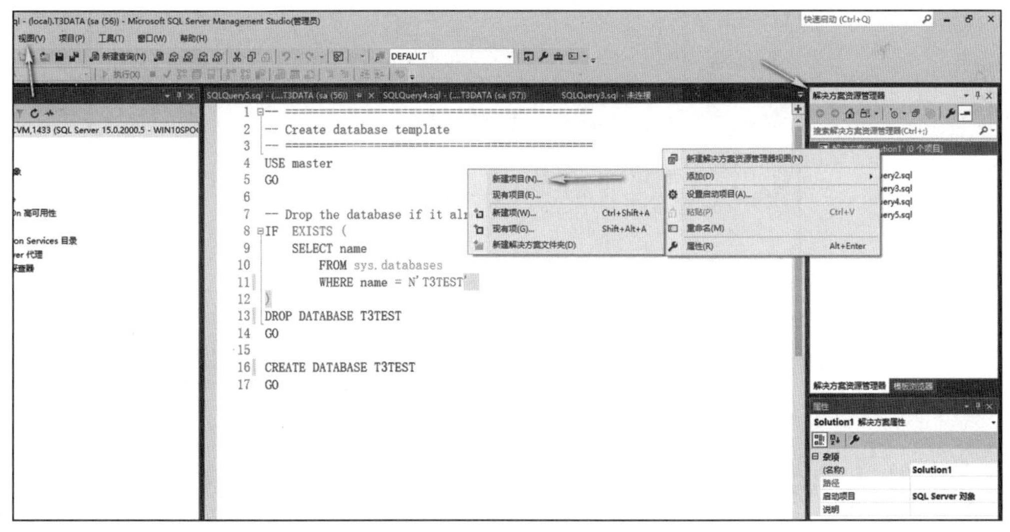

图 2-19

（2）在“名称”文本框中，键入相应名称，在模板中单击“SQL Server 脚本”，再单击“确定”以打开新的解决方案和脚本项目，如图 2-20 所示。

（3）在“解决方案资源管理器”中，右单击“连接”，再单击“新建连接”，系统将打开“连接到服务器”对话框，如图 2-21 所示。

（4）单击“选项”，再单击“连接属性”选项卡，如图 2-22 所示。

图 2-20

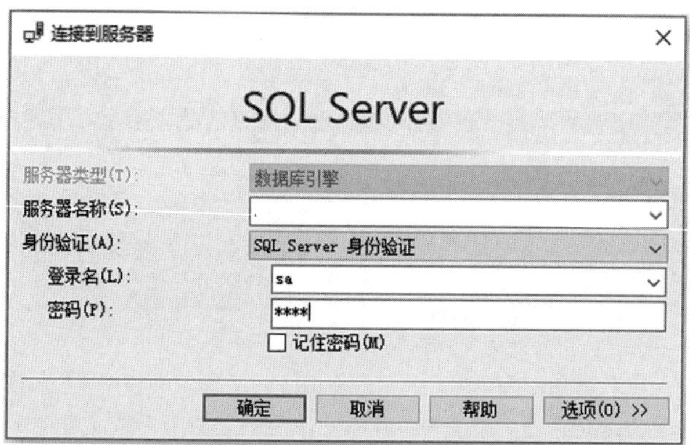

图 2-21

(5) 在“连接到数据库”对话框中，浏览服务器，选择之前创建过的数据库对象如 T3TEST，再单击“连接”，包括数据库的连接信息便添加到了项目中。

(6) 如果未显示“属性”窗口，请单击“解决方案资源管理器”中的新连接，然后按 F4，连接属性将随即显示，并显示有关连接的信息，其中包括作为 T3TEST 的“初始数据库”，如图 2-23 所示。

图 2-22

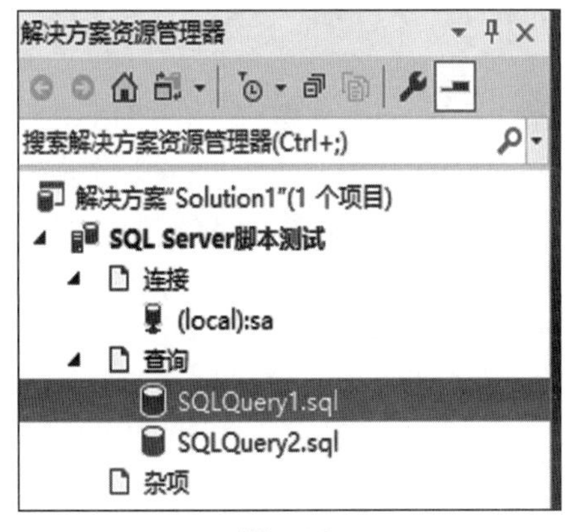

图 2-23

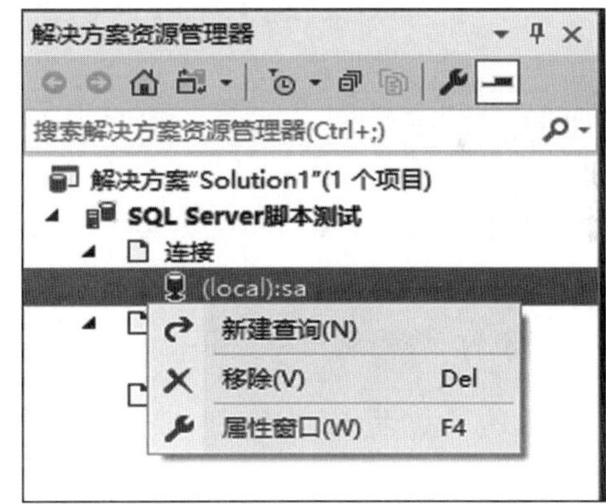

图 2-24

（7）在“解决方案资源管理器”中，右单击“连接”，再单击“新建查询”，系统将创建一个名为“SQLQuery1.sql”的新查询，该查询连接到服务器上的 T3TEST 数据库并添加到脚本项目中，如图 2-24 所示。

（8）在查询编辑器中，键入以下查询语句来确定有多少工作订单的结束日期早于开始日期。

```
USE AdventureWorks2008R2;
GO
SELECT COUNT (WorkOrderID) FROM Production.WorkOrder WHERE DueDate <
StartDate;
```

（9）在“解决方案资源管理器”中，双击“SQLQuery1. sql”，如图 2-25 所示。

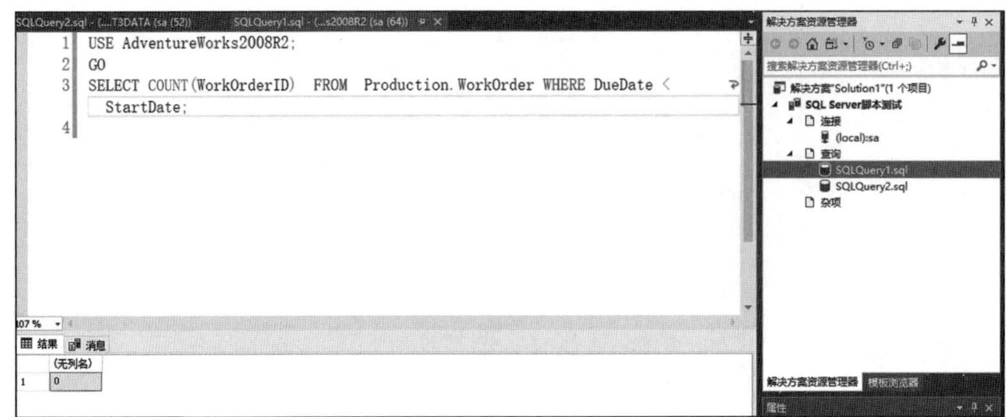

图 2-25

利用模板、解决方案与项目脚本管理器的综合功能，能够更加高效地管理 SQL Server 关系数据库对象。

2.3 SQL Server 数据库的创建与管理基础

配置 SQL Server 数据库的属性后，可以开始数据库的基本操作，包括创建、管理和应用，这是数据库管理系统的核心内容。数据库就像一个大的容器，其中有各种对象，如数据表、策略、视图、存储过程等，数据库通过架构将这些对象组成一个有机体，在已获得的资源上有序地运行着，为其他对象提供各种基于数据的服务，如应用服务程序、客户端用户、其他数据库系统等。

2.3.1 数据库的组成

数据库（database，DB）是按照数据结构来组织、存储和管理数据的仓库，也有人认为它是电子化的文件柜——存储电子文件的场所，用户可以根据授权等级对其中的数据进行查询、增加、更新、截取、删除等操作。具有现代意义的数据库，如 SQL Server、ORACLE、DB2 等，是以一定的方式存储在一起、能够共享给不同区域的多个用户使用、具有尽可能小的冗余度、与应用程序彼此独立的数据集合。

数据库的存储结构包括逻辑存储结构和物理存储结构。

1. *逻辑存储结构*

逻辑存储结构说明的是数据库由哪些性质的信息组成，包括创建、存储和应用这些数据的各种规则以及管理应用过程，都存储在数据库中。

逻辑存储结构主要用于面向用户的数据组织和管理，如表、视图、约束、用户权限等。

2. 物理存储结构

物理存储结构说明数据库在各种存储介质上是如何存储的，主要用于组织和管理数据文件、存储介质的利用和回收、文本和图形数据的有效存储等。在 SQL Server 数据库中，数据库在存储介质上是以文件的形式存储的，由数据库文件和事务日志文件组成。一个数据库至少包括一个数据库文件和一个事务日志文件。

(1) 数据库文件

该文件是用来存储数据库数据和数据库对象的文件。一个数据库可以有一个或多个数据库文件，但一个数据库文件只能属于一个数据库，且数据库文件只能有一个主数据文件，默认以“. mdf”为后缀名，以及可能的一个以上的次数据文件，默认以“. ndf”为后缀名。

数据文件划分为不同的页面和区域，SQL Server 以“页”为基本的存储单位进行数据存储，每个页面默认为 8KB。所有页面都被连续地从 0 到 N 进行编号，N 的大小由具体文件的大小决定。用户通过制定一个数据库 ID、一个文件 ID 和一个页码来引用任何一个数据页。每个数据页的最基本功能都是用来存储表和索引，以及相关的数据库管理信息。

数据库进行空间管理的最小单位是“区”(extents)。一个区由 8 个逻辑上连续的页面组成，共有 64KB。为了有效地利用存储空间，在 SQL Server 2008 中不会为少量的数据项、数据表分配整区的空间，所以提供了两种类型的区：

- 统一类型区，为单个对象所有，即所有的 8 个数据页只能被所属的对象使用。
- 混合类型区，最多能够为 8 个对象共享。

(2) 事务日志文件

该文件主要记录数据变化的过程，如用户对数据库的添加、删除或更新，可用来进行故障原因查找或恢复数据库数据，是 SQL Server 数据库系统中最重要的部分之一。利用事务日志文件可维护持久性 (durability) 和事务回滚 (rollback) 等重要功能，从而确保事务的 ACID 属性。

SQL Server 对日志文件的管理，是将逻辑上的 . ldf 文件划分成多个逻辑上的虚拟日志文件 (VLFs)，类似于将区划分为页，这种方式使存储引擎管理事务日志文件更加高效，对空间的重复利用更加有效。

VLFs 的数量无法通过配置设定，而是由 SQL Server 进行管理，. ldf 事务日志文件的大小决定了 VLFs 的数量，对比关系如表 2-2 所示。

表 2-2　. ldf 文件大小与 VLFs 数量的关系

. ldf 文件的大小	VLFs 的数量
1 MB 到 64 MB	4
64 MB 到 1 GB	8
大于 1 GB	16

在打开数据库的前提下，通过 T-SQL 语句可以查看 . ldf 文件的属性，并显示

VLFs的相关数值。

```
Use T3DATA
DBCC LOGINFO
```

这时可看到T3DATA的数据库日志文件初始大小、活动状态等，如图2-26所示。

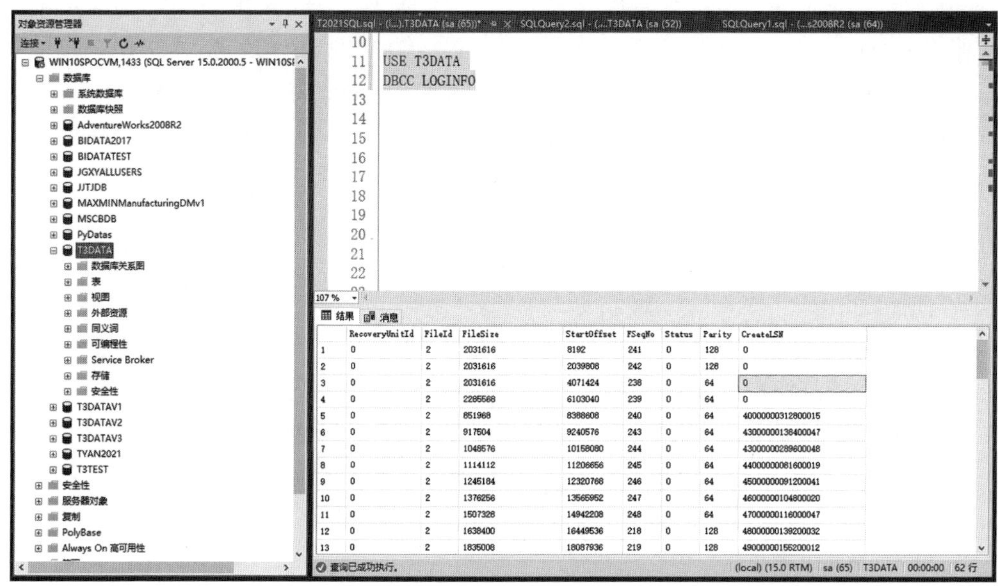

图 2-26

注意：在SQL Server环境中不强制数据库文件使用“.mdf”“.ndf”或“.ldf”作为扩展名。但从高效管理数据库的目标出发，建议使用系统默认的扩展名作为文件标识。

2.3.2 数据库种类

当SQL Server安装完成并成功连接后，在SSMS工具的资源管理器中，可查看和管理数据库。在SQL Server中，可将数据库分为两类：系统数据库和用户数据库。

1. 系统数据库

该数据库类型是在SQL Server安装过程中创建的，主要包括：

(1) master数据库

master数据库记录SQL Server实例的所有系统级信息，包括实例范围的元数据(如登录账户)、端点、链接服务器和系统配置设置。此外，master数据库还记录所有其他数据库的存在、数据库文件的位置以及SQL Server的初始化信息。因此，如果

master 数据库不可用，则 SQL Server 无法启动。在 SQL Server 中，系统对象不再存储在 master 数据库中，而是存储在 Resource 数据库中。主数据文件默认以 10%的速度增长，一直到磁盘被占满为止；事务日志文件默认以 10%的速度增长，最大到 2TB，如图 2-27 所示。

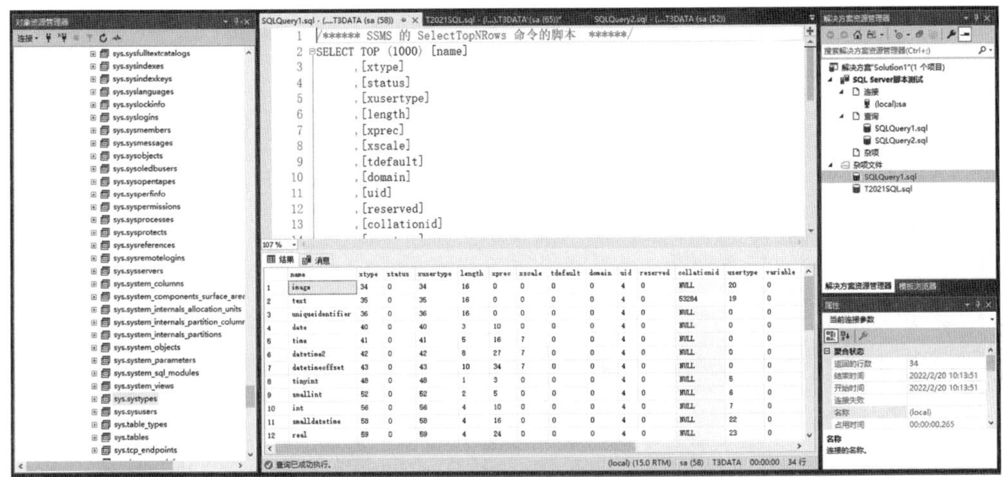

图 2-27

（2）model 数据库

model 数据库是 SQL Server 实例上创建的所有数据库的模板。因为每次启动 SQL Server 时都会创建 tempdb，所以 model 数据库必须始终存在于 SQL Server 系统中。

当发出 CREATE DATABASE 语句时，将通过复制 model 数据库中的内容来创建数据库的第一部分，然后用空页填充新数据库的剩余部分。修改 model 数据库之后创建的所有数据库都将继承这些修改。例如，可以设置权限或数据库选项或者添加对象。该数据库比较特殊，有很多操作不允许执行，如不能更改排序规则、不能删除数据库、不能从数据库中删除 guest 用户，如图 2-28 所示。

（3）msdb 数据库

该数据库由 SQL Server 代理用于计划警报和作业，也可以用于其他功能（如 Service Broker 和数据库邮件）。SQL Server 代理服务是数据库服务器上的一个 Windows 服务。与 tempdb 和 model 数据库一样，用户能直接修改该数据库，而 SQL Server 中的其他一些程序会自动使用该数据库，比如计划备份时，msdb 数据库会记录与执行这些任务的一些信息。

（4）tempdb 数据库

tempdb 数据库是一种全局资源，可供连接到 SQL Server 实例的所有用户使用，并可用于保存下列各项：

- 显式创建的临时用户对象，例如，全局或局部临时表、临时存储过程、表变量或游标。

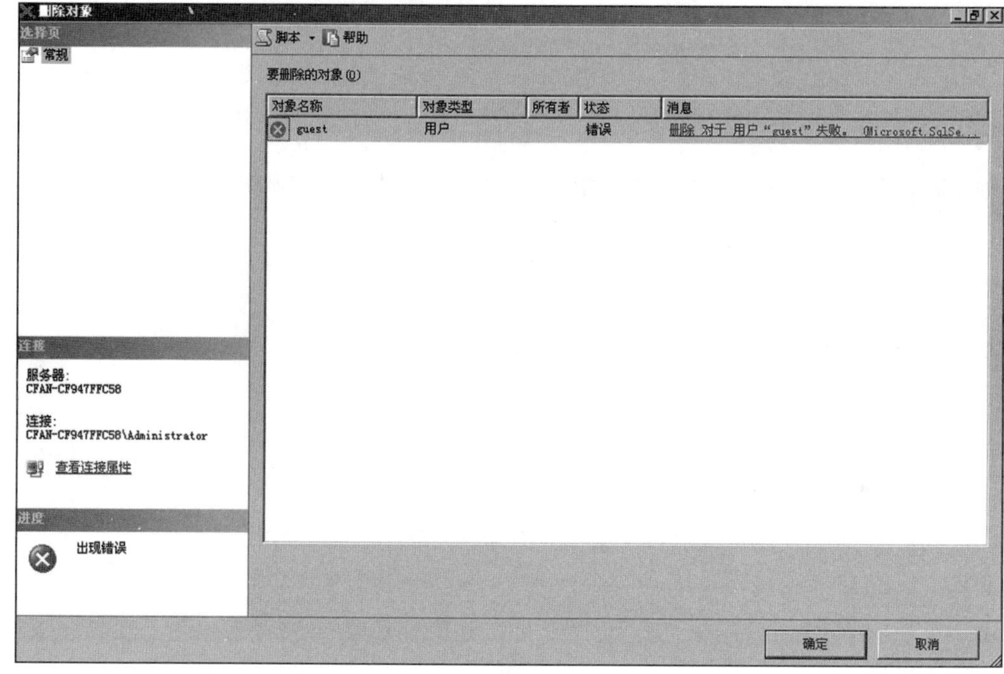

图 2-28

- SQL Server 数据库引擎创建的内部对象，例如，用于存储假脱机或排序的中间结果的工作表。
- 由使用已提交读（使用行版本控制隔离或快照隔离事务）的数据库中数据修改事务生成的行版本。
- 由数据修改事务为实现联机索引操作、多个活动的结果集（MARS）以及 AFTER 触发器等功能而生成的行版本。

tempdb 中的操作是最小日志记录操作。这将使事务产生回滚。每次启动 SQL Server 时都会重新创建 tempdb，从而在系统启动时总是保持一个干净的数据库副本。在断开连接时会自动删除临时表和存储过程，并且在系统关闭后没有活动连接。因此，tempdb 中不会有任何内容从一个 SQL Server 会话保存到另一个会话。不允许对 tempdb 进行备份和还原操作。

（5）resource 数据库

resource 数据库是只读数据库，包含 SQL Server 中的所有系统对象。SQL Server 系统对象（如 sys. objects）在物理上持续存在于 resource 数据库中，但在逻辑上，它们出现在每个数据库的 sys 架构中。resource 数据库不包含用户数据或用户元数据。

resource 数据库的物理文件名为 mssqlsystemresource. mdf 或 mssqlsystemresource. ldf。这些文件位于＜驱动器＞：\ Program Files \ Microsoft SQL Server \ MSSQL15. ＜instance_name＞ \ MSSQL \ Binn \ 中。每个 SQL Server 实例都具有一个（也是唯一的一个）关联的 mssqlsystemresource. mdf 文件，并且实例间不共享此

文件。

2. 用户数据库

用户数据库就是由用户在数据库管理平台上手动创建的数据库对象。用户数据库是 SQL Server 数据库管理系统中的主要工作对象，包括视图、存储过程、自定义函数等。下文几乎都是围绕用户自定义数据库展开的。

2.3.3 数据库管理基础

数据库管理基础主要围绕数据库的创建、修改、查看、更名和删除等任务展开，主要操作环境是 SSMS。由于 T-SQL 基础知识尚未涉及，利用 T-SQL 进行数据库管理的方法将在后面章节进行讲解。

利用 SSMS 进行数据库管理，首先要利用有权限的用户账号登录连接到数据库管理系统，这样便可对系统数据库、用户数据库等对象进行有效管理。如果相关的权限不够，那么即使可以连接到数据库管理系统，也无法进行创建、更改等数据库操作。关于权限设置的内容将在数据库系统的管理和维护章节中介绍。

管理数据库首先要启动 SSMS 并成功连接到正在运行的数据库服务器。以下操作均在 SSMS 对象资源管理器中完成。

1. 创建数据库

(1) 在"对象资源管理器"窗口中，单击打开"数据库"节点，可看到服务器中的"系统数据库"节点、"数据库快照"节点，如果选择安装了 Report Services，则会出现与报表服务相关的两个数据库，如图 2-29 所示。

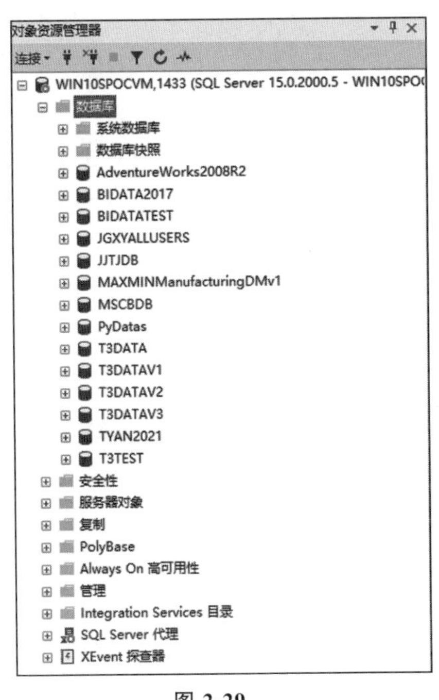

图 2-29

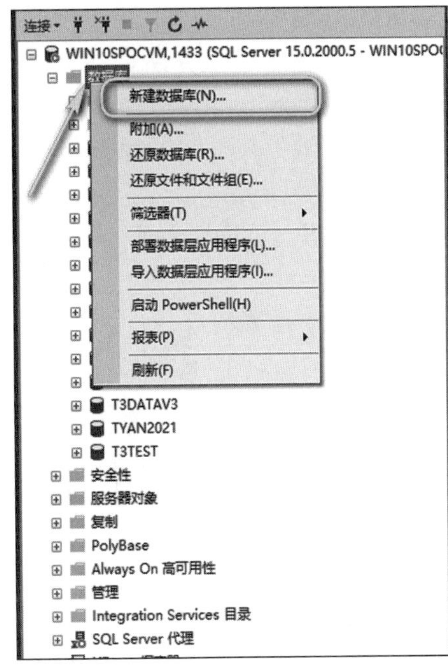

图 2-30

(2) 右单击“数据库”节点，单击快捷菜单中的“新建数据库”命令，将出现“新建数据库窗口”，如图 2-30 所示。

(3) 在“新建数据库”窗口中，通过左侧的“选择页”对将要创建的数据库进行参数上的设置，如图 2-31 所示。

图 2-31

- 常规
  - 数据库名称。最好能够起一个与数据库功能相关联的名称以便管理，如 TEST01。
  - 所有者。可指定任意一个拥有创建数据库权限（dbcreate）的用户账号，默认为当前登录到 SQL Server 的账号，可修改成其他账号。如果使用的是 Windows 系统身份验证，这里的值将是 Windows 系统用户的账号或者来自信任域的域账号；如果使用的是 SQL Server 身份验证，这里的值将是登录到服务器的 SQL 登录账号。Windows 身份登录包含利用域账号登录，这类登录模式的实现将在有关系统的管理和维护章节详解。若要更改所有者名称，请单击“…”按钮选择其他所有者。
  - 使用全文索引。从 SQL Server 2008 开始默认为选中状态。在复杂化的查询中，比如长文本数据存储在数据列中，如果要进行字、词的查询，则需要启用全文索引。
  - 逻辑名称，即在引用数据库时使用的文件名称。

- 文件类型，指定该文件存放的内容，其中行数据表示这是一个数据库文件，存储了数据库的数据；日志文件中记录的是用户对数据进行的操作活动。
- 文件组。为数据库中的文件指定文件组，可选择的是 Primary 或其他，但在文件组中必须先创建组别。一个数据库中必须要有一个主文件组（即 Primary）。一旦确定后默认不能修改。文件组可以使文件的组织更加有序、高效。如图 2-32 所示。

图 2-32

- 初始大小，指定数据库文件的初始大小，包括数据库数据文件和日志文件。默认大小来自 Model 数据库的设置，可根据实际需要修改。
- 自动增长，即当数据库相关文件超过初始值大小时文件的增长速度，以及增长的极限设置。默认情况下不设置增长的极限，好处是不用担心数据库的维护，特别是对日志文件的整理，但是磁盘空间最终会被完全占满。因此，大多数数据库文件的最大占用空间都需要进行极限设置。
- 路径，即数据库文件和日志文件的存放位置。这与数据库管理系统安装时的设置相关联，默认情况下是在“c：\ Program Files \ Microsoft SQL Server \ MSSQL15. MSSQLSERVER \ MSSQL \ DATA”下。单击右边的“…”按钮，在“定位文件夹”中根据需要选择数据库文件的保存位置。
- 文件名，指的是存储在磁盘上的物理文件名，与之前的逻辑名称不同，默认情况下是使用数据库名称如 test01 来创建，例如，test01. mdf，但往往会加

上“_data”作为数据文件的物理文件名，以便日常管理，如 test01_data.mdf；日志文件默认会加上“_log”后缀，如 test01_log.ldf。

- 选项（见图 2-33）

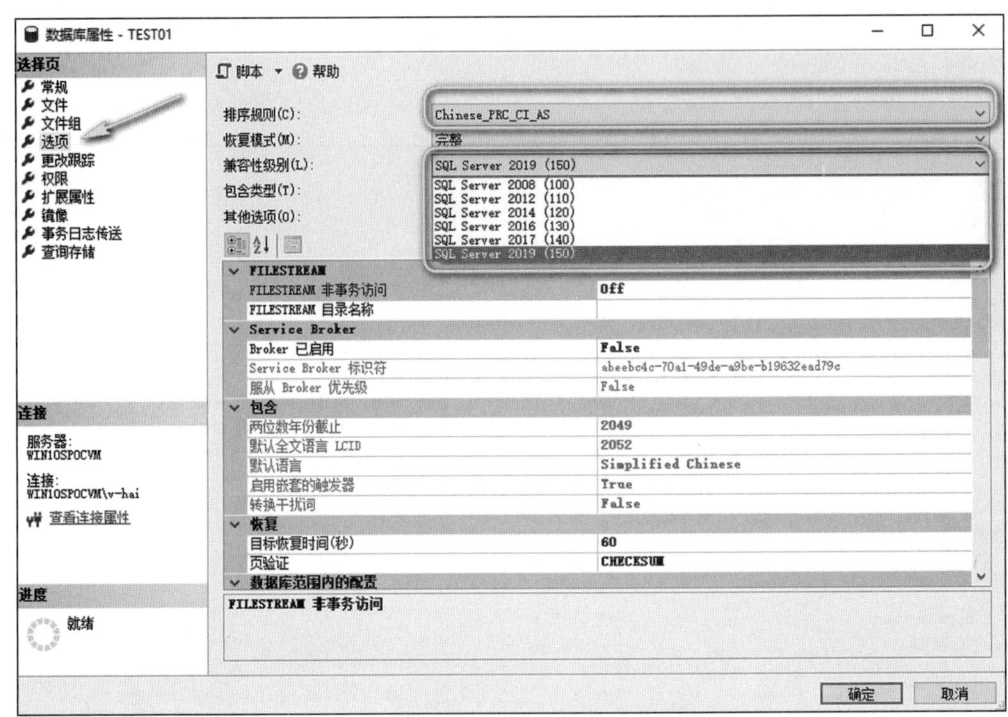

图 2-33

选项中的设置参数较多，主要包括以下几个：

- 排序规则，默认为“服务器默认值”，即在安装数据库管理系统时的设置，请参考第 1 章中的相关内容。假定要按数据表中的用户姓名笔画或拼音进行排序，那么在这里可以进行一定的修改，详细方法请参考后文相关章节。
- 恢复模式：
  - 完整：需要日志备份。数据文件丢失或损坏不会导致工作数据丢失，可以恢复到任意时间点（如应用程序或用户错误之前等）。如果日志尾部损坏，则必须重做自最新日志备份之后的更改。
  - 大容量日志：需要日志备份，是完整恢复模式的附加模式，允许执行高性能的大容量复制操作；通过使用最小方式记录大多数大容量操作，减少日志空间的使用量。如果在最新日志备份后发生日志损坏或执行大容量日志记录操作，则必须重做自该上次备份之后的更改。这可恢复到任何备份的结尾，不支持根据时间点的恢复。
  - 简单：无日志备份。每次备份数据库时都会清除事务日志，只能根据最近一次对数据库的备份进行恢复。它一般适用于测试或开发数据库，或者小型生产数据库，特别是大部分数据为只读状态时。

恢复模式默认继承自 Model 数据库。各种模式的备份和恢复将在相关章节中详述。

■ 兼容性级别，指是否允许建立一个与早期版本数据库管理系统兼容的数据库。比如，在 SQL Server 环境中操作数据库，但该数据库有可能要迁移到一台 SQL Server 的服务器上进行管理，这就需要设置兼容性级别。

■ 其他选项，指还可以设置众多参数。比如设置数据库为只读，那么数据库只能进行查询等简单操作，无法在表中添加记录，如图 2-34 所示。在之后的相关章节中会逐步涉及“其他选项”中的各个参数设置。

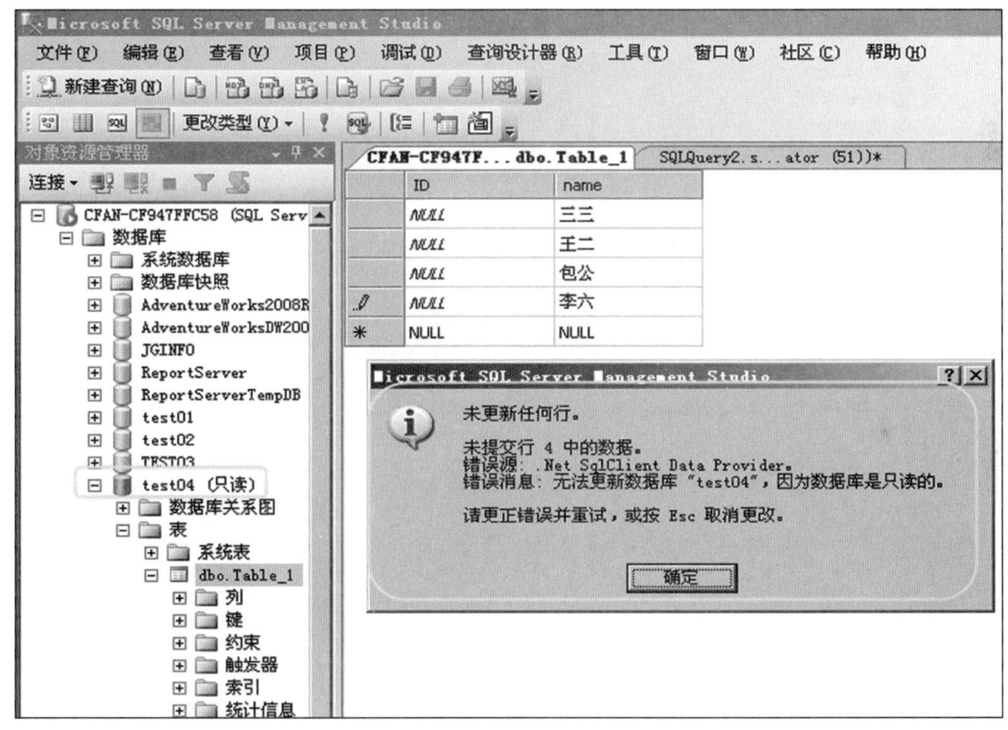

图 2-34

创建数据库可以在导入其他格式数据的过程中完成。假设要将产品 . xlsx 导入本地的 SQL Server 服务器上，那么在导入过程中就可以创建一个新的数据库。

在任何一个已有的数据库上右单击，选择“任务”中的“导入数据”功能，如图 2-35 所示。

系统启动导入和导出向导后，用户可选择数据源类型、身份验证模式等，如图 2-36 所示。

选择数据源所在的位置时，Excel 连接设置中将会自动选取 Excel 的版本。Excel 表一般包含标题行，因此选择“首行包含列名称”，如图 2-37 所示。

在图 2-38 中，可选择已有的数据库，将 Excel 工作簿中的所有表导入该数据库

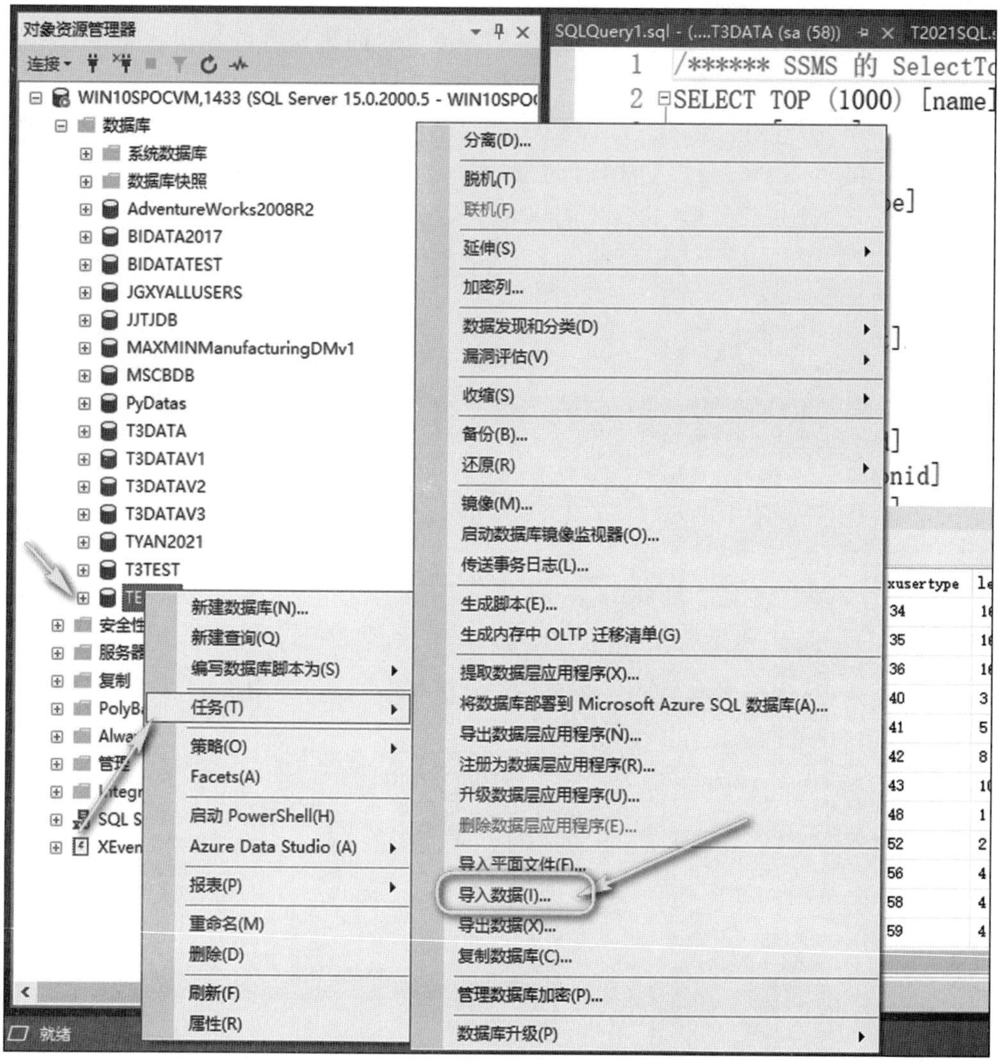

图 2-35

中，成为其中的表对象。如果选择“新建”按钮，会出现“创建数据库”对话框，在此可设置数据库名称、大小等属性，但不能更改数据库存放的路径。

选择导入的对象是表或者视图，或者用户自定义的数据范围。在“提供源查询”中可利用 T-SQL 的 select 语句，设置数据的来源、范围等条件，更加灵活地选择将数据导入相关表中，如图 2-39 所示。

在本教程中有核心数据工作簿 8 个，分别是产品、订单、订单明细、供应商、雇员、客户、类别、运货商，作为原始的样例导入，之后将围绕导入的数据库和表进行整理和应用。为了便于将来操作，导入的表名称中，可将“$”符号去除，如图 2-40 所示。

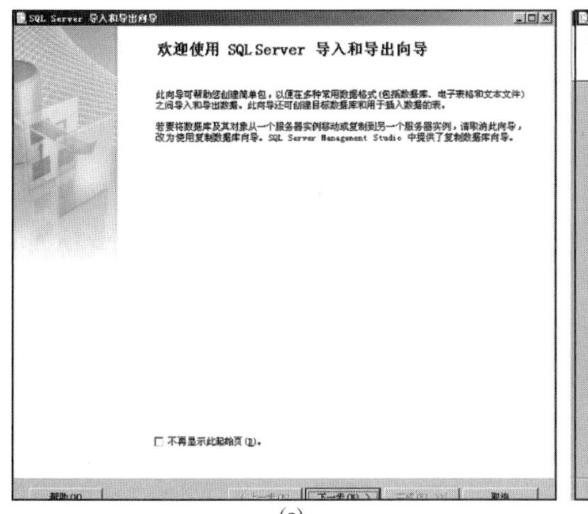

(a)

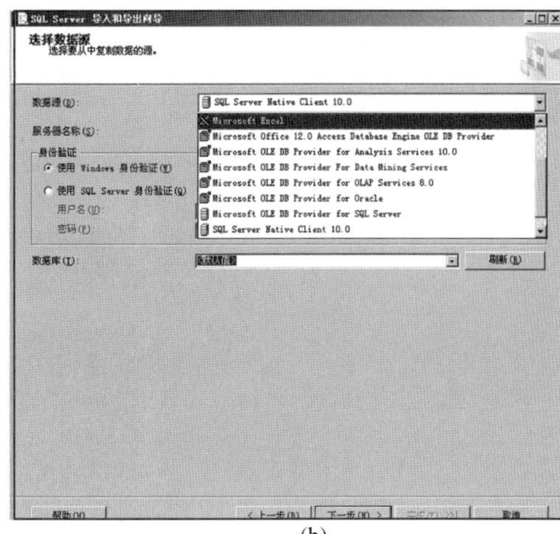

(b)

图 2-36

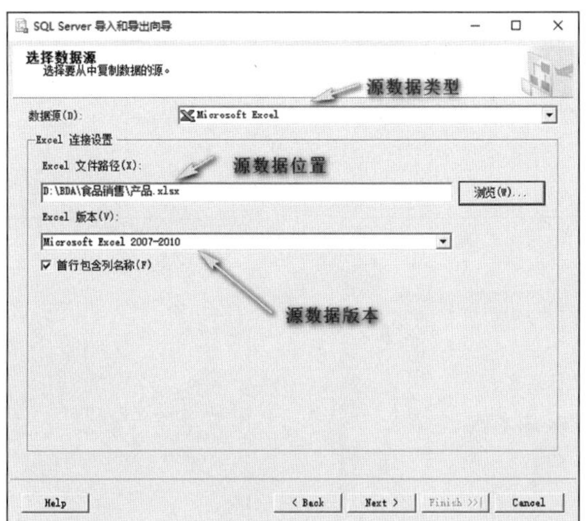

图 2-37

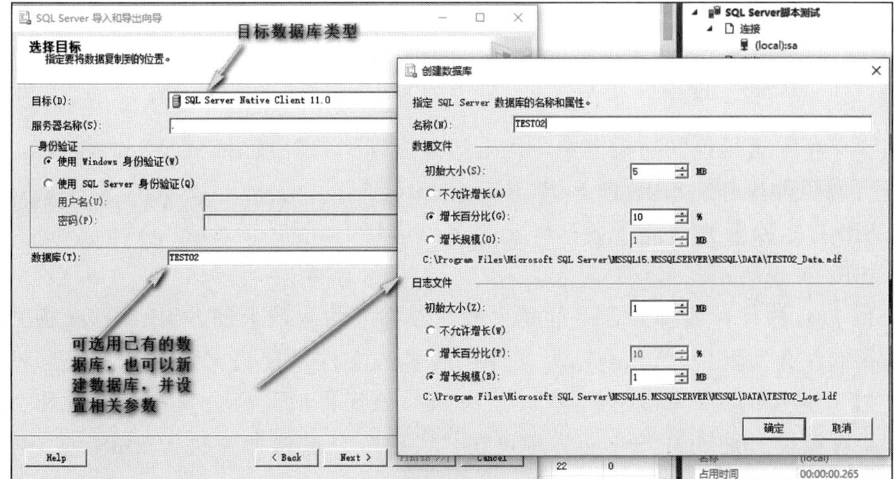

图 2-38

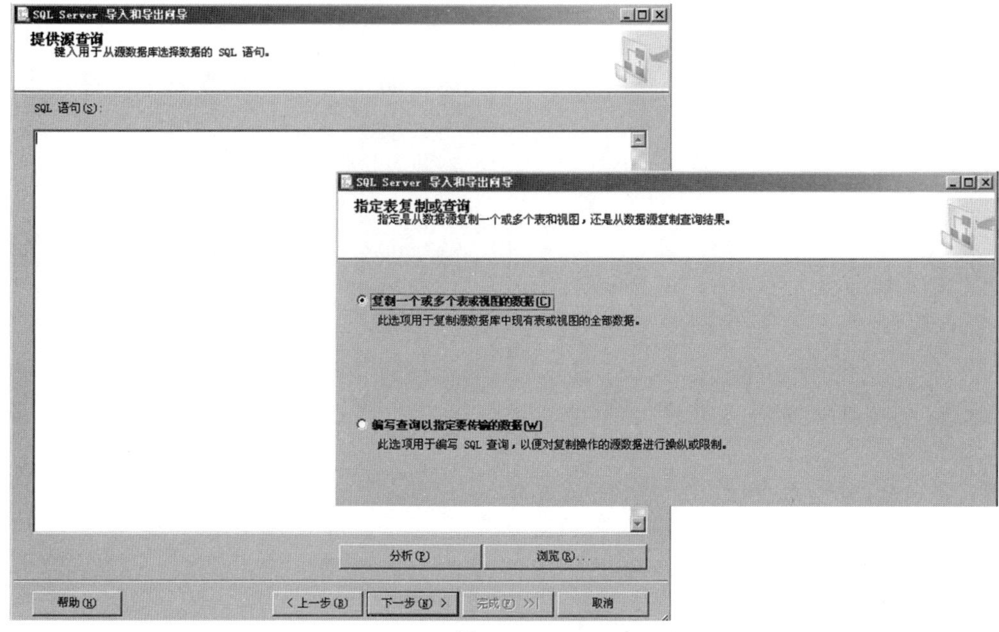

图 2-39

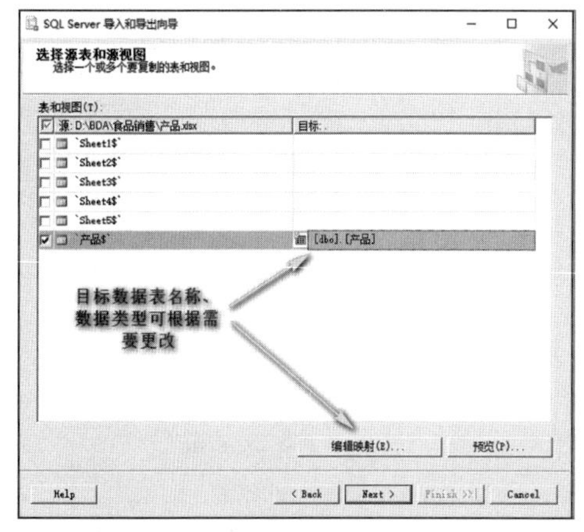

图 2-40

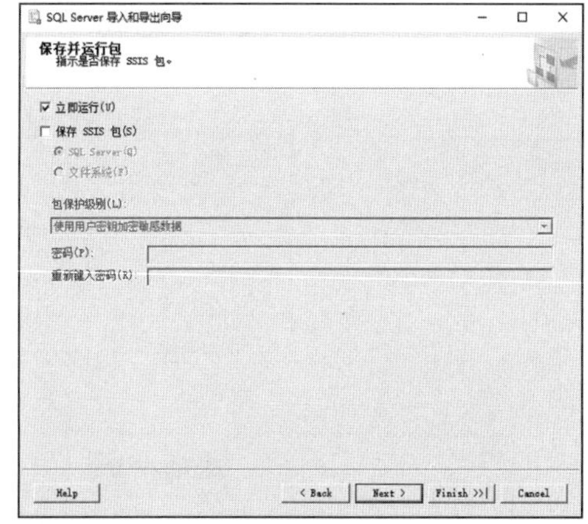

图 2-41

在“保存并运行包”对话框中，可选择“立即运行”或者“保存 SSIS 包”，或者同时进行这两种操作。SSIS 即 SQL Server integration services（SQL Server 整合服务），SSIS 有多种服务功能，数据转换服务（data transformation service）是其中的一种。如图 2-41 所示。

SSIS 包有两种存放模式，一种是存放在数据库服务器上的 SQL Server 模式，另一种是存储在介质上以“.dtsx”为文件扩展名的文件系统模式，二者都可选择保护级别，如“使用密码加密敏感数据”，后续执行该操作时，将会提示要输入相关的密码。如果存放模式是 SQL Server，则可在“代理”节点选择“执行 SSIS 包”再次执行任务。

如果选择保存 SSIS 包，则需要指定该任务包存放的位置，将来可直接双击调用该任务包，并重新修改和设置相关参数，即可完成数据的再次导入，提高数据转换的效率，如图 2-42 所示。

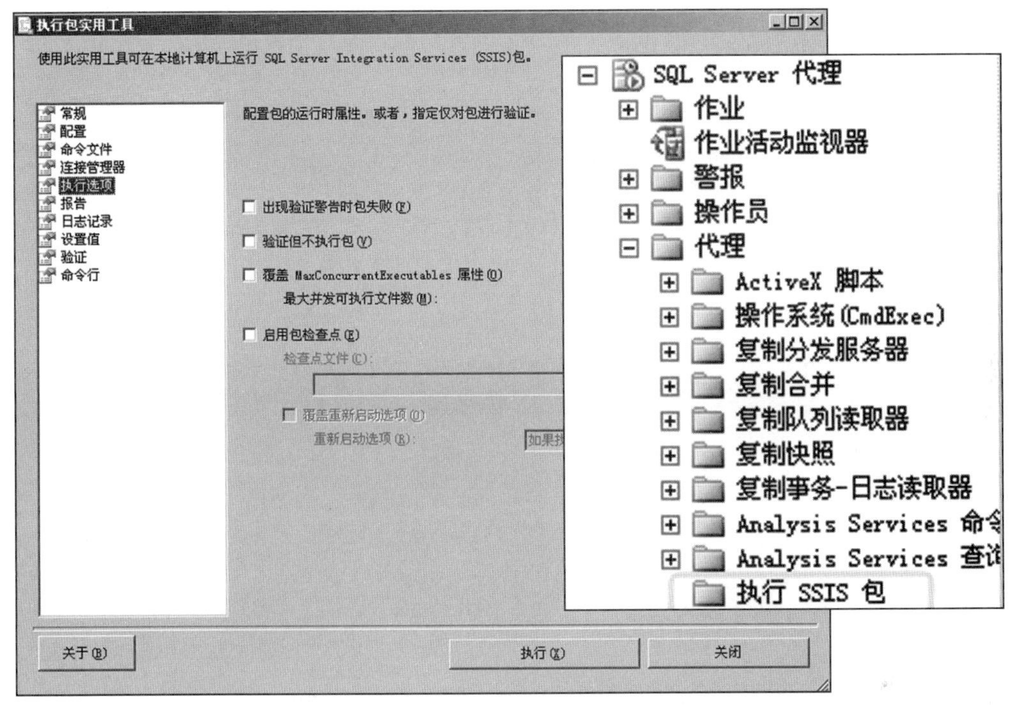

图 2-42

完成导入和导出向导配置后出现的报告中显示的内容是将要完成的系列动作，如图 2-43 所示。

在 SSMS 对象资源管理器中，刷新后可在数据库中看到添加了一个新的数据库 TEST02，其中包含一个新的用户数据表，如图 2-44 所示。

2. 管理数据库

在创建数据库的过程中，因为各种原因可能需要对已创建的数据库进行调整、修改甚至删除重建。在 SSMS 中，可利用图形用户界面简单完成相关的管理工作。

(1) 查看数据库

- 使用图形化工具查看数据库。在 SSMS 管理器中，打开“数据库”节点，右单击需要查看的数据库名称，在弹出的快捷菜单中选择“属性”，在“数据库属性”窗口，可在“选项页”列表中根据需要选择需要查看的对象，类似于创建时的窗口，但是，已有的数据库属性窗口中的一些属性不能再更改了，比如路径、物理文件名等。
- 使用系统视图查看数据库。打开某个数据库的“视图”节点，单击展开其中的“系统视图”，可通过右单击以下几种视图，选择弹出的快捷菜单中的“查看前 1000 行”浏览数据库的基本信息。

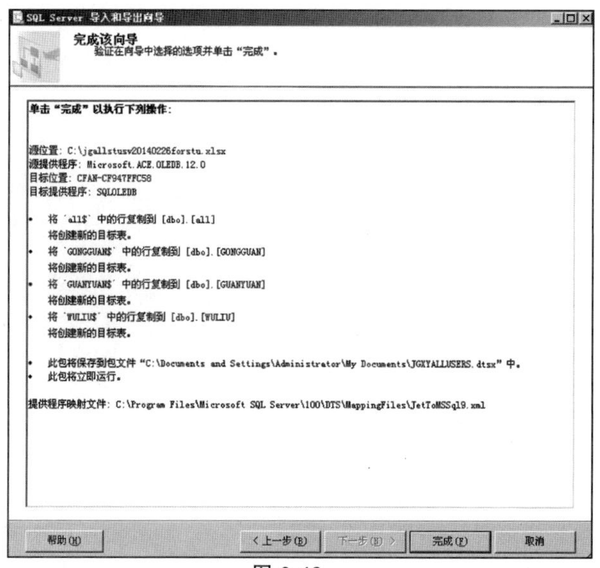

图 2-43

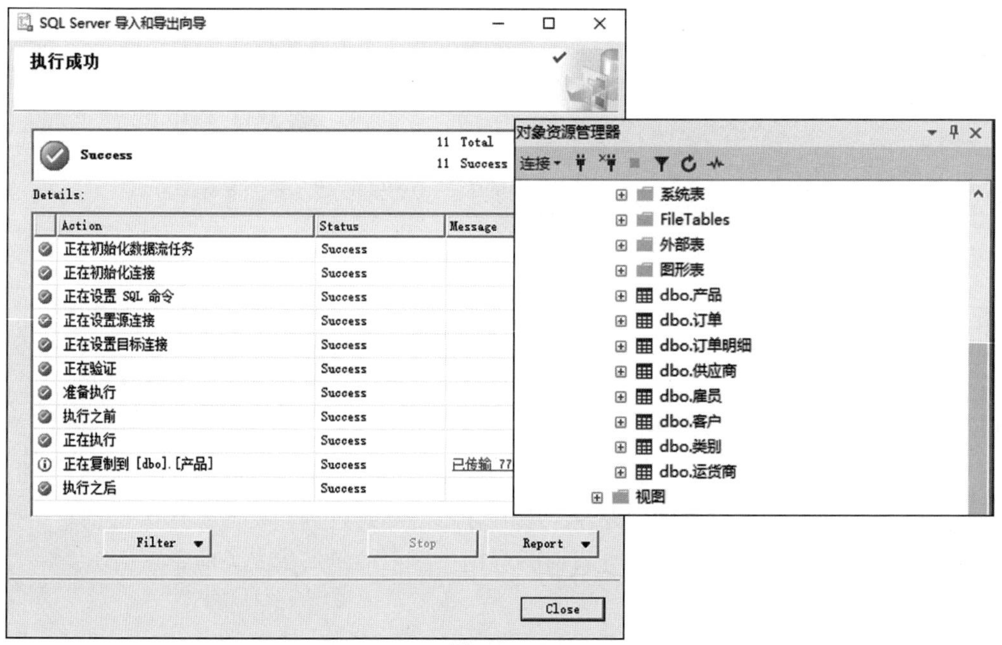

图 2-44

- sys. database_files，查看当前数据库中数据库文件的信息。
- sys. filegroups，查看当前数据库服务器中所有数据库组的信息。
- sys. master_files，查看当前数据库服务器中所有数据库文件的基本信息。
- sys. databases，查看当前数据库服务器中所有数据库的基本配置信息，如排序规则、创建时间、兼容性级别等。

使用 databasepropertyex () 函数和 sp 系统存储过程查看数据库信息的方法将在

后文中加以详述。

(2) 修改数据库

- 修改数据库容量。选择“数据库属性”窗口中的“文件”选项，可对数据库的初始大小、自动增量速度和增长的极限进行设置。
- 修改数据库名称。右单击需要修改名称的数据库，选择弹出菜单中的“重命名”，或鼠标点击该数据库文件名，此时数据库文件名进入可编辑状态，即可开始更名。
    - 需要注意的是更名时该数据库不能处于使用状态。
    - 在早期 SQL Server 版本（如 2000 版本）平台上不能直接在 SSMS 中利用图形用户界面进行重命名操作，而只能通过 T-SQL 环境下执行 SP_RENAME 系统存储过程进行，具体用法于后文详述。

(3) 删除数据库

通过右单击需要删除的数据库对象，在弹出的快捷菜单中选择“删除”，根据提示，可能需要选择同时关闭数据库连接再删除数据库。

需要注意的是，在进行删除数据库操作之前需要确认是否有最新的数据备份。

2.4 Python 与 SQL Server 管理基础

利用 Python 及第三方库，可实现 SQL Server 关系数据库的高效管理，包括通过非 SSMS 管理器进行数据库对象的创建、更改、删除、查询等。

2.4.1 连接 SQL Server 数据库

在 Python 环境下管理 SQL Server 数据库服务器，需要先安装 pymssql 第三方库。

```
#以下代码在 jupyter notebook 环境下执行
!pip install pymssql

#假设 SQL Server 数据库服务器的地址在 172.17.201.1，可连接并管理 SQL Server 服务器的账号、密码分别是 sa、1234
import pymssql #导入第三方库
conn = pymssql.connect("172.17.201.1", "sa", "1234") #设置连接实例
c = conn.cursor() #获取指针
```

2.4.2 创建 SQL Server 数据库

在成功连接并获取指针的情况下，可以开始创建 SQL Server 数据库。

```
conn.autocommit (True)
c.execute ("create database PyDatas") #执行在远程数据库服务器上创建PyDatas数据库的操作
conn.autocommit (False)
cursor.close () #关闭指针并释放资源
conn.close () #关闭连接对象
```

注意：pymssql 库规定对 database 的操作必须是在 autocommit 为 Ture 时进行。也就是在 execute 时会立即向数据库发出操作请求，而不是等待运行到 commit（）时再一起执行。

这样做的目的是保证对 Table 的新建、删除、插入数据等操作，其位置定位是准确的，也就是说在执行 Table 操作时整个数据库系统里的所有 database 名称都是固定的，不存在不确定的情况。

2.4.3 更改 SQL Server 数据库

对数据库对象的更新主要使用 ALTER DATABASE 语句完成。

```
conn.autocommit (True)
c.execute ("ALTER DATABASE PyDatas Modify Name = MyPydatas; ") #执行在远程数据库服务器上将Pydatas数据库名称更改为MyPydatas的操作
conn.autocommit (False)
cursor.close () #关闭指针并释放资源
conn.close () #关闭连接
```

利用 ALTER DATABSE 语言进行数据库对象管理还有其他众多参数，比如文件组匹配、数据库文件存放位置及名称、初始与最大文件尺寸等属性的更新，在此不再详细叙述，请参考 Microsoft SQL Server 官方技术文档。

2.4.4 查询 SQL Server 数据库

管理数据库对象，可通过 T-SQL 语句查询数据库对象的相关状态。

```
conn = pymssql.connect ("win10spocvm", "sa", "1234")
c = conn.cursor ()
c.execute (" SELECT name, size, size * 1.0/128 AS [Size in MBs] FROM sys.master_files WHERE name = N'PyDatasdat'; ") #请注意 PyDatasdat 并非数据库名称而是数据库逻辑名称。如图 2-45 (a) 所示。
rows = c.fetchall ()
for row in rows:
    print (row)
conn.commit ()
conn.close ()
——输出结果如图 2-45 (b) 所示。
```

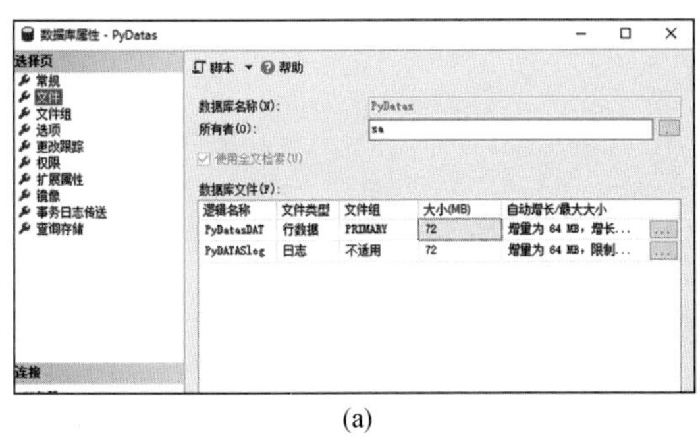

(a)

('PyDatasDAT', 9216, Decimal('72.000000'))

(b)

图 2-45

2.4.5　删除 SQL Server 数据库

删除 SQL Server 数据库主要使用的是 DROP DATABASE 语句。

```
conn.autocommit (True)
c.execute (" DROP DATABASE MYPYDATAS; ") #将远程数据库服务器的 MYPYDATAS 数据库删除
conn.autocommit (False)
c.close () #关闭指针并释放资源
conn.close () #关闭连接
```

利用 Python 及第三方库进行关系型网络数据库的管理还包括对数据库还原点、数据库物理存储位置的管理等，相关内容请参考 Python 及微软官方平台。

2.5 小　　结

本章主要介绍 SQL Server 的常用工具，特别是在 SSMS 的图形用户界面环境下，如何利用各种方案进行数据库的创建，以及对数据库的基础管理。通过本章学习，要求用户了解 SQL Server 常见实用程序，熟练掌握 SSMS 的操作方法，掌握 SQL Server 服务器属性的配置方法，熟练掌握 SQL Server 数据库的创建和基础管理，以及 Python 环境下如何利用第三方库进行关系型网络数据库的基础管理知识和技术，为之后的学习奠定基础。

第 3 章

数据表的创建与管理

在 SQL Server、MySQL 等数据库管理系统中，数据表是最重要、最经常操作与管理的对象。数据表是数据存储的基本单位，也是各种服务器、应用程序与数据库管理系统数据交互的主要对象，因此了解和掌握数据表以及表之间关系的设计、创建、应用和维护，对数据库管理工程师、数据分析师来说是极其重要的。

本章学习要点：

☑ 数据表概述

☑ 数据类型

☑ 数据表的创建与管理

☑ 数据表实现完整性约束

☑ 利用 Python 实现数据表管理

3.1 数据表概述

3.1.1 表的组件

表是包含数据库中所有数据的数据库对象。表定义是一个列集合。数据在表中的组织方式与在电子表格中相似，都是按行和列的格式组织的。通常情况下，每一行代表一条唯一的记录，每一列代表记录中的一个字段。例如，在包含学生数据的表中，每一行代表一名学生，各列分别代表该学生的信息，如学号、姓名、家庭住址、专业以及联系方式等。

数据表主要包括以下两种组件：

- 列：每一列代表由表建模的对象的某个属性，比如，一个员工表中有员工编号、员工姓名等；
- 行：每一行代表由表建模的对象的一个单独的实例，每个员工在员工表中都（必须）占一行，如图 3-1 所示。

SQL Server 等数据库系统中的数据表与 Excel 不同，Excel 工作表中的列名可能

雇员ID	姓名	姓氏	名字	职务	尊称	上级	层级	出生日期	雇用日期	地址	城市	地区	邮政编码
7	金士鹏	金	士鹏	销售代表	[illegible]	赵军	王伟|赵军|金士鹏	1960-05-29 00:00:00.000	1994-01-02 00:00:00.000	成府路 119 号	北京	华北	100345
3	李芳	李	芳	销售代表	女士	王伟	王伟|李芳	1973-08-30 00:00:00.000	1992-04-01 00:00:00.000	芍药园小区 78 号	北京	华北	198033
10	李元石	李	元石	销售代表	先生	赵军	王伟|赵军|李元石	1997-07-01 00:00:00.000	2021-02-02 00:00:00.000	凤湖路129号	福州	华东	350000
8	刘英玫	刘	英玫	内部销售协调员	女士	王伟	王伟|刘英玫	1969-01-09 00:00:00.000	1994-03-05 00:00:00.000	建国门 76 号	北京	华北	198105
6	孙林	孙	林	销售代表	先生	赵军	王伟|赵军|孙林	1967-07-02 00:00:00.000	1993-10-17 00:00:00.000	阜外大街 110 号	北京	华北	100678
2	王伟	王	伟	副总裁(销售)	博士		王伟	1962-02-19 00:00:00.000	1992-08-14 00:00:00.000	罗马花园 890 号	北京	华北	109801
9	张雪眉	张	雪眉	销售代表	女士	赵军	王伟|赵军|张雪眉	1969-07-02 00:00:00.000	1994-11-15 00:00:00.000	永安路 678 号	北京	华北	100056
1	张颖	张	颖	销售代表	女士	王伟	王伟|张颖	1968-12-08 00:00:00.000	1992-05-01 00:00:00.000	复兴门 245 号	北京	华北	100098
5	赵军	赵	军	销售经理	先生	王伟	王伟|赵军	1965-03-04 00:00:00.000	1993-10-17 00:00:00.000	学院路 78 号	北京	华北	100090
4	郑建杰	郑	建杰	销售代表	先生	王伟	王伟|郑建杰	1968-09-19 00:00:00.000	1993-05-03 00:00:00.000	前门大街 789 号	北京	华北	198052

图 3-1　表的基本结构

会出现重复的情况，在一般情况下不影响数据的存储和查阅，但是若存在统计汇总、排序，则可能需要以另外一种方式来区别不同的列，如 Excel 中会在原有名称后加上“2”“3”……如果将 Excel 工作表导入 SQL Server 系统中，第一列之后的重复名称将会在末尾被标注上“1”“2”……如图 3-2 所示。

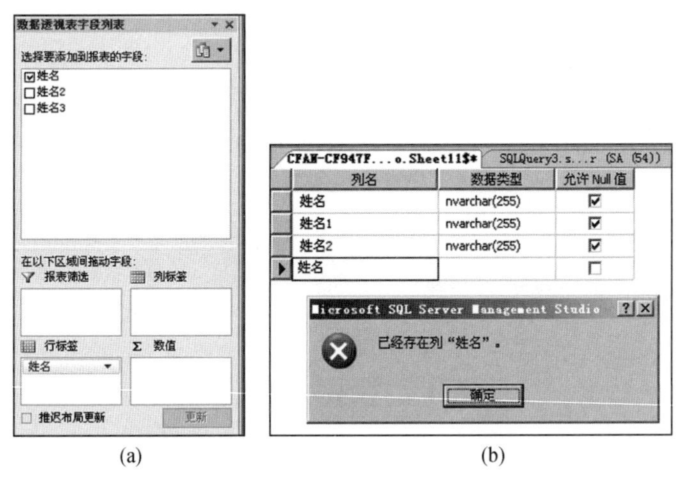

(a)　　　　(b)

图 3-2　Excel 与 SQL Server 的列规范

3.1.2　表的类型

SQL Server 数据库中，主要有五种表：系统表、用户表、临时表、已分区表和宽表。

1. 系统表

SQL Server 将定义服务器配置及其所有表的数据存储在一组特殊的表中，这组表称为系统表。

需要注意的是，SQL Server 数据库引擎系统表已作为只读视图（视图实际上是数据表的一种特殊表现形式，将在数据库对象中详述）实现，目的是保证 SQL Server 的向后兼容性。用户无法直接使用这些系统表中的数据。一般建议通过能够返回 SQL Server 数据库引擎使用信息的目录视图来完成查看，如图 3-3 所示。

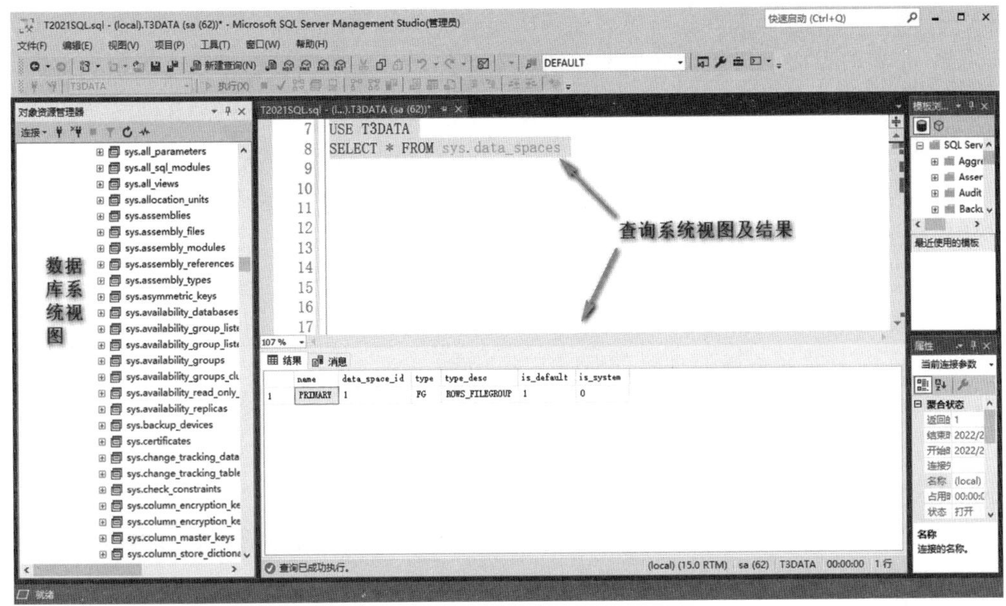

图 3-3

2. 用户表

用户登录系统后，通过手工创建、外部数据导入等方式创建的表是用户表。用户表的创建、管理和应用是本教程的重点内容之一。

3. 临时表

临时表有两种类型：本地表和全局表。在与首次创建或引用表时相同的 SQL Server 实例连接期间，本地临时表只对创建者是可见的。当用户与 SQL Server 实例断开连接后，将删除本地临时表。全局临时表在创建后对任何用户和任何连接都是可见的，当引用该表的所有用户都与 SQL Server 实例断开连接后，将删除全局临时表。

临时表的创建和应用将于后文详述。

4. 已分区表

在维护数据集合完整性的前提下，已分区表是将数据水平划分为多个单元的表，而多组行映射到单个分区，这些单元可以分布到数据库中的多个文件组中。对数据进行查询或更新时，表被看作单个逻辑实体，所以使用分区可以快速而有效地访问或管理数据子集，从而使大型表或索引更易于管理。

在分区方案下，将数据从 OLTP（联机业务处理，主要对数据进行增、删、改）中加载到 OLAP（联机分析处理，主要对数据进行查询分析）中这样的操作只需几秒钟，而不是像在早期版本中那样需要几分钟或几小时。对数据子集执行的维护操作也将更有效，因为它们的目标只是所需的数据，而不是整个表。

如果表非常大或者有可能变得非常大，并且属于下列任一情况，那么已分区表将很有意义：

- 表中包含或可能包含以不同方式使用的许多数据。
- 对表的查询或更新没有按照预期的方式执行，或者维护开销超出了预定义的维护期。

SQL Server 已分区表支持所有与设计和查询标准表关联的属性和功能，包括约束、默认值、标识和时间戳值、触发器和索引。因此，如果要实现一台服务器本地的分区视图，应该改为实现已分区表。

5. 宽表

宽表是定义了列集的表。宽表使用稀疏列，从而将表可以包含的总列数增加为 30000 列，索引数和统计信息数分别增加为 1000 个和 30000 个，宽表行的最大大小为 8019 个字节。因此，任何特定行中的大部分数据都应为 Null。若要创建宽表或将表改为宽表，请在相应表定义中添加列集。宽表中非稀疏列和计算列的列数之和不得超过 1024 列。

通过使用宽表，可以在应用程序中创建灵活的架构，可以根据需要随时添加或删除列。请注意，使用宽表时会遇到独特的性能注意事项，如运行和编译时内存需求增大。

3.2 数据类型

在 SQL Server 中，每个列、局部变量、表达式和参数都和一个具体的数据类型相关联。用户设计表时首先要执行的操作之一是为每个列的数据指派一种数据类型。数据类型是表中数据的一种属性，用于指定数据对象可设置的类别。即使用户创建自定义数据类型，也必须基于一种标准的 SQL Server 数据类型，如图 3-4 所示。

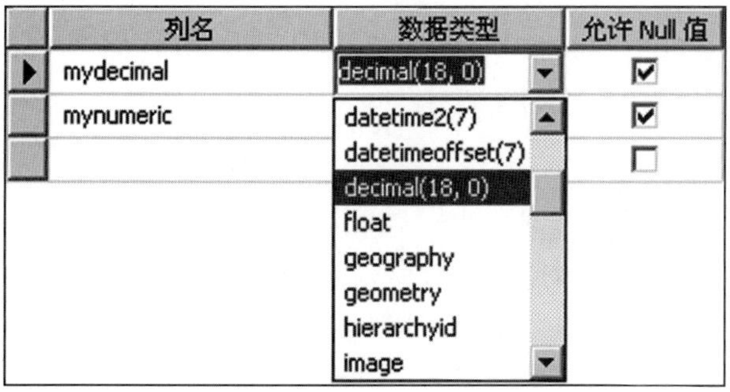

图 3-4

数据类型的选择首先会影响存储数据的可能性，比如将字段“工资”设置为日期型，那么输入的数据将无法应用于将来的工资统计；其次，数据类型的选择将影响数据表和数据库对磁盘资源、CPU 资源和内存资源的占用，从优化服务器性能的角度看，数据类型的选择至关重要。

数据类型的具体用法不在本章说明，之后各章都会详细阐述，并与本章形成呼应。

根据数据类型来源的不同，SQL Server 将数据类型划分为两类：系统数据类型和用户自定义数据类型。

3.2.1　系统数据类型

SQL Server 提供了系统数据类型集，该类型集定义了可与 SQL Server 一起使用的所有数据类型，共有 7 大类、33 种。

1. 精确数字类型

精确数字类型是常用的数据类型之一，用来存储精确的、精度固定的数值，可直接进行数据运算而不需要运算前的函数转换。它又可分为整数数据的精确数字数据类型、带固定精度和小数位数的精确数字数据类型、代表货币或货币值的数据类型。

(1) 整数数据的精确数字数据类型

整数数据的精确数字数据类型定义如表 3-1 所示。

表 3-1　整数数据的精确数字数据类型

实用工具	说明	
数据类型	范围	存储大小
bigint	-2^{63}（－9，223，372，036，854，775，808）到 $2^{63}-1$（9，223，372，036，854，775，807）	8 字节，其中一个二进制位表示符号，其他 63 个二进制位表示长度和大小
int	-2^{31}（－2，147，483，648）到 $2^{31}-1$（2，147，483，647）	4 字节，其中一个二进制位表示符号，其他 31 个二进制位表示长度和大小
smallint	-2^{15}（－32，768）到 $2^{15}-1$（32，767）	2 字节，其中一个二进制位表示整数值的正负号，其他 15 个二进制位表示长度和大小
tinyint	0 到 255	1 字节

解释说明如下：

- int 数据类型是 SQL Server 中的主要整数数据类型。bigint 数据类型用于整数值可能超过 int 数据类型支持范围的情况。
- 在数据类型优先次序表中，bigint 介于 smallmoney 和 int 之间。
- 仅当参数表达式为 bigint 数据类型时，函数才返回 bigint。SQL Server 不会自动将其他整数数据类型（tinyint、smallint 和 int）提升到 bigint。

> 注意：使用 +、-、*、/ 或 % 等算术运算符将 int、smallint、tinyint 或 bigint 常量值隐式或显式转换为 float、real、decimal 或 numeric 数据类型时，SQL Server 在计算数据类型和表达式结果的精度方面所应用的规则有所不同，这取决于查询是否是自动参数化的。
>
> 因此，查询中的类似表达式有时可能会生成不同的结果。如果查询不是自动参数化的，则将常量值转换为指定的数据类型之前，首先将其转换为 numeric，该数据类型的精度很大，足以保存常量的值。例如，常量值 1 转换为 numeric (1, 0)，常量值 250 转换为 numeric (3, 0)。
>
> 如果查询是自动参数化的，则将常量值转换为最终数据类型之前，始终先将其转换为 numeric (10, 0)。如果涉及运算符，则对于类似查询而言，不仅结果类型的精度可能不同，而且结果值也可能不同。例如，包含表达式 SELECT CAST (1.0/ 7 AS float) 的自动参数化查询的结果值将不同于非自动参数化的同一查询的结果值，因为自动参数化查询的结果将被截断以适合 numeric (10, 0) 数据类型。

（2）带固定精度和小数位数的精确数字数据类型

带固定精度和小数位数的精确数字数据类型也属于浮点数据类型，它的格式定义如下：

decimal [(p [, s])] 和 numeric [(p [, s])]

解释说明如下：

- p（精度）：最多可以存储的十进制数字的总位数，包括小数点左边和右边的位数。该精度必须是从 1 到最大精度 38 之间。默认精度为 18。

- s（小数位数）：小数点右边可以存储的十进制数字的位数。从 p 中减去此数字可确定小数点左边的最大位数。小数位数必须是从 0 到 p 之间的值。仅在指定精度后才可以指定小数位数。默认的小数位数为 0，因此，$0 \leqslant s \leqslant p$。最大存储大小随精度的变化而变化。精度与存储字节数如表 3-2 所示。

表 3-2　精度与存储字节数

精度	存储大小
1—9	5 字节
10—19	9 字节
20—28	13 字节
29—38	17 字节

转换 decimal 和 numeric 数据说明如下：

- 对于 decimal 和 numeric 数据类型，SQL Server 会将精度和小数位数的每个特定组合视为不同的数据类型。例如，将 decimal (5, 5) 和 decimal (5, 0) 视为不同的数据类型。

- 在 T-SQL 语句中，带有小数点的常量将自动转换为 numeric 数据，而且使用必需的最小精度和小数位数。例如，常量 12.345 被转换为精度为 5、小数位数为 3 的 numeric 值。
- 从 decimal 或 numeric 转换为 float 或 real 会导致精度降低。从 int、smallint、tinyint、float、real、money 或 smallmoney 转换为 decimal 或 numeric 会导致溢出。
- 默认情况下，将数字转换为较低精度和小数位数的 decimal 或 numeric 值时，SQL Server 会进行舍入。但如果 SET ARITHABORT 选项为 ON，则发生溢出时，SQL Server 会产生错误。若仅降低精度和小数位数，则不会产生错误。
- 在将 float 值或实数值转换为 decimal 或 numeric 类型时，decimal 值不会超过 17 位小数。任何小于 5E-18 的 float 值总是会转换为 0。

(3) 代表货币或货币值的数据类型

该类数据类型的定义如表 3-3 所示。

表 3-3　货币数据类型

数据类型	范围	存储大小
money	－922，337，203，685，477.5808 到 922，337，203，685，477.5807	8 字节
smallmoney	－214，748.3648 到 214，748.3647	4 字节

解释说明如下：

- money 和 smallmoney 数据类型精确到它们所代表的货币单位的万分之一。
- 用句点分隔局部货币单位（如美分）和总体货币单位。例如，2.15 表示 2 美元 15 美分。
- 这些数据类型可以使用如表 3-4 所示的任意一种货币符号。

货币数据不需要用单引号（'）引起来。虽然用户可以指定前面带有货币符号的货币值，但在 SQL Server 中不存储任何与符号关联的货币信息，它只存储数值。具体表现将在有关数据操作的章节中详述。

2. 近似数值类型

近似数值类型是用于表示浮点数值数据的大致数值数据类型。浮点数据为近似值，因此，并非数据类型范围内的所有值都能精确地表示。其定义如表 3-5 所示。

表 3-4　货币符号

序号	货币	十六进制值
$	美元符	0024
¢	美分符	00A2
£	英镑符	00A3
¤	货币符号	00A4
¥	日元符	00A5
৲	孟加拉卢比标记	09F2
৳	孟拉加卢比符	09F3
฿	泰国货币符铢	0E3F
៛	高棉货币符瑞尔	17DB
₠	欧洲货币符号	20A0
₡	科隆符	20A1
₢	克鲁赛罗符	20A2
₣	法国法郎符	20A3
₤	里拉符	20A4
₥	米尔符	20A5
₦	奈拉符	20A6
₧	比塞塔符	20A7
₨	卢比符	20A8
₩	朝鲜元符	20A9
₪	新谢克尔符	20AA
₫	越南盾符	20AB
€	欧元符	20AC
₭	Kip 符	20AD
₮	图格里克符	20AE
₯	希腊币符	20AF
₰	德国便士符	20B0
₱	比索符	20B1
﷼	里亚尔符	FDFC
﹩	小美元符	FE69
＄	全角美元符	FF04
￠	全角美分符	FFE0
￡	全角英镑符	FFE1
￥	全角日元符	FFE5
￦	全角朝鲜元符	FFE6

表 3-5　近似数值类型

数据类型	范围	存储大小
float	－1.79E ＋ 308 至 －2.23E － 308、0 以及 2.23E － 308 至 1.79E ＋ 308	取决于 n 的值
real	－3.40E ＋ 38 至 －1.18E － 38、0 以及 1.18E － 38 至 3.40E ＋ 38	4 字节

解释说明如下：

float [(*n*)]：*n* 为用于存储 float 数值尾数的位数（以科学计数法表示），因此可以确定精度和存储大小。*n* 必须介于 1 和 53 之间，默认值为 53，如表 3-6 所示。

表 3-6　精度与存储空间

n 的值	精度	存储大小
1—24	7 位数	4 字节
25—53	15 位数	8 字节

SQL Server 将 *n* 视为两个可能的值：如果 $1 \leqslant n \leqslant 24$，则 *n* 为 24；如果 $25 \leqslant n \leqslant 53$，则 *n* 为 53。

3. 日期和时间类型

SQL Server 支持的日期和时间类型见表 3-7。

表 3-7　日期与时间类型

数据类型	格式	范围	精确度	存储大小	用户定义的秒的小数精度	时区偏移量
time	hh：mm：ss [. nnnnnnn]	00：00：00.0000000 到 23：59：59.9999999	100 纳秒	3 到 5 字节	有	无
date	YYYY-MM-DD	0001-01-01 到 9999-12-31	1 天	3 字节	无	无
smalldatetime	YYYY-MM-DD hh：mm：ss	1900-01-01 到 2079-06-06	1 分钟	4 字节	无	无
datetime	YYYY-MM-DD hh：mm：ss [. nnn]	1753-01-01 到 9999-12-31	0.00333 秒	8 字节	无	无
datetime2	YYYY-MM-DD hh：mm：ss [. nnnnnnn]	0001-01-01 00：00：00.0000000 到 9999-12-31 23：59：59.9999999	100 纳秒	6 到 8 字节	有	无
datetimeoffset	YYYY-MM-DD hh：mm：ss [. nnnnnnn] [+ | -] hh：mm	0001-01-01 00：00：00.0000000 到 9999-12-31 23：59：59.9999999（以 UTC 时间表示）	100 纳秒	8 到 10 字节	有	有

（1）date

date 可存储用字符串表示的日期数据，字符长度是 10 位，存储大小固定为 3 字节，精确度是 1 天。可定义从 0001-01-01 到 9999-12-31 的任意日期值。默认值是 "1900-01-01"。默认的字符串格式是 "YYYY-MM-DD"，如 "2021-01-01"。

- YYYY 是表示年份的四位数字，范围为 0001 到 9999。
- MM 是表示指定年份中的月份的两位数字，范围为 01 到 12。
- DD 是表示指定月份中的某一天的两位数字，范围为 01 到 31（最高值取决于具体月份）。

data 数据类型除了有符合 ISO 8601 标准的默认字符串格式，还可以有其他一些表示方式：

- mdy 属于数字日期格式，[m] m、dd 和 [yy] yy 在字符串中表示月、日和年，使用斜线（/）、连字符（—）或句点（.）作为分隔符。
- mon [dd] [,] 属于字母格式的日期型表示方法。yyyymon 表示采用当前语言的完整月份名称或月份缩写。逗号是可选的，且忽略大小写。为避免不确定性，一般尽可能使用四位数年份。如果没有指定日，则默认为当月第一天。

（2）datetime

datetime 用于存储日期和时间数据，如“2021-11-11 00：00：00”。默认值是“1900-01-01 00：00：00”，字符长度范围为 19 到 23，存储大小是 8 字节。日期范围是 1753-01-01 到 9999-12-31，时间范围是 00：00：00 到 23：59：59.997。

- YYYY 是表示年份的四位数字，范围为 1753 到 9999。
- MM 是表示指定年份中的月份的两位数字，范围为 01 到 12。
- DD 是表示指定月份中的某一天的两位数字，范围为 01 到 31（最高值取决于相应月份）。
- hh 是表示小时的两位数字，范围为 00 到 23。
- mm 是表示分钟的两位数字，范围为 00 到 59。
- ss 是表示秒钟的两位数字，范围为 00 到 59。
- n* 为一个 0 到 3 位的数字，范围为 0 到 999，表示秒的小数部分。

datetime 秒的小数部分精度的舍入如表 3-8 所示。

表 3-8　dateitme 秒的小数部分精度

用户指定的值	系统存储的值
01/01/98 23：59：59.999	1998-01-02 00：00：00.000
01/01/98 23：59：59.995 01/01/98 23：59：59.996 01/01/98 23：59：59.997 01/01/98 23：59：59.998	1998-01-01 23：59：59.997
01/01/98 23：59：59.992 01/01/98 23：59：59.993 01/01/98 23：59：59.994	1998-01-01 23：59：59.993
01/01/98 23：59：59.990 01/01/98 23：59：59.991	1998-01-01 23：59：59.990

（3）datetime2

datetime2 定义了结合 24 小时制时间的日期，是 datetime 的扩展，数据范围更大，默认的小数精度更高，并具有可选的用户定义的精度。默认值是“1900-01-01 00：00：00”。默认的字符串文字格式是“YYYY-MM-DD hh：mm：ss [. fractional seconds]”，日期部分取值范围是 0001-01-01 到 9999-12-31，时间部分取值范围 00：00 到 23：59：59. 9999999，明显要比 datetime 数据类型更加精确。字符长度最低 19 位（YYYY-MM-DD hh：mm：ss），最高 27 位（YYYY-MM-DD hh：mm：ss 0000000），默认精度为 7 位，可选 0—7，准确度为 100ns。存储大小分为：

- 精度小于 3 时为 6 字节。
- 精度为 3 和 4 时为 7 字节。
- 其他精度则需要 8 字节。

此数据类型为新增类型（相比 SQL Server 2000，除非特别说明，下同）。

（4）datetimeoffset

datetimeoffset 用于定义一个与采用 24 小时制并可识别时区的一日内时间相组合的日期。默认值是“1900-01-01 00：00：00 00：00”，默认格式是“YYYY-MM-DD hh：mm：ss [. nnnnnnn] [{+｜-} hh：mm]”，其中“{+｜-} hh：mm”代表时区偏移量。日期部分的取值范围是 0001-01-01 到 9999-12-31，时间部分的取值范围是 00：00：00 到 23：59.59. 9999999，时区偏移量的取值范围是-14：00 到+14：00。

- YYYY 是表示年份的四位数字，范围为 0001 到 9999。
- MM 是表示指定年份中的月份的两位数字，范围为 01 到 12。
- DD 是表示指定月份中的某一天的两位数字，范围为 01 到 31（最高值取决于相应月份）。
- hh 是表示小时的两位数字，范围为 00 到 23。
- mm 是表示分钟的两位数字，范围为 00 到 59。
- ss 是表示秒钟的两位数字，范围为 00 到 59。
- n* 是 0 到 7 位数字，范围为 0 到 9999999，它表示秒的小数部分。
- hh 是两位数，范围为-14 到+14。
- mm 是两位数，范围为 00 到 59。

例如，“2021-11-11 23：59：59 +08：00”表示存储的是北京时区 2021 年 11 月 11 日 23 时 59 分 59 秒的数据。

此数据类型为新增类型。

（5）smalldatetime

smalldatetime 定义了结合一天中的时间的日期。此时间为 24 小时制，秒始终为零（：00），并且不带秒小数部分。默认值是“1900-01-01 00：00：00”。日期部分的取值范围是 1900-01-01 到 2079-06-06，时间部分的取值范围是 00：00：00 到 23：59：59，默认格式是“YYYY-MM-DD hh：mm：ss”。

需要注意的是，smalldatetime 数据类型的日期取值范围只能到 2079-06-06，加上时间的取值上限23：59：59将会被取舍，比如2021-11-11 23：59：59的日期将被其取舍为2021-11-12 00：00：00，所以在一些战略性数据的存储方面还是推荐使用如time、date、datetime2和datetimeoffset等数据类型，更易于移植，如datetimeoffset就适合于为跨大区域的应用程序部署提供时区支持。

（6）time

time定义一天中的某个时间。此时间不能感知时区且基于24小时制。默认的字符串格式是“hh：mm：ss［.nnnnnnn］”，取值范围是00：00：00.0000000到23：59：59.9999999，默认值是00：00：00，字符长度最小为8位（hh：mm：ss），最大为16位（hh：mm：ss.nnnnnnn）。默认存储大小为固定5个字节，是使用默认的100ns的小数部分精度时的默认存储大小。

4. 字符串类型

字符串类型也是SQL Server中最常用的数据类型之一，用于存储各种字符、数字符号、特殊符号，在使用时一般在前后加上半角单引号或双引号。如果没有在数据定义或变量声明语句中指定n，则默认长度为1。如果在使用CAST和CONVERT函数时未指定n，则默认长度为30。

字符串类型主要分为以下两类：

（1）长度固定的字符串数据类型

- char［（n）］：固定长度，非Unicode字符串数据。n定义字符串长度，取值范围是1至8，000。存储大小为n字节。当排序规则代码页使用双字节字符时，存储大小仍为n字节。n字节的存储大小可能小于为n指定的值。若输入的长度小于设定的n，系统自动在其后面添加空格来填满设定好的空间；若超过设定的n，则会截除超出的部分。
- nchar［（n）］：固定长度，Unicode字符串数据。n定义字符串长度，取值范围为1至4，000。存储大小为n字节的两倍。当排序规则代码页使用双字节字符时，存储大小仍然为n字节。根据字符串的不同，n字节的存储大小可能小于为n指定的值。

（2）长度可变的字符串数据类型

- varchar［（n | max）］：可变长度，非Unicode字符串数据。n定义字符串长度，取值范围为1至8，000。max指示最大存储大小是2^{31}—1字节（2 GB）。存储大小为输入的实际数据长度+2字节。
- nvarchar［（n | max）］：可变长度，Unicode字符串数据。n定义字符串长度，取值范围为1至4，000。max指示最大存储大小是2^{31}—1字节（2 GB）。存储大小（以字节为单位）是所输入数据实际长度的两倍+2字节。

5. Unicode字符串

Unicode字符串主要有三种，nchar和nvarchar已经在字符串数据类型中进行了阐述。还有一种是ntext，是长度可变的Unicode数据，字符串最大长度为2^{30}－1（1，073，741，823）字节。存储大小是所输入字符串长度的两倍（以字节为单位）。

> 注意：在 SQL Server 的未来版本中将不再使用 ntext、text 和 image 数据类型。请避免在新开发工作中使用这些数据类型，并考虑修改当前已使用这些数据类型的应用程序。请改用 nvarchar (max)、varchar (max) 和 varbinary (max)，用于存储大型非 Unicode 字符串、Unicode 字符串及二进制数据的固定长度数据类型和可变长度数据类型。Unicode 数据使用 UNICODEUCS-2 字符集。

6. 二进制字符串类型

二进制字符串类型分为固定长度或可变长度的 Binary 数据类型。

(1) binary [(n)]

binary [(n)] 是长度为 n 字节的固定长度二进制数据，存储大小为 n 字节，n 是从 1 到 8000 的值。

(2) varbinary [(n | max)]

varbinary [(n | max)] 是可变长度二进制数据。n 的取值范围为 1 至 8000。max 指示最大存储大小是 $2^{31}-1$ 字节。存储大小为所输入数据的实际长度+2 字节。所输入数据的长度可以是 0 字节。

7. 其他数据类型

(1) cursor

在创建表时，不能对表中的列使用 cursor 数据类型。

cursor 是包含变量或存储过程输出参数的一种数据类型，这些参数包含对游标的引用。使用 cursor 数据类型创建的变量可以为空。有些操作可以引用那些带有 cursor 数据类型的变量和参数，这些操作包括：

- DECLARE@local_variable 和 SET@local_variable 语句。
- OPEN、FETCH、CLOSE 及 DEALLOCATE 游标语句。
- 存储过程输出参数。
- CURSOR_STATUS 函数。
- sp_cursor_list、sp_describe_cursor、sp_describe_cursor_tables 以及 sp_describe_cursor_columns 系统存储过程。

(2) timestamp

timestamp 是记录数据变更的一个唯一的二进制数值的数据类型，相当于做了一个版本的记录，因此，还有 rowversion 与之相对应，二者的数据类型完全一样。存储大小为 8 字节，只是数值递增，不保留日期或时间。

每个数据库都有一个计数器，当对数据库中包含 rowversion 列的表执行插入或更新操作时，该计数器值就会增加。此计数器是数据库行版本。这可以跟踪数据库内的相对时间，而不是时钟相关联的实际时间。一个表只能有一个 rowversion 列。每次修改或插入包含 rowversion 列的行时，就会在 rowversion 列中插入经过增量的数据库行版本值。这一属性使 rowversion 列不适合作为键使用，尤其是不能作为主键使用。

对行的任何更新都会更改行版本值，从而更改键值。如果该列属于主键，那么旧的键值将无效，进而引用该旧值的外键也将不再有效。如果该表在动态游标中引用，则所有更新均会更改游标中行的位置。如果该列属于索引键，则对数据行的所有更新还将导致索引更新。

在SSMS的资源管理器中，当对表进行设计时，只能使用timestamp作为列类型，并且要指定一个列名，但是使用T-SQL创建表格时，可不为timestamp类型字段命名，该列名称自动设置为timestamp。不过，在T-SQL中还可以使用rowversion，并且一定要为该数据类型的列设置列名，但在用资源管理器对表进行设计时，使用rowversion数据类型的列的类型会标识为timestamp数据类型。

在今后的SQL Server版本中，可能会删除timestamp数据类型（但是SQL Server 2012中该数据类型还存在）。

若要记录数据的更改日期和时间，建议使用datetime2。

（3）hierarchyid

hierarchyid是一种长度可变的系统数据类型。可使用hierarchyid表示层次结构中的位置。类型为hierarchyid的列不会自动表示树。由应用程序来生成和分配hierarchyid值，使行与行之间的关系反映在这些值中。

hierarchyid值表示树层次结构中的位置，具有以下属性：

- 非常紧凑

在具有n个节点的树中，一个节点所需的平均位数取决于平均端数（节点的平均子级数）。端数较小时（0—7），大小约为6 * logAn位，其中A是平均端数。对于平均端数为6级、包含100，000个人的组织层次结构，一个节点大约占38位。存储时，此值向上舍入为40位，即5字节。

- 按深度优先顺序进行比较

给定两个hierarchyid值a和b，a<b表示在对树进行深度优先遍历时，先找到a，后找到b。hierarchyid数据类型的索引按深度优先顺序排序，在深度优先遍历中相邻节点的存储位置也相邻。例如，一条记录的子级的存储位置与该记录的存储位置是相邻的。有关详细信息，请参阅使用hierarchyid数据类型（数据库引擎）。

- 支持任意插入和删除

使用GetDescendant方法，始终可以在任意给定节点的右侧、左侧或任意两个同级节点之间生成同级节点。在层次结构中插入或删除任意数目的节点时，该比较属性保持不变。大多数插入和删除操作都保留了紧凑性属性。但是，对于在两个节点之间执行的插入操作，所产生的hierarchyid值的表示形式在紧凑性方面将稍微降低。

- 存在编码限制

hierarchyid数据类型所用的编码限制为892字节。因此，如果节点的表示形式中包含过多级别，以至于892字节不足以容纳它，则该节点不能用hierarchyid数据类型表示。

hierarchyid数据类型对层次结构树中有关单个节点的信息进行逻辑编码的方法

是：对从树的根目录到该节点的路径进行编码。这种路径在逻辑上表示为一个在根之后被访问的所有子级的节点标签序列。表示形式以一条斜杠开头，只访问根的路径用单条斜杠表示。对于根以下的各级，各标签编码为由点分隔的整数序列。子级之间的比较就是按字典顺序比较由点分隔的整数序列。每个级别后面紧跟着一个斜杠。因此，斜杠将父级与其子级分隔开。例如，以下是长度分别为 1 级、2 级、2 级、3 级和 3 级的有效 hierarchyid 路径：

- /
- /1/
- /0.3.－7/
- /1/3/
- /0.1/0.2/

可在任何位置插入节点。插入在/1/2/之后、/1/3/之前的节点可表示为/1/2.5/。插入在 0 之前的节点的逻辑表示形式为一个负数，如/1/1/之前的节点可表示为/1/－1/。节点不能有前导零，如/1/1.1/有效，但/1/1.01/无效。

该数据类型用于层次型特征的组织结构、产品分类等，将在后文详述。

（4）uniqueidentifier

uniqueidentifier 数据类型是一个 16 字节的 GUID，即全局唯一标识符。GUID 是唯一的二进制数。世界上的任何两台计算机都不会生成重复的 GUID 值。GUID 主要用于拥有多个节点、多台计算机的网络中，分配必须具有唯一性的标识符。

uniqueidentifier 列的 GUID 值通常通过下列任意一种方式获取：

- 在 T-SQL 语句、批处理或脚本中调用 NEWID 函数。
- 在应用程序代码中，调用返回 GUID 的应用程序 API 函数或方法。

uniqueidentifier 的用处越来越多，比如产生不可重复的数据标识、随机密钥、随机排序与选择等，不同于 timestamp 或 rowversion，前者产生真正的随机序列，而后者可看作一种伪随机，如图 3-5 所示。

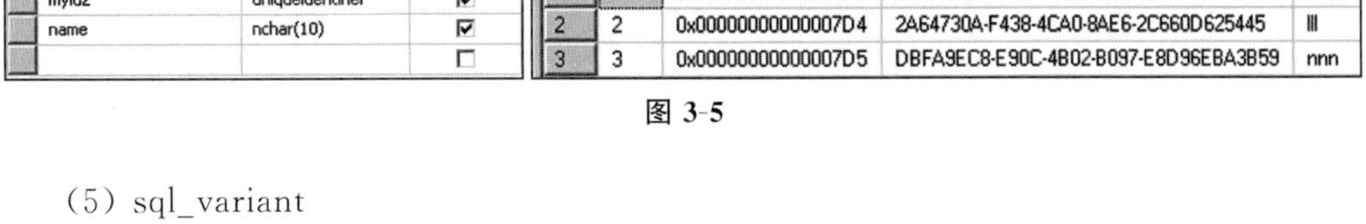

列名	数据类型	允许 Null 值
myid	int	☐
myrv	timestamp	☐
myid2	uniqueidentifier	☑
name	nchar(10)	☑
		☐

结果　消息

	myid	myrv	myid2	name
1	1	0x00000000000007D3	C453EDEF-9C0F-4813-A6D7-AB70B77752B2	kkk
2	2	0x00000000000007D4	2A64730A-F438-4CA0-8AE6-2C660D625445	lll
3	3	0x00000000000007D5	DBFA9EC8-E90C-4B02-B097-E8D96EBA3B59	nnn

图 3-5

（5）sql_variant

sql_variant 能够存储 SQL Server 支持的各种数据类型的值，可以用在列、参数、变量和用户定义函数的返回值中。sql_variant 使这些数据库对象能够支持其他数据类型的值。类型为 sql_variant 的列可能包含不同数据类型的行。例如，定义为 sql_variant 的列可以存储 int、binary 和 char 值。

sql_variant 的最大长度可以是 8016 字节。这包括基类型信息和基类型值。实际基类型值的最大长度是 8000 字节。

sql_variant 能够存储的数据类型如表 3-9 所示。

表 3-9　sql_variant 存储数据类型

varchar (max)	varbinary (max)
nvarchar (max)	xml
text	ntext
image	rowversion (timestamp)
sql_variant	geography
hierarchyid	geometry
用户定义类型	datetimeoffset

(6) xml

xml 是可用来存储 XML 数据的数据类型。可以在列中或者 XML 类型的变量中存储 XML 实例，实例大小不能超过 2GB。

(7) table

table 是一种特殊的数据类型，用于存储结果集以进行后续处理。table 主要用于临时存储一组作为表值函数的结果集返回的行。可将函数和变量声明为 table 类型。table 变量可用于函数、存储过程和批处理中，可以提高查询或其他应用的效率。

(8) 空间类型

SQL Server 空间类型有两种：geography 和 geometry，这两种数据类型包括已用于在 OGC 中所定义的地理数据的已知文本（well known text，WKT）以及已知二进制（well known binary，WKB）格式导入和导出数据的方法，还包括普遍使用的地理标示语言（geographic markup language，GML）格式，这使得很容易从支持这些格式的数据源导入地理数据。地理数据很容易从一些政府和商业数据源获得，并且可以相对容易地从许多现有的 GIS 应用程序和 GPS 系统中导出。数据库中有了空间数据，就可以对数据展开空间计算、统计、分析等，与 GIS 客户端结合完成各种简单的空间计算、分析。

在实际应用过程中一般会结合类似 share2SQL、sqlSpatrial Query Tools 等专业工具进行分析和应用，如图 3-6 所示。

> 注意：在 SQL Server 中，根据其存储特征，某些数据类型被指定为属于下列各组：
>
> 大值数据类型：varchar (max)、nvarchar (max) 和 varbinary (max)
>
> 大型对象数据类型：text、ntext、image、varchar (max)、nvarchar (max)、varbinary (max) 和 xml

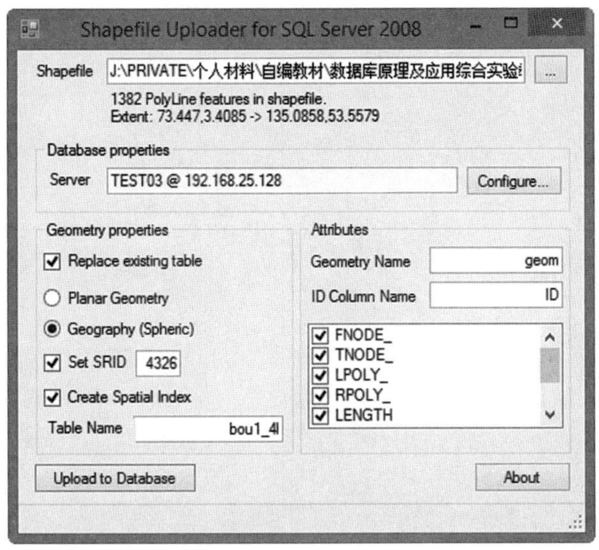

图 3-6

3.2.2　用户自定义数据类型

为了扩展 SQL Server 的应用范围，增强编程过程中的灵活性，SQL Server 也提供了用户自定义数据类型（user defined data types，UDDTs），使得数据库开发人员可根据实际情况定义符合自己应用开发需求的数据类型，使得数据管理和应用过程更加高效。

用户自定义数据类型是建立在 SQL Server 系统类型基础上的。定义后虽然使用起来比较便利，但是需要大量的性能开销，因此在是否选择自定义数据类型时一定要慎重。

自定义数据类型需要指定该类型的名称、所基于的数据类型以及是否允许为空等。

在 SSMS 的对象资源管理器中，展开某数据库的“可编程性”节点，右单击“类型”节点下的“用户定义数据类型”子节点，选择快捷菜单中的“新建用户定义数据类型”，如图 3-7 所示。

自定义数据类型完成后，在设计数据表时就可以加以引用了，如图 3-8 所示。

可以对用户自定义数据类型进行删除和扩展相关属性的操作，但是，如果数据库中的表正在使用用户自定义数据类型，即对该自定义数据类型存在依赖关系，那么是不能被删除的，如图 3-9 所示。

3.2.3　Excel 数据类型与 SQL Server 数据表

作为客户端与 SQL Server 数据库系统良好互动的工具，Excel 的数据类型选择将对后期的数据转换、数据处理、数据分析关系重大。

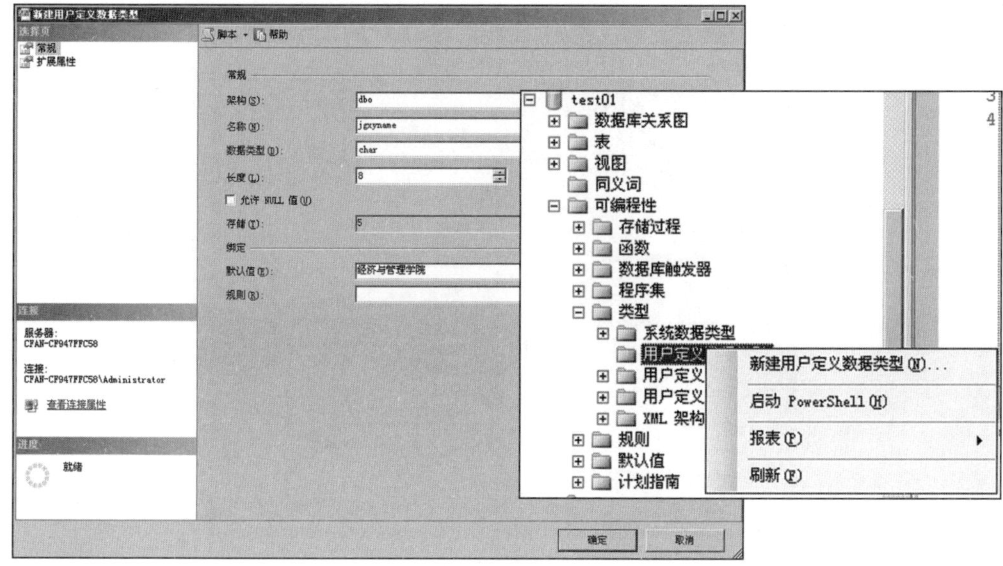

图 3-7

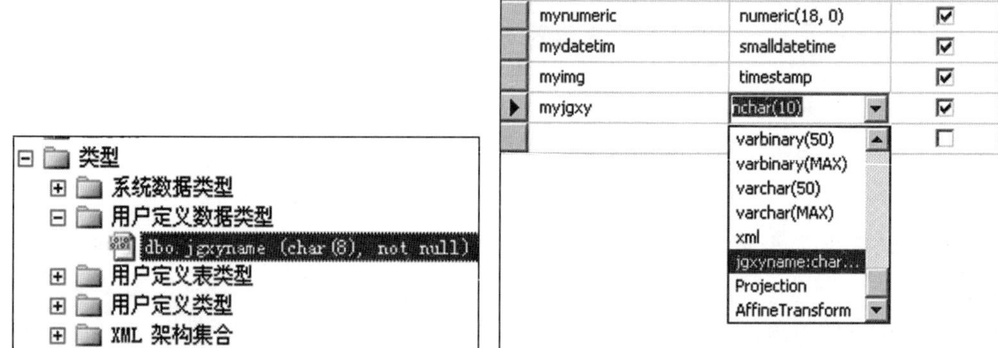

图 3-8

在 Excel 中对数据类型的选择比较简单，先选中要定义数据类型的单元格范围，在“开始”的条带式工具栏上的数据类型下拉列表或者快捷图标中即可设置数据类型，如图 3-10 所示。

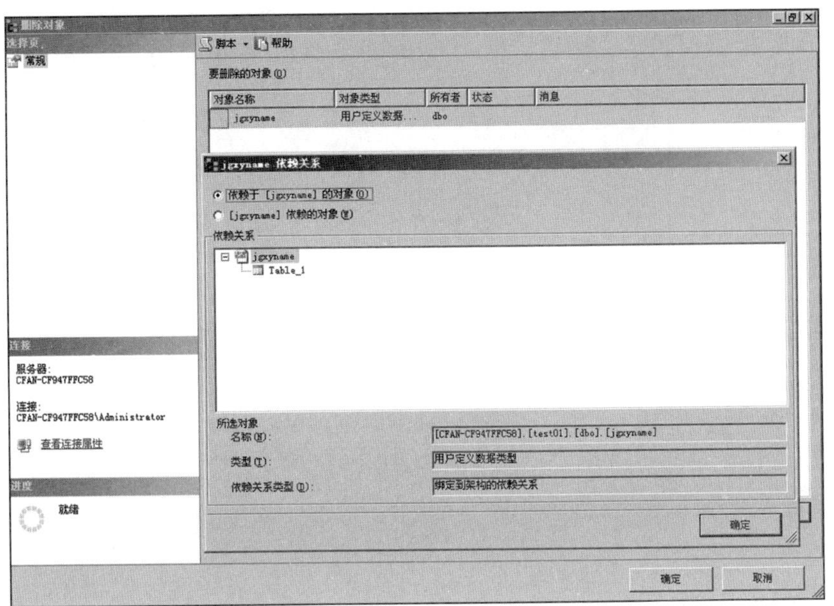

图 3-9

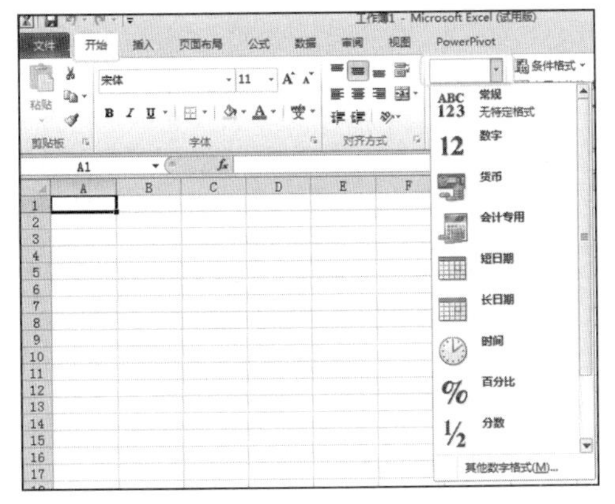

图 3-10

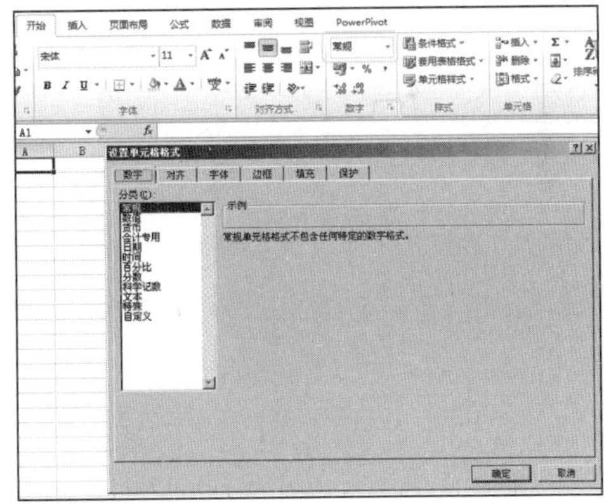

图 3-11

也可以单击“开始”工具栏上的“数字”选项调用“设置单元格格式”，在“数字”选项卡中即可对数据类型进行选择，如图 3-11 所示。

在 Excel 数据类型中有和 SQL Server 相对应的相关字段，比如数值、日期、时间等。也存在与 sql_variant 数据类型功能相似的常规数据类型，比如输入的是数值，那么在运算过程中将被当作数值运算。

Excel 数据类型的选择中，还可以根据需要进行自定义，类似于 SQL Server 自定义的数据类型，而且比 SQL Server 更加丰富。比如要将正数用蓝色表示并且显示为“盈余”、将负数用红色表示并且显示为“亏损”、零的颜色设置不变并且显示为“持

平”，就可在自定义格式中进行设置，如图 3-12 所示。

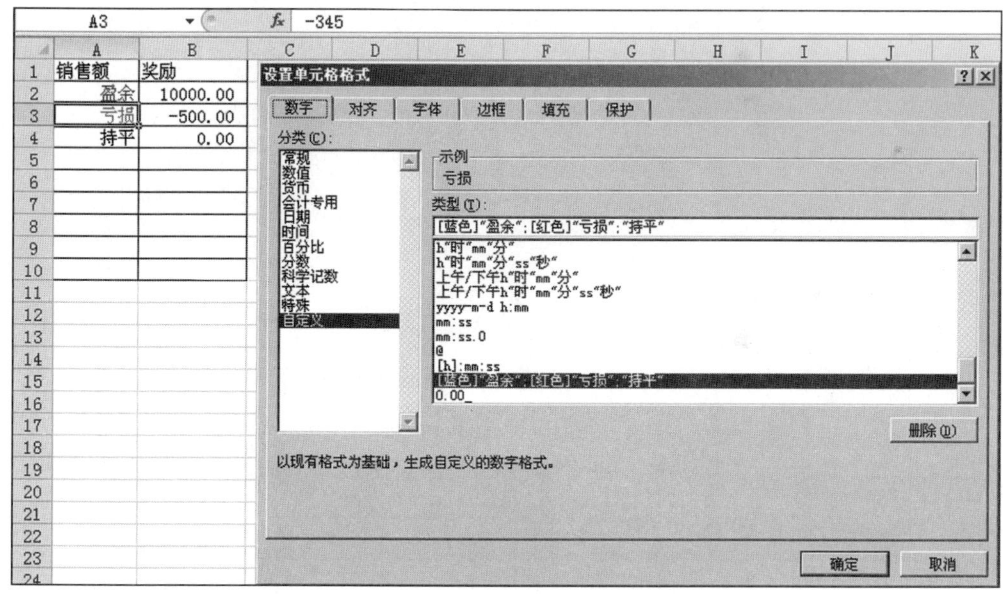

图 3-12

如图 3-12 所示的 Excel 工作表中 A3 单元格实际数据是－500，但是通过数据格式的自定义就会显示为红色的“亏损”，如果通过 DTS 且不编辑字段映射的情况下将数据导入 SQL Server 中将不会保留。但是，经过 Excel 中常规的数据类型设置的数据，将得到保留，如图 3-13 所示。

列名	数据类型	允许 Null 值
销售额	nvarchar(255)	☑
奖励	float	☑
		☐

图 3-13

通过 DTS 向 SQL Server 导入后，原 Excel 表中“销售额”字段的数据类型是常规，在 SQL Server 中的数据类型则是 nvarchar（255），而“奖励”字段在 Excel 表中因为设置了“数值”的数据类型，且保留了两位小数，在 SQL Server 中该数据类型就成为 float 类型，与事实比较相符，可减少再次的手工修改工作量。

同样，如果从 SQL Server 中导出数据到 Excel 表，也需要科学、合理地选择数据类型，减少在 Excel 环境下处理数据的额外工作量，提高工作效率。

将 SQL Server 数据库导出到 Excel 过程中将会报错，因为 myjgxy 字段的源类型虽然是 char 类型，但是该类型是用户自定义的，导致在导出时出现错误，如图 3-14 所示。

图 3-14

3.3　数据表的创建与管理基础

对数据表的概念、数据表的类型、数据类型，以及 T-SQL 语句、控制流、函数知识的学习，重要目标之一就是在设计、创建、应用和管理数据表时能够更加科学、合理和高效。

下面将介绍几种常见的数据表创建方法，读者可根据实际情况选择使用。

3.3.1　利用 SSMS 平台进行数据表的创建

在 SSMS 平台上，可通过对象资源管理器方式、T-SQL 方式完成对表的创建。本节以本教程涉及的 8 张数据表为基本数据模型进行数据表的创建。8 张表的字段名称、字段类型设计供参考，个别属性将在后文中根据教学内容进行增、删、改，比如为了便于演示说明，属性名称可能使用中文等，但强烈建议在实际业务系统实施过程中使用英文、数字及合规字符进行属性名称的命名。

1. PRODUCTS（产品）（见表 3-10）

表 3-10　产品表

属性名	类型	长度	主外键	说明
PID	INT		PK	产品 ID
PNAME	NVARCHAR	50	NOT NULL	产品名称
PROVIDERID	INT		FK	供应商
PTID	INT		FK	类别
UNITS	NVARCHAR	20		单位数量
PRICE	DECIMAL	7.2		单价
STOCK	INT			库存量
ORDERQ	INT			订购量
REORDERQ	INT			再订购量

2. ORDERS（订单）（见表 3-11）

表 3-11　订单表

属性名	类型	长度	主外键	说明
ORDERID	INT		PK	订单 ID
CUSTID	CHAR	5	FK	客户
EMPID	INT		FK	雇员
ODATE	DATETIME2			订购日期
SDATE	DATETIME2			发货日期
ADATE	DATETIME2			到货日期
SHIPPERID	INT		FK	运货商
SHIPFEE	DECIMAL	7.2		运货费
POWNER	NVARCHAR	20		货主名称
OWNERADD	NVARCHAR	50		货主地址
OWNERCITY	NVARCHAR	10		货主城市
OWNERREGION	NVARCHAR	20		货主地区
OWNERZIP	NVARCHAR	10		货主邮政编码
OWNERCOUNTRY	NVARCHAR	10		货主国家

3. ORDETAILS（订单详情）（见表 3-12）

表 3-12　订单详情表

属性名	类型	长度	主外键	说明
ORDERID	INT		FK	订单 ID
PID	INT		FK	产品
PRICE	DECIMAL	7.2		单价

（续表）

属性名	类型	长度	主外键	说明
QUANTITY	INT			数量
DISCOUNT	DECIMAL	4.2		折扣
CUSTID	CHAR	5	FK	客户

4. PROVIDERS（供应商）（见表 3-13）

表 3-13　供应商表

属性名	类型	长度	主外键	说明
PROVIDERID	INT		PK	供应商 ID
PROVIDERNAME	NVARCHAR	50		公司名称
PROVIDERCOMNAME	NVARCHAR	20		联系人姓名
PROVIDERCOMTITLE	NVARCHAR	10		联系人职务
PROVIDERADD	NVARCHAR	50		地址
PROVIDERACITY	NVARCHAR	20		城市
PROVIDERREGION	NVARCHAR	20		地区
PROVIDERZIP	NVARCHAR	10		邮政编码
PROVIDERCOUNTRY	NVARCHAR	10		国家
PROVIDERTEL	NVARCHAR	20		电话
PROVIDERFAX	NVARCHAR	20		传真
PROVIDERWEB	NVARCHAR	50		主页

5. EMPOLYEES（雇员）（见表 3-14）

表 3-14　雇员表

属性名	类型	长度	主外键	说明
EMPID	INT		PK	雇员 ID
EMPFN	NVARCHAR	20		姓氏
EMPLN	NVARCHAR	20		名字
EMPTITLE	NVARCHAR	20		职务
EMPRESPECT	NVARCHAR	10		尊称
EMPLEADER	INT			上级
EMPHIER	NVARCHAR	20		层级
EMPBIRTHDAY	DATETIME			出生日期
EMPHIRE	DATETIME			雇用日期
EMPADD	NVARCHAR	50		地址
EMPCITY	NVARCHAR	20		城市
EMPREGION	NVARCHAR	20		地区

（续表）

属性名	类型	长度	主外键	说明
EMPZIP	NVARCHAR	10		邮政编码
EMPCOUNTRY	NVARCHAR	20		国家
EMPHOMTEL	NVARCHAR	20		家庭电话
EMPTELEXTEN	NVARCHAR	10		分机
EMPPIC	IMAGE			照片
EMPSALARY	DECIMAL	8，2		工资
EMPMEMO	NVARCHAR	MAX		备注

6. CUSTOMERS（客户）（见表3-15）

表3-15　客户表

属性名	类型	长度	主外键	说明
EMPID	INT		PK	雇员 ID
EMPFN	NVARCHAR	20		姓氏
EMPLN	NVARCHAR	20		名字
EMPTITLE	NVARCHAR	20		职务
EMPRESPECT	NVARCHAR	10		尊称
EMPLEADER	INT			上级
EMPHIER	NVARCHAR	20		层级
EMPBIRTHDAY	DATETIME			出生日期
EMPHIRE	DATETIME			雇用日期
EMPADD	NVARCHAR	50		地址
EMPCITY	NVARCHAR	20		城市
EMPREGION	NVARCHAR	20		地区
EMPZIP	NVARCHAR	10		邮政编码
EMPCOUNTRY	NVARCHAR	20		国家
EMPHOMTEL	NVARCHAR	20		家庭电话
EMPTELEXTEN	NVARCHAR	10		分机
EMPPIC	IMAGE			照片
EMPMEMO	NVARCHAR	MAX		备注

7. PTYPES（类别）（见表3-16）

表3-16　类别表

属性名	类型	长度	主外键	说明
PTID	INT		PK	类别 ID
PTNAME	NVARCHAR	50		类别名称
PTMEMO	NVARCHAR	50		说明
PTPIC	IMAGE			图片

8. SHIPPERS（运货商）（见表 3-17）

表 3-17　运货商表

属性名	类型	长度	主外键	说明
SHIPPERID	INT		PK	运货商 ID
SHIPPERNAME	NVARCHAR	50		公司名称
SHIPPERTEL	NVARCHAR	20		电话

8 张核心数据表之间的实体关系参考图（Crow's Foot 模式）如图 3-15 所示。

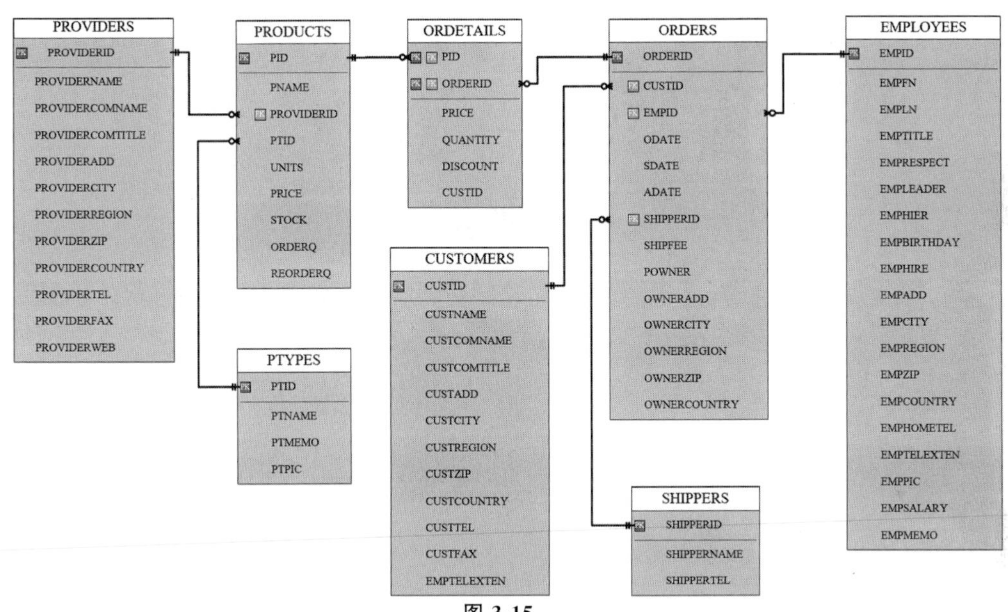

图 3-15

1. 创建基本的数据表

(1) 通过资源管理器方式创建

- 利用 SSMS 启动、连接到数据库服务器，在“对象资源管理器”中，展开“数据库”节点下的某个数据库，比如 T3DATA，右单击“表”节点，在弹出的快捷菜单中选择“新建”“表”，如图 3-16 所示。
- 在表设计器中，输入列名、选择数据类型及长度、选择是否允许 Null 值的存在等，在列的属性配置列表中分别根据需要设置“默认值或绑定”“标识规范”等，如图 3-17 所示。

表的设计完成后，可直接单击工具栏上的“保存”，也可在退出设计器，系统提示“选择名称”时，输入表名并单击“确定”，如图 3-18 所示。

右单击“表”节点可选择刷新，即可在该节点下看到新建的表，可对表对象进行后续的管理，如图 3-19 所示。

图 3-16

WIN10SPOCVM.T3...A - dbo.Table_1*

列名	数据类型	允许 Null 值
PID	int	☐
PNAME	nvarchar(50)	☑
PROVIDERID	int	☑
PTID	int	☑
UNITS	nvarchar(20)	☑
PRICE	decimal(7, 2)	☑
STOCK	int	☑
ORDERQ	int	☑
REORDERQ	int	☑

列属性

(常规)	
(名称)	PID
默认值或绑定	
数据类型	int
允许 Null 值	否
表设计器	
RowGuid	否
标识规范	否
(是标识)	否
标识增量	

标识规范

图 3-17

图 3-18

图 3-19

(2) 通过 T-SQL 创建

在 T-SQL 中，使用 CREATE TABLE 语句可创建数据表，其基本语法格式如下：

```
CREATE TBALE [database_name. [schema_name] . ] table_name
column_name <data_type> [IDENTITY] [column_constraint]
[NULL | NOT NULL] | [DEFAULT constant_expression] | [ROWGUIDCOL]
{PRIMARY KEY | UNIQUE} [CLUSTERED | NONCLUSTERED]
[ASC | DESC ]
```

语法中的主要参数说明如下：

- database_name：在其中创建表的数据库名称。database_name 必须是现有数据库的名称。如果不指定数据库，database_name 默认为当前数据库。当前连接的登录必须是在 database_name 所指定的数据库中有关联的现有用户 ID，而该用户 ID 必须具有创建表的权限。
- schema_name：新表所属架构的名称，如 DBO 等。
- table_name：新表的名称。表名必须遵循标识符规则。除了本地临时表名（以单个数字符号（#）为前缀的名称）不能超过 116 个字符外，table_name 最多可包含 128 个字符。
- column_name：表中列的名称。列名必须遵循有关标识符的规则，而且在表中必须是唯一的。column_name 最多可包含 128 个字符。对于使用 timestamp 数据类型创建的列，可以省略 column_name。如果未指定 column_name，则 timestamp 列的名称默认为 timestamp。

- data_type：列的数据类型。
- IDENTITY：指示新列是标识列。在表中添加新行时，数据库引擎将为该列提供一个唯一的增量值。标识列通常与 PRIMARYKEY 约束一起用作表的唯一行标识符。可以将 IDENTITY 属性分配给 tinyint、smallint、int、bigint、decimal（p，0）或 numeric（p，0）列。每个表只能创建一个标识列。不能对标识列使用绑定默认值和 DEFAULT 约束。必须同时指定种子和增量，或者两者都不指定。如果二者都未指定，则取默认值（1，1）。
- NULL | NOT NULL：确定列中是否允许使用空值。严格来讲，NULL 不是约束，但可以像指定 NOTNULL 那样指定它。只有同时指定了 PERSISTED 时，才能为计算列指定 NOTNULL。
- DEFAULT：如果在插入过程中未显示提供值，则指定为列提供的值。DEFAULT 定义可适用于除定义为 timestamp 或带 IDENTITY 属性的列以外的任何列。如果为用户定义类型列指定了默认值，则该类型应当支持从 constant_expression 到用户定义类型的隐式转换。删除表时，将删除 DEFAULT 定义。只有常量值（如字符串）、标量函数（系统函数、用户定义函数或 CLR 函数）或 NULL 可用作默认值。为了与 SQL Server 的早期版本兼容，可以为 DEFAULT 分配约束名称。
- ROWGUIDCOL：指定列为全球唯一鉴别行号列（ROWGUIDCOL 是 Row Global UniqueIdentifier Column 的缩写）。此列的数据类型必须为 UNIQUEIDENTIFIER 类型。一个表中数据类型为 UNIQUEIDENTIFIER 的列中只能有一个列被定义为 ROWGUIDCOL 列。ROWGUIDCOL 属性不会使列值具有唯一性，也不会自动生成一个新的数据值给插入行。需要在 INSERT 语句中使用 NEWID（）函数或指定列的默认值为 NEWID（）函数。
- PRIMARY KEY：通过唯一索引对给定的一列或多列强制提供实体完整性的约束。每个表只能创建一个 PRIMARY KEY 约束。
- UNIQUE：一个约束，该约束通过唯一索引为一个或多个指定列提供实体完整性。一个表可以有多个 UNIQUE 约束。
- CLUSTERED | NONCLUSTERED：指示为 PRIMARY KEY 或 UNIQUE 约束创建聚集索引还是非聚集索引。PRIMARY KEY 约束默认为 CLUSTERED，UNIQUE 约束默认为 NONCLUSTERED。在 CREATETABLE 语句中，可只为一个约束指定 CLUSTERED。如果在为 UNIQUE 约束指定 CLUSTERED 的同时又指定了 PRIMARY KEY 约束，则 PRIMARY KEY 将默认为 NONCLUSTERED。
- ASC | DESC：指定加入表约束中的一列或多列的排序顺序，默认值为 ASC。

- column_constraint：可选关键字，表示 PRIMARY KEY、NOTNULL、UNIQUE、FOREIGN KEY 或 CHECK 约束定义的开始。约束将在下文中详细阐述。

在查询编辑器中，执行以下代码，创建 PRODUCTS 产品信息表，其他表的创建也可参考数据模型进行代码编写和执行。

```
——执行代码之前确认当前数据库是否已有 PRODUCTS 表：
create table products
(
pid int primary key not null,
pname nvarchar (50),
providerid int,,
ptid int,
units nvarchar (20),
price decimal (7, 2),
stock int,
orderq int,
reorderq int
)
```

2. 含有默认值字段的数据表创建

(1) 创建带一般字符常量的默认值字段

```
——在 stusex 字段中设置默认值为"男"
create table temp01
(
  stuid char (9) primary key not null,
  stuname nvarchar (20),
  stusex char (2) default ('男')
)
```

(2) 创建通过函数得到的默认值字段

——在 sturegtime 字段中，通过 getdate () 函数，得到添加记录的当前日期和时间值并填入数据表记录中。

```
create table temp01
(
  stuid char (9) primary key not null,
  stuname nvarchar (20),
  stusex char (2) default ('男'),
  sturegtime datetime default (getdate () )
)
```

(3) 创建通过计算得到的默认值字段

——在 temp01 数据表中，total 字段的值来自 score1 和 score2 的和，可以有更加复杂的计算，但同时应该考虑性能问题。

```
create table temp01
(
  stuid char (9) primary key not null,
  stuname nvarchar (20),
  stusex char (2) default ('男'),
  sturegtime datetime default (getdate () ),
  score1 decimal (4, 1),
  score2 decimal (4, 1),
  total as (score1 + score2)
)
```

3. 含有约束字段的数据表创建

在数据库管理系统中，保证数据库中的数据完整性是非常重要的。所谓数据完整性，就是指存储在数据库中数据的一致性和正确性。约束定义关于列中允许值的规则，是强制完整性的标准机制。使用约束优先于使用触发器、规则和默认值。查询优化器也使用约束定义生成高性能的查询执行计划。

在 Excel 中，如果要对工作表中的某些行列数据进行数据完整性约束，则可以通过条带菜单上的“数据”选项卡中的“数据有效性”进行数据完整性的设置，以保证输入的数据符合要求。

下面举两个例子：

例 1：利用数据区域规范数据输入的范围，如图 3-20 所示。

图 3-20

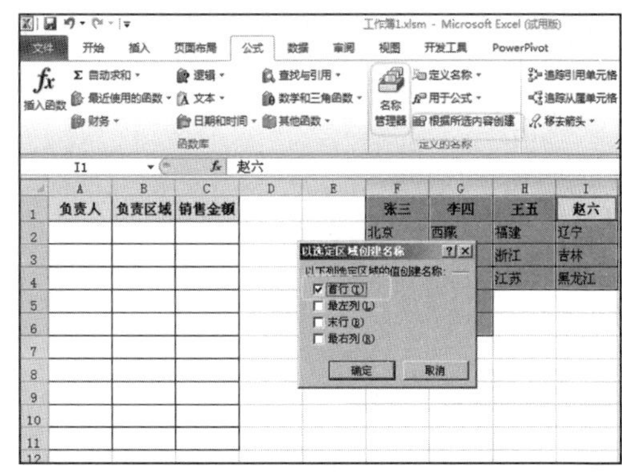

图 3-21

假定在 Excel 数据表的 A2：A11 单元格区域输入的数据必须来自 F1：I1 的四个负责人姓名，且 B2：B11 单元格区域的数据输入必须来自与四个负责人姓名对应的数据范围，比如当 A2 输入的负责人是王五的时候，那么“负责区域”列的数据来源只能来自 H2：H4 单元格区域，即只能在“福建、浙江、江苏”三个数值中选择。操作方法如下：

选择 F1：I1 单元格区域，直接在图 3-21 中 A2 标识的框中输入 FZR（可以是与系统标识方法不冲突的任意值）后回车，即可为该区域创建一个名称：FZR。接着，通过 CTRL＋鼠标划定范围，如 F1：F5、G1：G6、H1：H4、I1：I4，然后单击“公式”选项卡，选择其中“名称管理器”下的“根据所选内容创建”，并将名称的来源设置为所选单元格区域的首行。

在“名称管理器”工具中可看到之前创建的五个名称区域，包括数值和引用位置等，如图 3-22 所示。

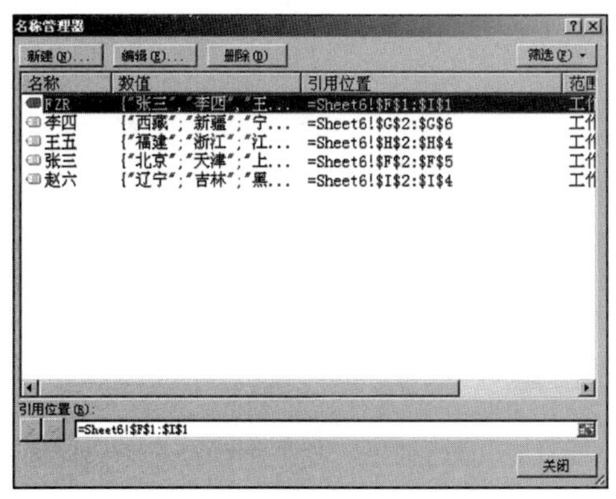

图 3-22

图 3-23

选中 A2：A11 单元格区域，在“数据”选项卡上，单击“数据有效性”，在“数据有效性”设置窗口中，根据图 3-23 进行配置。

根据需要可进行输入信息、出错警告、输入法模式的设置。

此后，再单击 A2：A11 区域的任意单元格，将有下拉列表选项供用户选择，如图 3-24 所示。

为了让 B2：B11 区域的可选择数据范围是根据 A2：A11 单元格数据而变化的，可对 B2：B11 区域进行有效性设置（在序列中用到了 Excel 中的 indirect 函数），如图 3-25 所示。

最终的结果就是当 A2 单元格选择的是“张三”时，B2 单元格会随着改变为“北京、天津、上海、重庆”的数据区域，如图 3-26 所示。

图 3-24

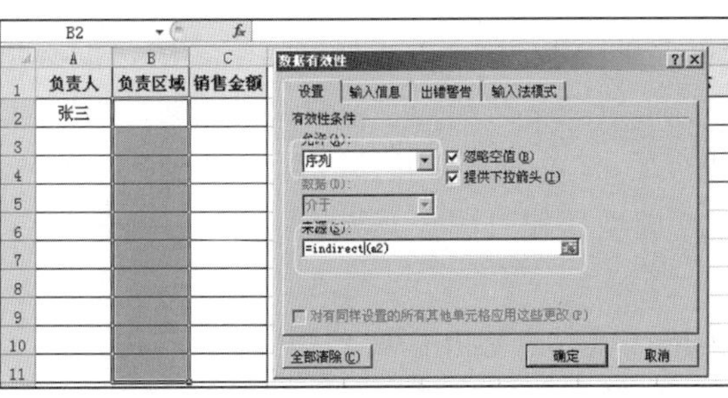

图 3-25

图 3-26

例 2：保证区域数据的唯一性。

在完整性约束中，唯一性约束比较常见。在 Excel 中，可以通过数据有效性检查的功能，对某个区域内的数据进行唯一性约束，如图 3-27 所示，在 A 列中要输入的是身份证号码，需要保证其数值的唯一性，那么可将 A 列全部或者部分单元格选中，然后在数据有效性检查中输入自定义的公式来进行约束。

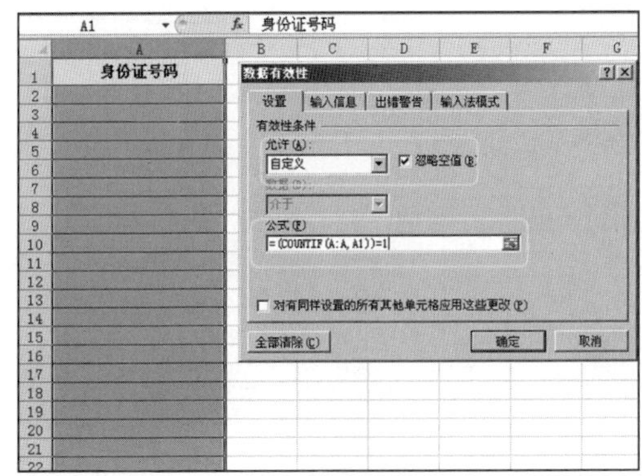

图 3-27

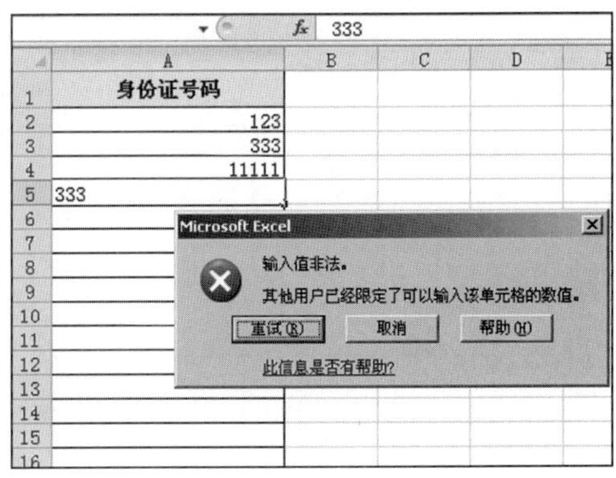

图 3-28

当在已经定义了唯一性约束的区域范围内输入已有的数据时，将会出现错误提示，如图 3-28 所示。

对 Excel 的数据完整性约束有了初步了解后，探讨在 SQL Server 中如何实现各类约束就会更加容易理解和掌握。

在 SQL Server 中，根据数据完整性措施所作用的数据库对象和范围不同，可以将数据完整性分为以下几大类：实体完整性、域完整性、引用完整性和用户定义完整性。

（1）实体完整性

实体完整性将表中的每一行看作一个实体，要求表的标示符列或主键具有完整性。可以通过建立唯一索引、PRIMARY KEY 约束、UNIQUE 约束，以及列的 I-DENTITY 属性来实施实体完整性。

（2）域完整性

域完整性是指给定列的输入有效性，要求表中指定列的数据具有正确的数据类型、格式和有效的数据范围。强制域完整性的方法有：限制类型（通过数据类型）、格式（通过 CHECK 约束和规则）或可能值的范围。域完整性通过 FOREIGN KEY 约束、CHECK 约束、DEFAULT 定义、NOT NULL 定义和规则来实现。

（3）引用完整性

引用完整性又称参照完整性。引用完整性维持被参照表和参照表之间的数据一致性，通过主键（PRIMARY KEY）约束和外键（FOREIGN KEY）约束来实现。引用完整性确保键值在所有表中一致。这样的一致性要求不能引用不存在的值，如果键值更改了，那么在整个数据库中，对该键值的所有引用要进行一致的更改。在被参照表中，当其主键值被其他表所参照时，该行不能被删除，也不允许改变。在参照表中，不允许参照不存在的主键值。

强制实施引用完整性时，SQL Server 禁止用户进行下列操作：

- 当主表中没有关联的记录时，将记录添加到相关表中。
- 更改主表中的值并导致相关表中的记录被孤立。
- 从主表中删除记录，但仍存在与该记录匹配的相关记录。

（4）用户定义完整性

用户定义完整性使用户能够定义不属于其他任何完整性分类的特定业务规则。所有完整性类型都支持用户定义完整性。

建立和使用约束的目的是保证数据的完整性，约束是 SQL Server 强制实行的应用规则，能够限制用户存放到表中数据的格式和可能值。约束作为数据库定义的一部分在 CREATE TABLE 语句中声明，所以又称为声明完整性约束。约束独立于表结构，可以在不改变表结构的情况下，通过 ALTER TABLE 语句来添加或者删除。在删除一个表时，该表所带的所有约束定义也随之被删除。

SQL Server 中具体应用的约束有以下六种：

(1) PRIMARY KEY 约束

PRIMARY KEY 约束即主键约束。表通常具有包含唯一标识表中每一行的值的一列或一组列。这样的一列或多列称为表的主键（PK），用于强制实施表的实体完整性。由于主键约束可保证数据的唯一性，因此经常对标识列定义这种约束。如果为表指定了主键约束，数据库引擎将通过为主键列自动创建唯一索引来强制数据的唯一性。当在查询中使用主键时，此索引还允许对数据进行快速访问。如果对多列定义了主键约束，则一列中的值可能会重复，但来自主键约束定义中所有列的值的任何组合都必须唯一，如 ORDETAILS 订单详情表中定义 PID（产品编号）和 ORDERID（订单编号）为复合主键，如图 3-29 所示，以确保一个订单中同样的产品只能出现一次。

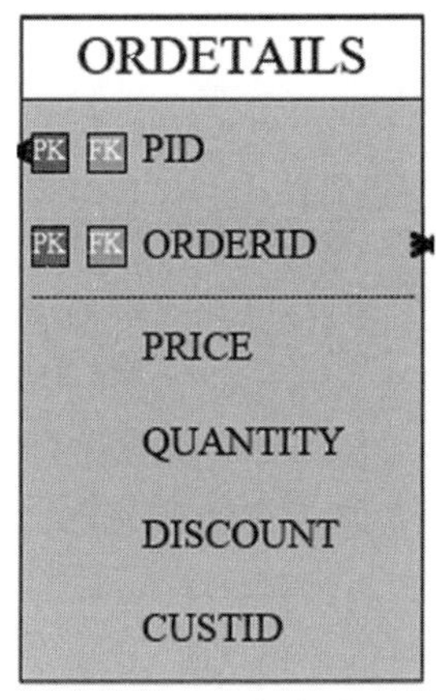

图 3-29　复合主键

使用主键约束应该注意：

- 一个表只能包含一个主键约束。
- 主键不能超过 16 列且总密钥长度不能超过 900 字节。
- 由主键约束生成的索引不会使表中的索引数超过 999 个非聚集索引和 1 个聚集索引。
- 如果没有为主键约束指定聚集或非聚集索引，并且表中没有聚集索引，则使用聚集索引。
- 在主键约束中定义的所有列都必须定义为不为 Null。如果没有指定为 Null 性，则参与主键约束的所有列的为 Null 性都将设置为不为 Null。
- 如果在 CLR 用户定义类型的列中定义主键，则该类型的实现必须支持二进制排序。

在前文所述的表创建过程中，已经涉及如何在对象资源管理器中创建字段的主键约束，下面介绍如何利用 T-SQL 语句创建主键约束：

```
——在 col0 字段上创建主键约束：
CREATE TABLE CheckTbl
(
    col0 int constraint PK_col0 primary key,
    col1 int constraint CK_col1 check (col1> = 1 and col1≤50),
    col2 int constraint CK_col2 check (col2> = 51 and col2≤100),
    col3 int constraint CK_col3 check (col3 like '[0-9][0-9][0-9][0-9][0-9][0-9]'),
    col4 varchar (10) constraint DF_col4 default ('***')
)
```

（2）UNIQUE 约束

UNIQUE 约束即唯一性约束。约束是 SQL Server 数据库引擎强制执行的规则。例如，可以使用 UNIQUE 约束确保在非主键列中不输入重复的值。尽管 UNIQUE 约束和 PRIMARY KEY 约束都强制唯一性，但想要强制一列或多列组合（不是主键）的唯一性，则应使用 UNIQUE 约束而不是 PRIMARY KEY 约束。

UNIQUE 约束允许 NULL 值，这一点与 PRIMARY KEY 约束不同。不过，当与参与 UNIQUE 约束的任何值一起使用时，每列只允许一个空值。FOREIGN KEY 约束可以引用 UNIQUE 约束。

默认情况下，向表中的现有列添加 UNIQUE 约束后，数据库引擎将检查列中的现有数据，以确保所有值都是唯一的。如果向含有重复值的列添加 UNIQUE 约束，数据库引擎将返回错误消息，并且不添加约束。

数据库引擎将自动创建 UNIQUE 索引来强制执行 UNIQUE 约束的唯一性要求。因此，如果试图插入重复行，数据库引擎将返回错误消息，说明该操作违反了 UNIQUE 约束，不能将该行添加到表中。除非显式指定了聚集索引，否则，默认情况下将创建唯一的非聚集索引以强制执行 UNIQUE 约束。

创建唯一性约束的方法包括利用对象资源管理器和 T-SQL 创建。

- 利用对象资源管理器创建唯一性约束。

在“对象资源管理器”中，右键单击要为其添加唯一约束的表如 CheckTbl，再单击“设计”。

在“表设计器”菜单上，单击“索引/键”，如图 3-30 所示。

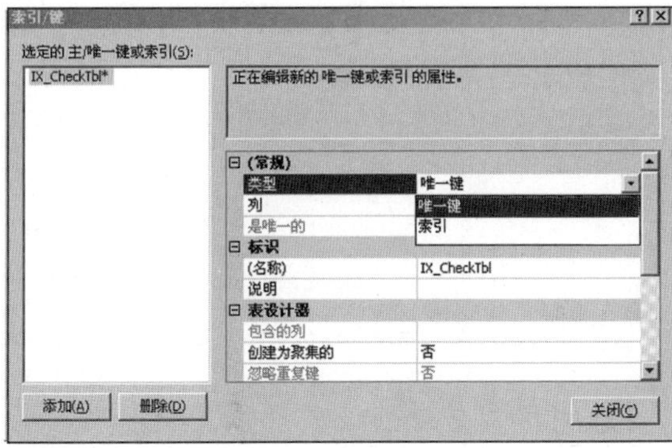

图 3-30　　　　图 3-31

在“索引/键”对话框中，单击“添加”。在“常规”下的网格中单击“类型”，再从属性右侧的下拉列表框中选择“唯一键”，如图 3-31 所示。

表设计修改后应注意保存。

- 利用 T-SQL 语句创建唯一性约束。

```
——假定要将 col5 的唯一性约束设置为 18 位的 CHAR 数据类型且保证该字段中的数据是唯一的：
CREATE TABLE CheckTbl
(
    col0 int constraint PK_col0 primary key,
    col1 int constraint CK_col1 check (col1> = 1 and col1≤50),
    col2 int constraint CK_col2 check (col2> = 51 and col2≤100),
    col3 int constraint CK_col3 check (col3 like '[0-9][0-9][0-9][0-9][0-9][0-9]'),
    col4 varchar (10) constraint DF_col4 default ('***'),
    col5 CHAR (18) constraint UQ_col5 UNIQUE, constraint CK_col5 check (len (col5) = 18)
)
输出结果如图 3-32 所示。
```

(3) CHECK 约束

CHECK 约束即校验性约束。通过限制一个或多个列可接受的值，CHECK 约束可以强制实施域完整性。可以通过任何基于逻辑运算符返回 TRUE 或 FALSE 的逻辑（布尔）表达式创建 CHECK 约束。

可以将多个 CHECK 约束应用于单个列。还可以通过在表中创建 CHECK 约束，将一个 CHECK 约束应用于多个列。

图 3-32

CHECK 约束类似于 FOREIGN KEY 约束，因为可以控制放入列中的值。但是，它们在确定有效值的方式上有所不同：FOREIGN KEY 约束从其他表获得有效值列表，而 CHECK 约束通过逻辑表达式确定有效值。

——以下语句将创建一张两个字段的表，分别为三个字段分别创建了 CHECK 约束，其中 CK_col3 是对数据格式的约束，比如邮政编码必须是 6 位数字：

```
CREATE TABLE CheckTbl
(
    col1 int constraint CK_c - - ol1 check (col1> = 1 and col1≤50),
    col2 int constraint CK_col2 check (col2> = 51 and col2≤100),
    col3 int constraint CK_col3 check (col3 like ' [0-9] [0-9] [0-9] [0-9] [0-9] [0-9] ')
)
```

输出结果如图 3-33 所示。

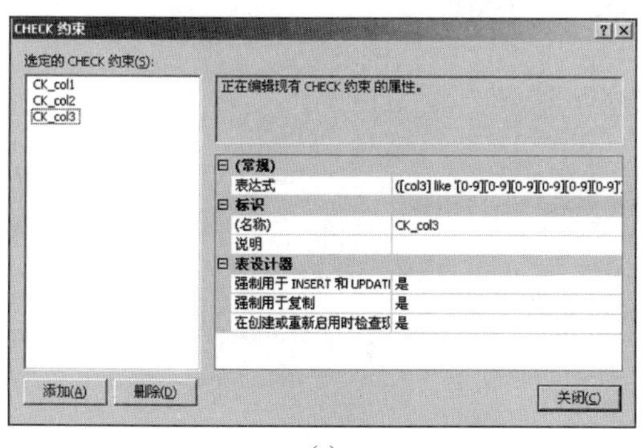

(a)

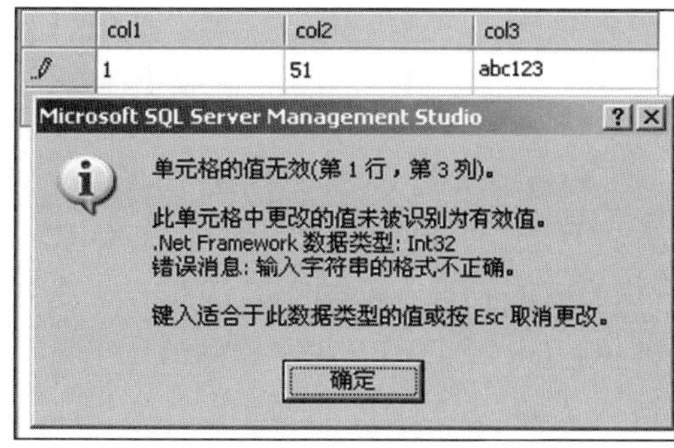

(b)

图 3-33

(4) DEFAULT 约束

使用 DEFAULT 约束，如果用户在插入新行时没有显示为列提供数据，系统会将默认值赋给该列。例如，在一个表的某个列中，可以让数据库服务器在用户没有输入时自动填上“＊＊＊”等。默认值约束所提供的默认值可以为常量、函数、零进函数、空值（NULL）等。零进函数包括 CURRENT_TIMESTAMP、SYSTEM_USER、CURRENT_USER、USER 和 SESSION_USER 等。在前文所述的表创建过程中，已经涉及如何在对象资源管理器及 T-SQL 语句中创建字段的默认值约束，后文将会再次涉及。

(5) FOREIGN KEY 约束

FOREIGN KEY 约束即外键约束。外键（FK）是用于在两个表中的数据之间建立和加强链接的一列或多列的组合，可控制在外键表中存储的数据。在外键引用中，当一个表的列被引用作为另一个表的主键值的列时，就在两表之间创建了链接，这个列就成为第二个表的外键。

例如，对于 ORDERS 表和 ORDETAILS 表，引用完整性基于 ORDERS 表中的主键 ORDERID 与 ORDETAILS 表中的外键 ORDERID 之间的关系，如图 3-34 所示。

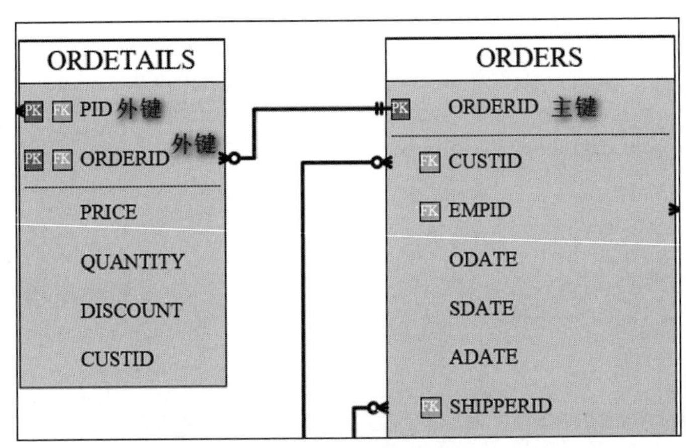

图 3-34 主键与外键关系图

外键约束的主要目的是控制可以存储在外键表中的数据，它还可以控制对主键表中数据的更改。比如，如果在 ORDERS 表中删除一条订单记录，而该订单的 ORDERID 已经在 ORDETAILS 表中被引用了，则这两个表之间关联的完整性将被破坏，ORDETAILS 表中删除的订单记录会因为与 ORDERS 表中的数据没有链接而被孤立。

外键约束能够防止这种情况发生。如果主键表中数据的更改使主键表与外键表中数据的链接失效，则这种更改将无法实现，从而确保了引用完整性。如果试图删除主键表中的行或更改主键值，而该主键值与另一个表的外键约束中的值相对应，则该操作将失败。若要成功更改或删除外键约束中的行，必须先在外键表中删除或更改外键数据，这会将外键链接到不同的主键数据。

通过使用级联引用完整性约束，用户可以定义当试图删除或更新现有外键指向的键时，数据库引擎执行的操作。可以定义以下级联操作：

● NO ACTION

数据库引擎将引发错误，此时将回滚对父表中行的删除或更新操作。

● CASCADE

如果在父表中更新或删除了一行，则将在引用表中更新或删除相应的行。如果 timestamp 列是外键或被引用键的一部分，则不能指定 CASCADE。不能为带有 INSTEAD OF DELETE 触发器的表指定 ON DELETE CASCADE。对于带有 INSTEAD OF UPDATE 触发器的表，不能指定 ON UPDATE CASCADE。

● SET NULL

如果更新或删除了父表中的相应行，则会将构成外键的所有值设置为 NULL。若要执行此约束，外键列必须可为空值。无法为带有 INSTEAD OF UPDATE 触发器的表设置 SET NULL 选项。

● SET DEFAULT

如果更新或删除了父表中对应的行，则组成外键的所有值都将设置为默认值。若要执行此约束，所有外键列都必须有默认定义。如果某个列可为空值，并且未设置显式的默认值，则将使用 NULL 作为该列的隐式默认值。无法为带有 INSTEAD OF UPDATE 触发器的表设置 SET DEFAULT 选项。

可将 CASCADE、SET NULL、SET DEFAULT 和 NO ACTION 在相互存在引用关系的表上进行组合。如果数据库引擎遇到 NO ACTION，它将停止并回滚相关的 CASCADE、SET NULL 和 SET DEFAULT 操作。如果 DELETE 语句导致 CASCADE、SET NULL、SET DEFAULT 和 NO ACTION 操作的组合，则在数据库引擎检查所有 NO ACTION 前，将应用所有 CASCADE、SET NULL 和 SET DEFAULT 操作。

外键约束可通过对象资源管理器和 T-SQL 语句创建。

● 利用对象资源管理器创建外键约束

在对象资源管理器中，右键单击位于关系中的外键方的表，如 ORDERS 表，再单击“设计”。在表设计器菜单上，单击“关系”，如图 3-35 所示。

在“外键关系”对话框中，单击“添加”。“选定的关系”列表中将显示关系以及系统提供的名称，格式为 FK_<tablename>_<tablename>，其中 tablename 是外键表的名称，如图 3-36 所示。

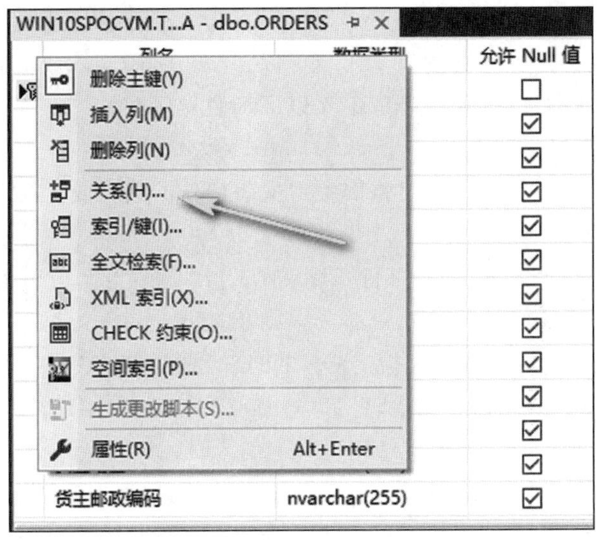

图 3-35

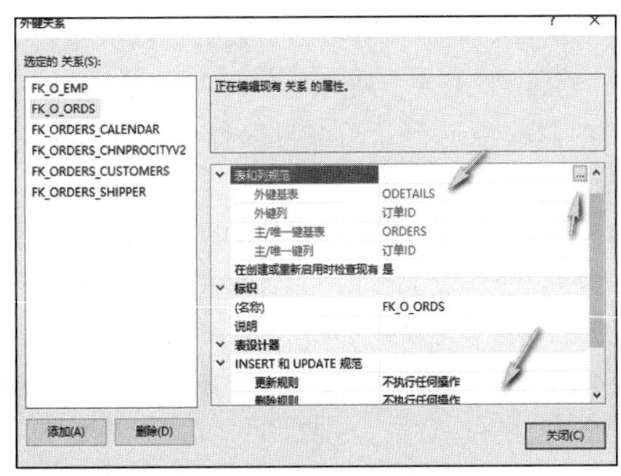

图 3-36

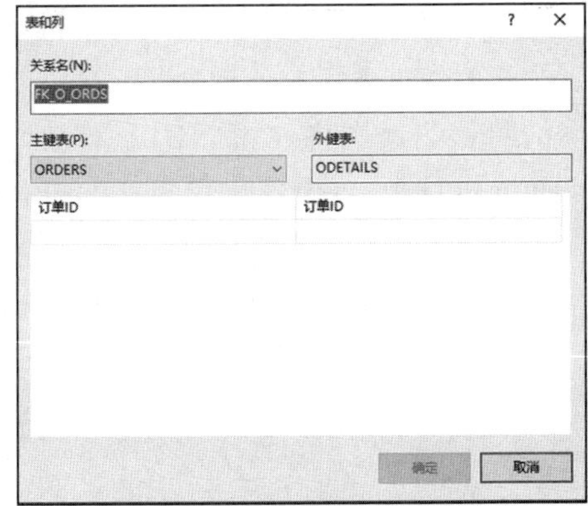

图 3-37

在“选定的关系”列表中单击该关系。单击右侧网格中的“表和列规范”，再单击该属性右侧的省略号（…）。在“表和列”对话框中，从“主键”下拉列表中选择在此关系中作为主键方的表。在下方的表格中，选择在此表中作为主键的列。对应于左侧的每个列，在相邻的网格单元格中选择外键表中相应的外键列。表设计器将为此关系提供一个建议名称。若要更改此名称，请编辑“关系名”文本框的内容。选择“确定”以创建该关系。如图 3-37 所示。

- 利用 T-SQL 语句创建外键约束

```
——假定创建一张新的表 stuteacher 导师学生关系表，从已有的两张主键表
stuinfo 和 teacherinfo 中获取外键引用
create table stuteacher
(
    stuid char (9) constraint FK_stuid foreign key references stuinfo
(stuid),
    teacherid int constraint FK_teacherid foreign key references teach-
erinfo (tid)
)
输出结果如图 3-38 所示。
```

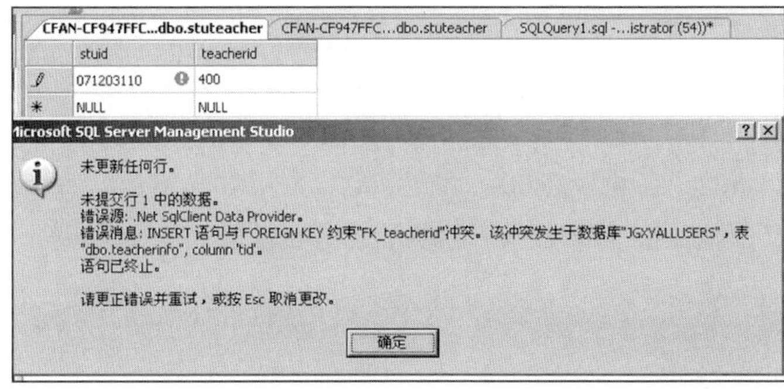

图 3-38

(6) 规则

规则是一个向后兼容的功能，用于执行一些与 CHECK 约束相同的功能。使用 CHECK 约束是限制列值的首选标准方法。CHECK 约束比规则更简明。一个列只能应用一个规则，但可以应用多个 CHECK 约束。CHECK 约束被指定为 CREATE TABLE 语句的一部分，而规则是作为单独的对象创建，然后绑定到列上。

假定通过规则的方式，对 EMPLOYEES 表中的 empSalary（员工工资）字段进行取值的区间限制：大于 3000，小于 12000。

- 创建规则

```
create rule empsalary_rule
as
@range >3000 and @range<12000
——可以使用列表方式进行规则定义，比如 @ range in （3000，60000，
12000)
——可以使用模式方式进行规则定义，比如@department like ‘经济％’
```

- 绑定规则

```
——要使用规则，就需要将创建好的规则绑定到相关表的特定列上。下列语句即将名为 empsalary_rule 的规则绑定到表 EMPLOYEES 的 empsalary 字段
exec sp_bindrule 'empsalary_rule', 'employees.empsalary'
```

也可以将规则绑定到用户自定义的数据类型上。

```
——创建名为 mytsalary 的自定义数据类型。参考 3.2.2 节“用户自定义数据类型”
exec sp_addtype N'mytsalary', N'decimal (6, 1) ', N'null'
——将已经创建的规则与自定义数据类型绑定
exec sp_bindrule 'empsalary_rule', 'mytsalary', 'futureonly'
```

> futureonly 参数是指该数据类型的现有列不会失去指定的规则，否则用户定义数据类型的现有列将继承新规则。使用用户定义数据类型定义的新列始终继承规则。但是，如果 ALTER TABLE 语句的 ALTER COLUMN 子句将列的数据类型更改为绑定规则的用户定义数据类型，那么列不会继承与数据类型绑定的规则。必须使用 sp_bindrule 专门将规则绑定到列。

- 测试规则

当我们对 empid=5 的员工进行 empSalary 更新时若数据不符合规则，就会引起规则冲突，并组织更新，如图 3-39 所示。表中该列已有的数据可能不符合现在的规则，但是不作更新就不会触发规则约束。

创建一张新的表，如 ruletable，其中有一个字段选择了用户自定义数据类型 mytsalary，当要插入不符合规则的数据时，系统将会终止语句的执行，如图 3-40 所示。

- 管理规则

```
——解除规则绑定
exec sp_unbindrule 'employees.empsalary' ——解除与表 employees 中 empsalary 字段的规则绑定
exec sp_unbindrule 'mytsalary' ——解除与用户自定义数据类型 mytsalary 的规则绑定
```

```
——删除规则。在删除之前必须与特定的列或者用户自定义数据类型解除绑定，否则无法删除规则
drop rule empsalary_rule
```

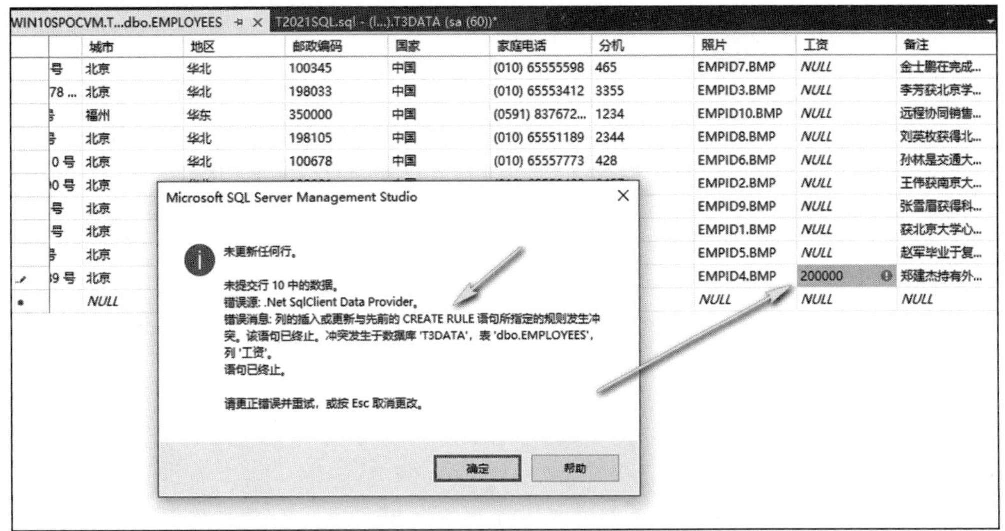

图 3-39

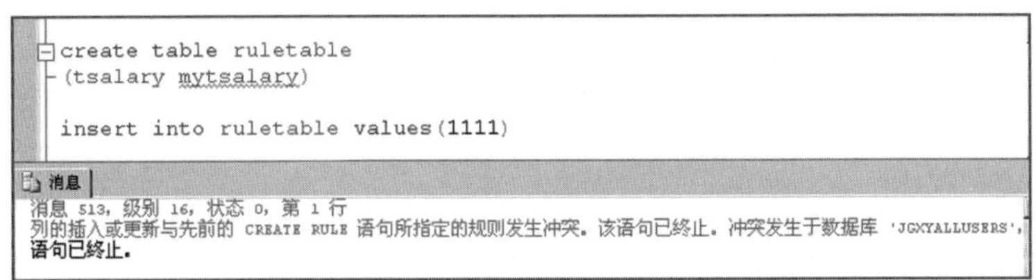

图 3-40

> 后续版本的 SQL Server 将删除规则功能。请避免在新的开发工作中使用该功能，并着手修改当前还在使用该功能的应用程序。应使用 CHECK 约束。请注意，本节内容在部分教材上被当作高级特性来介绍。

3.3.2　利用特殊方法创建数据表

1. 利用数据库导入的方法

第 1.3.3 节介绍了如何利用 DTS 功能将已有的 Excel 工作簿和表导入新的数据库中，或在导入的过程中创建新的数据库，并将 Excel 中的数据表进行名称、字段映射后导入 SQL Server 数据库管理系统中。

请参考前文从外部导入创建数据库相关内容。

2. 利用已有的数据表清理得到新的数据表

本教程中应用的一个重要实例数据库是从 Excel 工作簿通过 DTS 导入得到的数据

表，在默认情况下，导入的各个字段的大部分数据类型以及数据类型的长度设置均不科学。下面将通过相关语句从不合理的实例数据库中提取数据并生成新的数据表。

（1）利用 select 语句创建新的数据表并考虑是否填充数据

```
——假设从 products 表中获取一份新的数据表 newproducts1，新的数据表字段只包括产品 id、产品名称、单价三个字段，且单价高于 10 元：
    select 产品 id，产品名称，单价 into newproducts1 from products where 单价>10

——假设只想获取与 products 表结构一样的空表，从而构建一张新表 newproducts2：
    select * into newproducts2 from products where 1 = 2

——假设从 excel 文件中获取产品工作表的数据并填入新建的数据表 newproducts3 中：
    select * into newproducts3 from opendatasource ('microsoft.ace.oledb.12.0',
    'data source = d:\bda\食品销售\产品.xlsx; extended properties = excel 12.0')...[产品$]
```

（2）利用 insert 语句向已有的数据表填充记录

```
——假设创建了一张新表 newempTemp，内有两个字段 empid 和 empname，其中 empname 的数据要来自 ORDERS 表中消除了重复值后的“雇员”字段：
    create table newempTemp
    (
        empid int identity (1, 1) primary key,
        empname nvarchar (20)
    )
    insert into newempTemp (empname) select distinct (雇员) from ORDERS
    输出结果如图 3-41 所示。
```

3. 利用 T-SQL 脚本快速生成具有多条记录的数据表

在某些情况下，为了构建实验数据环境，需要快速生成大量的数据表，以此检测语法的准确性、数据库服务器的承载能力，用户可选择通过 T-SQL 脚本的方式一次性创建含有大量、有一定规律记录的数据表。

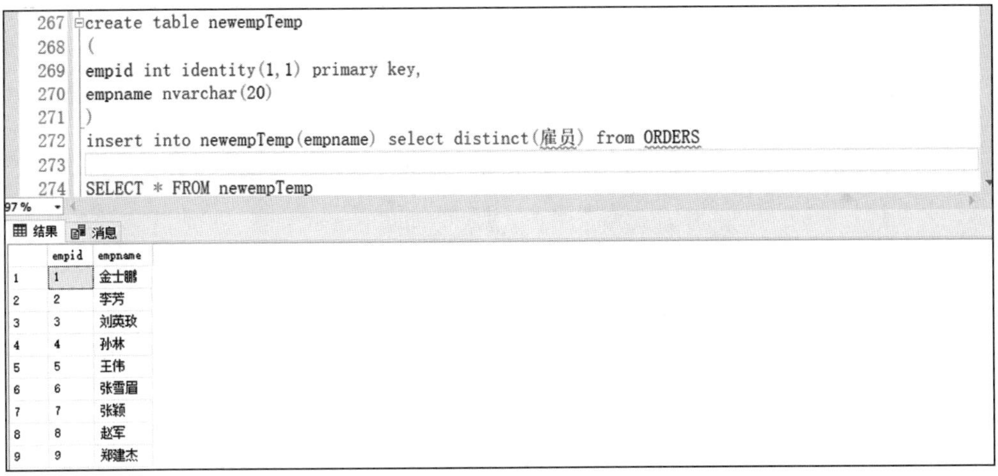

```
create table newempTemp
(
empid int identity(1,1) primary key,
empname nvarchar(20)
)
insert into newempTemp(empname) select distinct(雇员) from ORDERS

SELECT * FROM newempTemp
```

97 %

结果　消息

	empid	empname
1	1	金士鹏
2	2	李芳
3	3	刘英玫
4	4	孙林
5	5	王伟
6	6	张雪眉
7	7	张颖
8	8	赵军
9	9	郑建杰

图 3-41

```
——假定在 T3DATA 数据库中创建一个实验用表 mytabl01，直接填充 5000 条记录
use T3DATA
if exists (select * from sysobjects where name = 'mytable01' and xtype = 'u') drop table mytable01 ——通过系统对象判断要创建的同名用户表 mytable01 表是否已存在，若存在则先删除该表再创建
create table mytable01
(
    userid int primary key,
    username char (20) not null default ('unknown'),
    regdate datetime not null default (getdate () ),
    isenabled bit not null default (0)
)
go
declare @counter int
set @counter = 1
while @counter≤5000 begin
    insert into mytable01 (userid, username) values (@counter, 'vip'+ cast (@counter as varchar) )
    set @counter = @counter + 1
end
```

	userid	usemame	regdate	isenabled
1	1	vip1	2014-03-16 17:29:38.907	0
2	2	vip2	2014-03-16 17:29:38.907	0
3	3	vip3	2014-03-16 17:29:38.907	0
4	4	vip4	2014-03-16 17:29:38.910	0
5	5	vip5	2014-03-16 17:29:38.910	0
6	6	vip6	2014-03-16 17:29:38.910	0
7	7	vip7	2014-03-16 17:29:38.910	0
8	8	vip8	2014-03-16 17:29:38.910	0
9	9	vip9	2014-03-16 17:29:38.910	0
10	10	vip10	2014-03-16 17:29:38.910	0
11	11	vip11	2014-03-16 17:29:38.910	0
12	12	vip12	2014-03-16 17:29:38.910	0

select count（*）from mytable01 ——显示该数据表的总记录数如下：5000

3.3.3 数据表的管理基础

1. *数据表的更改*

通过对象资源管理器和 T-SQL 语句均可实现对表的信息的查询、修改。

(1) 表的属性查看

在 SSMS 的对象资源管理器中，右单击某个表，选择弹出菜单中的“属性”，可查看到表的默认设置属性、依赖关系等。如果要查看表的结构，则在快捷菜单中选择“设计”，进入表设计界面，如图 3-42 所示。

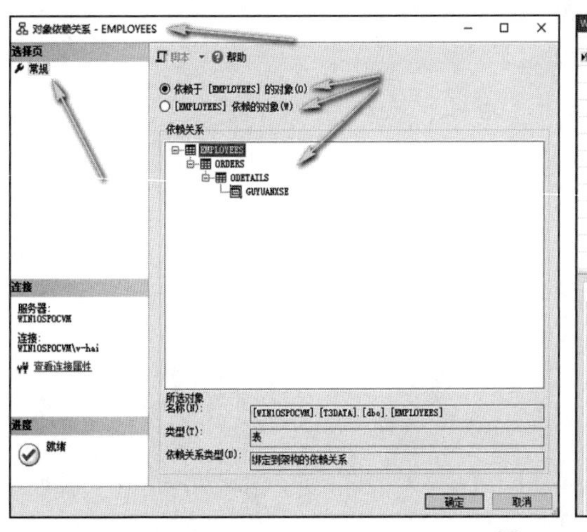

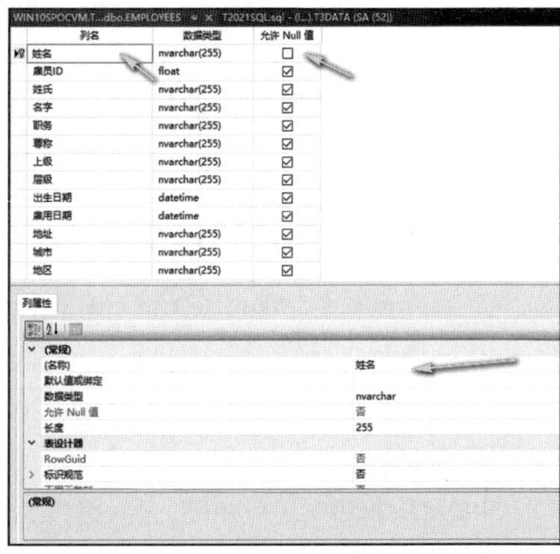

图 3-42

利用 T-SQL 语句也可方便地查看表的相关属性。

——利用存储过程查看 stuteacher 表的结构等信息：

sp_help EMPLOYEES

输出结果如图 3-43 所示。

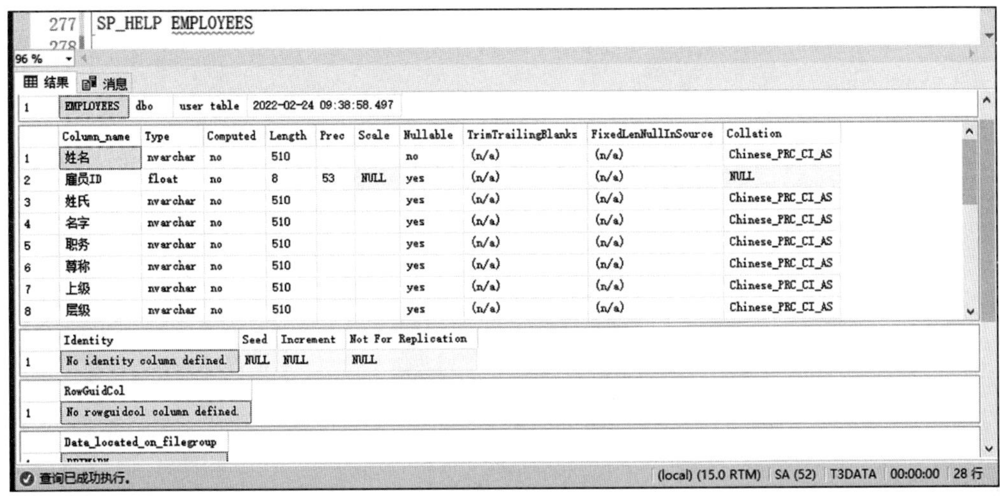

```
SP_HELP EMPLOYEES
```

	Name	Owner	Type	Created_datetime
1	EMPLOYEES	dbo	user table	2022-02-24 09:38:58.497

	Column_name	Type	Computed	Length	Prec	Scale	Nullable	TrimTrailingBlanks	FixedLenNullInSource	Collation
1	姓名	nvarchar	no	510			no	(n/a)	(n/a)	Chinese_PRC_CI_AS
2	雇员ID	float	no	8	53	NULL	yes	(n/a)	(n/a)	NULL
3	姓氏	nvarchar	no	510			yes	(n/a)	(n/a)	Chinese_PRC_CI_AS
4	名字	nvarchar	no	510			yes	(n/a)	(n/a)	Chinese_PRC_CI_AS
5	职务	nvarchar	no	510			yes	(n/a)	(n/a)	Chinese_PRC_CI_AS
6	尊称	nvarchar	no	510			yes	(n/a)	(n/a)	Chinese_PRC_CI_AS
7	上级	nvarchar	no	510			yes	(n/a)	(n/a)	Chinese_PRC_CI_AS
8	层级	nvarchar	no	510			yes	(n/a)	(n/a)	Chinese_PRC_CI_AS

	Identity	Seed	Increment	Not For Replication
1	No identity column defined.	NULL	NULL	NULL

	RowGuidCol
1	No rowguidcol column defined.

	Data_located_on_filegroup

图 3-43

（2）表的一般属性的更改

通过对象资源管理器或者右单击弹出的快捷菜单，可对表的名称、权限等选项进行修改，如图 3-44 所示。

图 3-44

利用 T-SQL 语句可对表的名称进行修改。

```
sp_rename 'EMP022', 'EMP22'
——利用存储过程将表的名称 EMP022 改为 EMP22
```

（3）表的约束的更改

表的各种约束可通过对象资源管理器中的表设计环境，对相关字段或整张表调用快捷菜单进行设置，如图 3-45 所示。

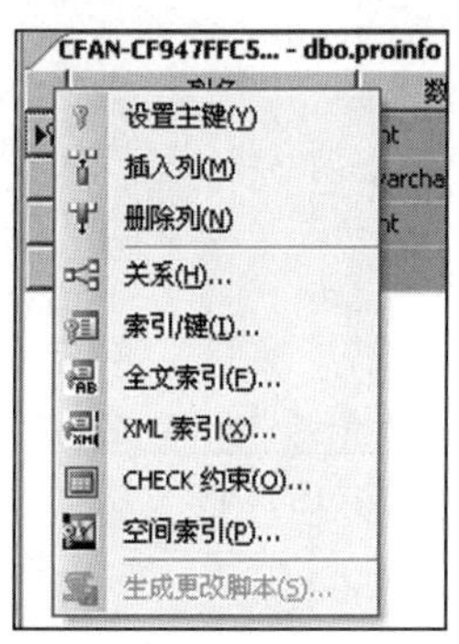

图 3-45

使用 T-SQL 语句可进行约束关系的修改（以外键约束为例）。

```
——通过 alter 方法创建新的属性，同时对约束关系进行添加、更改或者删除
alter table emp22
add ID int constraint fk_id foreign key (id) references employees (雇员 ID)

——若要修改一些约束，比如外键约束，则必须先删除已有的外键约束，然后再重新创建
alter table emp22
drop constraint fk_id ——删除之前一般要通过 sp_help 等方式获取约束的名称

——删除旧的外键约束关系后，再添加新的约束关系
alter table emp22
add constraint fk_id foreign key (id) references emp01 (empid) ——假设emp01 表中 empid 是唯一值。
```

（4）表字段属性的更改

通过对象资源管理器，打开表的设计窗口，可方便对数据表的字段名称、字段类型、字段长度等进行修改。也可以通过 T-SQL 语句进行修改。

```
——在表中添加字段 memo
alter table emp22 add memo nvarchar (50)

——将 emp22 表中的 id 字段类型改为 nvarchar (20)，注意：若之前有约束关系存在可能导致修改失败，故要先删除已有的特定约束关系，然后再修改字段
alter table stuteacher alter column id nvarchar (20)

——将表中的字段删除
alter table emp22 drop column memo
```

2. 数据表的删除

在对象资源管理器中右单击表对象后可快速对表进行删除。但在删除之前最好在删除对象对话框中检查表的依赖关系以决定是否真的删除表。

利用 T-SQL 语句也可以快速删除数据表对象。

```
drop table emp22 ——删除 emp22 表
truncate table emp22 ——删除表中的所有行，而不记录单个行删除操作。truncate table 与没有 where 子句的 delete 语句类似；但是，truncate table 速度更快，使用的系统资源和事务日志资源更少
```

3.4　Python 与数据表对象管理

第 2.4 节阐述了如何利用 Python 对数据库进行创建、更新、删除等基础管理操作。本节将利用 Python 创建、更改和删除数据表，并对数据表记录进行增、删、改、查等操作。

与第 1.4 节相同，要使用 Python 及第三方库对 SQL Server 进行库表等对象管理，首先需要进行连接。

```
import pymssql
conn = pymssql.connect ("win10spocvm", "sa", "1234", "T3DATA") #设置连接实例
c = conn.cursor ()
```

假设有如表 3-18 所示的数据表结构，需要在 SQL Server 数据库服务器中对 T3DATA 数据库对象进行数据表的创建，并为后续数据管理奠定基础。关系实体对象名称为 COVID19T。

表 3-18 数据表结构

编号	属性名称	数据类型	说明
0	FIPS	float64	浮点型
1	Admin2	object	字符型
2	Province_State	object	字符型
3	Country_Region	object	字符型
4	Last_Update	object	字符型
5	Lat	float64	浮点型
6	Long_	float64	浮点型
7	Confirmed	int64	整型
8	Deaths	int64	整型
9	Recovered	int64	整型
10	Active	float64	浮点型
11	Combined_Key	object	字符型
12	Incident_Rate	float64	浮点型
13	Case_Fatality_Ratio	object	字符型

3.4.1 创建数据表

```
conn = pymssql.connect ("win10spocvm", "sa", "1234", "t3data") ——检查服务是否启动
cursor = conn.cursor ()
c = conn.cursor ()
c.execute ('''
  if object_id ('covid19t', 'u') is not null drop table persons
  create table covid19t
   (
    fips float,
    admin2 nvarchar (50),
    province_state nvarchar (50),
    country_region nvarchar (50),
    last_update datetime2,
    lat float,
    long_ float,
```

```
    confirmed int,
    deathes int,
    recovered int,
    active int,
    combined_key nvarchar (100),
    incident_rate float,
    case_fatality_ratio nvarchar (100)
  )
  ''')
conn.commit ()
conn.close ()
——输出结果如图 3-46 所示。
```

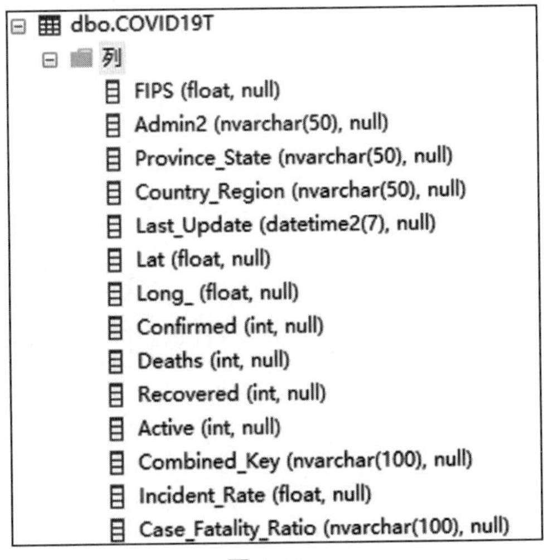

图 3-46

3.4.2　添加数据

1. 使用 INSERT 方法逐条添加数据

```
conn = pymssql.connect ("win10spocvm", "sa", "1234", "T3DATA") ——直接连接到 T3DATA 数据库
cursor = conn.cursor ()
c = conn.cursor ()
```

```
    c. executemany (
      " INSERT INTO COVID19T VALUES ( % d, % s, % s, % s, % s, % d, % d, % d, %
d, %d, %d, %s, %d, %s) ",
        [
          (", ", ", ' Afghanistan ', ' 2021-01-02 05: 22: 33 ', 33.939110,
67.709953, 51526, 2191, 41727, 0.0, 'Afghanistan', 0.000000, 4.25222),
          (", ", ", ' Afghanistan ', ' 2021-01-02 05: 22: 33 ', 33.939110,
67.709953, 51526, 2191, 41727, 0.0, 'Afghanistan', 0.000000, 4.25222)
        ]
    )
    conn. commit ()
    conn. close ()
```

2. 使用 pyodbc 方法添加 DataFrame 数据集

假设数据集变量 df 是本地 . CSV 数据文件的副本，如图 3-47 所示。

	FIPS	Admin2	Province_State	Country_Region	Last_Update	Lat	Long_	Confirmed	Deaths	Recovered	Active	Combined_Key
0				Afghanistan	2022-01-01 04:22:14	33.93911	67.709953	158084	7356			Afghanistan
1				Albania	2022-01-01 04:22:14	41.1533	20.1683	210224	3217			Albania
2				Algeria	2022-01-01 04:22:14	28.0339	1.6596	218432	6276			Algeria
3				Andorra	2022-01-01 04:22:14	42.5063	1.5218	23740	140			Andorra
4				Angola	2022-01-01 04:22:14	-11.2027	17.8739	81593	1770			Angola
...	...	...	...	...	...	...	...	...	...	...	...	...
4001				Vietnam	2022-01-01 04:22:14	14.058323999999999	108.277199	1731257	32394			Vietnam
4002				West Bank and Gaza	2022-01-01 04:22:14	31.9522	35.2332	469748	4919			West Bank and Gaza
4003				Yemen	2022-01-01 04:22:14	15.552726999999999	48.516388	10126	1984			Yemen
4004				Zambia	2022-01-01 04:22:14	-13.133897	27.849332	254274	3734			Zambia
4005				Zimbabwe	2022-01-01 04:22:14	-19.015438	29.154857	213258	5004			Zimbabwe

4006 rows × 14 columns

图 3-47

如果要将该数据集通过 INSERT 方法添加到 SQL Server 数据库服务器，可使用 pyodbc 第三方库。

```
import pyodbc
conn = pyodbc.connect ('driver = {sql server}; server = win10spocvm; database = t3data; uid = sa; pwd = 1234') #语法改变
cursor = conn.cursor ()
c = conn.cursor ()
for index, i in df.iterrows ():
    c.execute ("insert into covid19t
    (fips, admin2, province_state, country_region, last_update, lat, long_, confirmed, deaths, recovered, active, combined_key, incident_rate, case_fatality_ratio)
    values (?,?,?,?,?,?,?,?,?,?,?,?,?,?)", i.fips, i.admin2, i.province_state, i.country_region, i.last_update, i.lat, i.long_, i.confirmed, i.deaths, i.recovered, i.active, i.combined_key, i.incident_rate, i.case_fatality_ratio)
conn.commit ()
conn.close ()
```

3. 使用 create_engine 方法添加 DataFrame 数据集

```
from sqlalchemy import create_engine
engine = create_engine ('mssql + pymssql://sa:1234@win10spocvm/T3DATA')
df.to_sql ('COVID19T', engine, if_exists = 'append', index = False) #如果有数据，则追加
——执行逐条添加和三次 DataFrame 导入，最后输出的结果如图 3-48 所示，共有 12 020 条记录
```

以上方法分别用到了 pymssql、pyodbc 和 sqlalchemy 第三方库，在进行上述操作之前需要确认相关第三方库是否已经正确安装。

3.4.3 更新数据

假设需要将 COVID19T 表所有 Country_Region 中含有 Taiwan 的 Provice_State 改为 Taiwan，然后将 Country_Region 改为 China。

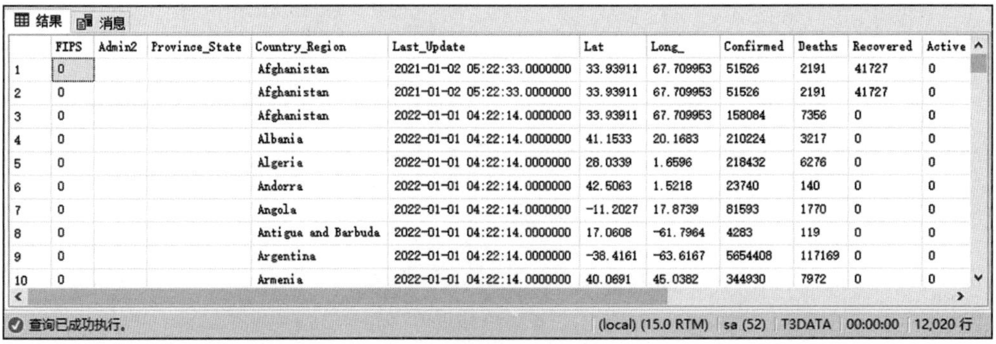

结果 消息

	FIPS	Admin2	Province_State	Country_Region	Last_Update	Lat	Long_	Confirmed	Deaths	Recovered	Active
1	0			Afghanistan	2021-01-02 05:22:33.0000000	33.93911	67.709953	51526	2191	41727	0
2	0			Afghanistan	2021-01-02 05:22:33.0000000	33.93911	67.709953	51526	2191	41727	0
3	0			Afghanistan	2022-01-01 04:22:14.0000000	33.93911	67.709953	158084	7356	0	0
4	0			Albania	2022-01-01 04:22:14.0000000	41.1533	20.1683	210224	3217	0	0
5	0			Algeria	2022-01-01 04:22:14.0000000	28.0339	1.6596	218432	6276	0	0
6	0			Andorra	2022-01-01 04:22:14.0000000	42.5063	1.5218	23740	140	0	0
7	0			Angola	2022-01-01 04:22:14.0000000	-11.2027	17.8739	81593	1770	0	0
8	0			Antigua and Barbuda	2022-01-01 04:22:14.0000000	17.0608	-61.7964	4283	119	0	0
9	0			Argentina	2022-01-01 04:22:14.0000000	-38.4161	-63.6167	5654408	117169	0	0
10	0			Armenia	2022-01-01 04:22:14.0000000	40.0691	45.0382	344930	7972	0	0

查询已成功执行。 (local) (15.0 RTM) | sa (52) | T3DATA | 00:00:00 | 12,020 行

图 3-48

```
conn = pymssql.connect ("win10spocvm", "sa", "1234", "T3DATA")
——检查服务是否启动
cursor = conn.cursor ()
c = conn.cursor ()
c.execute ("UPDATE COVID19T SET Province_State = 'Taiwan' WHERE Country_Region like '%Taiwan%'")
c.execute ("UPDATE COVID19T SET Country_Region = 'China' WHERE Country_Region like '%Taiwan%'")
conn.commit ()
conn.close ()
```

3.4.4 删除数据

假设要对 COVID19T 表中的前两条数据进行删除。

```
conn = pymssql.connect ("win10spocvm", "sa", "1234", "T3DATA")
cursor = conn.cursor ()
c = conn.cursor ()
c.execute ("DELETE TOP (2) FROM COVID19T")
conn.commit ()
conn.close ()
```

3.5 小结

本章通过介绍数据表的概念和类型、数据类型，以及 T-SQL 语句、控制流、函数等相关内容，能够使读者掌握利用包括 Python 等多种技术进行数据表的设计、创建和管理，为数据库和表的进一步管理和应用奠定基础。

第 4 章

数据查询基础

数据查询是数据库系统平台中最常用的操作之一，也可以认为是数据分析的起点。而使用 SQL 语句对数据库进行查询操作更是常见，属于 SQL 语言中的数据操作语言（data manipulation language）。

数据查询不仅仅是将位于数据库中的数据返回给各种客户端，而且可以根据各种条件返回数据，还可对返回的数据进行显示格式上的设置。本章中的 SQL 查询将基于 SQL Server 平台使用 T-SQL 语言进行。

本章学习要点：

☑ 了解 T-SQL 查询原理及环境

☑ 掌握 T-SQL 投影查询语句

☑ 掌握 T-SQL 排序查询语句

☑ 掌握 T-SQL 条件查询语句

☑ 掌握 T-SQL 计算查询语句

4.1 数据查询概述

利用 T-SQL 可以进行数据查询，实现从数据库中检索行，并允许从 SQL Server 中的一个或多个表中选择一个或多个行或列。查询功能的应用非常广泛，比如在 Web 页面中出现的动态交互页面上的公告、新闻等信息，无不与查询语句相关联。

4.1.1 数据查询子句格式

虽然 SELECT 语句的完整语法较复杂，但其主要子句可归纳如下：

```
SELECT {ALL | DISTINCT} select_list
[TOP n [PERCENT] ] [ INTO new_table ]
[ FROM table_source ] [<LEFTTB> JOIN <RIGHTTB> ON <ONPRE>]
[ WHERE search_condition ]
[ GROUP BY group_by_expression]
[ HAVING search_condition]
[ ORDER BY order_expression [ ASC | DESC ] ]
```

参数解释如下：

- DISTINCT：去掉列中记录的重复值。在有多列的查询语句中，可使多列组合后的结果是唯一的。
- TOP n [PERCENT]：去掉前 n 条记录。如果使用 PERCENT 参数，则表示取表中所有记录前面的 n%。
- INTO new_table：表示将查询结果直接添加到一个表中。注意这个表必须是库中没有的，即在查询过程中新建了一个表，且表结构和原有的表相同（字段多少可调整）。
- FROM table_source：指定查询数据的来源，可以是单个或多个表、视图对象。
- <LEFTTB> JOIN <RIGHTTB> ON <ONPRE>：表示查询过程中含有连接，主要是 cross join 交叉连接，inner join 内连接，outer join 外连接，其中，outer join 还被分成 left outer join 、right outer join 、full outer join。cross join 是笛卡尔积，返回一个 n * m 的表。inner join 是在 cross join 返回结果的基础上根据 on 筛选器中的谓词进行筛选，为 true 则保留。outer join 是在 inner join 返回结果基础上将保留表中被删除的行添加回来，添加回来的数据叫做外部行，外部行中非保留表的属性被赋值为 Null。
- WHERE：指定语句返回的行的搜索条件。使用此子句可以限制该语句返回或影响的行数。
- GROUP BY：按 SQL Server 中的一个或多个列或表达式的值将一组选定行组合成一个摘要行集。针对每一组返回一行。SELECT 子句 <select> 列表中的聚合函数提供有关每个组（而不是各行）的信息。GROUP BY 子句具有符合 ISO 的语法和不符合 ISO 的语法。在一条 SELECT 语句中只能使用一种语法样式。对于所有的新工作，应使用符合 ISO 的语法。提供不符合 ISO 的语法的目的是实现向后兼容。
- HAVING：指定组或聚合的搜索条件。HAVING 只能与 SELECT 语句一起使用。HAVING 通常在 GROUP BY 子句中使用。如果不使用 GROUP BY 子句，则 HAVING 的行为与 WHERE 子句一样。

- ORDER BY：指定在 SELECT 语句返回的列中所使用的排序。除非同时指定了 TOP，否则 ORDER BY 子句在视图、内联函数、派生表和子查询中无效。

4.1.2　数据查询原理

SELECT 语句是非程序性的，不规定数据库服务器检索所请求数据的确切步骤。例如，如果 SELECT 语句引用 3 个表，数据库服务器可以先访问 TableA，使用 TableA 中的数据从 TableB 析取匹配的行，然后使用 TableB 中的数据从 TableC 提取数据。这意味着数据库服务器必须分析语句，以决定提取所请求数据的最有效方法。这称为“优化 SELECT 语句”。处理此过程的组件称为“查询优化器”。优化器的输入包括查询、数据库方案（表和索引的定义）以及数据库统计信息。优化器的输出称为“查询执行计划”，有时也称为“查询计划”或直接称为“计划”。

以下步骤显示 SELECT 语句的逻辑处理顺序或绑定顺序。此顺序能够确定在一个步骤中定义的对象何时可用于后续步骤中的子句。例如，如果查询处理器可以绑定（访问）在 FROM 子句中定义的表或视图，则这些对象及其列可用于所有后续步骤。相反，因为 SELECT 子句处于步骤 8 中，所以，在该子句中定义的任何列或派生列别名不能由之前的子句引用。但是，它们可由后面的子句（如 ORDER BY 子句）引用。请注意，该语句的实际物理执行由查询处理器确定，因此在此列表中顺序可能会不同。

（1）FROM

（2）ON

（3）JOIN

（4）WHERE

（5）GROUP BY

（6）WITH CUBE 或 WITH ROLLUP

（7）HAVING

（8）SELECT

（9）DISTINCT

（10）ORDER BY

（11）TOP

查询流程如图 4-1 所示。

（1）FROM 后面的表标识了这条语句要查询的数据源和一些子句，如（1-J1）笛卡尔积，（1-J2）ON 筛选器，（1-J3）添加外部行。FROM 过程之后会生成一个虚拟表 VT1。

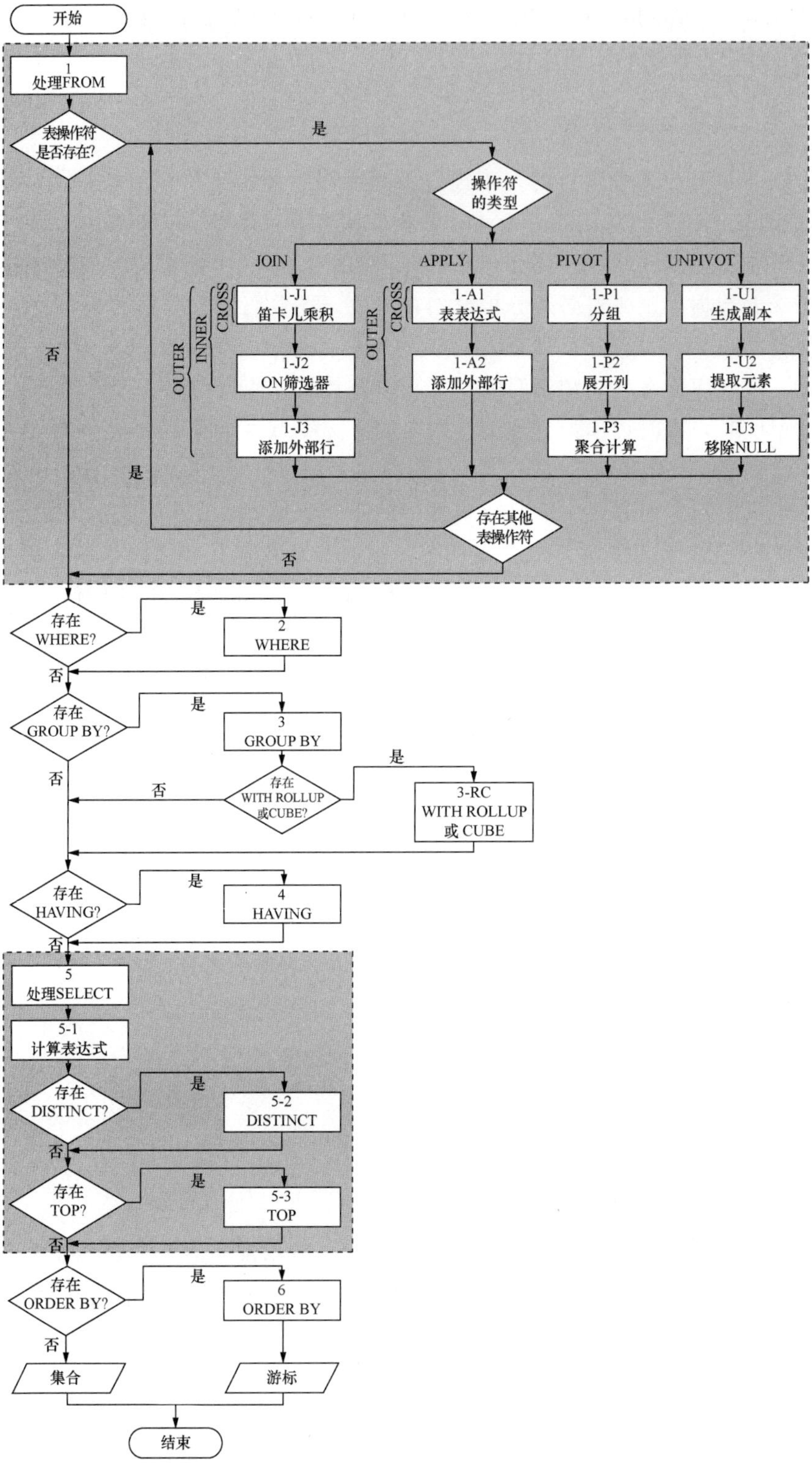

开始
1 处理FROM
表操作符是否存在?
是
操作符的类型
JOIN
APPLY
PIVOT
UNPIVOT
OUTER
INNER
CROSS
1-J1 笛卡儿乘积
1-J2 ON筛选器
1-J3 添加外部行
OUTER
CROSS
1-A1 表表达式
1-A2 添加外部行
1-P1 分组
1-P2 展开列
1-P3 聚合计算
1-U1 生成副本
1-U2 提取元素
1-U3 移除NULL
否
是
存在其他表操作符
否
存在WHERE?
是
2 WHERE
否
存在GROUP BY?
是
3 GROUP BY
否
存在WITH ROLLUP或CUBE?
否
是
3-RC WITH ROLLUP 或 CUBE
存在HAVING?
是
4 HAVING
否
5 处理SELECT
5-1 计算表达式
存在DISTINCT?
是
5-2 DISTINCT
否
存在TOP?
是
5-3 TOP
否
存在ORDER BY?
是
6 ORDER BY
否
集合
游标
结束

图 4-1

资料来源：微软 TechNet。

- （1-J1）笛卡尔积：这个步骤会计算两个相关联表的笛卡尔积（cross join），生成虚拟表 VT1-J1。
- （1-J2）ON 筛选器：这个步骤基于虚拟表 VT1-J1 进行过滤，过滤出所有满足 ON 谓词条件的列，生成虚拟表 VT1-J2。
- （1-J3）添加外部行：如果使用了外连接，保留表中不符合 ON 条件的列也会被加入 VT1-J2 中，作为外部行，生成虚拟表 VT1-J3。

（2）WHERE 对 VT1 过程中生成的临时表进行过滤，满足 WHERE 子句的列被插入到 VT2 表中。

（3）GROUP BY 子句会把 VT2 中生成的表按照 GROUP BY 中的列进行分组，生成 VT3 表。

（4）HAVING 子句对 VT3 表中的不同组进行过滤，满足 HAVING 条件的子句被加入 VT4 表中。

（5）SELECT 子句对 SELECT 子句中的元素进行处理，生成 VT5 表。

- （5-1）计算表达式：计算 SELECT 子句中的表达式，生成 VT5-1 表。
- （5-2）DISTINCT：寻找 VT5-1 中的重复列，并删除，生成 VT5-2 表。
- （5-3）TOP：从 ORDER BY 子句定义的结果中筛选出符合条件的列，生成 VT5-3 表。
- ORDER BY：从 VT5-3 表中，根据 ORDER BY 子句的条件对结果进行排序，生成 VT6 表。

下面开始逐项讲解各种查询的应用。

4.2　投影查询

在 SELECT 语句中，选择特定的单列或多列的查询方式称为投影查询。下面基于前文创建的系列数据表及数据进行讲解，所有操作包括编写、执行和查看均在 SQL Server Management Studio 平台的查询编辑器（又称为查询分析器）中进行。

本教程的操作基本围绕第 1、第 2 章中所创建的数据库、表的相关对象进行，除非另有说明。

4.2.1　单列或多列查询

1. 单列查询

```
——查询 T3DATA 数据库雇员表中的姓氏字段所有信息。
USE T3DATA
SELECT 姓氏 FROM 雇员
——输出结果如图 4-2 所示。
```

结果 消息

	姓氏
1	张
2	王
3	李
4	郑
5	赵
6	孙
7	金
8	刘
9	张
10	李

查询已成功执行。

图 4-2

结果 消息

	姓氏	名字
1	张	颖
2	王	伟
3	李	芳
4	郑	建杰
5	赵	军
6	孙	林
7	金	士鹏
8	刘	英玫
9	张	雪眉
10	李	元石

查询已成功执行。

图 4-3

2. 多列查询

```
——查询雇员表中姓氏和名字两个字段
SELECT 姓氏, 名字 FROM 雇员 ——两个字段的前后顺序可以是任意的
——输出结果如图 4-3 所示。
```

4.2.2 所有列查询

1. 列出所有字段

在 SELECT 和 FROM 关键词之间，将数据表中的所有字段都列出，中间用半角逗号分隔，不分顺序，就能够查询所有字段的相关值。

2. 用“*”指代

如果一张表的字段较多，要详细列出所有字段势必影响查询效率，所以，在 T-SQL 语句中，可以用“*”作为通配符代表表中的所有列，而列的显示顺序与数据表中列的先后顺序是相同的。使用“*”代表所有列固然较快，但是无法对有用的数据列进行优先或突出显示，因为顺序上无法改变，无法按需筛选字段。

```
——利用 * 代表所有列进行查询
SELECT * FROM 雇员
——输出结果如图 4-4 所示。
```

4.2.3 消除重复列查询

某些原始表中列的数值存在大量的重复值，如果想从中提取唯一值，可使用 DIS-

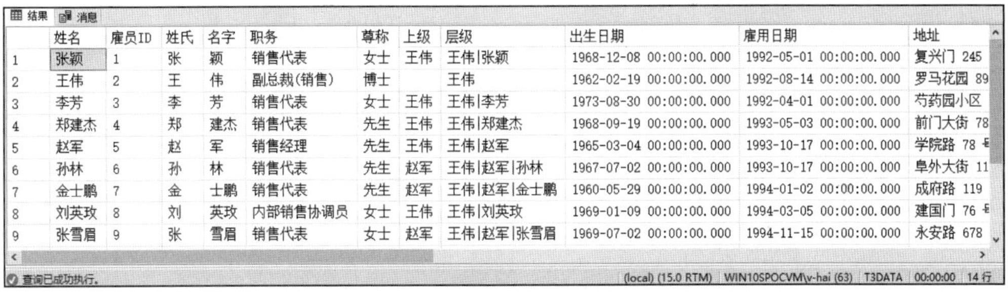

	姓名	雇员ID	姓氏	名字	职务	尊称	上级	层级	出生日期	雇用日期	地址
1	张颖	1	张	颖	销售代表	女士	王伟	王伟|张颖	1968-12-08 00:00:00.000	1992-05-01 00:00:00.000	复兴门 245
2	王伟	2	王	伟	副总裁(销售)	博士		王伟	1962-02-19 00:00:00.000	1992-08-14 00:00:00.000	罗马花园 89
3	李芳	3	李	芳	销售代表	女士	王伟	王伟|李芳	1973-08-30 00:00:00.000	1992-04-01 00:00:00.000	芍药园小区
4	郑建杰	4	郑	建杰	销售代表	先生	王伟	王伟|郑建杰	1968-09-19 00:00:00.000	1993-05-03 00:00:00.000	前门大街 78
5	赵军	5	赵	军	销售经理	先生	王伟	王伟|赵军	1965-03-04 00:00:00.000	1993-10-17 00:00:00.000	学院路 78
6	孙林	6	孙	林	销售代表	先生	赵军	王伟|赵军|孙林	1967-07-02 00:00:00.000	1993-10-17 00:00:00.000	阜外大街 11
7	金士鹏	7	金	士鹏	销售代表	先生	赵军	王伟|赵军|金士鹏	1960-05-29 00:00:00.000	1994-01-02 00:00:00.000	成府路 119
8	刘英玫	8	刘	英玫	内部销售协调员	女士	王伟	王伟|刘英玫	1969-01-09 00:00:00.000	1994-03-05 00:00:00.000	建国门 76
9	张雪眉	9	张	雪眉	销售代表	女士	赵军	王伟|赵军|张雪眉	1969-07-02 00:00:00.000	1994-11-15 00:00:00.000	永安路 678

查询已成功执行。　(local) (15.0 RTM)　WIN10SPOCVM\v-hai (63)　T3DATA　00:00:00　14 行

图 4-4

TINCT 关键字进行。

```
——显示订单详情表所有唯一的产品名称，与没有经过唯一值筛选的数据对比
SELECT 产品 FROM 订单详情 ——输出结果是 2157 条记录
SELECT DISTINCT （产品）FROM 订单详情 ——输出结果是 76 条记录，即 76 种产品
——输出结果如图 4-5 所示。
```

	产品
1	猪肉
2	酸奶酪
3	糙米
4	猪肉干
5	沙茶
6	猪肉干
7	虾子
8	海苔酱
9	小米
10	糯米
11	海苔酱

(a)

	产品
1	烤肉酱
2	海哲皮
3	苹果汁
4	白奶酪
5	桂花糕
6	鸡肉
7	牛奶
8	蚝油
9	墨鱼
10	鸡精
11	蛋糕
12	大众奶酪

(b)

图 4-5

在 Excel 数据表中如何获取某列重复数据中的唯一值呢？常用的有两种方法：

1. 通过数据透视表功能

在 Excel 数据表中，将鼠标焦点置于连续的数据中（即数据行中不要有空行，否则被透视的数据不完整），单击条带式工具菜单上的“插入”选项卡，单击“数据透视表”中的”数据透视表”，如图 4-6 所示。

	A	B	C	D	E	F	G	H	I
1	学号	姓名	性别	年级	专业名称	班级	现住址	联系电话	辅导员
2	141300205	林一然	男	2013	物流管理	01		059451372616	吴东东
3	141300116	李磊	男	2013	物流管理	02		091683632601	叶明华
4	141200140	林美燕	男	2012	物流管理	01		059752199866	陈山勇
5	141000105	蔡宏涛	男	2010	物流管理	02		059585314815	李元航
6	141200241	陈晓丹	男	2012	物流管理	01		059589676070	叶明华
7	141100115	路旭婕	男	2011	物流管理	01		0552-3248698	叶明华
8	141100106	孙美逸	女	2011	物流管理	02		0429-4993785	叶明华
9	141000136	雷静娟	男	2010	物流管理	02		0376-1681524	叶明华
10	141200104	邱开元	女	2012	物流管理	01		024-85873008	叶明华
11	141100201	庄树明	女	2011	物流管理	02		059584925946	叶明华
12	141200137	许振佳	女	2012	物流管理	01		059585880659	叶明华
13	191100211	曾聪	女	2011	物流管理	02		059582712349	叶明华
14	141300149	陈一凡	女	2013	物流管理	01		059584622852	叶明华
15	141000234	蔡欣婷	女	2010	物流管理	01		059582618608	叶明华
16	141200124	许靓燕	女	2012	物流管理	02		059582635148	叶明华
17	141000137	徐斌	女	2010	物流管理	02		059527615143	叶明华
18	141200211	刘炜	女	2012	物流管理	01		059524362899	叶明华
19	141100211	李芳	男	2011	物流管理	02		059528269269	叶明华
20	141300111	陈佳雯	女	2013	物流管理	02		059522166116	叶明华
21	141300217	刘礼娜	男	2013	物流管理	02		059524662690	叶明华
22	141100137	苏婷婷	女	2011	物流管理	02		059527141698	叶明华
23	141100212	朱通	男	2011	物流管理	02		059523241228	叶明华
24	141200217	杨晨洁	女	2012	物流管理	01		059526769568	叶明华

图 4-6

在“创建数据透视表”窗口中检查是否所有数据都已经被选中了，即＄A＄1:＄K＄3866单元格区域范围，并选择是否为透视表创建新的工作表或者将其置于现有的工作表中，如图4-7所示。

创建数据透视表
请选择要分析的数据
选择一个表或区域(S)
表/区域(T): all!$A$1:$K$3866
使用外部数据源(U)
选择连接(C)...
连接名称:
选择放置数据透视表的位置
新工作表(N)
现有工作表(E)
位置(L):
确定
取消

图 4-7

在“数据透视表字段列表”工作窗格中，将“专业名称”字段拖曳到“行标签”

即可在工作表中得到专业名称的唯一值，如图 4-8 所示。

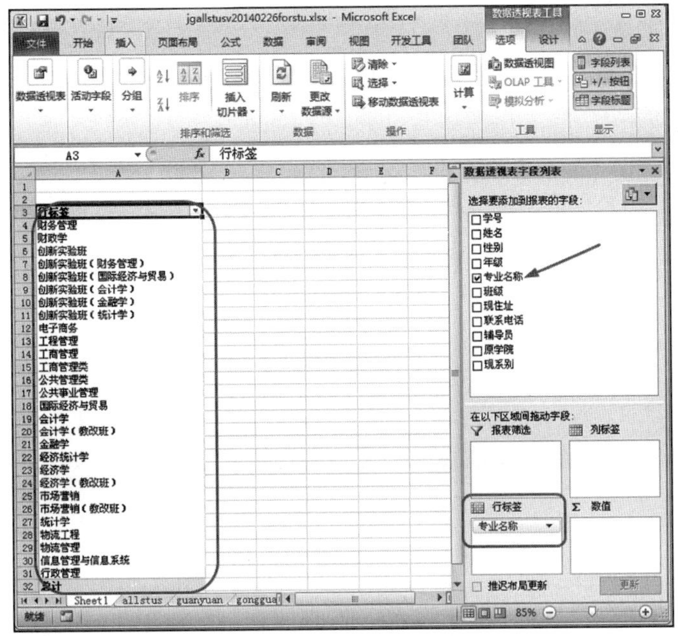

图 4-8

2. 通过删除重复值功能

假定要通过 allstus 表中的“专业名称”列获取专业名称的唯一值，一般会对 allstus 表复制一个副本，然后在副本中对该列进行删除重复值操作。

在 allstus（2）表中，单击工具栏上的“数据”选项中的“删除重复项”，在该对话框中，选择“数据包含标题”，可选择一个或多个包含重复值的列构成一个唯一值序列，如图 4-9 所示。

根据专业名称删除重复项得到最终结果表，如图 4-10 所示。

4.3　排序查询

在往数据表添加数据时，并没有按照用户需要的顺序进行添加，而是按照系统默认的顺序进行添加。然而，用户经常要根据某个或某些字段进行排序显示，这就需要在 T-SQL 中使用 ORDER BY 关键字进行排序后输出。

4.3.1　按升降序排序查询

在 SQL Server 中，如果使用 T-SQL 对数据表中的数据进行升序查询，则可使用关键词 ASC 表示升序查询，默认情况下不添加 ASC 也是可以的。

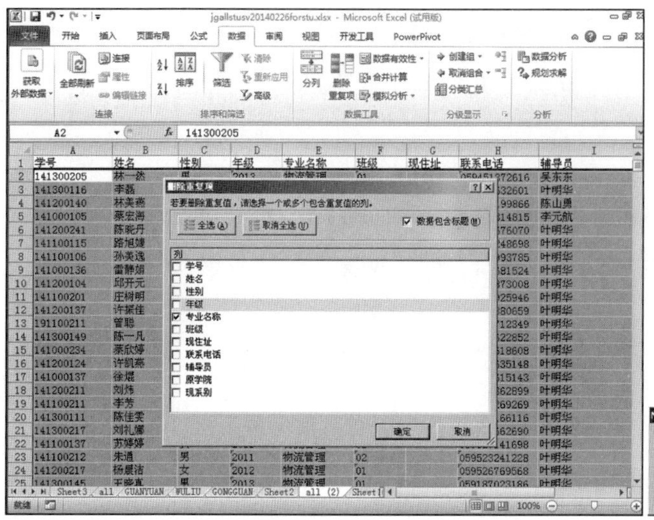

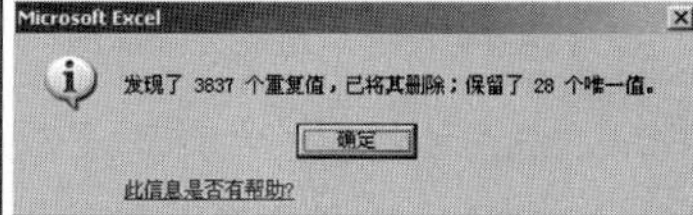

图 4-9

	A	B	C	D	E	F	G	H	I	J	
1	学号	姓名	性别	年级	专业名称	班级	现住址	联系电话	辅导员	原学院	现系别
2	140800602	林一然	男	2008	物流管理	01		059451372616	吴东东	物流	物流
3	141200472	杜旺	女	2012	物流工程	02		0412-8108074	叶明华	物流	物流
4	070703519	陈琼	男	2007	工程管理	01		0579-6563233	綦奋	管理学院	工商管
5	070703990	洪哲玄	男	2007	信息管理与信息系统	01		131749105383	綦奋	管理学院	管理科
6	070702478	黄佳文	女	2007	国际经济与贸易	01		138501246889	薛城	管理学院	经济贸
7	070704783	罗紫娟	男	2007	统计学	01		158063185281	綦奋	管理学院	统计系
8	070802138	董志超	女	2008	财政学	01		0774-1784725	薛城	管理学院	财金系
9	070801135	吴欣格	男	2008	市场营销	01		150603450837	綦奋	管理学院	工商管
10	070801443	张丹妮	男	2008	工商管理	01		131377611458	綦奋	管理学院	工商管
11	070802880	方保灵	女	2008	经济学	01		591874304732	薛城	管理学院	经济贸
12	070803119	谢哲颖	女	2009	电子商务	01		135051690108	綦奋	管理学院	管理科
13	070901942	李雅茹	女	2009	财务管理	03		059524102670	綦奋	管理学院	会计系
14	071002997	刘志东	女	2010	金融学	04		0830-2140067	邓丹珊	管理学院	财金系
15	071001572	陈小晨	男	2010	市场营销（教改班）	01		138024301652	袁尚武	管理学院	工商管
16	071001869	梁婷	男	2010	工商管理类	06		6981269	袁尚武	管理学院	工商管
17	070901771	朱瑜	女	2010	会计学	02		059422866844	綦奋	管理学院	会计系
18	071001606	苏君	女	2010	会计学（教改班）	01		059586846443	袁尚武	管理学院	会计系
19	071002590	蔡锦华	女	2010	经济学（教改班）	01		059584253771	骆家欢	管理学院	经济贸
20	071205833	祝馨雨	女	2012	创新实验班（会计学）	02		134018389380	张彬玉	管理学院	创新实
21	071206506	庄紫城	女	2012	创新实验班（金融学）	01		059583177843	张彬玉	管理学院	创新实
22	071204189	马秋艳	女	2012	创新实验班（财务管理）	01		152255998914	张彬玉	管理学院	创新实
23	071202343	柯东霞	女	2012	创新实验班（国际经济与贸易）	02		135594588620	张彬玉	管理学院	创新实
24	071202273	望棕伟	男	2012	创新实验班（统计学）	02		134775265416	张彬玉	管理学院	创新实
25	071304182	胡一蕙	男	2013	经济统计学	01		135056694759	薛城	管理学院	财金系
26	071306775	李珍	女	2013	创新实验班	02		189825423979	张彬玉	管理学院	创新实
27	230800160	阚凤云	男	2008	公共事业管理	02		159606544434	邹晓强	公共管理	公共管
28	231000300	杨玉	男	2010	行政管理	02		0955-6940060	刘文淑	公共管理	公共管
29	231200970	阿远磊	女	2012	公共管理类	01		0994-5456803	刘文淑	公共管理	公共管

图 4-10

```
——从订单数据表中获取客户 ID 的唯一值，并按该字段进行升序和降序排列
SELECT DISTINCT (客户 ID) FROM 订单 ORDER BY 客户 ID ASC
SELECT DISTINCT (客户 ID) FROM 订单 ORDER BY 客户 ID DESC
——输出结果如图 4-11 所示。
```

4.3.2 按多列排序查询

按单列排序进行数据查询的结果中可能存在重复数据，此时用户可能需要根据其他单个列或多个列再次进行排序查询。

	客户ID
1	ALFKI
2	ANATR
3	ANTON
4	AROUT
5	BERGS
6	BLAUS
7	BLONP
8	BOLID
9	BONAP
10	BOTTM
11	BSBEV

升序排列
(a)

	客户ID
1	WOLZA
2	WILMK
3	WHITC
4	WELLI
5	WARTH
6	WANDK
7	VINET
8	VICTE
9	VAFFE
10	TRAIH
11	TRADH

降序排列
(b)

图 4-11

```
——在订单表中，先根据客户 ID 升序排序，然后再根据运货费降序排序
SELECT 客户 ID，运货费 FROM 订单 ORDER BY 客户 ID，运货费 DESC
——输出结果如图 4-12 所示。
```

	客户ID	运货费
1	ALFKI	40.42
2	ANATR	69.53
3	ANATR	43.90
4	ANATR	39.92
5	ANATR	23.94
6	ANATR	11.99
7	ANATR	1.61
8	ANTON	84.84
9	ANTON	58.43
10	ANTON	47.45
11	ANTON	36.13

图 4-12

4.3.3　按特殊需求排序查询

1. 随机排序

在实际数据分析过程中，往往需要从数据表中随机提取部分数据，这就需要对数据表中的数据进行随机排序，在 SQL Server 中，可以使用 newid () 函数作为关键词进行随机排序，并可结合 TOP n 或者 TOP PERCENT 获取其中的部分数据。

```
SELECT 客户 ID, 运货费 FROM 订单 ORDER BY NEWID (), 客户 ID, 运货费 DESC
——输出结果如图 4-13 所示。
```

	客户ID	运货费
1	OLDWO	84.21
2	CACTU	0.33
3	DUMON	4.40
4	OTTIK	145.63
5	SAVEA	657.54
6	CACTU	17.22
7	MAISD	32.82
8	OLDWO	135.63
9	PRINI	15.51
10	VINET	32.38
11	FOLKO	1.26

	客户ID	运货费
1	REGGC	17.95
2	LAMAI	68.26
3	BOTTM	44.17
4	HUNGC	30.34
5	ANTON	22.00
6	LINOD	65.00
7	PICCO	53.05
8	SAVEA	352.69
9	COMMI	79.70
10	SAVEA	52.41
11	SANTG	4.62

图 4-13

注意：在利用 newid () 函数作为关键字对数据表数据进行随机查询过程中，会对整张数据表进行扫描，然后产生一个计算列，再进行排序，所以尽量不要对记录较多的数据表进行 newid () 函数随机排序。

2. 按需求动态排序

在一些特殊的数据查询中，若要根据用户的特别需求进行排序，比如将三个职务排在所有职务之前，但要按职务进行特别排序：副总裁（销售）排在销售经理前面，销售经理排在销售代表前面，此时就要用 case 选择语句来完成。

```
SELECT * FROM 雇员 ORDER BY 职务 ——普通排序


——动态排序
SELECT * FROM 雇员 ORDER BY
CASE 职务
  WHEN '副总裁（销售）' THEN 3
  WHEN '销售经理' THEN 2
  WHEN '销售代表' THEN 1
END
DESC
——输出结果如图 4-14 所示。
```

	雇员ID	姓氏	名字	职务	尊称
1	2	王	伟	副总裁(销售)	博士
2	8	刘	英玫	内部销售协调员	女士
3	9	张	雪眉	销售代表	女士
4	6	孙	林	销售代表	先生
5	7	金	士鹏	销售代表	先生
6	3	李	芳	销售代表	女士
7	4	郑	建杰	销售代表	先生
8	1	张	颖	销售代表	女士
9	5	赵	军	销售经理	先生

(a) 普通排序

	雇员ID	姓氏	名字	职务	尊称
1	2	王	伟	副总裁(销售)	博士
2	5	赵	军	销售经理	先生
3	6	孙	林	销售代表	先生
4	7	金	士鹏	销售代表	先生
5	3	李	芳	销售代表	女士
6	4	郑	建杰	销售代表	先生
7	1	张	颖	销售代表	女士
8	9	张	雪眉	销售代表	女士
9	8	刘	英玫	内部销售协调员	女士

(b) 动态排序

图 4-14

3. 按汉字笔画和音序排序

在数据查询中，有时需要按汉字笔画多少这一特殊要求进行排序，那么在排序时需要选择特殊的排序关键字。

——通过对姓名字段的两种不同排序，对比通过英文字母顺序和汉字笔画排序的不同结果：

```
SELECT 姓氏 FROM 雇员 ORDER BY 姓氏
SELECT 姓氏 FROM 雇员 ORDER BY 姓氏 Collate Chinese_PRC_Stroke_CS_AS_KS_WS
```

——输出结果如图 4-15 所示。

	姓氏
1	金
2	李
3	刘
4	孙
5	王
6	张
7	张
8	赵

(a)

	姓氏
2	刘
3	孙
4	张
5	张
6	李
7	郑
8	金
9	赵

(b)

图 4-15

需要指出的是，排序规则名称由两部分构成，前半部分是指本排序规则所支持的字符集，如 Chinese_PRC_CS_AI_WS。

- 前半部分指 UNICODE 字符集，Chinese_PRC_指针对中文简体字 UNICODE 的排序规则。
- 后半部分即后缀含义：

  _BIN：二进制排序

  _CI（CS）：是否区分大小写，CI 表示不区分，CS 表示区分

  _AI（AS）：是否区分重音，AI 表示不区分，AS 表示区分

  _KI（KS）：是否区分假名类型，KI 表示不区分，KS 表示区分

  _WI（WS）：是否区分宽度，WI 表示不区分，WS 表示区分

如果在创建数据库时已经选择了“Chinese_PRC_Stroke_CS_AS_KS_WS”作为默认排序规则（请参考第 2 章数据库创建部分的知识），或者在设计数据表时已经将该字段的排序规则修改为 Chinese_PRC_Stroke_90_CI_AS（如图 4-16 所示），那么在对汉字字段进行排序时，就无须再加“Chinese_PRC_Stroke_CS_AS_KS_WS”作为关键字进行排序。

图 4-16

若此时要用英文字母（拼音）顺序进行排序，反而需要加上“Chinese_Simplified_Pinyin_100_CI_AS”作为关键字。

```
——在对数据表中的 TEMP0302 数据表进行查询，该表已经对姓氏字段的排序规则进行了修改，默认是 Chinese_PRC_Stroke_90_CI_AS
SELECT 姓氏 FROM TEMP0302 ORDER BY 姓氏 ——用默认排序规则进行排序，即按汉字笔画多少排序
SELECT 姓氏 FROM TEMP0302 ORDER BY 姓氏 collate Chinese_Simplified_Pinyin_100_CI_AS ——在查询中修改排序规则：使用汉字拼音作为排序规则，该关键字可用“collate Chinese_PRC_CS_AS”替代
——输出结果如图 4-17 所示。
```

	姓氏
1	王
2	刘
3	孙
4	张
5	张
6	李
7	郑
8	金

(a)

	姓氏
1	金
2	李
3	刘
4	孙
5	王
6	张
7	张
8	赵

(b)

图 4-17

在 Excel 数据表中若要对汉字进行笔画排序，则需要在排序选项中对默认的排序规则进行修改。

在工作表中选择将鼠标焦点置于需要进行笔画或者音序排序的字段上，单击条带式工具栏上的“数据”选项卡，单击“排序”选项，在对话框中选择“笔画排序”或“字母排序”，单击“确定”即可，如图 4-18 所示。

4. 使用新增排序函数排序

SQL Server 2008 及以上版本在排序方面新增了一些函数，包括 ROW_NUMBER ()、RANK ()、DENSE_RANK () 和 NTITLE ()。

ROW_NUMBER () 是按当前记录的行号由小到大逐一排名，不并列，排名连续。行号可能随着指定的实际排序字段改变而改变。

RANK () 是按指定排序字段的值由小到大逐一排名，并列，排名不连续；

DENSE_RANK () 是按指定排序字段的值由小到大逐一排名，并列，排名连续；

NTITLE () 是按指定排序字段的值由小到大分成组逐一排名，并列，排名连续

假设分别使用这几个函数对订单表中的运货费字段进行排序，具体情况如下：

(1) 使用 ROW_NUMBER () 函数基于运货费字段降序进行排序编号

```
SELECT 客户 ID，订单 ID，货主名称，运货费，
ROW_NUMBER () OVER (ORDER BY 运货费 DESC) AS 基于运货费按行号
FROM 订单
——输出结果如图 4-19 所示。
```

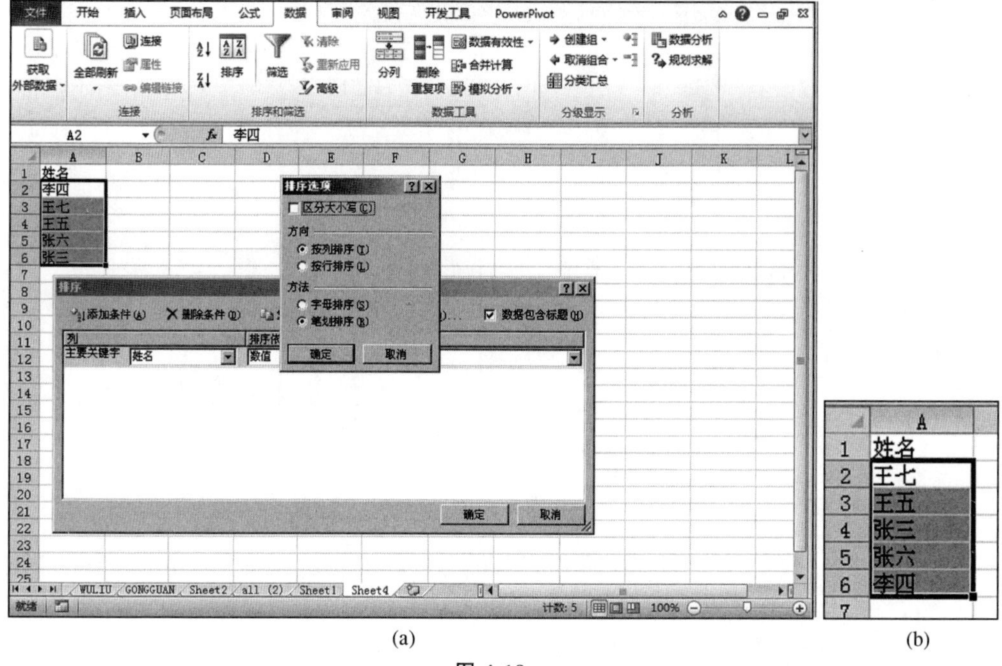

(a)

	A
1	姓名
2	王七
3	王五
4	张三
5	张六
6	李四
7	

(b)

图 4-18

	客户ID	订单ID	货主名称	运货费	基于运货费按行号
1	QUICK	10540	刘先生	1007.64	1
2	QUEEN	10372	方先生	890.78	2
3	SAVEA	11030	苏先生	830.75	3
4	QUICK	10691	刘先生	810.05	4
5	ERNSH	10514	王先生	789.95	5
6	ERNSH	11017	王先生	754.26	6
7	GREAL	10816	方先生	719.78	7
8	RATTC	10479	王先生	708.95	8
9	SAVEA	10983	苏先生	657.54	9
10	WHITC	11032	黎先生	606.19	10

图 4-19

	客户ID	订单ID	货主名称	运货费	运货费按RANK排序
794	LONEP	10662	胡继尧	1.28	794
795	FURIB	10664	林小姐	1.27	795
796	OCEAN	10898	谢丽秋	1.27	795
797	FOLKO	10980	陈先生	1.26	797
798	GALED	10887	林小姐	1.25	798
799	FOLKO	10824	陈先生	1.23	799
800	LILAS	10899	陈玉美	1.21	800
801	BONAP	11011	陈小姐	1.21	800
802	CHOPS	10370	林小姐	1.17	802
803	VINET	10295	余小姐	1.15	803

图 4-20

(2) 使用 RANK () 函数基于运货费字段降序进行排序编号

```
SELECT 客户 ID, 订单 ID, 货主名称, 运货费,
RANK () OVER (ORDER BY 运货费 DESC) AS 运货费按 RANK 排序
FROM 订单
——输出结果如图 4-20 所示。
```

若运货费字段的数值相同，则 RANK () 函数排序后赋予同样的编号，并且跳过相邻号段，出现不连续的现象。

（3）使用 DENSE_RANK（）函数基于运货费字段降序进行排序编号

```
SELECT 客户 ID，订单 ID，货主名称，运货费，
DENSE_RANK ( ) OVER (ORDER BY 运货费 DESC) AS 运货费按 DENSE_RANK 排序
FROM 订单
——输出结果如图 4-21 所示。
```

	客户ID	订单ID	货主名称	运货费	运货费按DENSE_RANK排序
797	FOLKO	10980	陈先生	1.26	770
798	GALED	10887	林小姐	1.25	771
799	FOLKO	10824	陈先生	1.23	772
800	LILAS	10899	陈玉美	1.21	773
801	BONAP	11011	陈小姐	1.21	773
802	CHOPS	10370	林小姐	1.17	774
803	VINET	10295	余小姐	1.15	775
804	WARTH	10636	成先生	1.15	775
805	QUICK	10996	刘先生	1.12	776
806	CACTU	10782	李先生	1.10	777

图 4-21

若运货费字段的数值相同，则 DENSE_RANK（）函数排序后赋予同样的编号，但不会跳过相邻号段，以连续编号的方式出现。

（4）使用 NTITLE（）函数基于运货费字段降序进行排序后，再分组编号

```
SELECT 客户 ID，订单 ID，货主名称，运货费，
NTITLE (9) OVER (ORDER BY 运货费 DESC) AS 运货费按 NTITLE 排序 —— "9" 代表需要将运货费字段划分为几个组
FROM 订单
——输出结果如图 4-22 所示。
```

注意：如果分区的行数不能被 NTITLE ( ) 函数中的组数参数整除，则将导致一个成员有两个大小不同的组。按照 OVER 子句指定的顺序，较大的组排在较小的组前面。例如，如果总行数是 220，组数是 9，则前 4 个组每组包含 25 行共 100 行记录，其余 5 组每组包含 24 行共 120 行记录。另一方面，如果总行数可被组数整除，则行数将在组之间平均分布。例如，如果总行数为 50，有 5 个组，则每组将包含 10 行。

下面代码对这几类新增排序函数的使用效果进行对比。

	客户ID	订单ID	货主名称	运货费	运货费按NTILE排序
735	THEBI	10992	方先生	4.27	8
736	SEVES	10472	成先生	4.20	8
737	NORTS	11057	刘小龙	4.13	8
738	MEREP	10439	刘维国	4.07	8
739	ANTON	10677	胡先生	4.03	9
740	WOLZA	10374	吴小姐	3.94	9
741	WARTH	10412	成先生	3.77	9
742	FOLKO	10264	陈先生	3.67	9
743	FAMIA	10512	徐先生	3.53	9
744	HILAA	10705	王先生	3.52	9

图 4-22

```
SELECT 客户 ID, 订单 ID, 货主名称, 运货费,
ROW_NUMBER () OVER (ORDER BY 运货费 DESC) AS 运货费按行号排序,
RANK () OVER (ORDER BY 运货费 DESC) AS 运货费按 RANK 排序,
DENSE_RANK () OVER (ORDER BY 运货费 DESC) AS 运货费按 DENSE_RANK 排序,
NTITLE (9) OVER (ORDER BY 运货费 DESC) AS 运货费按 NTITLE 排序
FROM 订单
——输出结果如图 4-23 所示。
```

	客户ID	订单ID	货主名称	运货费	运货费按行号排序	运货费按RANK排序	运货费按DENSE_RANK排序	运货费按NTILE排序
1	QUICK	10540	刘先生	1007.64	1	1	1	1
2	QUEEN	10372	方先生	890.78	2	2	2	1
3	SAVEA	11030	苏先生	830.75	3	3	3	1
4	QUICK	10691	刘先生	810.05	4	4	4	1
5	ERNSH	10514	王先生	789.95	5	5	5	1
6	ERNSH	11017	王先生	754.26	6	6	6	1
7	GREAL	10816	方先生	719.78	7	7	7	1
8	RATTC	10479	王先生	708.95	8	8	8	1
9	SAVEA	10983	苏先生	657.54	9	9	9	1
10	WHITC	11032	黎先生	606.19	10	10	10	1

图 4-23

4.4 条件查询

条件查询 WHERE 子句是 SELECT 语句中最重要的子句之一，在 WHERE 子句中设定了检索的各种动态、静态条件，系统进行数据检索时将按照这些特定的条件以及优先等级对记录进行检索，找出符合条件的相关记录。T-SQL 语句提供了各种运算

符和关键字来定义搜索条件。其中常用的运算符有比较运算符和逻辑运算符（在第 2 章中已详细说明）。在利用 WHERE 子句进行条件查询时，往往需要使用多个条件共同作用才能精确检索到需要的数据。

4.4.1　等值查询

查询雇员表中职务是“销售代表”的雇员信息。

```
SELECT * FROM 雇员
WHERE 职务 = '销售代表'
——输出结果如图 4-24 所示。
```

	雇员ID	姓氏	名字	职务	尊称	出生日期
1	1	张	颖	销售代表	女士	1968-12-08 00:00:00.000
2	3	李	芳	销售代表	女士	1973-08-30 00:00:00.000
3	4	郑	建杰	销售代表	先生	1968-09-19 00:00:00.000
4	6	孙	林	销售代表	先生	1967-07-02 00:00:00.000
5	7	金	士鹏	销售代表	先生	1960-05-29 00:00:00.000
6	9	张	雪眉	销售代表	女士	1969-07-02 00:00:00.000

图 4-24

4.4.2　不匹配查询

在雇员信息表中，查询职务不是销售代表的雇员信息。

```
——使用“! =”、“<>”、“≤”、“> =”等逻辑运算符可进行不匹配数据查询
SELECT * FROM 雇员 WHERE 职务 ! ='销售代表'
SELECT * FROM 雇员 WHERE 职务<>'销售代表'
——两个语句输出的结果是相同的
```

但是如果对字符串进行“>=”或者“≤”不匹配操作，则不同于对数字型数据进行操作的结果。对字符串进行比较运算符的非匹配查询，得到的是字符串英文字母之前或者之后的相关数据。

```
    SELECT * FROM 雇员 WHERE 职务 > ='销售代表'——查询英文字母（拼音）排
在“xiao”之后（包括 xiao）的数据
    SELECT * FROM 雇员 WHERE 职务<'销售代表'——查询英文字母（拼音）排在
“xiao”之前（不包括 xiao）的数据
    ——输出结果如图 4-25 所示。
```

	雇员ID	姓氏	名字	职务	尊称	出生日期	雇用日期	地址	城市	地区
1	1	张	颖	销售代表	女士	1968-12-08 00:00:00.000	1992-05-01 00:00:00.000	复兴门 245 号	北京	华
2	3	李	芳	销售代表	女士	1973-08-30 00:00:00.000	1992-04-01 00:00:00.000	芍药园小区 78 号	北京	华
3	4	郑	建杰	销售代表	先生	1968-09-19 00:00:00.000	1993-05-03 00:00:00.000	前门大街 789 号	北京	华
4	5	赵	军	销售经理	先生	1965-03-04 00:00:00.000	1993-10-17 00:00:00.000	学院路 78 号	北京	华
5	6	孙	林	销售代表	先生	1967-07-02 00:00:00.000	1993-10-17 00:00:00.000	阜外大街 110 号	北京	华
6	7	金	士鹏	销售代表	先生	1960-05-29 00:00:00.000	1994-01-02 00:00:00.000	成府路 119 号	北京	华
7	9	张	雪眉	销售代表	女士	1969-07-02 00:00:00.000	1994-11-15 00:00:00.000	永安路 678 号	北京	华

	雇员ID	姓氏	名字	职务	尊称	出生日期	雇用日期	地址	城市
1	2	王	伟	副总裁(销售)	博士	1962-02-19 00:00:00.000	1992-08-14 00:00:00.000	罗马花园 890 号	北京
2	8	刘	英玫	内部销售...	女士	1969-01-09 00:00:00.000	1994-03-05 00:00:00.000	建国门 76 号	北京

图 4-25

查询订单表中运货费等于或高于 100 元的订单明细信息，可以使用 IN 和 SELECT 子句，应用不匹配运算符来完成。

```
SELECT * FROM 订单明细 WHERE 订单 ID IN (SELECT 订单 ID FROM 订单 WHERE 运货费>=100)
```

——输出的结果虽然不显示等于或高于 100 的运货费，但根据该条件进行的订单明细筛选，如图 4-26 所示。

	订单ID	产品ID	单价	数量	折扣
1	10255	2	15.20	20	0
2	10255	16	13.90	35	0
3	10255	36	15.20	25	0
4	10255	59	44.00	30	0
5	10258	2	15.20	50	0.2
6	10258	5	17.00	65	0.2
7	10258	32	25.60	6	0.2
8	10263	16	13.90	60	0.25
9	10263	24	3.60	28	0
10	10263	30	20.70	60	0.25
11	10263	74	8.00	36	0.25
12	10267	40	14.70	50	0

图 4-26

4.4.3 NOT、AND、OR 运算符查询

在 WHERE 条件查询过程中，几乎离不开 NOT、AND、OR 逻辑运算符。

1. AND 运算符

AND 运算符连接的是两个或两个以上的条件，当连接的条件全部为真（TRUE）时才能查询到为真的数据，如果有一个为假（FALSE），则无法得到查询结果。

（1）查询订单表货主名称中含有“先生”且运货费高于 100、雇员 ID 为 1 的信息

```
SELECT * FROM 订单 WHERE 货主名称 LIKE '%先生%' AND 运货费>100 AND 雇员 ID=1
——输出结果如图 4-27 所示。
```

结果　消息

	订单ID	客户ID	雇员ID	订购日期	到货日期	发货日期	运货商	运货费	货主名称	货
1	10258	ERNSH	1	2012-07-1...	2012-08-1...	2012-07-...	1	140.51	王先生	
2	10270	WARTH	1	2012-08-0...	2012-08-2...	2012-08-...	1	136.54	成先生	
3	10316	RATTC	1	2012-09-2...	2012-10-2...	2012-10-...	3	150.15	王先生	
4	10351	ERNSH	1	2012-11-1...	2012-12-0...	2012-11-...	1	162.33	王先生	
5	10361	QUICK	1	2012-11-2...	2012-12-2...	2012-12-...	2	183.17	刘先生	
6	10393	SAVEA	1	2012-12-2...	2013-01-2...	2013-01-...	3	126.56	苏先生	
7	10465	VAFFE	1	2013-03-0...	2013-04-0...	2013-03-...	3	145.04	方先生	
8	10524	BERGS	1	2013-05-0...	2013-05-2...	2013-05-...	2	244.79	李先生	
9	10546	VICTE	1	2013-05-2...	2013-06-2...	2013-05-...	3	194.72	陈先生	
10	10612	SAVEA	1	2013-07-2...	2013-08-2...	2013-08-...	2	544.08	苏先生	
11	10616	GREAL	1	2013-07-3...	2013-08-2...	2013-08-...	2	116.53	方先生	
12	10626	BERGS	[illegible]	2013-08-1	2013-09-0	2013-08-	2	138.69	李先生	

图 4-27

（2）查询订单表货主名称中含有“先生”且运货费高于 100、雇员 ID 为 1、订单明细表中产品单价高于 100 的信息

```
SELECT * FROM 订单 WHERE 货主名称 LIKE '%先生%' AND 运货费>100 AND 雇员 ID=1 AND 订单 ID IN (SELECT 订单 ID FROM 订单明细 WHERE 单价>100)
——输出结果如图 4-28 所示（最终结果只剩下两条）。
```

结果　消息

	订单ID	客户ID	雇员ID	订购日期	到货日期	发货日期	运货商	运货费	货主名称
1	10351	ERNSH	1	2012-11-11 00:00:00.000	2012-12-09 00:00:00.000	2012-11-20 00:00:00.000	1	162.33	王先生
2	10616	GREAL	1	2013-07-31 00:00:00.000	2013-08-28 00:00:00.000	2013-08-05 00:00:00.000	2	116.53	方先生

图 4-28

2. OR 运算符

OR 运算符一般也是连接两个或两个以上条件，只要其中一个为真，则 OR 的结果即为真，除非所有条件均为假。

查询订单表货主名称中含有“先生”或运货费高于 100 或雇员 ID 为 1 或订单明细表中产品单价高于 100 的信息。

```
SELECT * FROM 订单 WHERE 货主名称 LIKE '%先生%' OR 运货费>100 OR 雇员ID = 1 OR 订单 ID IN (SELECT 订单 ID FROM 订单明细 WHERE 单价>100)
——输出结果如图 4-29 所示。
```

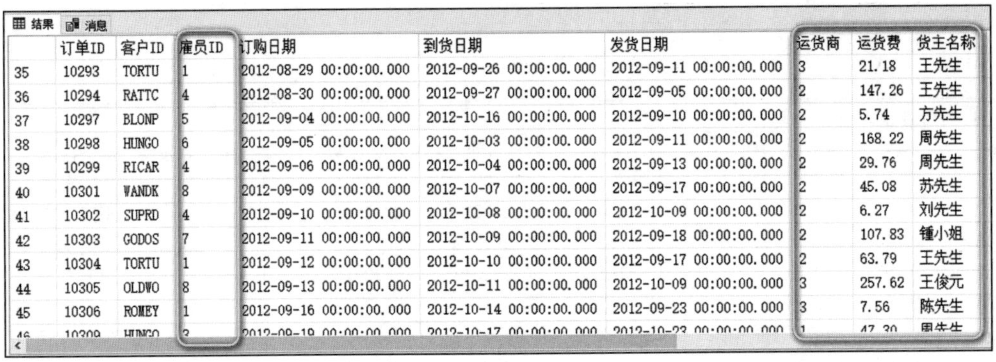

结果 消息

	订单ID	客户ID	雇员ID	订购日期	到货日期	发货日期	运货商	运货费	货主名称
35	10293	TORTU	1	2012-08-29 00:00:00.000	2012-09-26 00:00:00.000	2012-09-11 00:00:00.000	3	21.18	王先生
36	10294	RATTC	4	2012-08-30 00:00:00.000	2012-09-27 00:00:00.000	2012-09-05 00:00:00.000	2	147.26	王先生
37	10297	BLONP	5	2012-09-04 00:00:00.000	2012-10-16 00:00:00.000	2012-09-10 00:00:00.000	2	5.74	方先生
38	10298	HUNGO	6	2012-09-05 00:00:00.000	2012-10-03 00:00:00.000	2012-09-11 00:00:00.000	2	168.22	周先生
39	10299	RICAR	4	2012-09-06 00:00:00.000	2012-10-04 00:00:00.000	2012-09-13 00:00:00.000	2	29.76	周先生
40	10301	WANDK	8	2012-09-09 00:00:00.000	2012-10-07 00:00:00.000	2012-09-17 00:00:00.000	2	45.08	苏先生
41	10302	SUPRD	4	2012-09-10 00:00:00.000	2012-10-08 00:00:00.000	2012-10-09 00:00:00.000	2	6.27	刘先生
42	10303	GODOS	7	2012-09-11 00:00:00.000	2012-10-09 00:00:00.000	2012-09-18 00:00:00.000	2	107.83	锺小姐
43	10304	TORTU	1	2012-09-12 00:00:00.000	2012-10-10 00:00:00.000	2012-09-17 00:00:00.000	2	63.79	王先生
44	10305	OLDWO	8	2012-09-13 00:00:00.000	2012-10-11 00:00:00.000	2012-10-09 00:00:00.000	3	257.62	王俊元
45	10306	ROMEY	1	2012-09-16 00:00:00.000	2012-10-14 00:00:00.000	2012-09-23 00:00:00.000	3	7.56	陈先生
46	10309	HUNGO	3	2012-09-19 00:00:00.000	2012-10-17 00:00:00.000	2012-10-23 00:00:00.000	1	47.30	周先生

图 4-29

3. NOT 运算符

NOT 运算符一般与其他运算符一同使用，表示原条件的取反操作。

查询订单表货主名称中含有“先生”且运货费高于 100、雇员 ID 为 1，但订单明细表中产品单价不高于 100 的信息。

```
SELECT * FROM 订单 WHERE 货主名称 LIKE '%先生%' AND 运货费>100 AND 雇员 ID = 1 AND 订单 ID NOT IN (SELECT 订单 ID FROM 订单明细 WHERE 单价>100)
——输出结果如图 4-30 所示，与图 4-28 输出的结果完全不同。
```

当在 WHERE 子句中使用多个运算符时，必须考虑运算符优先级问题，否则就会导致查询不到用户实际需要的数据结果。当 OR、括号的位置不同时，查询的结果将会大不相同。

运算符优先级如图 4-31 所示。

4. WHERE 条件查询的特殊应用

如果要从一张有数据的库表中获取全部字段或部分字段，但不填充数据，即空表，则可以使用 WHERE 条件的特殊形式来实现。

结果　消息

	订单ID	客户ID	雇员ID	订购日期	到货日期	发货日期	运货商	运货费	货主名称
1	10258	ERNSH	1	2012-07-17 00:00:00.000	2012-08-14 00:00:00.000	2012-07-23 00:00:00.000	1	140.51	王先生
2	10270	WARTH	1	2012-08-01 00:00:00.000	2012-08-29 00:00:00.000	2012-08-02 00:00:00.000	1	136.54	成先生
3	10316	RATTC	1	2012-09-27 00:00:00.000	2012-10-25 00:00:00.000	2012-10-08 00:00:00.000	3	150.15	王先生
4	10361	QUICK	1	2012-11-22 00:00:00.000	2012-12-20 00:00:00.000	2012-12-03 00:00:00.000	2	183.17	刘先生
5	10393	SAVEA	1	2012-12-25 00:00:00.000	2013-01-22 00:00:00.000	2013-01-03 00:00:00.000	3	126.56	苏先生
6	10465	VAFFE	1	2013-03-05 00:00:00.000	2013-04-02 00:00:00.000	2013-03-14 00:00:00.000	3	145.04	方先生
7	10524	BERGS	1	2013-05-01 00:00:00.000	2013-05-29 00:00:00.000	2013-05-07 00:00:00.000	2	244.79	李先生
8	10546	VICTE	1	2013-05-23 00:00:00.000	2013-06-20 00:00:00.000	2013-05-27 00:00:00.000	3	194.72	陈先生
9	10612	SAVEA	1	2013-07-28 00:00:00.000	2013-08-25 00:00:00.000	2013-08-01 00:00:00.000	2	544.08	苏先生
10	10626	BERGS	1	2013-08-11 00:00:00.000	2013-09-08 00:00:00.000	2013-08-20 00:00:00.000	2	138.69	李先生
11	10709	GOURL	1	2013-10-17 00:00:00.000	2013-11-14 00:00:00.000	2013-11-20 00:00:00.000	3	210.80	刘先生
12	10713	SAVEA	1	2013-10-22 00:00:00.000	2013-11-19 00:00:00.000	2013-10-24 00:00:00.000	1	167.05	苏先生

图 4-30

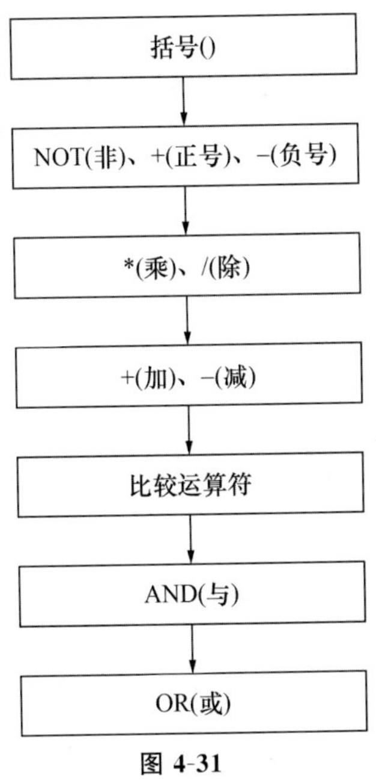

图 4-31

——假设产品表是有数据记录的，现在要生成没有数据的产品空表，且只保留两个字段

SELECT 产品 ID，产品名称 INTO 产品空表 FROM 产品 WHERE 1 = 2

——1 = 2 的逻辑运算结果为假，所以最终获取包含两个字段的空表。该逻辑为假的表达式可以任意构建。

4.4.4　BETWEEN…AND 区间查询

在 T-SQL 中，区间查询可以使用大于等于（>=）、小于等于（≤）和 AND 运算符共同完成，也可以使用 BETWEEN…AND 结构来完成。

查询订单中货主城市为“南京”、货主名称中包含“小姐”称谓，并且订单明细表中单价在 20—50 之间的所有订单信息。

```
SELECT * FROM 订单 WHERE 货主城市 = '南京' AND 货主名称 LIKE '%小姐%' 
AND 订单 ID IN (SELECT 订单 ID FROM 订单明细 WHERE 单价 BETWEEN 20 AND 50)
——输出结果如图 4-32 所示。
```

结果 消息

	订单ID	客户ID	雇员ID	订购日期	到货日期	发货日期	运货商	运货费	货主名称	货主地址	货主城市	货主地区
1	10726	EASTC	4	2013-11-...	2013-11-...	2013-12...	1	16.56	谢小姐	黄花路 328 号	南京	华东
2	11024	EASTC	4	2014-04-...	2014-05-...	2014-04...	1	74.36	谢小姐	广正路 645 号	南京	华东
3	10532	EASTC	7	2013-05-...	2013-06-...	2013-05...	3	74.46	谢小姐	技术东街 173 号	南京	华东
4	11056	EASTC	8	2014-04-...	2014-05-...	2014-05...	2	278.96	谢小姐	金陵西街 27 号	南京	华东
5	10858	LACOR	2	2014-01-...	2014-02-...	2014-02...	1	52.51	余小姐	东园大路 78 号	南京	华东
6	10987	EASTC	8	2014-03-...	2014-04-...	2014-04...	1	185.48	谢小姐	民东大路 7 号	南京	华东
7	10664	FURIB	1	2013-09-...	2013-10-...	2013-09...	3	1.27	林小姐	通港南路 297 号	南京	华东
8	11047	EASTC	7	2014-04-...	2014-05-...	2014-05...	3	46.62	谢小姐	兴国大街 38 号	南京	华东
9	10432	SPLIR	3	2013-01-...	2013-02-...	2013-02...	2	4.34	唐小姐	黄河路 58 号	南京	华东
10	10364	EASTC	1	2012-11-...	2013-01-...	2012-12...	1	71.97	谢小姐	青年东路 53 号	南京	华东
11	10464	FURIB	4	2013-03-...	2013-04-...	2013-03...	2	89.00	林小姐	瑜口南路 232 号	南京	华东
12	10974	SPLIR	3	2014-03-	2014-04-	2014-04	3	12.96	唐小姐	光明北路 60 号	南京	华东

查询已成功执行。 218.193.118.206 (13.0 RTM) SA (56) BIdata 00:00:00 13 行

图 4-32

如果希望查询单价在 20—50 以外的数据，只要在 BETWEEN…AND 之前加上 NOT 即可。

4.4.5 IN 和 EXISTS 运算符查询

当查找特定条件的数据时，如果条件较多，可能需要用到多个 OR 运算符，这样会导致 T-SQL 语句变得冗长，难以理解和管理。在某些情况下，可以使用 IN 运算符让语句变得简洁、清晰。

1. 将列表值直接置于语句中

查询产品表中产品名称是“麻油”“酱油”的两个产品信息。

```
SELECT * FROM 产品 WHERE 产品名称 IN ('麻油', '酱油')
——输出结果如图 4-33 所示。
```

结果 消息

	产品ID	产品名称	供应商ID	类别ID	单位数量	单价	库存量	订购量	再订购量	中止
1	5	麻油	2	2	每箱12瓶	21.35	0	0	0	1
2	6	酱油	3	2	每箱12瓶	25.00	120	0	25	0

图 4-33

查询产品表产品名称中最后一个字符是“油”“奶”“糖”的产品信息。

```
——用 RIGHT 函数对产品名称字段右边第一个字符进行截取
SELECT * FROM 产品 WHERE RIGHT (产品名称, 1) IN ('油', '奶', '糖')
——输出结果如图 4-34 所示。
```

	产品ID	产品名称	供应商ID	类别ID	单位数量	单价	库存量	订购量	再订购量	中止
1	2	牛奶	1	1	每箱24瓶	19.00	17	40	25	0
2	5	麻油	2	2	每箱12瓶	21.35	0	0	0	1
3	6	酱油	3	2	每箱12瓶	25.00	120	0	25	0
4	26	棉花糖	11	3	每箱30盒	31.23	15	0	0	0
5	44	蚝油	20	2	每箱24瓶	19.45	27	0	15	0

图 4-34

如果在 IN 之前加上 NOT，则表示取得相反的数据。

2. 从子句中获取列表值

请参考前文关于 IN 和 SELECT 子查询的用法。

3. EXISTS 运算符

EXISTS 和 NOT EXISTS 运算符需要和相关子查询一起使用。外部子查询返回的结果集受到内层子查询结果的限制，比如判断真假，为真，则提供结果。

```
——从雇员表中查询雇员信息，条件是必须在订单中有相应雇员记录且运货费超过 100
SELECT * FROM 雇员 WHERE
EXISTS (SELECT * FROM 订单 WHERE 雇员.雇员 ID=订单.雇员 ID AND 订单.运货费>100)
——输出的结果是雇员表中所有的记录

——若在 EXISTS 前增加 NOT 条件，则得到的是空集
SELECT * FROM 雇员 WHERE
NOT EXISTS (SELECT * FROM 订单 WHERE 雇员.雇员 ID=订单.雇员 ID AND 订单.运货费>100)
```

IN 和 EXISTS 运算符有很多相似之处。但在实际数据分析过程中尽量用 EXISTS 和 NOT EXISTS 代替 IN 和 NOT IN。在下文的查询优化过程中将加以解释。

4.4.6 NULL 空值查询

在某些数据表中，库表中的记录在某列或某些列存在空值，即该列的值目前未知(UNKNOWN)。在 TS-SQL 中，UNKNOWN 的值就是空值（NULL)，而 NULL 是不能用于比较运算的，如大于、小于等，需要使用 IS 或 IS NOT 来判断是否为空值。

```
——查询雇员信息表中“上级”字段为空值的数据
SELECT * FROM 雇员 WHERE 上级 IS NULL
——输出结果如图 4-35 所示。
```

	雇员ID	姓氏	名字	职务	尊称	出生日期	上级	雇用日期	地址
1	2	王	伟	副总裁(销售)	博士	1962-02-19 00:00:00.000	NULL	1992-08-14 00:00:00.000	罗马花园 890 号

图 4-35

```
——查询雇员信息表中“上级”字段为非空值的数据
SELECT * FROM 雇员 WHERE 上级 IS NOT NULL
——输出结果如图 4-36 所示。
```

	雇员ID	姓氏	名字	职务	尊称	出生日期	雇用日期	地址
1	1	张	颖	销售代表	女士	1968-12-08 00:00:00.000	1992-05-01 00:00:00.000	复兴门 245 号
2	3	李	芳	销售代表	女士	1973-08-30 00:00:00.000	1992-04-01 00:00:00.000	芍药园小区 78 号
3	4	郑	建杰	销售代表	先生	1968-09-19 00:00:00.000	1993-05-03 00:00:00.000	前门大街 789 号
4	5	赵	军	销售经理	先生	1965-03-04 00:00:00.000	1993-10-17 00:00:00.000	学院路 78 号
5	6	孙	林	销售代表	先生	1967-07-02 00:00:00.000	1993-10-17 00:00:00.000	阜外大街 110 号
6	7	金	士鹏	销售代表	先生	1960-05-29 00:00:00.000	1994-01-02 00:00:00.000	成府路 119 号
7	8	刘	英玫	内部销售协调员	女士	1969-01-09 00:00:00.000	1994-03-05 00:00:00.000	建国门 76 号
8	9	张	雪眉	销售代表	女士	1969-07-02 00:00:00.000	1994-11-15 00:00:00.000	永安路 678 号

图 4-36

4.4.7 LIKE 模糊查询

在 T-SQL 中可利用 LIKE 关键字进行模糊查询，但一般需要指定通配符，通配符含义如下：

- %：包含 0 个或多个字符
- _（下划线)：包含一个字符
- []：指定范围
- [^]：不属于指定范围

1. %通配符的应用

(1) 查询产品信息表中产品名称第一个字符是“猪”的信息

```
SELECT * FROM 产品 WHERE 产品名称 LIKE '猪%'
——输出结果如图 4-37 所示。
```

	产品ID	产品名称	供应商ID	类别ID	单位数量	单价	库存量
1	17	猪肉	7	6	每袋500克	39.00	0
2	51	猪肉干	24	7	每箱24包	53.00	20

图 4-37

(2) 查询产品信息表中产品名称最后一个字符是“肉”的信息

```
SELECT * FROM 产品 WHERE 产品名称 LIKE '%肉'
——输出结果如图 4-38 所示。
```

	产品ID	产品名称	供应商ID	类别ID	单位数量	单价
1	17	猪肉	7	6	每袋500克	39.00
2	29	鸭肉	12	6	每袋3公斤	123.79
3	54	鸡肉	25	6	每袋3公斤	7.45
4	55	鸭肉	25	6	每袋3公斤	24.00

图 4-38

2. _通配符的应用

查询产品信息表中产品名称字段中只有两个字符，第二个字符是“肉”的信息。

```
SELECT * FROM 产品 WHERE 产品名称 LIKE '_肉'
——输出结果如图 4-39 所示。
```

3. [] 通配符的应用

查询产品信息表中单价第一位是“1”或者“2”，第二位是“9”的价格。

```
SELECT * FROM 产品 WHERE 单价 LIKE '[1-2][9]%'
——输出结果如图 4-40 所示。
```

	产品ID	产品名称	供应商ID	类别ID	单位数量
1	17	猪肉	7	6	每袋500克
2	29	鸭肉	12	6	每袋3公斤
3	54	鸡肉	25	6	每袋3公斤
4	55	鸭肉	25	6	每袋3公斤

图 4-39

	产品ID	产品名称	供应商ID	类别ID	单位数量	单价	库存量
1	2	牛奶	1	1	每箱24瓶	19.00	17
2	36	鱿鱼	17	8	每袋3公斤	19.00	112
3	44	蚝油	20	2	每箱24瓶	19.45	27
4	57	小米	26	5	每袋3公斤	19.50	36

图 4-40

4. [^] 通配符的应用

查询产品信息表中单价第 2 位不是“9”的产品信息。

```
SELECT * FROM 产品 WHERE 单价 LIKE '_ [^9] %'
——输出结果如图 4-41 所示。
```

	产品ID	产品名称	供应商ID	类别ID	单位数量	单价	库存量
1	1	苹果汁	1	1	每箱24瓶	18.00	39
2	3	蕃茄酱	1	2	每箱12瓶	10.00	13
3	4	盐	2	2	每箱12瓶	22.00	53
4	5	麻油	2	2	每箱12瓶	21.35	0
5	6	酱油	3	2	每箱12瓶	25.00	120
6	7	海鲜粉	3	7	每箱30盒	30.00	15
7	8	胡椒粉	3	2	每箱30盒	40.00	6
8	9	鸡	4	6	每袋500克	97.00	29
9	10	蟹	4	8	每袋500克	31.00	31
10	11	大众奶酪	5	4	每袋6包	21.00	22

图 4-41

5. 跨字段应用通配符

查询产品信息表中产品名称、单位数量两个字段中包含“500 克”字符的信息。

```
SELECT * FROM 产品 WHERE 产品名称 + 单位数量 LIKE '%虾%500 克%'
——输出结果如图 4-42 所示。
```

	产品ID	产品名称	供应商ID	类别ID	单位数量	单价	库存量	订购量	再订购量	中止
1	13	龙虾	6	8	每袋500克	6.00	24	0	5	0

图 4-42

4.5　计算查询

根据数据库设计范式的要求，在设计数据库时，数据表中的各列之间不存在函数依赖关系，为了方便用户查询，可以在 SELECT 语句中使用运算符对列值进行一定的计算并呈现。

4.5.1　简单计算查询

查询产品表中的单价字段，为单位小于 5 的记录加上 1。

```
SELECT 产品名称，单价，单价 + 1 FROM 产品 WHERE 单价<5
——输出结果如图 4-43 所示。
```

	产品名称	单价	(无列名)
1	汽水	4.50	5.50
2	浪花奶酪	2.50	3.50

图 4-43

4.5.2　多个虚拟计算字段查询

在对字段进行计算查询时，往往无法得到清晰明了的字段名，如图 4-43 所示，只标识“无列名”。因此在进行查询时可设置虚拟字段名称，使查询结果的可读性更强。

```
SELECT 产品名称，单价 AS 原单价，单价 + 1 AS 调整后单价 FROM 产品 WHERE 单价<5
——输出结果如图 4-44 所示。
```

	产品名称	原单价	调整后单价
1	汽水	4.50	5.50
2	浪花奶酪	2.50	3.50

图 4-44

在计算过程中可能会根据需要限制格式，如小数点的保留位数等，这时需要在计算过程中进行一定的转换或其他设置。如对 5 以下的单价进行调价，新价格比原价高出 80%，两种处理方式对比如下：

```
——对加分后的成绩呈现小数点不符合要求
SELECT 产品名称，单价 AS 原单价，单价 * （1 + 0.8）AS 调整后单价 FROM 产品 WHERE 单价<5
——输出结果如图 4-45（a）所示

——利用 CAST 转换函数对加分后的成绩进行转换和格式限制
SELECT 产品名称，单价 AS 原单价，CAST（单价 * （1 + 0.8）AS DECIMAL（3, 1））AS 调整后单价 FROM 产品 WHERE 单价<5
——输出结果如图 4-45（b）所示
```

	产品名称	原单价	调整后单价
1	汽水	4.50	8.10000
2	浪花奶酪	2.50	4.50000

(a)

	产品名称	原单价	调整后单价
1	汽水	4.50	8.1
2	浪花奶酪	2.50	4.5

(b)

图 4-45

4.5.3 计算附加评语的查询

在查询的过程中，可以通过添加虚拟字段添加对某些数据的标识，如评语、标识。假定对产品单价进行标识，1000 以上的标识为“超高”，500—1000 的标识为“较高”，100—500 的标识为“高”，50—100 的标识为“中”，10—50 的标识为“中低”，10 以内的标识为“低”。

```
SELECT 产品名称，单价，标识 =
CASE
    WHEN 单价> = 1000 THEN '超高'
    WHEN 单价> = 500 AND 单价<1000 THEN '较高'
    WHEN 单价> = 100 AND 单价<500 THEN '高'
    WHEN 单价> = 50 AND 单价<100 THEN '中'
    WHEN 单价> = 10 AND 单价<50 THEN '中低'
    WHEN 单价<10 THEN '低'
END
FROM 产品
——输出结果如图 4-46 所示。
```

结果　消息

	产品名称	单价	标识
13	龙虾	6.00	低
14	沙茶	23.25	中低
15	味精	15.50	中低
16	饼干	17.45	中低
17	猪肉	39.00	中低
18	墨鱼	62.50	中
19	糖果	9.20	低
20	桂花糕	81.00	中
21	花生	10.00	中低

图 4-46

结果　消息

	产品名称	单价	描述
1	苹果汁	18.00	苹果汁的价格属于：中低
2	牛奶	19.00	牛奶的价格属于：中低
3	蕃茄酱	10.00	蕃茄酱的价格属于：中低
4	盐	22.00	盐的价格属于：中低
5	麻油	21.35	麻油的价格属于：中低
6	酱油	25.00	酱油的价格属于：中低
7	海鲜粉	30.00	海鲜粉的价格属于：中低
8	胡椒粉	40.00	胡椒粉的价格属于：中低
9	鸡	97.00	鸡的价格属于：中

图 4-47

可以在计算的过程中添加更加复杂一些的说明字段，将多个字段的值连接起来。

```
SELECT 产品名称，单价，产品名称 + '的价格属于：' +
CASE
    WHEN 单价> = 1000 THEN '超高'
    WHEN 单价> = 500 AND 单价<1000 THEN '较高'
    WHEN 单价> = 100 AND 单价<500 THEN '高'
    WHEN 单价> = 50 AND 单价<100 THEN '中'
    WHEN 单价> = 10 AND 单价<50 THEN '中低'
    WHEN 单价<10 THEN '低'
END
AS 描述
FROM 产品
——输出结果如图 4-47 所示。
```

4.5.4 计算字段的排序查询

在含有计算的查询过程中，可能需要根据计算结果进行一定的排序。

```
SELECT 产品名称，单价，标识 =
CASE
    WHEN 单价>=1000 THEN '1 超高'
    WHEN 单价>=500 AND 单价<1000 THEN '2 较高'
    WHEN 单价>=100 AND 单价<500 THEN '3 高'
    WHEN 单价>=50 AND 单价<100 THEN '4 中'
    WHEN 单价>=10 AND 单价<50 THEN '5 中低'
    WHEN 单价<10 THEN '6 低'
END
FROM 产品
ORDER BY 标识
——输出结果如图 4-48 所示。
```

结果 消息

	产品名称	单价	标识
1	鸭肉	123.79	3 高
2	绿茶	263.50	3 高
3	墨鱼	62.50	4 中
4	猪肉干	53.00	4 中
5	光明奶酪	55.00	4 中
6	桂花糕	81.00	4 中
7	鸡	97.00	4 中
8	蟹	31.00	5 中低
9	大众奶酪	21.00	5 中低

图 4-48

4.6 利用 Excel 实现 SQL Server 数据查询

Excel 是应用最广泛的数据查询与分析的工具之一。同为微软产品，Excel 应用程序自身的功能及其利用第三方插件的功能，使得 Excel 与 SQL Server 之间的数据交互越来越便利和高效。下面将在 Excel 2019 及以上版本的环境下，讲解如何使用 Excel 及其插件与 SQL Server 之间进行数据互动。

在 Excel 客户端，可利用多种方法获取多种数据库服务器上的数据，下面介绍常用的方法，如图 4-49 所示。

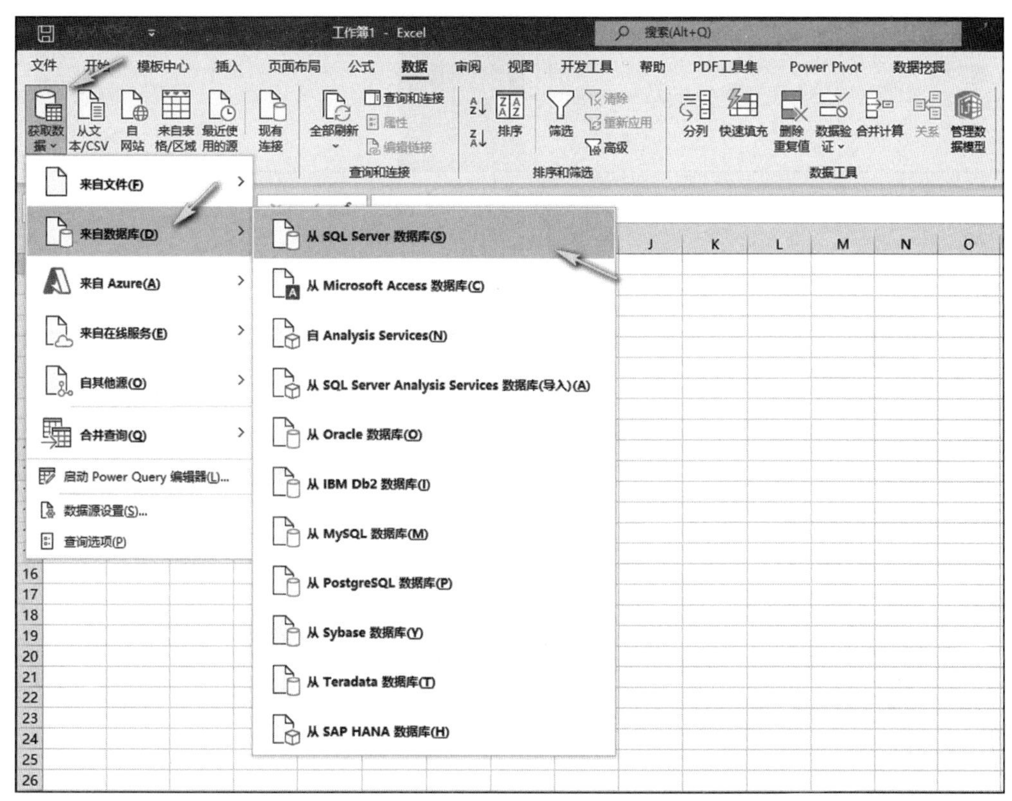

图 4-49

单击 Excel 条带式工具栏上的“数据”选项卡，单击“获取数据”下的“来自数据库”，选择其中的“从 SQL Server 数据库”，如图 4-50 所示，进入“数据连接向导”，配置 SQL Server 服务器名称或 IP 地址（此处假设服务器是本地，如果是远程且非标准端口，则要在 IP 地址或服务器名称后加上“,”与端口进行区隔），选择“登录凭据”，如果是本地，则两种一般都可以；如果是远程，一般使用数据库系统账号，如 SA 等。

当登录凭据被验证有效后，则会列出可访问的数据库名称及其下数据表，根据需要选择连接的数据库，比如 Bidata，同时可以多选相关的表或者视图，如图 4-51 所示。

选择导入的是数据表在 Excel 工作簿中的显示方式，是一般工作表还是透视图表，以及导入的位置，确定后，即可将选中的数据表导入指定的工作表位置，如图 4-52 所示。

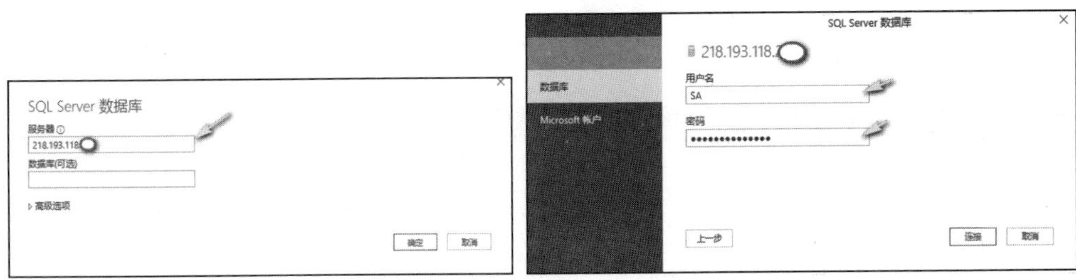

图 4-50

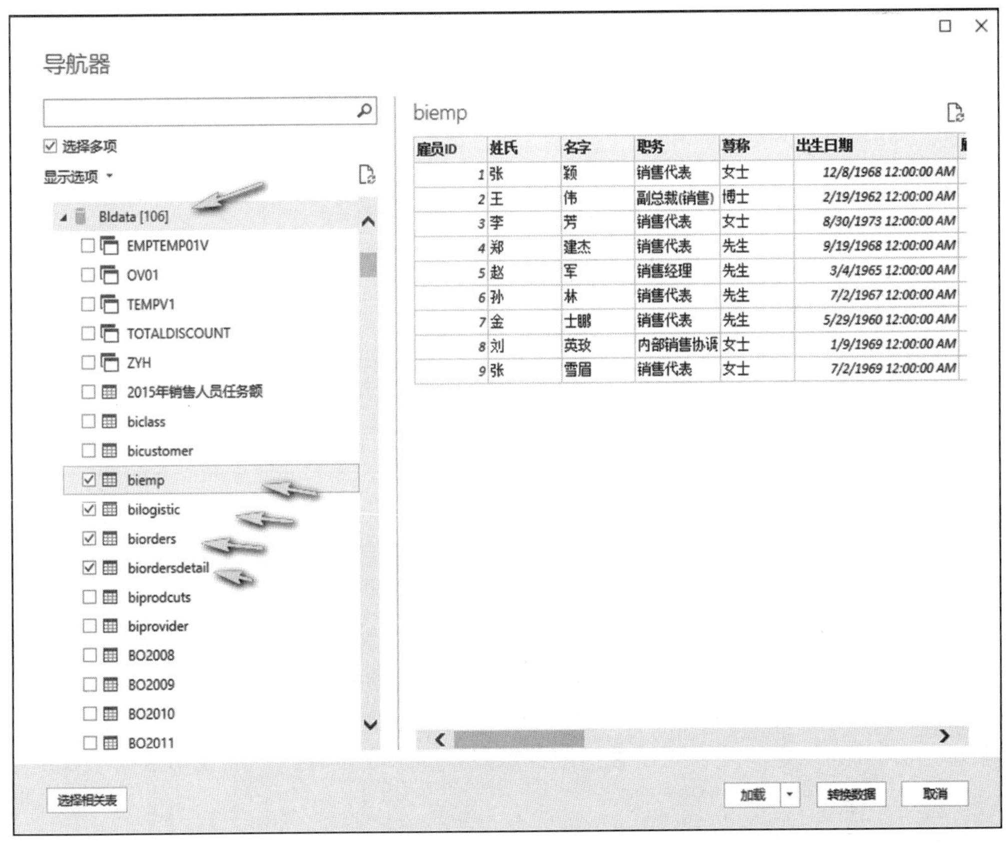

图 4-51

接着即可在工作列表中进行数据的分析。也可以通过单击“转换为区域”将数据转换为静态的工作表数据，之后数据就不能设置从数据库获取更新了。

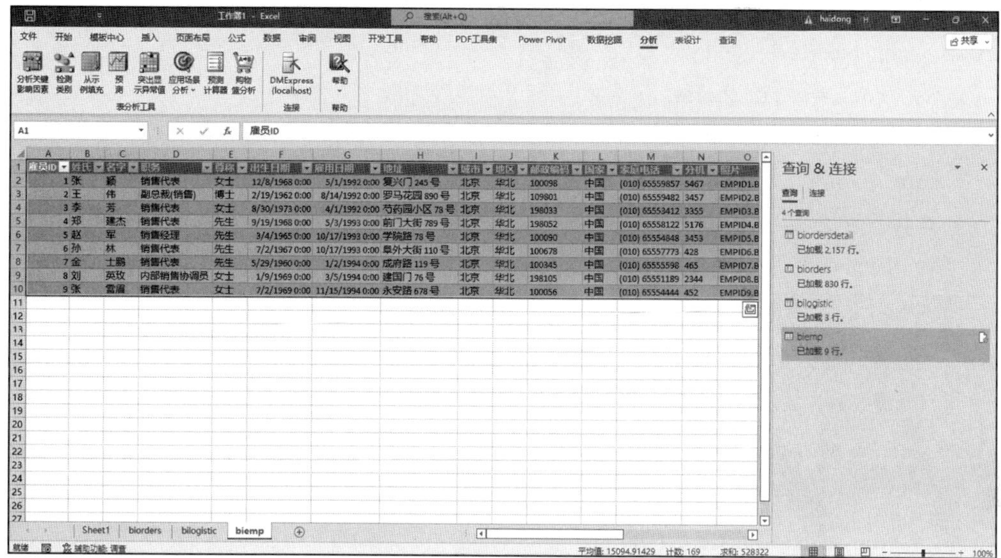

图 4-52

4.7　利用 Python 实现 SQL Server 数据查询

Python 也是应用最广泛的数据查询与分析工具之一。有了 pymssql 库，就能够和远程 SQL Server 数据库进行交互查询等。

4.7.1　利用 pymssql 库连接与查询数据

根据第 2.4 节“Python 与数据表对象管理”相关内容，安装和引入 pymssql 库，对数据库进行连接与数据查询。

```
import pymssql
conn = pymssql.connect ("218.193.118.222", "sa", "1234", "BIDATA")
if conn:
    print ('连接成功！')
c = conn.cursor ()
sql = 'SELECT * FROM 订单'
c.execute (sql)
rows = c.fetchone ()
while rows: #循环读取所有结果
```

```
        print ('订单 ID = % s, 客户 ID = % s, 运货费 = % d ' % (rows [0], rows [1], rows [7] ) )
        rows = c. fetchone ( )
    cursor. close ( )
    conn. close ( )
    # 输出结果如图 4-53 所示。
```

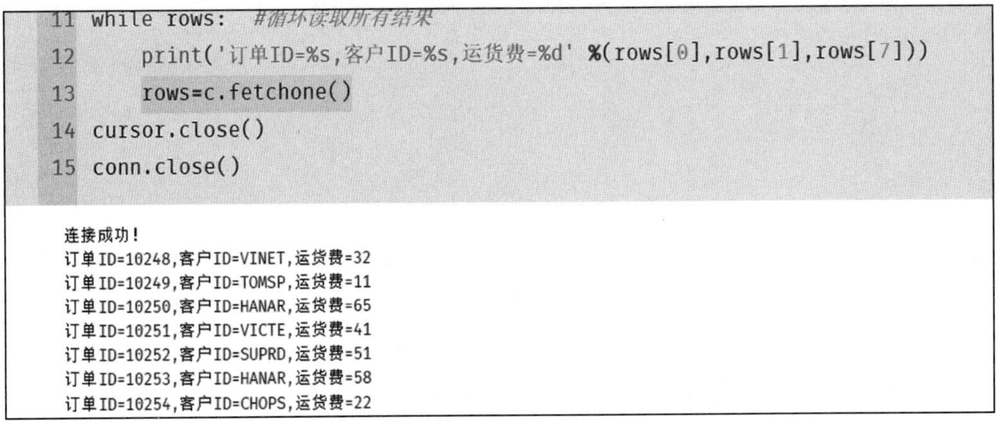

```
while rows:    #循环读取所有结果
    print('订单ID=%s,客户ID=%s,运货费=%d' %(rows[0],rows[1],rows[7]))
    rows=c.fetchone()
cursor.close()
conn.close()

连接成功!
订单ID=10248,客户ID=VINET,运货费=32
订单ID=10249,客户ID=TOMSP,运货费=11
订单ID=10250,客户ID=HANAR,运货费=65
订单ID=10251,客户ID=VICTE,运货费=41
订单ID=10252,客户ID=SUPRD,运货费=51
订单ID=10253,客户ID=HANAR,运货费=58
订单ID=10254,客户ID=CHOPS,运货费=22
```

图 4-53

4.7.2 利用 SQLALCHEMY 库连接与查询数据

SQLALCHEMY 是一种对象关系映射模型（object relational mapper），简称 ORM。它展现了一种将用户定义的 Python 中的类映射到数据库中表的方法。类的实例，就相当于表中的一行数据。简单来说，就是让用户从 SQL 语句中抽离出来，只需要按照 Python 的语法来写，就会自动转换为相对应的 SQL 语句。

```
# 利用 crete_engine 创建数据库的连接
import pandas as pd
from sqlalchemy import create_engine
import sqlalchemy
engine = create _ engine (' mssql + pymssql: //sa: 1234 @ 218. 193. 118. 222/BIDATA ')
ORDERSDF = pd. read_sql ("select * from 订单", engine)
ORDERSDF
# 输出结果如图 4-54 所示。
```

基于 Python 的更加详细的查询请参见第 4.5 节。

```
ORDERSDF
```

	订单ID	客户ID	雇员ID	订购日期	到货日期	发货日期	运货商	运货费	货主名称	货主地址	货主城市	货主地区	货主邮政编码	货主国家
0	10248	VINET	5	2012-07-04	2012-08-01	2012-07-16	3	32.38	余小姐	光明北路124号	北京	华北	111080	中国
1	10249	TOMSP	6	2012-07-05	2012-08-16	2012-07-10	1	11.61	谢小姐	青年东路543号	济南	华东	440876	中国
2	10250	HANAR	4	2012-07-08	2012-08-05	2012-07-12	2	65.83	谢小姐	光化街22号	秦皇岛	华北	754546	中国
3	10251	VICTE	3	2012-07-08	2012-08-05	2012-07-15	1	41.34	陈先生	清林桥68号	南京	华东	690047	中国
4	10252	SUPRD	4	2012-07-09	2012-08-06	2012-07-11	2	51.30	刘先生	东管西林路87号	长春	东北	567889	中国
...	...	...	...	...	...	...	...	...	...	...	...	...	...	...
825	11073	PERIC	2	2014-05-05	2014-06-02	NaT	2	24.95	林慧音	西华路18号	深圳	华南	050330	中国

图 4-54

4.8 小 结

本章能够使读者通过了解 T-SQL 查询原理及环境，掌握 T-SQL 投影查询语句、排序查询语句、条件查询语句和计算查询语句，以及如何在 Excel 和 Python 环境下用不同的方法获取远程 SQL Server 数据表中的数据，如何在 Excel 和 Python 环境下实现 SQL 语句查询，实现数据区域的动态显示与分析，为数据的高级查询奠定基础。

第 5 章

SQL 数据高级查询

在了解和掌握利用 T－SQL 语句完成对数据表的投影查询、条件查询、排序查询、简单计算查询的情况下，有必要利用聚合函数查询、分组查询以及多表连接查询等技术进一步解决在数据库开发过程中可能出现的更加复杂的问题。

本章学习要点：

☑ 了解和掌握聚合函数查询技术

☑ 了解和掌握分组查询技术

☑ 了解和掌握嵌套查询技术

☑ 了解和掌握多表连接查询技术

☑ 了解和掌握 Python 高级查询技术

5.1 聚合函数查询

聚合函数能够对一组值或整个数据集合进行计算，并返回一行包含原始数据集合汇总结果的单个值。除了 COUNT 以外，聚合函数都会忽略空值。聚合函数经常与 SELECT 语句的 GROUP BY 子句一起使用。所有聚合函数均为确定性函数。这表示任何时候使用一组特定的输入值调用聚合函数，所返回的值都是相同的。OVER 子句可以跟在除 CHECKSUM 以外的所有聚合函数的后面。

聚合函数只能在以下位置作为表达式使用：

- SELECT 语句的选择列表（子查询或者外部查询）
- COMPUTE 或 COMPUTE BY 子句
- HAVING 子句

下面将对常用的聚合函数 COUNT ()、SUM ()、AVG ()、MAX () 和 MIN () 等进行详细介绍。需要注意的是 COUNT ()、SUM ()、AVG () 可以使用 DISTINCT 关键字，而 MAX ()、MIN () 由于本身的计算结果就是唯一的，因此没有必要使用 DISTINCT 关键字。

以下操作均在 SQL Server 的 SQL Server Management Studio 平台上进行。

5.1.1　COUNT 聚合函数

(1) 统计 ODETAILS 表中订单 ID 为 10252 且产品单价大于 10 的产品数量

```
SELECT COUNT (产品) FROM ODETAILS WHERE 订单 ID = '10252' AND 单价>10
——输出的结果如图 5-1 所示。
```

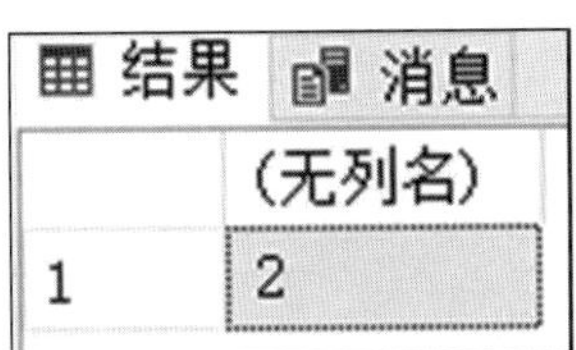

	(无列名)
1	2

图 5-1

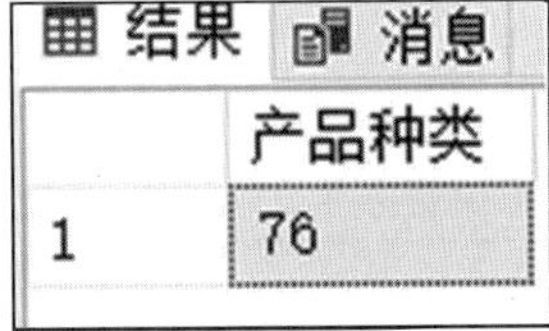

	产品种类
1	76

图 5-2

(2) 统计 ODETAILS 表中所有销售产品种类数

```
SELECT COUNT (DISTINCT (产品) ) AS 产品种类 FROM ODETAILS
——输出的结果如图 5-2 所示。
```

5.1.2　SUM 聚合函数

(1) 统计 ODETAILS 表中订单 ID 为 10252 且产品单价大于 10 的产品销售额

```
SELECT SUM (单价 * 数量) AS 产品销售额 FROM ODETAILS WHERE 订单 ID =
'10252' AND 单价>10
——输出的结果如图 5-3 所示。
```

	产品销售额
1	3680

图 5-3

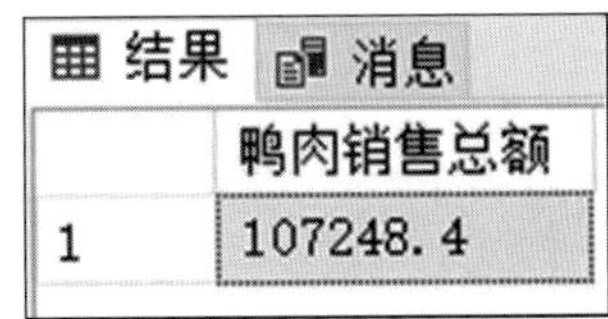

	鸭肉销售总额
1	107248.4

图 5-4

(2) 统计 ODETAILS 表中所有产品为鸭肉的销售总额

```
SELECT SUM (单价 * 数量) AS 鸭肉销售总额 FROM ODETAILS WHERE 产品 = '鸭肉'
——输出的结果如图 5-4 所示。
```

(3) 统计 ODETAILS 表中产品名称含“肉”的所有产品销售总额、总单数和每单平均额

```
SELECT SUM (单价 * 数量) AS 销售总额, COUNT (订单 ID) AS 总单数, SUM (单价 * 数量) /COUNT ( * ) AS 每单平均额 FROM ODETAILS WHERE 产品 LIKE '%肉%'
——输出的结果如图 5-5 所示。
```

	销售总额	总单数	每单平均额
1	238378.3	228	1045.51885964912

图 5-5

	销售总额	总产品项
1	956947.73	66

图 5-6

(4) 统计销售额高于平均销售额的产品销售总额与总产品项

```
SELECT SUM (单价 * 数量) AS 销售总额, COUNT ( * ) AS 总产品项 FROM ODETAILS
WHERE (单价 * 数量) > (SELECT SUM (单价 * 数量) /COUNT ( * ) FROM ODETAILS)
——输出的结果如图 5-6 所示。
```

5.1.3 MAX 和 MIN 聚合函数

(1) 统计 ODETAILS 表中产品最高销售额、最低销售额及其差额

```
SELECT MAX (单价 * 数量) AS 产品最高销售额, MIN (单价 * 数量) AS 产品最低销售额, (MAX (单价 * 数量) -MIN (单价 * 数量) ) AS 差额 FROM ODETAILS
——输出的结果如图 5-7 所示。
```

	产品最高销售额	产品最低销售额	差额
1	15810	4.8	15805.2

图 5-7

	差额	结论
1	15805.2	差额太大

图 5-8

(2) 根据销售额差额的大小得出结论

```
SELECT (MAX (单价 * 数量) -MIN (单价 * 数量) ) AS 差额，结论 =
CASE
    WHEN (MAX (单价 * 数量) -MIN (单价 * 数量) ) >15000 THEN '差额太大'
    WHEN (MAX (单价 * 数量) -MIN (单价 * 数量) ) <100 THEN '差额较小'
END
FROM ODETAILS
——输出的结果如图 5-8 所示。
```

(3) 统计产品名称中含有“肉”的所有产品项销售额大于产品名称中含有“奶”的产品项最高销售额的所有订单信息

```
SELECT * FROM ODETAILS
WHERE (单价 * 数量) > (SELECT MAX (单价 * 数量) FROM ODETAILS WHERE 产品
LIKE '%奶%')
AND 产品 LIKE '%肉%'
——输出的结果如图 5-9 所示。
```

	订单ID	产品	单价	数量	折扣	客户
1	10776	猪肉干	53.00	120	0.05	NULL
2	10897	鸭肉	123.79	80	0	NULL
3	10912	鸭肉	123.79	60	0.25	NULL
4	10993	鸭肉	123.79	50	0.25	NULL
5	11030	鸭肉	123.79	60	0.25	NULL

图 5-9

	订单ID	产品	单价	数量	折扣	客户
1	10248	猪肉	14.00	12	0	NULL
2	10248	酸奶酪	34.80	5	0	NULL
3	10248	糙米	9.80	10	0	NULL
4	10249	猪肉干	42.40	40	0	NULL
5	10249	沙茶	18.60	9	0	NULL
6	10250	猪肉干	42.40	35	0.15	NULL

图 5-10

5.1.4　AVG 聚合函数

(1) 查询 ODETAILS 表中销售额高于平均销售额的产品项目

```
SELECT * FROM ODETAILS WHERE (单价 * 数量) > (SELECT AVG (单价 * 数量)
FROM ODETAILS)
——输出的结果如图 5-10 所示。
```

(2) 统计除最高与最低产品项销售额之外的产品平均销售额

```
SELECT AVG (单价 * 数量) AS '平均分 (不含最高和最低) ' FROM ODETAILS
WHERE (单价 * 数量) NOT IN ((SELECT MAX (单价 * 数量) FROM ODETAILS), (SE-
LECT MIN (单价 * 数量) FROM ODETAILS) )
——输出的结果如图 5-11 所示。
```

结果	消息
	平均分(不含最高和最低)
1	614.152873723306

图 5-11

5.2 分组查询

要通过海量数据进行本质的透视，则不仅需要对数据进行发散的查询，还需要对数据进行聚合性的查询，包括汇总和分组查询，这样才能从集中的数据中分析得到事务的未来。

利用 T-SQL 中的聚合函数和 GROUP BY 等分组语句，可以依据聚合属性设置，实现对指定列的值进行分组汇总，以此探究不同的数据分组可能代表的不同趋势。

T-SQL 中的分组查询是按 SQL Server 中的一个或多个列或表达式的值将一组选定行组合成一个摘要行集。针对每一组返回一行。SELECT 子句 ＜select＞ 列表中的聚合函数提供有关每个组（而不是各行）的信息。

GROUP BY 子句具有符合 ISO 的语法和不符合 ISO 的语法。在一条 SELECT 语句中只能使用一种语法样式。对于所有的新工作，应使用符合 ISO 的语法。提供不符合 ISO 的语法的目的是实现向后兼容。

在 T-SQL 中使用 GROUP BY 子句需要注意以下事项：

(1) GROUP BY 子句中的表达式可以包含 FROM 子句中表、派生表或视图的列。这些列不必显示在 SELECT 子句 ＜select＞ 列表中。＜select＞ 列表中任何非聚合表达式中的每个表列或视图列都必须包括在 GROUP BY 列表中。

(2) 如果 SELECT 子句 ＜select list＞ 中包含聚合函数，则 GROUP BY 将计算每组的汇总值。这些函数称为矢量聚合。

(3) 执行任何分组操作之前，不满足 WHERE 子句中条件的行将被删除，即分组之前的条件筛选用 WHERE 加载条件。

HAVING 子句与 GROUP BY 子句一起用来筛选结果集内的组，即分组之后的结果筛选用 HAVING 加载条件。

GROUP BY 子句不能用来对结果集进行排序，可以使用 ORDER BY 子句对结果集进行排序。如果组合列包含 Null 值，则所有的 Null 值都将被视为相等，并会置入一个组中。不能使用带有别名的 GROUP BY 来替换 AS 子句中的列名，除非别名将替换 FROM 子句内派生表中的列名。

```
——允许使用下面的语句，以下操作可能无实际意义，仅作为 GROUP BY 语法讲
解使用
SELECT STUSEX, PID FROM STUINFO GROUP BY STUSEX, PID
SELECT DID + PID, DID, PID FROM STUINFO GROUP BY DID, PID
SELECT DID + PID FROM STUINFO GROUP BY DID + PID
SELECT DID + PID + 10 FROM STUINFO GROUP BY DID, PID
——输出的结果如图 5-12 所示。
```

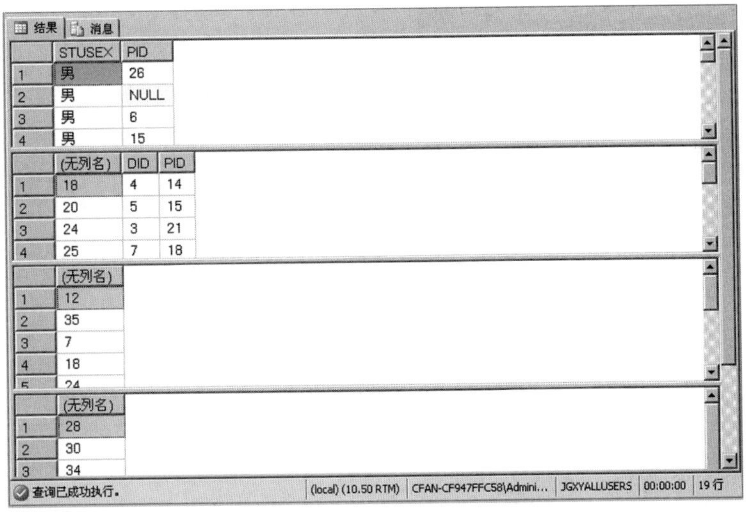

结果 | 消息

	STUSEX	PID
1	男	26
2	男	NULL
3	男	6
4	男	15

	(无列名)	DID	PID
1	18	4	14
2	20	5	15
3	24	3	21
4	25	7	18

	(无列名)
1	12
2	35
3	7
4	18
5	24

	(无列名)
1	28
2	30
3	34

查询已成功执行。 (local) (10.50 RTM) CFAN-CF947FFC58\Admini... JGXYALLUSERS 00:00:00 19 行

图 5-12

```
——不允许使用下面的语句：
SELECT DID, PID FROM STUINFO GROUP BY DID + PID
SELECT DID + 10 + PID FROM STUINFO GROUP BY DID + PID
```

(4) 关于 GROUPING SETS、CUBE 与 ROLLUP 有以下说明：

- 不删除 GROUPING SETS 列表中的重复分组集。在以下情况下可能会生成重复分组集：多次指定一个列表达式，或者在 GROUPING SETS 列表中列出同样由 CUBE 或 ROLLUP 生成的列表达式。
- ROLLUP、CUBE 和 GROUPING SETS 支持区分聚合，例如，AVG (DISTINCT column_name)、COUNT (DISTINCT column_name) 和 SUM (DISTINCT column_name)。
- 不能在索引视图中指定 ROLLUP、CUBE 和 GROUPING SETS。
- 在 GROUP BY 子句中，不允许使用 GROUPING SETS，除非它们是 GROUPING SETS 列表的一部分。例如，不允许使用 GROUP BY C1，(C2，...，Cn)，但

允许使用 GROUP BY GROUPING SETS (C1, (C2, ..., Cn))。

- 不允许在 GROUPING SETS 内部使用 GROUPING SETS。例如，不允许使用 GROUP BY GROUPING SETS (C1, GROUPING SETS (C2, C3))。
- 在具有 ROLLUP、CUBE 或 GROUPING SETS 关键字的 GROUP BY 子句中，不允许使用不符合 ISO 的 ALL、WITH CUBE 和 WITH ROLLUP 关键字。
- 大小限制
    - 对于简单的 GROUP BY 子句，针对表达式数量没有任何限制。
    - 对于使用 ROLLUP、CUBE 或 GROUPING SETS 的 GROUP BY 子句，表达式的最大数量是 32，可以生成的分组集的最大数量是 4096 (212)。

(5) 不能直接针对具有 ntext、text 或 image 的列使用 GROUP BY 或 HAVING。这些列可以在返回其他数据类型的函数（如 SUBSTRING () 和 CAST () ）中用作参数。不能直接在 <column_expression> 中指定 XML 数据类型方法。相反，可引用内部使用 xml 数据类型方法的用户定义函数，或引用使用这些数据类型方法的计算列。

(6) 在 SQL Server 2008 及更高版本中，GROUP BY 子句在用于分组依据列表的表达式中不能包含子查询。返回错误 144。

5.2.1 简单分组查询

统计不同产品的平均销售额。

```
    SELECT 产品, AVG (单价 * 数量) AS 产品平均销售额 FROM ODETAILS GROUP BY
产品
    ——输出的结果如图 5-13 所示。
```

	产品	产品平均销售额
1	烤肉酱	814.109090909091
2	海哲皮	300
3	苹果汁	375.726315789474
4	白奶酪	611.413333333333
5	桂花糕	1477.2375
6	鸡肉	142.25
7	牛奶	421.8
8	蚝油	438.508333333333
9	墨鱼	1184.72222222222

图 5-13

根据产品字段，统计各产品项的平均销售额、最高销售额、最低销售额。

```
SELECT 产品, AVG (单价 * 数量) AS 产品平均销售额, MIN (单价 * 数量) AS 最低, MAX (单价 * 数量) AS 最高
FROM ODETAILS GROUP BY 产品
——输出的结果如图 5-14 所示。
```

	产品	产品平均销售额	最低	最高
1	烤肉酱	814.109090909091	91.2	3192
2	海哲皮	300	30	750
3	苹果汁	375.726315789474	36	1440
4	白奶酪	611.413333333333	32	1600
5	桂花糕	1477.2375	81	4050
6	鸡肉	142.25	22.35	472
7	牛奶	421.8	57	1900

图 5-14

	产品	平均销售额
1	鸡肉	142.25
2	烤肉酱	814.109090909091
3	牛肉干	1692.38888888889
4	肉松	439.875
5	鸭肉	1649.97538461538
6	猪肉	938.163157894737
7	猪肉干	1147.24615384615

图 5-15

5.2.2　含有 WHERE 条件的分组查询

利用 WHERE 进行条件筛选，WHERE 的位置是在 GROUP BY 之前。

统计所有产品名称中含有“肉”的平均销售额。

```
SELECT 产品, AVG (单价 * 数量) AS 平均销售额 FROM ODETAILS WHERE 产品 LIKE '%肉%' GROUP BY 产品
——输出的结果如图 5-15 所示。
```

5.2.3　含有 HAVING 条件的分组查询

HAVING 是 GROUP BY 之后使用的条件，即在分组查询后的结果中根据条件进行查询，与 WHERE 的加载位置不同。

(1) 显示产品平均销售额大于 1500 的产品名称和平均销售额

```
SELECT 产品, AVG (单价 * 数量) AS 平均销售额 FROM ODETAILS GROUP BY 产品 HAVING AVG (单价 * 数量) >1500
——输出的结果如图 5-16 所示。
```

	产品	产品平均销售额
1	牛肉干	1692.38888888889
2	鸡	1765.4
3	绿茶	6249.34166666667
4	鸭肉	1649.97538461538

图 5-16

	产品	最高销售额	最低销售额	销售差额
1	白米	2660	1064	1596
2	白奶酪	1600	1024	576
3	德国奶酪	3800	1140	2660
4	光明奶酪	6050	1100	4950
5	桂花糕	4050	1215	2835

图 5-17

(2) 显示销售额高于 1000、最高销售额与最低销售额差额超过 500 的所有记录信息

```
SELECT 产品, MAX (单价 * 数量) AS 最高销售额, MIN (单价 * 数量) AS 最低销售额,
(MAX (单价 * 数量) -MIN (单价 * 数量) ) AS 销售差额 FROM ODETAILS WHERE (单价 * 数量) >1000 GROUP BY 产品 HAVING (MAX (单价 * 数量) -MIN (单价 * 数量) ) >500
——输出的结果如图 5-17 所示。
```

5.2.4 多列组合分组查询

之前进行的 GROUP BY 分组查询一般是以单列作为分组查询的依据，在 T-SQL 中，可以使用多列作为 GROUP BY 分组查询的依据。

(1) 显示按 ORDERS 订单表中的客户、运货商进行订单总量统计，并按运货商、客户进行排序

```
SELECT 运货商, 客户, COUNT (订单 ID) AS 订单总数 FROM ORDERS
GROUP BY 客户, 运货商 ORDER BY 运货商, 客户
——输出的结果如图 5-18 所示。
```

	运货商	客户	订单总数
73	急速快递	正人资源	10
74	急速快递	正太实业	3
75	急速快递	志远有限公司	4
76	急速快递	中硕贸易	4
77	急速快递	中通	4
78	急速快递	仲堂企业	2
79	联邦货运	艾德高科技	3
80	联邦货运	百达电子	3
81	联邦货运	保信人寿	3

图 5-18

	运货商	客户	订单总数
1	急速快递	大钰贸易	11
2	急速快递	高上补习班	11
3	联邦货运	大钰贸易	11

图 5-19

(2) 显示按 ORDERS 订单表中的客户、运货商进行订单总量统计，并按运货商、客户进行排序，但只显示订单总数高于 10 的数据

```
SELECT 运货商, 客户, COUNT (订单 ID) AS 订单总数 FROM ORDERS
GROUP BY 客户, 运货商 HAVING COUNT (订单 ID) >10 ORDER BY 运货商, 客户
——输出的结果如图 5-19 所示。
```

5.2.5　ALL 关键字与分组查询

ALL 可以应用在 GROUP BY 分组查询中，但是只有在 SQL 语句中带有 WHERE 条件时，ALL 关键字才有一定的意义。使用 ALL 关键字后，查询结果将包括 GROUP BY 分组查询所产生的分组，同时也显示那些不符合查询条件的行。

不带 ALL 关键字的 GROUP BY 分组查询如下：

(1) 查询 ORDERS 订单表中根据不同运货商分组的最高运货费、最低运货费、最高与最低运货费差额且运货费高于 500 的信息

```
SELECT 运货商, MAX (运货费) AS 最高运货费, MIN (运货费) AS 最低运货费, (MAX (运货费) -MIN (运货费) ) as 最高与最低运货费差额 FROM ORDERS WHERE 运货费>500 GROUP BY 运货商
——输出的结果如图 5-20 所示。
```

	运货商	最高运费	最低运费	最高最低运费差额
1	联邦货运	1007.64	606.19	401.45
2	统一包裹	890.78	544.08	346.70

图 5-20

	运货商	最高运费	最低运费	最高最低运费差额
1	急速快递	NULL	NULL	NULL
2	联邦货运	1007.64	606.19	401.45
3	统一包裹	890.78	544.08	346.70

图 5-21

(2) 查询 ORDERS 订单表中根据不同运货商分组的最高运货费、最低运货费、最高与最低运货费差额且运货费高于 500 的信息，同时显示不符合分组条件的记录信息

```
SELECT 运货商, MAX (运货费) AS 最高运货费, MIN (运货费) AS 最低运货费, (MAX (运货费) -MIN (运货费) ) as 最高与最低运货费差额 FROM ORDERS WHERE 运货费>500 GROUP BY ALL 运货商
——输出的结果如图 5-21 所示。
```

5.2.6 ROLLUP关键字与分组查询

ROLLUP关键字可以实现在指定结果集内不仅包含由GROUP BY提供的查询结果行，同时还包含汇总行。按层次结构顺序，从组内的最低级别到最高级别汇总组。组的层次结构取决于列分组时指定使用的顺序。更改列分组的顺序会影响在结果集内生成的行数。

但是，ROLLUP关键字段只对GROUP BY列出的第一个分组依据字段进行分类汇总，如果GROUP BY字段是多字段组合，那么该字段的先后顺序将影响最后的查询结果，包括小计的字段依据、总的行数都可能会不同。

(1) 查询每个运货商为哪些客户服务的运货单数，以及每个运货商的总单数

```
SELECT 运货商，客户，COUNT (订单 ID) AS 订单数 FROM ORDERS
WHERE 客户 IS NOT NULL GROUP BY ROLLUP (运货商，客户)
——输出的结果如图 5-22 所示：第 79 行是对急速快递运货商的总单数进行汇总
```

结果 消息

	运货商	客户	订单数
76	急速快递	中硕贸易	4
77	急速快递	中通	4
78	急速快递	仲堂企业	2
79	急速快递	NULL	249
80	联邦货运	艾德高科技	3
81	联邦货运	百达电子	3

图 5-22

结果 消息

	雇员	运货商	客户	订单数
55	金士鹏	统一包裹	世邦	1
56	金士鹏	统一包裹	万海	1
57	金士鹏	统一包裹	幸义房屋	2
58	金士鹏	统一包裹	亚太公司	1
59	金士鹏	统一包裹	业兴	1
60	金士鹏	统一包裹	椅天文化事业	2
61	金士鹏	统一包裹	永大企业	1
62	金士鹏	统一包裹	远东开发	2
63	金士鹏	统一包裹	NULL	24
64	金士鹏	NULL	NULL	72
65	李芳	急速快递	保信人寿	2
66	李芳	急速快递	大钰贸易	2

图 5-23

(2) 在多字段中，可以根据需要对不同的字段进行ROLLUP组合。比如查询ORDERS订单表中根据雇员为关键字进行订单合计，根据运货商、客户为关键字进行小计的信息

```
SELECT 雇员，运货商，客户，COUNT (订单 ID) AS 订单数 FROM ORDERS
WHERE 客户 IS NOT NULL GROUP BY 雇员，ROLLUP (运货商，客户)
——输出的结果如图 5-23 所示。
```

5.2.7 CUBE关键字与分组查询

CUBE关键字在GROUP BY分组查询中能够实现指定结果集内不仅包含由

GROUP BY 提供的行，同时还包含汇总行。GROUP BY 汇总行针对每个可能的组和子组组合在结果集内返回。使用 GROUPING 函数可确定结果集内的空值是否为 GROUP BY 汇总值

结果集内的汇总行数取决于 GROUP BY 子句内包含的列数。由于 CUBE 返回每个可能的组和子组组合，因此不论在列分组时指定使用什么顺序，行数都相同。

ROLLUP 和 CUBE 关键字应用的不同之处在于：

- ROLLUP 生成的结果集显示了所选列中值的某一层次结果的聚合，而 CUBE 生成的结果集显示了所选列中值的所有组合的聚合；
- 在多列关键字的分组查询中，ROLLUP 所查询的最终结果包括行数可能会因为字段的前后顺序不同而不同，CUBE 所查询的最终结果包括行数则不会因为字段的前后顺序不同而不同。

下面分别使用 ROLLUP 和 CUBE 关键字方法对运货商进行合计，根据客户进行小计查询。

```
SELECT 运货商，客户，COUNT (订单 ID) AS 订单数 FROM ORDERS
WHERE 客户 IS NOT NULL GROUP BY 运货商，客户 WITH ROLLUP
SELECT 运货商，客户，COUNT (订单 ID) AS 订单数 FROM ORDERS
WHERE 客户 IS NOT NULL GROUP BY 运货商，客户 WITH CUBE
——输出的结果如图 5-24 所示。
```

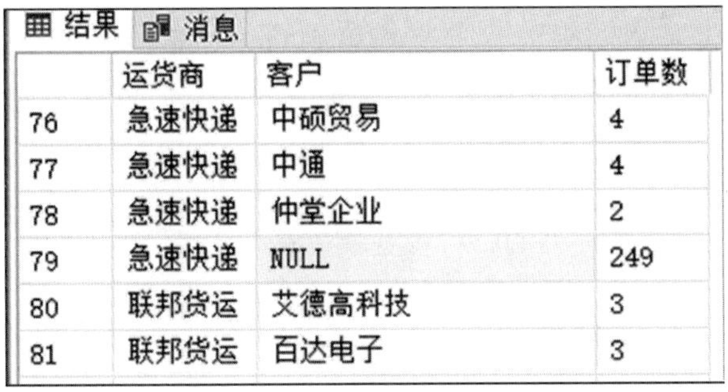

结果　消息

	运货商	客户	订单数
76	急速快递	中硕贸易	4
77	急速快递	中通	4
78	急速快递	仲堂企业	2
79	急速快递	NULL	249
80	联邦货运	艾德高科技	3
81	联邦货运	百达电子	3

(a)

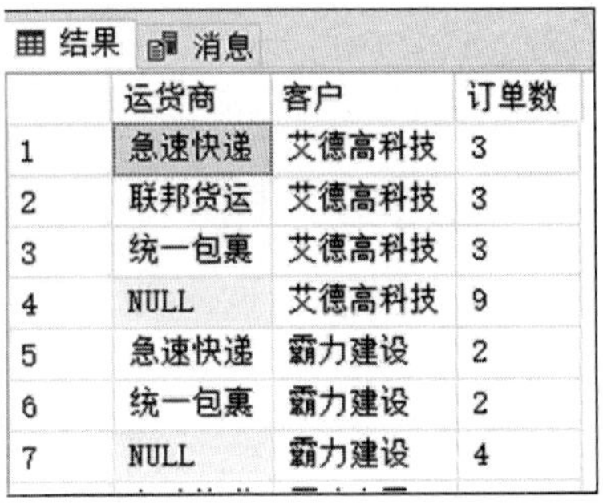

结果　消息

	运货商	客户	订单数
1	急速快递	艾德高科技	3
2	联邦货运	艾德高科技	3
3	统一包裹	艾德高科技	3
4	NULL	艾德高科技	9
5	急速快递	霸力建设	2
6	统一包裹	霸力建设	2
7	NULL	霸力建设	4

(b)

图 5-24

在多字段中，可以根据需要对不同的字段进行 CUBE 组合。比如 ORDERS 订单表中以雇员为关键字进行合计，以运货商和客户为关键字进行小计。请对比图 5-24 及相关代码。

```
SELECT 雇员，运货商，客户，COUNT（订单 ID）AS 订单数 FROM ORDERS
WHERE 客户 IS NOT NULL GROUP BY 雇员，CUBE（客户，运货商）
——输出的结果如图 5-25 所示。
```

	雇员	运货商	客户	订单数
61	金士鹏	统一包裹	永大企业	1
62	金士鹏	统一包裹	远东开发	2
63	金士鹏	统一包裹	NULL	24
64	金士鹏	NULL	NULL	72
65	李芳	急速快递	保信人寿	2
66	李芳	急速快递	大钰贸易	2

图 5-25

	客户	最高运费	最低运费	最高与最低运费差
1	高上补习班	1007.64	1.12	1006.52
2	留学服务中心	890.78	4.78	886.00
3	大钰贸易	830.75	8.19	822.56
4	正人资源	789.95	11.19	778.76
5	仪和贸易	719.78	3.35	716.43
6	学仁贸易	708.95	8.53	700.42
7	椅天文化事业	606.19	4.56	601.63
8	师大贸易	603.54	16.74	586.80
9	嘉业	487.38	1.35	486.03

图 5-26

5.2.8 分组查询的排序

利用 GROUP BY 进行分组统计后，可对统计的结果进行排序。注意 ORDER BY 不能使用在 GROUP BY 之前，也不能两个同时使用，否则将会引起错误。

显示不同客户、最高运货费、最低运货费、最高与最低运货费差额的信息，并按最高与最低运货费差额降序排序。

```
SELECT 客户，MAX（运货费）AS 最高运货费，MIN（运货费）AS 最低运货费，(MAX（运货费）-MIN（运货费））AS 最高与最低运货费差额 FROM ORDERS GROUP BY 客户 ORDER BY (MAX（运货费）-MIN（运货费））DESC
——输出的结果如图 5-26 所示。
```

此例中使用的是降序，若需要升序，则可将 DESC 参数删除或更改为 ASC。

5.3 嵌套子查询

在 SQL Server 中，使用 T-SQL 进行数据的查询，参数众多，方法多样。为了提高脚本代码的编写和执行效率，在查询过程中，往往将一个 SELECT 查询语句返回的结果作为另一个 SELECT 查询语句的参数嵌套在内一同执行，这种方法称为嵌套子查询。

5.3.1 嵌套子查询概述

1. 嵌套子查询概念及组件

(1) 嵌套子查询的概念

嵌套子查询是一个嵌套在 SELECT、INSERT、UPDATE 或 DELETE 语句或其他子查询中的查询。任何允许使用表达式的地方都可以使用子查询。本节着重讨论嵌套子查询在 SELECT 查询语句中的应用。

嵌套子查询也称为内部查询（inner query）或内部选择（inner select），而包含子查询的语句也称为外部查询（outer query）或外部选择（outer select）。

许多包含子查询的 T-SQL 语句都可以改用连接表示。其他问题只能通过子查询提出。在 T-SQL 中，包含子查询的语句和语义上等效的不包含子查询的语句在性能上通常没有差别。但是，在一些必须检查存在性的情况下，使用连接会产生更好的性能。否则，为确保消除重复值，必须针对外部查询的每个结果都处理嵌套子查询。所以在这些情况下，连接方式会产生更好的效果。关于多表连接查询将在下节详细介绍。

(2) 嵌套子查询可包含的组件

嵌套在外部 SELECT 语句中的子查询包括以下组件：

- 包含常规选择列表组件的常规 SELECT 查询。
- 包含一个或多个表或视图名称的常规 FROM 子句。
- 可选的 WHERE 子句。
- 可选的 GROUP BY 子句。
- 可选的 HAVING 子句。

子查询按照所返回的数据类型，可分为三种：

- 返回一张数据表（table）
- 返回一列值（column）
- 返回单个值（scalar）

2. 嵌套子查询语句格式

嵌套子查询的 SELECT 查询总是使用圆括号括起来。它不能包含 COMPUTE 或 FOR BROWSE 子句，如果同时指定了 TOP 子句，则只能包含 ORDER BY 子句。

嵌套子查询可以嵌套在外部 SELECT、INSERT、UPDATE 或 DELETE 语句的 WHERE 或 HAVING 子句内，也可以嵌套在其他子查询内。尽管根据可用内存和查询中其他表达式的复杂程度的不同，嵌套限制也有所不同，但嵌套到 32 层是可能的。个别查询可能不支持 32 层嵌套。任何可以使用表达式的地方都可以使用子查询，只要它返回的是单个值。

如果某个表只出现在子查询中，而没有出现在外部查询中，那么该表中的列就无法包含在输出（外部查询的选择列表）中。

包含子查询的语句通常采用以下格式中的一种：

- WHERE expression [NOT] IN (subquery)
- WHERE expression comparison_operator [ANY | ALL] (subquery)
- WHERE [NOT] EXISTS (subquery)

在某些 T-SQL 语句中，子查询可以作为独立查询来计算。从概念上说，子查询结果会代入外部查询（尽管这不一定是 SQL Server 实际处理带有子查询的 T-SQL 语

句的方式）。

有三种基本的子查询，它们是：

- 在通过 IN 或由 ANY 或 ALL 修改的比较运算符引入的列表上操作。
- 通过未修改的比较运算符引入且必须返回单个值。
- 通过 EXISTS 引入存在测试。

3. 嵌套子查询的规则

子查询受到下列限制的约束：

- 通过比较运算符引入的子查询选择列表只能包括一个表达式或列名称（对 SELECT * 执行的 EXISTS 或对列表执行的 IN 子查询除外）。
- 如果外部查询的 WHERE 子句包括列名称，则必须与子查询选择列表中的列连接兼容。
- ntext、text 和 image 数据类型不能用在子查询的选择列表中。
- 由于必须返回单个值，因此由未修改的比较运算符（即后面未跟关键字 ANY 或 ALL 的运算符）引入的子查询不能包含 GROUP BY 和 HAVING 子句。
- 包含 GROUP BY 的子查询不能使用 DISTINCT 关键字。
- 不能指定 COMPUTE 和 INTO 子句。
- 只有指定了 TOP 时才能指定 ORDER BY 子句。
- 不能更新使用子查询创建的视图。
- 按照惯例，由 EXISTS 引入的子查询的选择列表有一个星号（*），而不是单个列名。因为由 EXISTS 引入的子查询创建了存在测试并返回 TRUE 或 FALSE 而非数据，所以其规则与标准选择列表的规则相同。

5.3.2 嵌套子查询实例分析

1. 单值嵌套子查询

单值嵌套子查询指的是 SELECT 内查询只返回单行单列值，即将内查询的结果当作外查询的一个常量来看待。单值嵌套子查询只能返回一个值，那么可利用比较运算符对其进行运算。

下面通过实例说明：

(1) 等值单值嵌套子查询

利用嵌套子查询的方式显示 ODETAILS 表中销售额最高的订单、产品等信息。

```
    SELECT * FROM ODETAILS WHERE (单价 * 数量) = (SELECT MAX (单价 * 数量)
FROM ODETAILS)
    ——输出的结果如图 5-27 所示。
```

	订单ID	产品	单价	数量	折扣	客户
1	10865	绿茶	263.50	60	0.05	NULL
2	10981	绿茶	263.50	60	0	NULL

图 5-27

	订单ID	产品	单价	数量	折扣
1	10249	猪肉干	42.40	40	0
2	10250	猪肉干	42.40	35	0.15
3	10252	花奶酪	27.20	40	0
4	10252	桂花糕	64.80	40	0.05
5	10253	薯条	16.00	40	0
6	10255	光明奶酪	44.00	30	0
7	10257	牛肉干	35.10	25	0

图 5-28

（2）不匹配单值嵌套子查询

显示 ODETAILS 表中所有销售额高于平均销售额的信息。

```
SELECT * FROM ODETAILS WHERE (单价 * 数量) > (SELECT AVG (单价 * 数量) FROM ODETAILS)
——输出的结果如图 5-28 所示。
```

2. 多值嵌套子查询

在查询过程中，外查询的条件参数可能需要多个，那么在使用嵌套子查询过程中，需要使用的是多值嵌套子查询，即内查询返回的是单列多行的数据。

在多值嵌套子查询中，必须使用多行运算符来判断条件，而不能使用单行运算符。使用多行运算符可以执行与一个或多个数据的比较操作。

下面通过实例说明：

（1）IN 与 NOT IN 运算符在嵌套子查询中的作用

通过 IN（或 NOT IN）引入的子查询结果是包含零个值或多个值的列表。子查询返回结果之后，外部查询将利用这些结果。

查询 ODETAILS 表中产品名称含有“肉”关键字的最高销售额，并查询其在 ORDERS 表中的订单 ID、运货商、运费等信息。

```
SELECT 订单 ID, 运货费, 运货商 FROM ORDERS WHERE 订单 ID IN (SELECT 订单 ID FROM ODETAILS WHERE (单价 * 数量) = (SELECT MAX (单价 * 数量) FROM ODETAILS WHERE 产品 LIKE '%肉%'))
——输出的结果如图 5-29 所示。
```

（2）EXISTS 与 NOT EXISTS 运算符在嵌套子查询中的作用

使用 EXISTS 关键字引入子查询后，子查询的作用就相当于进行存在测试。外部查询的 WHERE 子句测试子查询返回的行是否存在。子查询实际上不产生任何数据，它只返回 TRUE 或 FALSE 值。

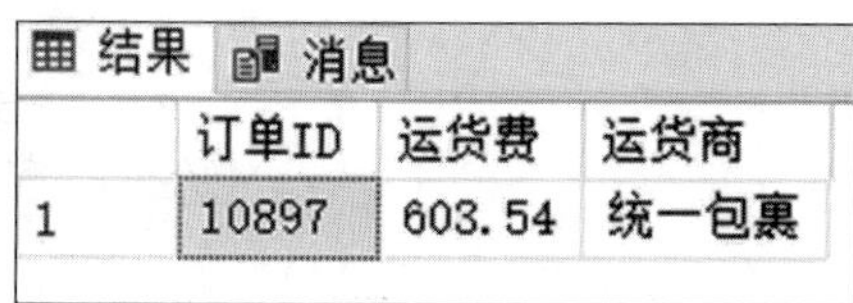

	订单ID	运货费	运货商
1	10897	603.54	统一包裹

图 5-29

下面通过实例说明：

如果 ODETAILS 表中销售额高于 1000 或 10000，则显示 ORDERS 表中的所有数据。

```
SELECT * FROM ORDERS WHERE EXISTS (
SELECT * FROM ODETAILS WHERE (单价 * 数量) >10000)

SELECT * FROM ORDERS WHERE EXISTS (
SELECT * FROM ODETAILS WHERE (单价 * 数量) >100000)
——同时运行两段脚本，第一段满足条件，所以显示出 ORDERS 表中所有记录信息；第二段执行后的结果集是空的
——输出的结果如图 5-30 所示。
```

	订单ID	客户	雇员	订购日期	发货日期	到货日期	运货商
1	10248	山泰企业	赵军	2012-07-04 00:00:00.000	2012-07-16 00:00:00.000	2012-08-01 00:00:00.000	联邦货运
2	10249	东帝望	孙林	2012-07-05 00:00:00.000	2012-07-10 00:00:00.000	2012-08-16 00:00:00.000	急速快递
3	10250	实翼	郑建杰	2012-07-08 00:00:00.000	2012-07-12 00:00:00.000	2012-08-05 00:00:00.000	统一包裹
4	10251	千固	李芳	2012-07-08 00:00:00.000	2012-07-15 00:00:00.000	2012-08-05 00:00:00.000	急速快递

	订单ID	客户	雇员	订购日期	发货日期	到货日期	运货商	运货费	货主名称	货主地址	货主城市	货主地区	货主邮政编码	货主国家

图 5-30

显示 PRODUCTS 产品表中没有销售记录的产品信息。

```
SELECT * FROM PRODUCTS WHERE NOT EXISTS (
SELECT * FROM ODETAILS WHERE ODETAILS. 产品 = PRODUCTS. 产品名称)
——输出的结果如图 5-31 所示。
```

	产品ID	产品名称	供应商	类别	单位数量	单价	库存量	订购量	再订购量	中止
1	55	鸭肉小	佳佳	肉/家禽	每袋3公斤	24.00	115	0	20	0

图 5-31

（3）ANY、SOME 与 ALL 运算符在嵌套子查询中的作用

可以用 ALL 或 ANY 关键字修改引入子查询的比较运算符。SOME 是与 ANY 等效的 ISO 标准。

通过修改的比较运算符引入的子查询返回零个值或多个值的列表，并且可以包括 GROUP BY 或 HAVING 子句。这些子查询可以用 EXISTS 重新表述。

以＞比较运算符为例，＞ALL 表示大于每一个值。换句话说，它表示大于最大值。例如，＞ALL（1，2，3）表示大于 3。＞ANY 表示至少大于一个值，即大于最小值。例如，＞ANY（1，2，3）表示大于 1。

若要使带有＞ALL 的子查询中的行满足外部查询中指定的条件，引入子查询的列中的值必须大于子查询返回的值列表中的每个值。

同样，＞ANY 表示要使某一行满足外部查询中指定的条件，引入子查询的列中的值必须至少大于子查询返回的值列表中的一个值。

下面通过实例说明 ANY 运算符的用法：

查询 ODETAILS 表中销售额高于含有“肉”类产品任一销售额的数据。

```
——本例使用 ANY 运算符，只要在嵌套子查询中有一行能使结果为真，则外查询的结果即为真：
SELECT * FROM ODETAILS WHERE (单价 * 数量) >ANY (SELECT (单价 * 数量) FROM ODETAILS WHERE 产品 LIKE '%肉%')
——上句等价于：
SELECT * FROM ODETAILS WHERE (单价 * 数量) > (SELECT MIN (单价 * 数量) FROM ODETAILS WHERE 产品 LIKE '%肉%')
——输出的结果如图 5-32 所示。
```

	订单ID	产品	单价	数量	折扣	客户
1	10248	猪肉	14.00	12	0	NULL
2	10248	酸奶酪	34.80	5	0	NULL
3	10248	糙米	9.80	10	0	NULL
4	10249	猪肉干	42.40	40	0	NULL
5	10249	沙茶	18.60	9	0	NULL
6	10250	猪肉干	42.40	35	0.15	NULL

图 5-32

	订单ID	产品	单价	数量	折扣	客户
1	10353	绿茶	210.80	50	0.2	NULL
2	10417	绿茶	210.80	50	0	NULL
3	10424	绿茶	210.80	49	0.2	NULL
4	10865	绿茶	263.50	60	0.05	NULL
5	10889	绿茶	263.50	40	0	NULL
6	10981	绿茶	263.50	60	0	NULL

图 5-33

下面通过实例说明 ALL 运算符的用法：

查询 ODETAILS 表中销售额高于所有含有“肉”类产品销售额的数据。

```
——ALL 运算符要求嵌套子查询中的所有行都能够使结果为真时，外查询的结果才能为真：
SELECT * FROM ODETAILS WHERE (单价 * 数量) >ALL (SELECT (单价 * 数量) FROM ODETAILS WHERE 产品 LIKE '%肉%')
——以上语句等价于，和 ANY 运算符对比有明显的不同：
SELECT * FROM ODETAILS WHERE (单价 * 数量) > (SELECT MAX (单价 * 数量) FROM ODETAILS WHERE 产品 LIKE '%肉%')
——输出的结果如图 5-33 所示。
```

下面通过实例说明 SOME 运算符的用法：

查询 ODETAILS 表中是否存在销售额大于 50000 的情况。

```
——以下代码使用 SOME 运算符
SELECT * FROM ODETAILS WHERE 50000≤SOME (SELECT 单价 * 数量 FROM ODETAILS)
——输出的结果是空，因为所有产品的销售额均小于 50000；如果将 50000 改为 5000，则会将所有的记录都显示出来。
——等价语句：
SELECT * FROM ODETAILS WHERE 5000> = ANY (SELECT 单价 * 数量 FROM ODETAILS)
——输出的结果如图 5-34 所示，即显示所有的数据。
```

结果 消息

	订单ID	产品	单价	数量	折扣	客户
1	10248	猪肉	14.00	12	0	NULL
2	10248	酸奶酪	34.80	5	0	NULL
3	10248	糙米	9.80	10	0	NULL
4	10249	猪肉干	42.40	40	0	NULL
5	10249	沙茶	18.60	9	0	NULL
6	10250	猪肉干	42.40	35	0.15	NULL

图 5-34

结果 消息

	订单ID	产品	单价	数量	折扣	客户
1	10353	绿茶	210.80	50	0.2	NULL
2	10372	绿茶	210.80	40	0.25	NULL
3	10417	绿茶	210.80	50	0	NULL
4	10424	绿茶	210.80	49	0.2	NULL
5	10479	绿茶	210.80	30	0	NULL
6	10540	绿茶	263.50	30	0	NULL
7	10776	猪肉干	53.00	120	0.05	NULL

图 5-35

3. GROUP BY 分组统计

利用 GROUP BY 分组统计进行数据的分类汇总比较重要，在嵌套子查询中也可以使用 GROUP BY 分组统计功能。

查询 ODETAILS 表中销售额大于所有不同产品分类的平均销售额的记录。

```
SELECT * FROM ODETAILS WHERE (单价 * 数量) >all (SELECT AVG (单价 * 数量) FROM ODETAILS GROUP BY 产品)
```
——输出的结果如图 5-35 所示。

5.4　多表连接查询

5.4.1　多表连接概述

多表连接查询是 T-SQL 查询中的重要内容，不管是在查询分析器中的即时查询，还是利用视图、存储过程构建的查询封装，几乎都离不开多表连接的应用。

在关系数据库中使用多表共同构建有机的数据系统，主要目的是消除在单张表中可能出现的数据冗余现象，通过关系分析将信息存储在多张有关联的数据表中，可有效抑制数据冗余、数据操作等复杂问题。

通过连接，可以在两个或多个表中根据各个表之间的逻辑关系来检索数据。连接指明了 SQL Server 应如何使用一个表中的数据来选择另一个表中的行，它和上节中的子查询很相似，但更加灵活。

连接条件可通过以下途径定义两个表在查询中的关联方式：

- 指定每个表中要用于连接的列。典型的连接条件是在一个表中指定一个外键，而在另一个表中指定与其关联的键。
- 指定用于比较各列的值的逻辑运算符（如＝或＜＞）。

可以在 FROM 或 WHERE 子句中指定内部连接，但只能在 FROM 子句中指定外部连接。连接条件与 WHERE 和 HAVING 搜索条件相结合，用于控制从 FROM 子句所引用的基表中选定的行。

在 FROM 子句中指定连接条件有助于将这些连接条件与 WHERE 子句中可能指定的其他任何搜索条件分开，建议用这种方法来指定连接。简化的 ISO FROM 子句连接语法如下：

FROM first_tablejoin_typesecond_table [ON (join_condition)]

join_type 指定要执行的连接类型，包括内部连接、外部连接或交叉连接。join_condition 定义用于对每一对连接行进行求值的谓词。

连接选择列表可以引用连接表中的所有列或任意一部分列。选择列表不必包含连接中每个表的列。例如，在三表连接中，只能用一个表作为中间表来连接另外两个表，而选择列表不必引用该中间表的任何列。

虽然连接条件通常使用相等比较（＝），但也可以像指定其他谓词一样指定其他比较运算符或关系运算符。

当 SQL Server 处理连接时，查询引擎会从多种可行的方法中选择最有效的方法来处理连接。由于各种连接的实际执行过程会采用多种不同的优化，因此无法可靠地预测。

连接条件中用到的列不必具有相同的名称或相同的数据类型。但如果数据类型不相同，则必须兼容，或者是可由 SQL Server 进行隐式转换的类型。如果数据类型不能进行隐式转换，则连接条件必须使用 CAST 函数显式转换数据类型。

大多数使用连接的查询可以用子查询（嵌套在其他查询中的查询）重写，并且大多数子查询可以重写为连接。

5.4.2 连接类型

根据连接表的数量、连接方式，可以将连接查询划分为以下几类：

- 简单连接查询：主要代表是内部连接查询（典型的连接运算，使用类似于 = 或 <> 的比较运算符）。内部连接查询包括同等连接查询和自然连接查询。内部连接查询使用比较运算符根据每个表的通用列中的值匹配两个表中的行。例如，检索 ORDERS 表 和 ODETAILS 表中订单 ID 相同的所有行。简单连接查询还有一种特殊的连接方式即笛卡尔积查询，也称为交叉连接查询，将返回左表中的所有行。左表中的每一行均与右表中的所有行组合。下文将详述。
- 超级连接查询：主要代表是外部连接查询。它不仅可以把满足条件的记录显示出来，还可以根据条件设置将一部分不满足条件的记录以 NULL 的方式显示出来。外部连接查询主要包括以下三种：左连接查询、右连接查询、全连接查询。
- 特殊连接查询：主要代表是查询集合的并（UNION）、交（INTERSECT）和差（EXCEPT）的运算，以及自连接查询。

5.4.3 简单连接查询

1. 笛卡尔积查询

没有 WHERE 子句的交叉连接将产生连接所涉及的表的笛卡尔积。第一个表的行数乘以第二个表的行数等于笛卡尔积结果集的大小。

```
——执行下列标准将产生 1790310 条记录，因为是两张表的记录数乘积 2187 * 830
SELECT * FROM ORDERS, ODETAILS
——输出的结果如图 5-36 所示。
```

上例缺少隐含条件，导致两张表连接后产生了笛卡尔积的查询结果。如果添加 WHERE 条件，则结果将大大不同。

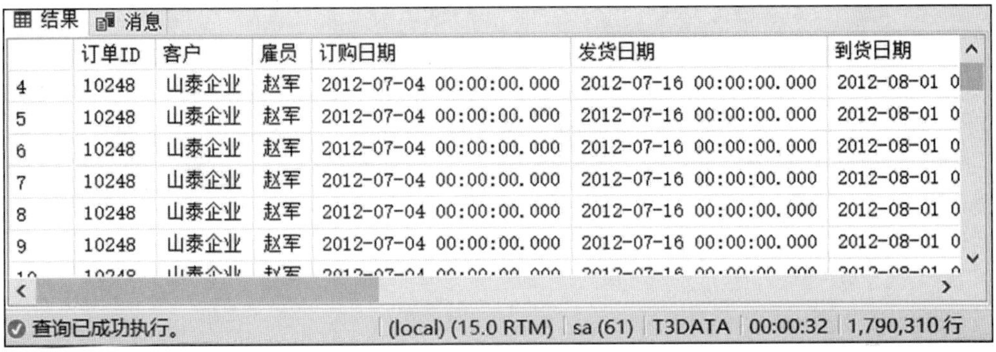

结果　消息

	订单ID	客户	雇员	订购日期	发货日期	到货日期
4	10248	山泰企业	赵军	2012-07-04 00:00:00.000	2012-07-16 00:00:00.000	2012-08-01 0
5	10248	山泰企业	赵军	2012-07-04 00:00:00.000	2012-07-16 00:00:00.000	2012-08-01 0
6	10248	山泰企业	赵军	2012-07-04 00:00:00.000	2012-07-16 00:00:00.000	2012-08-01 0
7	10248	山泰企业	赵军	2012-07-04 00:00:00.000	2012-07-16 00:00:00.000	2012-08-01 0
8	10248	山泰企业	赵军	2012-07-04 00:00:00.000	2012-07-16 00:00:00.000	2012-08-01 0
9	10248	山泰企业	赵军	2012-07-04 00:00:00.000	2012-07-16 00:00:00.000	2012-08-01 0

查询已成功执行。　(local) (15.0 RTM)　sa (61)　T3DATA　00:00:32　1,790,310 行

图 5-36

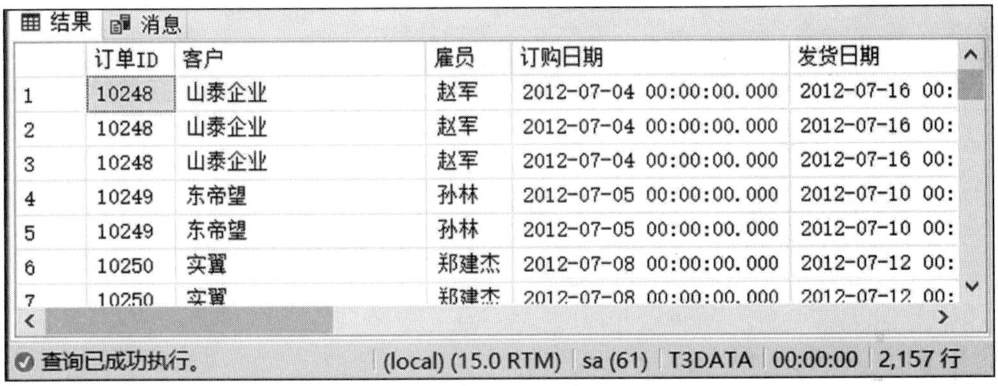

结果　消息

	订单ID	客户	雇员	订购日期	发货日期
1	10248	山泰企业	赵军	2012-07-04 00:00:00.000	2012-07-16 00:
2	10248	山泰企业	赵军	2012-07-04 00:00:00.000	2012-07-16 00:
3	10248	山泰企业	赵军	2012-07-04 00:00:00.000	2012-07-16 00:
4	10249	东帝望	孙林	2012-07-05 00:00:00.000	2012-07-10 00:
5	10249	东帝望	孙林	2012-07-05 00:00:00.000	2012-07-10 00:
6	10250	实翼	郑建杰	2012-07-08 00:00:00.000	2012-07-12 00:
7	10250	实翼	郑建杰	2012-07-08 00:00:00.000	2012-07-12 00:

查询已成功执行。　(local) (15.0 RTM)　sa (61)　T3DATA　00:00:00　2,157 行

图 5-37

```
——产生的结果是 2157 行，将排除两张表中相关键不相等或为 NULL 的数据值
SELECT * FROM ORDERS, ODETAILS WHERE ORDERS.订单 ID = ODETAILS.订单 ID
——输出的结果如图 5-37 所示。
```

2. 简单多表连接查询

在多表连接查询中，首先，分析需要查询的字段来源于哪些表；其次，如果某个字段在多张表中都有，则考虑从哪张表查询更好一些；最后，若存在多个查询条件，要注意隐含的关联条件。

(1) 带条件、排序的多表连接查询

查询 PRODUCTS 表中库存量在 50—100 之间的销售额情况，显示订单 ID、产品和降序排序的销售额。

```
——注意条件的设置位置将影响查询结果。带条件查询在数据查询基础中已经涉及，本章节仅举一例:
SELECT 订单 ID，产品，ODETAILS. 单价 * 数量 AS 销售额 FROM ODETAILS，PRODUCTS
WHERE ODETAILS. 产品 = PRODUCTS. 产品名称 AND PRODUCTS. 库存量 BETWEEN 50 AND 100
ORDER BY 销售额 DESC
——输出的结果如图 5-38 所示。
```

	订单ID	产品	销售额
1	11017	光明奶酪	6050
2	11030	光明奶酪	5500
3	10678	德国奶酪	3800
4	10267	光明奶酪	3080
5	10430	光明奶酪	3080

图 5-38

	订单ID	客户	产品	销售额
1	11017	正人资源	光明奶酪	6050
2	11030	大钰贸易	光明奶酪	5500
3	10678	大钰贸易	德国奶酪	3800
4	10267	友恒信托	光明奶酪	3080
5	10430	正人资源	光明奶酪	3080

图 5-39

(2) 带复杂条件的多表连接查询

查询 PRODUCTS 表中库存量在 50—100 之间的销售额情况，显示订单 ID、产品和降序排序的销售额，以及客户名称。

```
SELECT ORDERS. 订单 ID，ORDERS. 客户，产品，ODETAILS. 单价 * 数量 AS 销售额
FROM ODETAILS，PRODUCTS，ORDERS WHERE ODETAILS. 产品 = PRODUCTS. 产品名称 AND PRODUCTS. 库存量 BETWEEN 50 AND 100 AND ODETAILS. 订单 ID = ORDERS. 订单 ID
ORDER BY 销售额 DESC
——输出的结果如图 5-39 所示。
```

查询 PRODUCTS 表中库存量在 50—100 之间的销售额情况，显示客户对销售总额进行的汇总计算并降序排序。

```
SELECT ORDERS. 客户，SUM (ODETAILS. 单价 * 数量) AS 客户销售额 FROM ODETAILS，PRODUCTS，ORDERS
WHERE ODETAILS. 产品 = PRODUCTS. 产品名称 AND PRODUCTS. 库存量 BETWEEN 50 AND 100
AND ODETAILS. 订单 ID = ORDERS. 订单 ID GROUP BY ORDERS. 客户
ORDER BY 客户销售额 DESC
——输出的结果如图 5-40 所示。
```

	客户	客户销售额
1	正人资源	19612.8
2	大钰贸易	16545.1
3	高上补习班	13634.2
4	师大贸易	11207.75
5	友恒信托	7140.5
6	永业房屋	6631.4

图 5-40

	雇员	销售总额
1	孙林	78198.1
2	王伟	177749.26
3	李芳	213051.3
4	张雪眉	83842
5	张颖	202525.21
6	赵军	75567.75
7	刘英玫	133301.03
8	郑建杰	248979.45
9	金士鹏	141295.99

图 5-41

3. 内部连接查询

内部连接是使用比较运算符比较要连接列中的值的连接。

在 ISO 标准中，可以在 FROM 子句或 WHERE 子句中指定内部连接。这是 WHERE 子句中 ISO 支持的唯一一种连接类型。WHERE 子句中指定的内部连接称为旧式内部连接。

利用内部连接查询雇员所负责的所有客户产品销售额。

```
SELECT 雇员, SUM (单价 * 数量) AS 销售总额 FROM ORDERS inner join ODETAILS
ON ORDERS. 订单 ID = ODETAILS. 订单 ID GROUP BY ORDERS. 雇员
——输出的结果如图 5-41 所示。
```

在上例中，如果查询的产品中不包含“肉”类产品，但比较特别的是添加了不带 WHERE 的条件。

```
SELECT 雇员, SUM (单价 * 数量) AS 销售总额 FROM ORDERS inner join ODETAILS
ON ORDERS. 订单 ID = ODETAILS. 订单 ID AND ODETAILS. 产品 NOT LIKE '%肉%'
GROUP BY ORDERS. 雇员
——输出的结果如图 5-42 所示。
```

	雇员	销售总额
1	孙林	62786.5
2	王伟	136924.75
3	李芳	182815.4
4	张雪眉	77955.64
5	张颖	170449.74
6	赵军	63633.95
7	刘英玫	115223.73
8	郑建杰	198194.73
9	金士鹏	108147.35

图 5-42

	雇员	销售总额
1	李芳	182815.4
2	刘英玫	115223.73
3	张雪眉	77955.64
4	张颖	170449.74

图 5-43

扩展上例中的查询范围，增加查询的条件是雇员中尊称为女士的总销售额。

```
——本例利用三表连接完成相关查询:
SELECT 雇员, SUM (单价 * 数量) AS 销售总额 FROM ORDERS
INNER JOIN ODETAILS ON ORDERS. 订单 ID = ODETAILS. 订单 ID
INNER JOIN EMPLOYEES ON ORDERS. 雇员 = EMPLOYEES. 姓名
AND ODETAILS. 产品 NOT LIKE '%肉%'
AND EMPLOYEES. 尊称 = '女士'
GROUP BY ORDERS. 雇员
——输出的结果如图 5-43 所示。
```

5.4.4 超级连接查询

超级连接查询一般对两张及两张以上的表进行连接查询，不仅能够查询出符合条件的数据，同时根据条件的设置，还可以查询部分或全部不满足条件的记录，并且以 NULL 方式显示。在 FROM 子句中可以用下列某一组关键字来指定外部连接：

1. LEFT JOIN 或 LEFT OUTER JOIN

左向外部连接的结果集包括 LEFT JOIN 子句中指定的左表的所有行，而不仅仅是连接列所匹配的行。如果左表的某一行在右表中没有匹配行，则在关联的结果集行中，来自右表的所有选择列表列均为空值。

```
——左连接查询，若将 EMPLOYEES 置于左，那么能够查询到的记录是 10 条，包括 EMPLOYEES 中一条不满足条件的记录以 NULL 的方式呈现:
SELECT 雇员, COUNT (*) AS 销售总单数 FROM EMPLOYEES LEFT JOIN ORDERS ON ORDERS. 雇员 = EMPLOYEES. 姓名 GROUP BY ORDERS. 雇员
——输出的结果如图 5-44 所示。
```

	雇员	销售总单数
1	NULL	1
2	金士鹏	72
3	李芳	127
4	刘英玫	104
5	孙林	67
6	王伟	96
7	张雪眉	44
8	张颖	124
9	赵军	42
10	郑建杰	154

图 5-44

	雇员	销售总单数
1	金士鹏	72
2	李芳	127
3	刘英玫	104
4	孙林	67
5	王伟	96
6	张雪眉	44
7	张颖	124
8	赵军	42
9	郑建杰	154

图 5-45

2. RIGHT JOIN 或 RIGHT OUTER JOIN

右向外部连接是左向外部连接的反向连接，将返回右表的所有行。如果右表的某一行在左表中没有匹配行，则将为左表返回空值。

同样利用上例的查询要求，但将 LEFT 关键词换为 RIGHT：

——右连接查询，若将关键词 LEFT 换为 RIGHT，那么能够查询到的记录是 9 条：

SELECT 雇员, COUNT (*) AS 销售总单数 FROM EMPLOYEES RIGHT JOIN ORDERS ON ORDERS. 雇员 = EMPLOYEES. 姓名 GROUP BY ORDERS. 雇员

——输出的结果如图 5-45 所示。

3. FULL JOIN 或 FULL OUTER JOIN

完整外部连接将返回左表和右表中的所有行。当某一行在另一个表中没有匹配行时，另一个表的选择列表列将包含空值。如果表之间有匹配行，则整个结果集行包含基表的数据值。

利用上例中的查询要求，将连接替换为 FULL JOIN。

——FULL JOIN 将产生 10 条记录，其中包含了 EMPLOYEES 表和 ORDERS 表中互不对应的共 1 条记录，因为这些表设置了主外键关联，所以，FULL JOIN 的结果必定和 RIGHT、LEFT 连接查询中的某个结果是一致的。

SELECT 雇员, COUNT (*) AS 销售总单数 FROM EMPLOYEES FULL JOIN ORDERS ON ORDERS. 雇员 = EMPLOYEES. 姓名 GROUP BY ORDERS. 雇员

——输出的结果如图 5-46 所示。

结果	消息	
	雇员	销售总单数
1	NULL	1
2	金士鹏	72
3	李芳	127
4	刘英玫	104
5	孙林	67
6	王伟	96
7	张雪眉	44
8	张颖	124
9	赵军	42
10	郑建杰	154

图 5-46

5.4.5 特殊连接查询

利用集合的并、交、差运算可以根据需要对不同表的记录进行筛选、消重。

1. 集合的并运算查询

并运算（UNION）可以将两个或多个 SELECT 语句的结果组合成一个结果集。使用 UNION 运算符组合的结果集都必须具有相同的结构，而且它们的列数必须相同，并且相应的结果集列的数据类型必须兼容，如表 5-1 中的 TABLE1 和 TABLE2 是可以进行并运算的，因为它们对应的字段类型及顺序分别相同，如果将 COLUMNC 和 COLUMND 的位置对调，结果就会失败。

表 5-1　参与并运算的两张样例表

TABLE1		。	TABLE2	
COLUMNA	COLUMNB	。	COLUMNC	COLUMND
CHAR（4）	INT	。	CHAR（4）	INT
—	—	。	—	—
ABC	1	。	GHI	3
DEF	2	。	JKL	4
GHI	3	。	MNO	5

UNION 的结果集列名与 UNION 运算符中第一个 SELECT 语句的结果集列名相同。另一个 SELECT 语句的结果集列名将被忽略。

为实现上述例子，对雇员信息表 EMPLOYEES 进行复制，分表得到两张内容不同的新表，EMP01 的数据包括雇员 ID 在 1—5 之间的数据，而 EMP02 的数据则是雇员 ID 在 6—10 之间的数据。

```
——以 EMPLOYEES 为原始数据表，分表得到表结构相同但数据不同的三张表：
SELECT * INTO EMP01 FROM EMPLOYEES WHERE 雇员 ID≤5
SELECT * INTO EMP02 FROM EMPLOYEES WHERE 雇员 ID>5
SELECT * INTO EMP03 FROM EMPLOYEES WHERE 雇员 ID> = 5

——利用系统存储过程 SP_RENAME 对 EMP02、EMP03 表的雇员 ID 字段名称进行
修改，但是不改数据类型：
SP_RENAME 'EMP02. 雇员 ID', 'EMPID'
SP_RENAME 'EMP03. 雇员 ID', 'EMPID'
——修改后的结果如图 5-47 所示。
```

结果　消息

	姓名	雇员ID	姓氏	名字	职务	尊称	上级	层级	出生日期	雇用日期	地址	城市	地区
1	李芳	3	李	芳	销售代表	女士	王伟	王伟|李芳	1973-08-30 00:00:00.000	1992-04-01 00:00:00.000	芍药园小区 78 号	北京	华北
2	王伟	2	王	伟	副总裁(销售)	博士		王伟	1962-02-19 00:00:00.000	1992-08-14 00:00:00.000	罗马花园 890 号	北京	华北
3	张颖	1	张	颖	销售代表	女士	王伟	王伟|张颖	1968-12-08 00:00:00.000	1992-05-01 00:00:00.000	复兴门 245 号	北京	华北
4	赵军	5	赵	军	销售经理	先生	王伟	王伟|赵军	1965-03-04 00:00:00.000	1993-10-17 00:00:00.000	学院路 78 号	北京	华北
5	郑建杰	4	郑	建杰	销售代表	先生	王伟	王伟|郑建杰	1968-09-19 00:00:00.000	1993-05-03 00:00:00.000	前门大街 789 号	北京	华北

	姓名	EMPID	姓氏	名字	职务	尊称	上级	层级	出生日期	雇用日期	地址	城市
1	金士鹏	7	金	士鹏	销售代表	先生	赵军	王伟|赵军|金士鹏	1960-05-29 00:00:00.000	1994-01-02 00:00:00.000	成府路 119 号	北京
2	李元石	10	李	元石	销售代表	先生	赵军	王伟|赵军|李元石	1997-07-01 00:00:00.000	2021-02-02 00:00:00.000	凤湖路129号	福州
3	刘英玫	8	刘	英玫	内部销售协调员	女士	王伟	王伟|刘英玫	1969-01-09 00:00:00.000	1994-03-05 00:00:00.000	建国门 76 号	北京
4	孙林	6	孙	林	销售代表	先生	赵军	王伟|赵军|孙林	1967-07-02 00:00:00.000	1993-10-17 00:00:00.000	阜外大街 110 号	北京
5	张雪眉	9	张	雪眉	销售代表	女士	赵军	王伟|赵军|张雪眉	1969-07-02 00:00:00.000	1994-11-15 00:00:00.000	永安路 678 号	北京

图 5-47

两张表中的数据都只是全部数据的一部分，可以用 UNION 运算符进行连接，但注意字段的顺序，下面这段代码将产生错误：

```
SELECT 雇员 ID, 姓名 FROM EMP01
UNION
SELECT 姓名, EMPID FROM EMP02
——输出的结果如图 5-48 所示。
```

结果　消息

```
消息 8114, 级别 16, 状态 5, 第 2580 行
从数据类型 nvarchar 转换为 float 时出错。
```

图 5-48

两张表的对应字段数据类型、长度相同，即使它们的属性名称不同，也能够使用 UNION 进行并运算，而不同字段名部分是以位于 UNION 左边的字段名设置为准，下面的代码将是正确的（输出结果略）：

```
SELECT 雇员 ID，姓名 FROM EMP01
UNION
SELECT EMPID，姓名 FROM EMP02
```

UNION 的数据可以来自不同的表，但是进行并运算的字段类型和长度必须兼容，比如 STUCOURSE 学生选课成绩表中教师编号 TID 小于等于 100 的信息与 TEACHERINFO 表中工资大于 60000 的教师信息的教师编号 TID 进行并运算（输出结果略）。

```
SELECT TID FROM STUCOURSE WHERE TID≤100
UNION
SELECT TID FROM TEACHERINFO WHERE TSALARY＞60000
```

如果对应的第二个字段不相同，则可以使用相同的虚拟字段显示数据，但是第一个字段一定是相同的，以下代码将在一张表中显示两种不同的内容，前面 100 条记录显示的是 TID 对应的成绩，而从 101 开始显示的是 TID 对应的工资信息。

```
SELECT TID，CSCORE AS 成绩和工资 FROM STUCOURSE WHERE TID≤100
UNION
SELECT TID，TSALARY AS 成绩和工资 FROM TEACHERINFO WHERE TID＞100
```

默认情况下，UNION 运算符将从结果集中删除重复的行，如 TID 和 CSOCRE 或者 TID 和 TSALARY 之间的组合出现了重复，只保留一个。如果使用 ALL 关键字，那么结果中将包含所有行而不删除重复的行。UNION 的准确结果取决于安装过程中选择的排序规则或当前语句中的 ORDER BY 子句。

```
SELECT TID，CSCORE AS 成绩和工资 FROM STUCOURSE WHERE TID≤100
UNION
SELECT TID，TSALARY AS 成绩和工资 FROM TEACHERINFO WHERE TID＞100 ORDER BY TID
```

在已经假设的条件下，下列语句将产生包含重复数据的记录集。

```
SELECT TID, CSCORE AS 成绩和工资 FROM STUCOURSE WHERE TID≤100
UNION ALL
SELECT TID, TSALARY AS 成绩和工资 FROM TEACHERINFO WHERE TID>100 ORDER
BY TID
```

2. 集合的交运算查询

集合的交运算（INTERSECT）也称为反运算。如果第二个查询执行结果与第一个查询执行结果没有匹配行，则 INTERSECT 操作会返回第一个查询执行结果。

INTERSECT 返回由 INTERSECT 运算符左侧和右侧的查询都返回的所有非重复值。使用 INTERSECT 比较的结果集必须具有相同的结构。它们的列数必须相同，并且相应的结果集列的数据类型必须兼容。

以 EMP01 和 EMP03 为例。

```
——语句 1：
SELECT 雇员 ID, 姓名 FROM EMP01
——语句 2：
SELECT EMPID, 姓名 FROM EMP03
——语句 3：
SELECT 雇员 ID, 姓名 FROM EMP01
INTERSECT
SELECT EMPID, 姓名 FROM EMP03
——输出的结果如图 5-49 所示，分别是（从左至右分别对应语句 1—语句 3）：
INTERSECT =
```

结果　消息

	雇员ID	姓名
1	3	李芳
2	2	王伟
3	1	张颖
4	5	赵军
5	4	郑建杰

INTERSECT

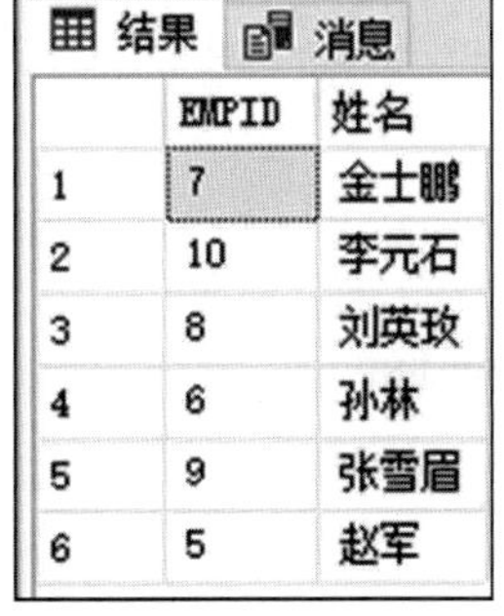
结果　消息

	EMPID	姓名
1	7	金士鹏
2	10	李元石
3	8	刘英玫
4	6	孙林
5	9	张雪眉
6	5	赵军

=

结果　消息

	雇员ID	姓名
1	5	赵军

图 5-49

3. 集合的差运算查询

差运算（EXCEPT）查询返回由 EXCEPT 运算符左侧的查询返回但又不包含在右侧查询所返回的值中的所有非重复值。使用 EXCEPT 比较的结果集必须具有相同的结构。它们的列数必须相同，并且相应的结果集列的数据类型必须兼容。

以下两个语句所选的表和字段是相同的，位置上则是相反的：

```
SELECT 雇员 ID, 姓名 FROM EMP01
EXCEPT
SELECT EMPID, 姓名 FROM EMP03
——输出的结果如图 5-50 所示。
EXCEPT =
```

	雇员ID	姓名
1	3	李芳
2	2	王伟
3	1	张颖
4	5	赵军
5	4	郑建杰

EXCEPT

	EMPID	姓名
1	7	金士鹏
2	10	李元石
3	8	刘英玫
4	6	孙林
5	9	张雪眉
6	5	赵军

=

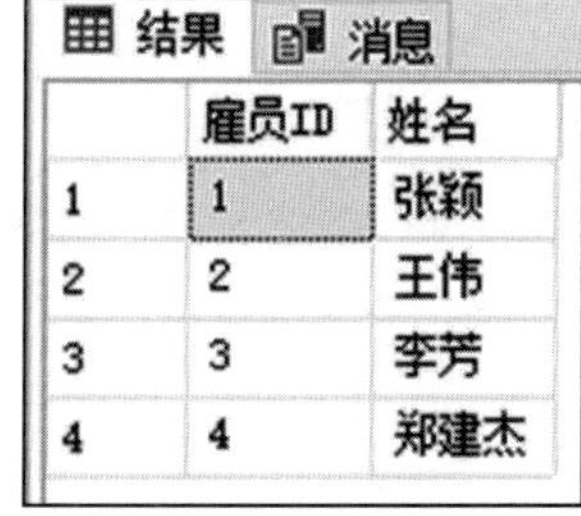

	雇员ID	姓名
1	1	张颖
2	2	王伟
3	3	李芳
4	4	郑建杰

图 5-50

INTERSECT 运算符优先于 EXCEPT 运算符。例如，以下查询使用了这两个运算符：

```
——按正常优先级查询：
SELECT 雇员 ID, 姓名 FROM EMP01
EXCEPT
SELECT EMPID, 姓名 FROM EMP03
INTERSECT
SELECT EMPID, 姓名 FROM EMP02
——输出的结果如图 5-51 所示。
```

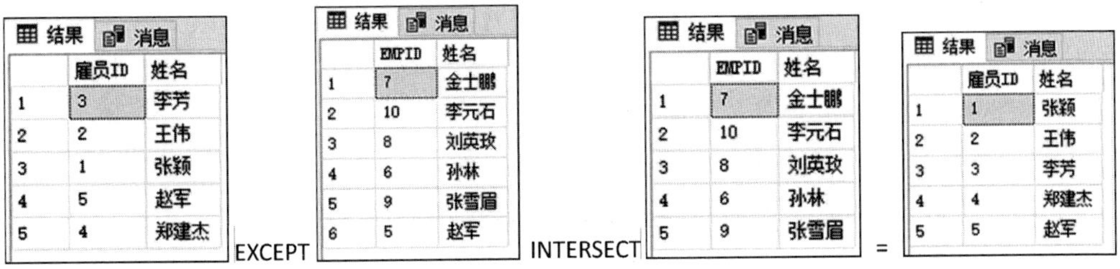

	雇员ID	姓名
1	3	李芳
2	2	王伟
3	1	张颖
4	5	赵军
5	4	郑建杰

EXCEPT

	EMPID	姓名
1	7	金士鹏
2	10	李元石
3	8	刘英玫
4	6	孙林
5	9	张雪眉
6	5	赵军

INTERSECT

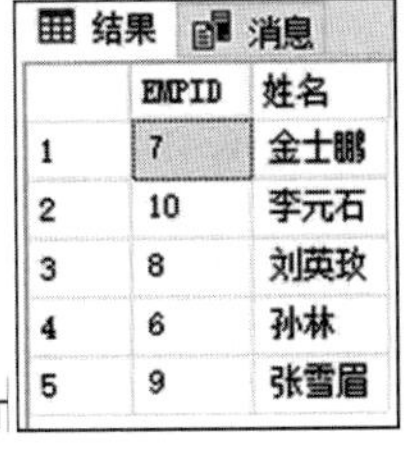

	EMPID	姓名
1	7	金士鹏
2	10	李元石
3	8	刘英玫
4	6	孙林
5	9	张雪眉

=

	雇员ID	姓名
1	1	张颖
2	2	王伟
3	3	李芳
4	4	郑建杰
5	5	赵军

图 5-51

```
——按非正常顺序，将 EXCEPT 运算优先运行查询：
(SELECT 雇员 ID，姓名 FROM EMP01
EXCEPT
SELECT EMPID，姓名 FROM EMP03)
INTERSECT
SELECT EMPID，姓名 FROM EMP02
——输出的结果如图 5-52 所示，因为优先 EXCEPT 计算后得到的雇员 ID 是 1、
2、3、4，与 EMP02 的交运算将是空集。
```

(

	雇员ID	姓名
1	3	李芳
2	2	王伟
3	1	张颖
4	5	赵军
5	4	郑建杰

EXCEPT

	EMPID	姓名
1	7	金士鹏
2	10	李元石
3	8	刘英玫
4	6	孙林
5	9	张雪眉
6	5	赵军

INTERSECT

	EMPID	姓名
1	7	金士鹏
2	10	李元石
3	8	刘英玫
4	6	孙林
5	9	张雪眉

=

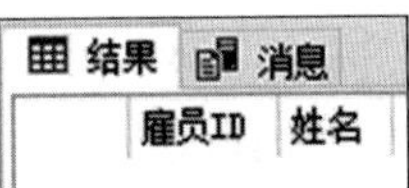

雇员ID	姓名

图 5-52

与其他 T-SQL 语句一起使用 UNION、EXCEPT 和 INTERSECT 时，请遵循以下原则：

- 第一个查询可以包含一个 INTO 子句，用来创建容纳最终结果集的表。只有第一个查询可以使用 INTO 子句。如果 INTO 子句出现在任何其他位置，将显示错误消息。
- ORDER BY 子句只能在语句的结尾处使用。不能在构成语句的各个查询中使用 ORDER BY 子句。只有在顶级查询而不是子查询中使用 UNION、EXCEPT 和 INTERSECT 时，才能使用一个 ORDER BY 子句。
- GROUP BY 和 HAVING 子句只能在各个查询中使用，它们不能影响最终结果集。
- UNION、EXCEPT 和 INTERSECT 可以在 INSERT 语句中使用。

5.5 Python 与 SQL 高级查询

本节将介绍 Python 环境下，如何利用 Numpy、Pandas 等第三方库强化 Python 与 SQL Server 服务器间的查询交互及数据分析。

利用 Python 作为查询的客户端对 SQL Server 的数据进行查询和分析是当前各个行业运用较多的方法之一，因为 Python 具有良好的运行效率、丰富的功能库，能够配合第三方工具，加上 SQL Server 强大的数据存储和管理功能，Python 基本能够满足不同行业用户对数据查询和分析的需求。

利用 Python 对 SQL Server 进行 SQL 数据高级查询，其实更多的是利用 pymssql 库与数据库连接、读取数据后，再利用 DataFrame（可用 df 指代）或其他数据格式对本地数据缓存进行查询，得到需要的结果，根据需要可能会将结果返回到 SQL Server 数据库中存储以备将来直接调用相关结果进行新的数据分析业务，因此，同样需要进行数据库的连接操作。

```
#连接 MSSQL Server
import pymssql
conn = pymssql.connect ("WIN10SPOCVM", "sa", "1234")
cursor = conn.cursor ()
cursor.close ()
```

参考第 3 章中的相关知识，利用 Python 对 SQL Server 进行 SQL 数据高级查询主要有远程查询方法和本地缓存查询方法。在此不再赘述。

参考第 3 章中利用 Python 查询数据的方法，将 T3DATA 数据库中的相关表都读取到本地缓存中。

```
import pymssql
import pandas as pd
conn = pymssql.connect ("WIN10SPOCVM", "sa", "1234", "T3DATA")
productsdf = pd.read_sql ('select * from PRODUCTS', conn)
ordersdf = pd.read_sql ('select * from ORDERS', conn)
odetailsdf = pd.read_sql ('select * from ODETAILS', conn)
empsdf = pd.read_sql ('select * from EMPLOYEES', conn)
custsdf = pd.read_sql ('select * from CUSTOMERS', conn)
ptypesdf = pd.read_sql ('select * from PTYPES', conn)
shippersdf = pd.read_sql ('select * from SHIPPER', conn)
providersdf = pd.read_sql ('select * from PROVIDERS', conn)
```

5.5.1　Pandas 分组查询

对本地的 df 进行数据分组查询，常用的方法是 groupby，即根据某个或某几个属性（字段）进行分组计算，然后根据需要对每个分组进行分析和转换。利用 Python 中的 Pandas 及其相关库进行数据的高级查询等操作是对数据进行更透彻分析的基础。

1. 利用 groupby 进行单属性拆分查询

groupby 本来是汇总查询，但汇总的过程如果不带任何参数将会得到根据关键属性拆分的分组。假设根据 ordersdf 中的运货商进行 groupby 拆分，将会得到三个分组。

```
grp = ordersdf. groupby ('运货商')
grp #得到 grp 的属性是：<pandas. core. groupby. generic. DataFrameGroupBy object at 0x000002146B1F7EE0>
grp. ngroups #得到组数是：3
grp. size () #得到如注释中的结果：
'''
运货商
急速快递    249
统一包裹    326
联邦货运    255
dtype：int64
'''
grp. groups
#输出的结果如 5-53 所示。
```

```
1 grp.groups

{'急速快递': [1, 3, 10, 12, 17, 19, 21, 22, 26, 27, 32, 33, 34, 36, 40, 42, 48, 61, 69, 75, 76, 79, 82, 83, 95, 101, 103, 107, 110, 114, 116, 123,
131, 134, 140, 142, 147, 149, 153, 156, 157, 158, 160, 161, 167, 170, 172, 173, 174, 178, 180, 182, 189, 195, 197, 198, 204, 209, 212, 214, 218,
221, 224, 227, 244, 249, 252, 254, 259, 261, 265, 267, 272, 274, 279, 283, 285, 287, 289, 293, 296, 301, 304, 308, 311, 312, 314, 318, 319, 321,
327, 333, 336, 337, 338, 339, 343, 344, 347, 348, ...], '统一包裹': [2, 4, 5, 6, 8, 13, 23, 24, 30, 31, 37, 43, 44, 46, 47, 49, 50, 51, 52, 53, 5
4, 55, 56, 59, 62, 64, 65, 66, 67, 70, 73, 78, 81, 84, 86, 87, 88, 91, 94, 96, 97, 100, 102, 108, 113, 117, 118, 120, 121, 122, 124, 127, 128, 13
7, 139, 141, 154, 159, 164, 165, 171, 176, 177, 179, 181, 183, 184, 186, 187, 188, 190, 192, 193, 194, 199, 200, 201, 202, 205, 207, 208, 211, 21
6, 219, 222, 226, 229, 232, 233, 235, 237, 238, 239, 240, 241, 242, 246, 248, 250, 251, ...], '联邦货运': [0, 7, 9, 11, 14, 15, 16, 18, 20, 25, 2
8, 29, 35, 38, 39, 41, 45, 57, 58, 60, 63, 68, 71, 72, 74, 77, 80, 85, 89, 90, 92, 93, 98, 99, 104, 105, 106, 109, 111, 112, 115, 119, 125, 126,
129, 130, 132, 133, 135, 136, 138, 143, 144, 145, 146, 148, 150, 151, 152, 155, 162, 163, 166, 168, 169, 175, 185, 191, 196, 203, 206, 210, 213,
215, 217, 220, 223, 225, 228, 230, 231, 234, 236, 243, 245, 247, 253, 256, 257, 262, 263, 268, 269, 271, 284, 290, 291, 292, 294, 298, ...]}
```

图 5-53

```
#查询急速快递公司的前 5 个数据
grp. get_group ('急速快递') . head ()
#输出的结果如图 5-54 所示。
```

通过自定义函数显示每个分组的名称和首尾两行数据。

	订单ID	客户	雇员	订购日期	发货日期	到货日期	运货商	运货费	货主名称	货主地址	货主城市	货主地区	货主邮政编码	货主国家
1	10249.0	东帝望	孙林	2012-07-05	2012-07-10	2012-08-16	急速快递	11.61	谢小姐	青年东路 543 号	济南	华东	440876	中国
3	10251.0	千固	李芳	2012-07-08	2012-07-15	2012-08-05	急速快递	41.34	陈先生	清林桥 68 号	南京	华东	690047	中国
10	10258.0	正人资源	张颖	2012-07-17	2012-07-23	2012-08-14	急速快递	140.51	王先生	经三纬四路 48 号	济南	华东	801009	中国
12	10260.0	一诠精密工业	郑建杰	2012-07-19	2012-07-29	2012-08-16	急速快递	55.09	徐文彬	海淀区明成路甲 8 号	北京	华北	140739	中国
17	10265.0	国皓	王伟	2012-07-25	2012-08-12	2012-08-22	急速快递	55.28	方先生	学院路甲 66 号	武汉	华中	670005	中国

图 5-54

```
def disp_group (group_obj):
    for name, group in group_obj:
        print (name)
        print (group.head (2) .append (group.tail (2) ) )
disp_group (grp)
# 输出的结果如图 5-55 所示。
```

```
急速快递
      订单ID    客户  雇员        订购日期        发货日期        到货日期    运货商     运货费  货主名称  \
1    10249.0   东帝望  孙林 2012-07-05 2012-07-10 2012-08-16  急速快递   11.61  谢小姐
3    10251.0    千固  李芳 2012-07-08 2012-07-15 2012-08-05  急速快递   41.34  陈先生
822  11070.0  幸义房屋  王伟 2014-05-05 2014-05-17 2014-06-02  急速快递  136.00  黎先生
823  11071.0  富泰人寿  张颖 2014-05-05 2014-05-18 2014-06-02  急速快递    0.93  陈玉美

          货主地址 货主城市 货主地区  货主邮政编码 货主国家
1    青年东路 543 号   济南   华东  440876   中国
3      清林桥 68 号   南京   华东  690047   中国
822    长河路 38 号   海口   华南  605280   中国
823    百川路 23 号   南昌   华东  350800   中国
统一包裹
      订单ID          客户   雇员        订购日期        发货日期        到货日期    运货商     运货费  \
2    10250.0          实翼  郑建杰 2012-07-08 2012-07-12 2012-08-05  统一包裹  65.83
4    10252.0  福星制衣厂股份有限公司  郑建杰 2012-07-09 2012-07-11 2012-08-06  统一包裹  51.30
```

图 5-55

2. 利用 groupby 进行多属性拆分查询

假设根据 ordersdf 中的运货商、货主地区进行 groupby 拆分，将会得到 20 个分组。

```
grp = ordersdf.groupby ( ['运货商', '货主地区'] )
# 输出的结果如图 5-56 所示。
```

利用 disp_group () 函数得到如图 5-57 所示的结果。

3. 利用 group 进行层级分组

假设对 ordersdf 利用 set_index 进行多层索引的定义。

```
{('急速快递', '东北'): [61, 147, 153, 170, 180, 209, 212, 267, 272, 296, 362, 422, 452, 475, 482, 512, 565, 632, 654, 684, 722], (
东'): [1, 3, 10, 19, 21, 32, 33, 34, 36, 69, 82, 103, 107, 116, 140, 157, 158, 161, 167, 197, 214, 221, 224, 227, 254, 283, 287,
37, 344, 347, 356, 370, 395, 406, 408, 467, 478, 496, 502, 505, 514, 518, 526, 530, 532, 573, 576, 577, 602, 607, 610, 618, 621,
97, 739, 763, 776, 779, 786, 796, 823], ('急速快递', '华中'): [17], ('急速快递', '华北'): [12, 22, 26, 27, 40, 75, 95, 101, 110, 114,
172, 173, 174, 195, 204, 244, 249, 261, 265, 274, 279, 293, 301, 304, 308, 318, 319, 321, 333, 336, 338, 348, 352, 353, 359, 377
390, 405, 412, 419, 423, 425, 432, 435, 438, 442, 447, 449, 454, 456, 462, 464, 465, 474, 483, 490, 497, 499, 509, 521, 527, 539
559, 563, 564, 578, 580, 581, 597, 603, 625, 638, 653, 665, 673, 677, 704, 712, 713, 728, 732, 734, 737, 743, 756, 757, 761, 780
...], ('急速快递', '华南'): [48, 178, 252, 339, 388, 397, 484, 538, 542, 619, 629, 630, 642, 666, 706, 718, 754, 765, 773, 778, 804
递', '西北'): [588, 679], ('急速快递', '西南'): [42, 76, 79, 83, 123, 131, 142, 160, 182, 189, 198, 218, 259, 285, 289, 314, 343, 39
6, 450, 479, 500, 546, 561, 604, 617, 633, 680, 681, 741, 781, 817], ('统一包裹', '东北'): [4, 67, 70, 73, 84, 87, 97, 113, 120, 1
8, 239, 240, 295, 354, 393, 535, 572, 582, 592, 683, 707, 782, 820], ('统一包裹', '华东'): [8, 13, 23, 30, 31, 37, 43, 44, 51, 54,
141, 184, 186, 187, 193, 199, 202, 211, 216, 226, 229, 232, 241, 242, 270, 275, 277, 299, 315, 324, 341, 357, 365, 373, 378, 399
427, 428, 437, 441, 444, 457, 463, 468, 487, 489, 531, 541, 547, 553, 556, 558, 583, 584, 595, 600, 605, 609, 616, 624, 627, 660
698, 699, 702, 705, 721, 730, 750, 768, 770, 775, 790, 805, 808, 826, 827, 828], ('统一包裹', '华中'): [6], ('统一包裹', '华北'): [2,
50, 53, 62, 64, 65, 66, 81, 86, 88, 91, 96, 100, 117, 121, 124, 128, 154, 159, 164, 176, 179, 190, 192, 200, 205, 207, 219, 222,
46, 248, 250, 251, 255, 258, 260, 264, 266, 273, 278, 280, 282, 288, 297, 300, 309, 313, 326, 329, 331, 335, 345, 355, 360, 361,
82, 396, 400, 403, 404, 407, 411, 414, 417, 420, 434, 439, 443, 460, 469, 471, 472, 476, 480, 492, 495, 501, 507, 508, 520, 523,
```

图 5-56

```
#利用disp_group()
disp_group(grp)
```

```
('急速快递', '东北')
         订单ID    客户     雇员        订购日期        发货日期        到货日期    运货商      运货费  货主名称  \
61   10309.0  师大贸易    李芳  2012-09-19  2012-10-17  2012-10-23  急速快递   47.30   周先生
147  10395.0  远东开发    孙林  2012-12-26  2013-01-03  2013-01-23  急速快递  184.41   王先生
684  10932.0      祥通  刘英玫  2014-03-06  2014-03-24  2014-04-03  急速快递  134.64   谢小姐
722  10970.0  迈多贸易  张雪眉  2014-03-24  2014-04-07  2014-04-24  急速快递   16.16   刘先生

           货主地址  货主城市  货主地区  货主邮政编码  货主国家
61   旅顺西路 78 号    长春    东北  121212    中国
147  明成大街 58 号    大连    东北  564573    中国
684   黄池路 930 号    大连    东北  130083    中国
722   明涌江 320 号    大连    东北  280235    中国
('急速快递', '华东')
         订单ID    客户     雇员        订购日期        发货日期        到货日期    运货商     运货费  货主名称  \
1    10249.0    东帝望    孙林  2012-07-05  2012-07-10  2012-08-16  急速快递  11.61   谢小姐
3    10251.0      千固    李芳  2012-07-08  2012-07-15  2012-08-05  急速快递  41.34   陈先生
796  11044.0  汉典电机  郑建杰  2014-04-23  2014-05-01  2014-05-21  急速快递   8.72   吴小姐
823  11071.0  富泰人寿    张颖  2014-05-05  2014-05-18  2014-06-02  急速快递   0.93   陈玉美
```

图 5-57

```
#对 ordersdf 进行多层索引定义
ordersdf2 = ordersdf.set_index(['运货商', '货主地区', '货主城市'])
ordersdf2
#输出的结果如图 5-58 所示。
```

ordersdf2 已经拥有 3 层索引，假设对第 2 层货主地区（level=1）进行分组。

```
grp = ordersdf2.groupby(level = 1)
disp_group(grp)
#输出的结果如图 5-59 所示。
```

运货商	货主地区	货主城市	订单ID	客户	雇员	订购日期	发货日期	到货日期	运货费	货主名称	货主地址	货主邮政编
联邦货运	华北	北京	10248.0	山泰企业	赵军	2012-07-04	2012-07-16	2012-08-01	32.38	余小姐	光明北路 124 号	111080
急速快递	华东	济南	10249.0	东帝望	孙林	2012-07-05	2012-07-10	2012-08-16	11.61	谢小姐	青年东路 543 号	440876
统一包裹	华北	秦皇岛	10250.0	实翼	郑建杰	2012-07-08	2012-07-12	2012-08-05	65.83	谢小姐	光化街 22 号	754546
急速快递	华东	南京	10251.0	千固	李芳	2012-07-08	2012-07-15	2012-08-05	41.34	陈先生	清林桥 68 号	690047
统一包裹	东北	长春	10252.0	福星制衣厂股份有限公司	郑建杰	2012-07-09	2012-07-11	2012-08-06	51.30	刘先生	东管西林路 87 号	567889
	...	...	...	...	...	...	...	...	...	...	...	...
	华南	深圳	11073.0	就业广兑	王伟	2014-05-05	2014-05-11	2014-06-02	24.95	林慧音	西华路 18 号	050330
	华东	温州	11074.0	百达电子	金士鹏	2014-05-06	2014-05-11	2014-06-03	18.44	何先生	巩东路 3 号	173400
		常州	11075.0	永大企业	刘英玫	2014-05-06	2014-05-15	2014-06-03	6.19	方先生	成昆路 524 号	120400

图 5-58

```
东北
                       订单ID            客户    雇员        订购日期        发货日期        到货日期  \
运货商   货主地区 货主城市
统一包裹 东北    长春     10252.0  福星制衣厂股份有限公司  郑建杰 2012-07-09 2012-07-11 2012-08-06
急速快递 东北    长春     10309.0          师大贸易    李芳 2012-09-19 2012-10-17 2012-10-23
统一包裹 东北    大连     11030.0          大钰贸易   金士鹏 2014-04-17 2014-04-27 2014-05-15
            大连     11068.0        留学服务中心  刘英玫 2014-05-04 2014-05-07 2014-06-01

                       运货费 货主名称         货主地址    货主邮政编码 货主国家
运货商   货主地区 货主城市
统一包裹 东北    长春       51.30  刘先生    东管西林路 87 号   567889    中国
急速快递 东北    长春       47.30  周先生     旅顺西路 78 号   121212    中国
统一包裹 东北    大连      830.75  苏先生     京南路 271 号   837204    中国
            大连       81.75  方先生    开兴路甲37 号   054870    中国
华东
                       订单ID      客户    雇员        订购日期        发货日期        到货日期    运货费  \
运货商   货主地区 货主城市
急速快递 华东    济南     10249.0    东帝望    孙林 2012-07-05 2012-07-10 2012-08-16   11.61
```

图 5-59

5.5.2 Pandas 聚合查询

1. 直接调用聚合函数

有两种方法：第一种方法，在 groupby 分组时后面增加聚合函数。

```
ordersdf.groupby ('运货商') ['运货费'] .mean ()
#输出的结果如图 5-60 所示。
```

```
运货商
急速快递      65.001325
统一包裹      86.640644
联邦货运      80.441216
Name: 运货费, dtype: float64
```

图 5-60

```
运货商
急速快递      65.001325
统一包裹      86.640644
联邦货运      80.441216
Name: 运货费, dtype: float64
```

图 5-61

第二种方法，通过 groupby（）函数分组后使用对象调用函数（如图 5-53 中的 grp）。

```
grp['运货费'].mean()
#输出的结果如图 5-61 所示。
```

可以发现，这两种方法得到的结果是相同的。

2. 利用 agg（）函数

agg（）函数属于高阶函数，其参数 func 就是要调用的聚合函数对象，比如 sum、mean 等。

假设要基于如图 5-59 所示的 ordersdf2 分组数据，根据运货商和货主城市进行运费聚合平均计算。

```
import numpy as np
grp2 = ordersdf2.groupby(level=[0, 2]) #重新创建分组数据 grp2
result = grp2[['运货费']].agg(np.mean)
result.head(3).append(result.tail(3))
#输出的结果如图 5-62 所示（只显示头尾三组数据）。
```

运货商	货主城市	运货费
急速快递	上海	78.774000
	北京	48.007857
	南京	51.970476
联邦货运	重庆	59.116667
	长春	70.780000
	青岛	59.403750

图 5-62

运货商	货主城市	运货费 mean	运货费 std
急速快递	上海	78.774000	106.063353
	北京	48.007857	50.384722
	南京	51.970476	50.927031
联邦货运	重庆	59.116667	55.131971
	长春	70.780000	61.977686
	青岛	59.403750	62.410545

图 5-63

在 agg（）函数中可以同时使用多个参数，将参数形成列表形式传给 agg（），比如对运货商和货主城市进行运费聚合平均、标准差计算。

```
import numpy as np
grp2 = ordersdf2. groupby (level = [0, 2] )
result = grp2 [ ['运货费'] ] . agg ( [np. mean, np. std] )
result. head (3) . append (result. tail (3) )
#输出的结果如图 5-63 所示 (只显示头尾三组数据)。
```

在 agg () 函数中可以同时在不同的列上使用多个参数，将参数利用键值对、列表嵌套形式传给 agg () 函数，比如对运货商和货主城市进行运费聚合平均、标准差计算，而对雇员进行聚合计数。

```
import numpy as np
grp2 = ordersdf2. groupby (level = [0, 2] )
result = grp2. agg ( {'运货费': [np. mean, np. std], '雇员': np. count_non-
zero} )
result. head (3) . append (result. tail (3) )
#输出的结果如图 5-64 所示 (只显示头尾三组数据)。
```

		运货费		雇员
		mean	std	count_nonzero
运货商	货主城市			
急速快递	上海	78.774000	106.063353	10
	北京	48.007857	50.384722	14
	南京	51.970476	50.927031	21
联邦货运	重庆	59.116667	55.131971	15
	长春	70.780000	61.977686	10
	青岛	59.403750	62.410545	8

图 5-64

		运货费
运货商	货主城市	
急速快递	上海	325.80
	北京	153.46
	南京	181.28
联邦货运	重庆	169.67
	长春	174.31
	青岛	172.40

图 5-65

在 agg () 函数中可以使用自定义的普通函数或者 lambda 匿名函数。比如要根据运货商、货主城市计算运货费的极差。

```
import numpy as np
grp2 = ordersdf2. groupby (level = [0, 2] )
result = grp2 [ ['运货费'] ] . agg (lambda x: np. max (x) -np. min (x) )
result. head (3) . append (result. tail (3) )
#输出的结果如图 5-65 所示 (只显示头尾三组数据)。
```

3. 利用 apply () 函数

使用 apply (func) 函数可以把函数参数应用到每个分组上，中间将产生若干个

group_df，Pandas 将自动使用 combine 函数将若干个 group_df 连接成最终的结果。

首先，定义一个函数 t3top ()，显示某个 df 的某个属性的前 3 个最大值。

```
def t3top (df, n = 3, column = '运货费'):
    return df. sort_values (by = column) [-n:]


t3top (ordersdf)
# 输出的结果如图 5-66 所示。
```

	订单ID	客户	雇员	订购日期	发货日期	到货日期	运货商	运货费	货主名称	货主地址	货主城市	货主地区	货主邮政编码	货主国家
782	11030.0	大钰贸易	金士鹏	2014-04-17	2014-04-27	2014-05-15	统一包裹	830.75	苏先生	京南路 271 号	大连	东北	837204	中国
124	10372.0	留学服务中心	赵军	2012-12-04	2012-12-09	2013-01-01	统一包裹	890.78	方先生	明正东街 12 号	天津	华北	647895	中国
292	10540.0	高上补习班	李芳	2013-05-19	2013-06-13	2013-06-16	联邦货运	1007.64	刘先生	黄石路 238 号	石家庄	华北	569870	中国

图 5-66

结合 groupby，基于每个雇员显示运货费前 3 个最大值。

```
ordersdf. groupby ('雇员') . apply (t3top)
# 输出的结果如图 5-67 所示。
```

		订单ID	客户	雇员	订购日期	发货日期	到货日期	运货商	运货费	货主名称	货主地址	货主城市	货主地区	货主邮政编码	货主国家
雇员															
刘英玫	**808**	11056.0	中通	刘英玫	2014-04-28	2014-05-01	2014-05-12	统一包裹	278.96	谢小姐	金陵西街 27 号	南京	华东	324234	中国
	731	10979.0	正人资源	刘英玫	2014-03-26	2014-03-31	2014-04-23	统一包裹	353.07	王先生	白颐街 54 号	张家口	华北	801070	中国
	446	10694.0	高上补习班	刘英玫	2013-10-06	2013-10-09	2013-11-03	联邦货运	398.36	刘先生	通明西路甲 82 号	天津	华北	565477	中国
孙林	**783**	11031.0	大钰贸易	孙林	2014-04-17	2014-04-24	2014-05-15	统一包裹	227.22	苏先生	成西街 69 号	秦皇岛	华北	837205	中国
	307	10555.0	大钰贸易	孙林	2013-06-02	2013-06-04	2013-06-30	联邦货运	252.49	苏先生	舜井路 4 号	济南	华东	479846	中国
	262	10510.0	大钰贸易	孙林	2013-04-18	2013-04-28	2013-05-16	联邦货运	367.63	苏先生	发展路 83 号	大连	东北	375695	中国
张雪眉	**641**	10889.0	学仁贸易	张雪眉	2014-02-16	2014-02-23	2014-03-16	联邦货运	280.61	王先生	成前路 116 号	深圳	华南	832608	中国
	439	10687.0	师大贸易	张雪眉	2013-09-30	2013-10-28	2013-10-30	统一包裹	296.43	周先生	丰台区方庄小区 48 号	北京	华北	165745	中国

图 5-67

在上例中，t3top () 函数使用的是自带的参数，可以根据需要在 apply () 函数中重新设置相关参数。比如基于每个雇员，查询他们最后一个单子的到货日期。

```
ordersdf. groupby ('雇员') . apply (t3top, n = 1, column = '到货日期')
# 输出的结果如图 5-68 所示。
```

		订单ID	客户	雇员	订购日期	发货日期	到货日期	运货商	运货费	货主名称	货主地址	货主城市	货主地区	货主邮政编码	货主国家
雇员															
刘英玫	827	11075.0	永大企业	刘英玫	2014-05-06	2014-05-15	2014-06-03	统一包裹	6.19	方先生	成昆路 524 号	常州	华东	120400	中国
孙林	797	11045.0	广通	孙林	2014-04-23	2014-04-27	2014-05-21	统一包裹	70.58	王先生	佑明南路 251 号	深圳	华南	705759	中国
张雪眉	810	11058.0	森通	张雪眉	2014-04-29	2014-05-10	2014-05-27	联邦货运	31.14	刘先生	即墨路 32 号	青岛	华东	564567	中国
张颖	829	11077.0	学仁贸易	张颖	2014-05-06	2014-05-13	2014-06-03	统一包裹	8.53	王先生	宽石西路 37 号	深圳	华南	871100	中国
李芳	815	11063.0	师大贸易	李芳	2014-04-30	2014-05-06	2014-05-28	统一包裹	81.73	周先生	伟明路 12 号	石家庄	华北	379870	中国
王伟	811	11059.0	宇欣实业	王伟	2014-04-29	2014-05-11	2014-06-10	统一包裹	85.80	周先生	光明路 535 号	海口	华南	356680	中国
赵军	795	11043.0	鹏芳股份	赵军	2014-04-22	2014-04-29	2014-05-20	统一包裹	8.80	黎先生	柳坞口 64 号	天津	华北	750198	中国
郑建杰	813	11061.0	仪和贸易	郑建杰	2014-04-30	2014-05-15	2014-06-11	联邦货运	14.01	方先生	宏辅路 30 号	深圳	华南	756744	中国
金士鹏	826	11074.0	百达电子	金士鹏	2014-05-06	2014-05-11	2014-06-03	统一包裹	18.44	何先生	巩东路 3 号	温州	华东	173400	中国

图 5-68

通过 groupby () 相关函数的设置以及重新设置索引，可以得到更加合适的输出结果。

```
ordersdf.groupby ('雇员', group_keys = False) \
      .apply (t3top, n = 1, column = '到货日期') \
      .reset_index () .drop (columns = ' index ')
#输出的结果如图 5-69 所示。
```

	订单ID	客户	雇员	订购日期	发货日期	到货日期	运货商	运货费	货主名称	货主地址	货主城市	货主地区	货主邮政编码	货主国家
0	11075.0	永大企业	刘英玫	2014-05-06	2014-05-15	2014-06-03	统一包裹	6.19	方先生	成昆路 524 号	常州	华东	120400	中国
1	11045.0	广通	孙林	2014-04-23	2014-04-27	2014-05-21	统一包裹	70.58	王先生	佑明南路 251 号	深圳	华南	705759	中国
2	11058.0	森通	张雪眉	2014-04-29	2014-05-10	2014-05-27	联邦货运	31.14	刘先生	即墨路 32 号	青岛	华东	564567	中国
3	11077.0	学仁贸易	张颖	2014-05-06	2014-05-13	2014-06-03	统一包裹	8.53	王先生	宽石西路 37 号	深圳	华南	871100	中国
4	11063.0	师大贸易	李芳	2014-04-30	2014-05-06	2014-05-28	统一包裹	81.73	周先生	伟明路 12 号	石家庄	华北	379870	中国
5	11059.0	宇欣实业	王伟	2014-04-29	2014-05-11	2014-06-10	统一包裹	85.80	周先生	光明路 535 号	海口	华南	356680	中国
6	11043.0	鹏芳股份	赵军	2014-04-22	2014-04-29	2014-05-20	统一包裹	8.80	黎先生	柳坞口 64 号	天津	华北	750198	中国
7	11061.0	仪和贸易	郑建杰	2014-04-30	2014-05-15	2014-06-11	联邦货运	14.01	方先生	宏辅路 30 号	深圳	华南	756744	中国
8	11074.0	百达电子	金士鹏	2014-05-06	2014-05-11	2014-06-03	统一包裹	18.44	何先生	巩东路 3 号	温州	华东	173400	中国

图 5-69

5.5.3 Pandas 透视查询

1. 多维透视查询

进行多维透视查询时有两个函数可用：

(1) pivot：通过指定的索引和列对数据进行重塑，如果存在重复数据将会报错。常用于处理非数字数据，但无法聚合计算。

```
ordersdf. pivot (index = '运货商', columns = '雇员', values = '运货费')
# 出现的错误是 index + columns 所指的两列组合存在重复项: ValueError:
Index contains duplicate entries, cannot reshape

# 如果去除其中的索引列:
ordersdf. pivot (columns = '运货商', values = '运货费') # 无法完成聚合
计算
# 输出的结果如图 5-70 所示。
```

运货商	急速快递	统一包裹	联邦货运
0	NaN	NaN	32.38
1	11.61	NaN	NaN
2	NaN	65.83	NaN
3	41.34	NaN	NaN
4	NaN	51.30	NaN
...	...	...	...
825	NaN	24.95	NaN
826	NaN	18.44	NaN
827	NaN	6.19	NaN
828	NaN	38.28	NaN
829	NaN	8.53	NaN

图 5-70

(2) pivot_tab：通过指定的索引和列对数据进行重塑，可以进行聚合计算，这个功能和 Excel 中的透视表是相似的，即将源表的若干属性分组作为目标表的支点(pivot 本义之一)，之后在新的行、列上做整合及计算，而默认的是进行相关数字类型字段平均值的计算。

```
pd. pivot_table (ordersdf, index = '雇员') # 输出的结果如图 5-71 所示。因为
订单 ID 在 df 中是数字类型，所以也参加了计算，如果要排除，则增加 values 参数:
pd. pivot_table (ordersdf, index = '雇员', values = '运货费')
# 输出的结果如图 5-72 所示。
```

雇员	订单ID	运货费
刘英玫	10642.240385	71.998846
孙林	10643.835821	56.424925
张雪眉	10724.659091	76.983636
张颖	10670.274194	71.456290
李芳	10662.622047	85.706614
王伟	10706.989583	90.587604
赵军	10624.690476	93.302619
郑建杰	10638.149351	73.124545
金士鹏	10672.361111	92.575556

图 5-71

雇员	运货费
刘英玫	71.998846
孙林	56.424925
张雪眉	76.983636
张颖	71.456290
李芳	85.706614
王伟	90.587604
赵军	93.302619
郑建杰	73.124545
金士鹏	92.575556

图 5-72

雇员	运货商	运货费
刘英玫	急速快递	69.972963
	统一包裹	68.695833
	联邦货运	79.352069
孙林	急速快递	45.644783
	统一包裹	50.816800
	联邦货运	76.853684
张雪眉	急速快递	72.641000

图 5-73

		sum	mean
		运货费	运货费
雇员	运货商		
刘英玫	急速快递	1889.27	69.972963
	统一包裹	3297.40	68.695833
	联邦货运	2301.21	79.352069
孙林	急速快递	1049.83	45.644783
	统一包裹	1270.42	50.816800
	联邦货运	1460.22	76.853684
张雪眉	急速快递	726.41	72.641000
	统一包裹	1795.21	89.760500

图 5-74

如果 index 有多个属性，则使用列表方式进行封装返回。

```
    pd.pivot_table (ordersdf, index = ['雇员', '运货商'], values = '运货费')
    #输出的结果如图 5-73 所示。
```

如果要对某列进行非均值聚合计算（因为均值计算是默认的），则添加 aggfunc 参数，可以是多个 aggfunc 参数值。

```
    pd.pivot_table (ordersdf, index = ['雇员', '运货商'], values = '运货费',
aggfunc = [np.sum, np.mean] )
    #输出的结果如图 5-74 所示。
```

如果要进一步查看按货主地区计算运货费的聚合结果，则在列上增加一层索引。

```
    pd.pivot_table (ordersdf, index = ['雇员', '运货商'], values = '运货费',
columns = '货主地区', aggfunc = [np.sum, np.mean] )
    #输出的结果如图 5-75 所示。
```

图 5-75 结果中存在大量的 NaN，可以使用 fill_value=0 来替代。

```
    pd.pivot_table (ordersdf, index = ['雇员', '运货商'], values = '运货费',
              columns = '货主地区', aggfunc = [np.sum, np.mean],
              fill_value = 0)
    #输出的结果如图 5-76 所示。
```

也可以将 columns 参数中的属性放在 index 中，改变呈现的方式。

		sum							mean						
	货主地区	东北	华东	华中	华北	华南	西北	西南	东北	华东	华中	华北	华南	西北	西南
雇员	运货商														
刘英玫	急速快递	177.69	267.88	NaN	846.90	110.87	NaN	485.93	59.230000	53.576000	NaN	70.575000	110.870000	NaN	80.988333
	统一包裹	145.76	760.35	NaN	1786.00	496.29	NaN	109.00	24.293333	76.035000	NaN	71.440000	124.072500	NaN	36.333333
	联邦货运	96.63	595.49	NaN	1314.85	135.08	105.36	53.80	32.210000	66.165556	NaN	109.570833	45.026667	105.36	53.800000
孙林	急速快递	184.41	230.10	NaN	344.69	94.15	NaN	196.48	184.410000	32.871429	NaN	57.448333	18.830000	NaN	49.120000
	统一包裹	1.17	90.88	NaN	761.03	259.59	NaN	157.75	1.170000	15.146667	NaN	69.184545	86.530000	NaN	39.437500
	联邦货运	392.13	524.85	NaN	530.88	9.19	NaN	3.17	196.065000	87.475000	NaN	58.986667	9.190000	NaN	3.170000
张雪眉	急速快递	16.16	147.82	NaN	337.97	NaN	NaN	224.46	16.160000	73.910000	NaN	67.594000	NaN	NaN	112.230000
	统一包裹	NaN	304.46	NaN	559.57	132.82	754.26	44.10	NaN	43.494286	NaN	79.938571	33.205000	754.26	44.100000
	联邦货运	NaN	67.12	NaN	517.93	280.61	NaN	NaN	NaN	11.186667	NaN	73.990000	280.610000	NaN	NaN
张颖	急速快递	104.04	966.65	NaN	887.87	100.58	NaN	159.53	34.680000	74.357692	NaN	55.491875	50.290000	NaN	31.906000
	统一包裹	213.70	1031.97	NaN	1431.24	213.70	NaN	369.38	106.850000	73.712143	NaN	68.154286	53.425000	NaN	123.126667
	联邦货运	54.42	1374.98	NaN	1184.66	323.45	NaN	444.41	54.420000	98.212857	NaN	74.041250	64.690000	NaN	88.882000
李芳	急速快递	134.12	905.07	NaN	692.96	381.41	NaN	378.18	44.706667	64.647857	NaN	49.497143	127.136667	NaN	189.090000

图 5-75

		sum							mean						
	货主地区	东北	华东	华中	华北	华南	西北	西南	东北	华东	华中	华北	华南	西北	西南
雇员	运货商														
刘英玫	急速快递	177.69	267.88	0.00	846.90	110.87	0.00	485.93	59.230000	53.576000	0.00	70.575000	110.870000	0.00	80.988333
	统一包裹	145.76	760.35	0.00	1786.00	496.29	0.00	109.00	24.293333	76.035000	0.00	71.440000	124.072500	0.00	36.333333
	联邦货运	96.63	595.49	0.00	1314.85	135.08	105.36	53.80	32.210000	66.165556	0.00	109.570833	45.026667	105.36	53.800000
孙林	急速快递	184.41	230.10	0.00	344.69	94.15	0.00	196.48	184.410000	32.871429	0.00	57.448333	18.830000	0.00	49.120000
	统一包裹	1.17	90.88	0.00	761.03	259.59	0.00	157.75	1.170000	15.146667	0.00	69.184545	86.530000	0.00	39.437500
	联邦货运	392.13	524.85	0.00	530.88	9.19	0.00	3.17	196.065000	87.475000	0.00	58.986667	9.190000	0.00	3.170000
张雪眉	急速快递	16.16	147.82	0.00	337.97	0.00	0.00	224.46	16.160000	73.910000	0.00	67.594000	0.000000	0.00	112.230000
	统一包裹	0.00	304.46	0.00	559.57	132.82	754.26	44.10	0.000000	43.494286	0.00	79.938571	33.205000	754.26	44.100000
	联邦货运	0.00	67.12	0.00	517.93	280.61	0.00	0.00	0.000000	11.186667	0.00	73.990000	280.610000	0.00	0.000000
张颖	急速快递	104.04	966.65	0.00	887.87	100.58	0.00	159.53	34.680000	74.357692	0.00	55.491875	50.290000	0.00	31.906000
	统一包裹	213.70	1031.97	0.00	1431.24	213.70	0.00	369.38	106.850000	73.712143	0.00	68.154286	53.425000	0.00	123.126667

图 5-76

```
pd.pivot_table(ordersdf, index=['雇员', '货主地区', '运货商'], values='运货费', aggfunc=[np.sum, np.mean])
#输出的结果如图 5-77 所示。
```

如果要查询总计，则增加 margins 参数。

```
pd.pivot_table(ordersdf, index=['雇员', '货主地区', '运货商'], values='运货费', aggfunc=[np.sum, np.mean], margins=True)
#输出的结果如图 5-78 所示。
```

			sum	mean
			运货费	运货费
雇员	货主地区	运货商		
刘英玫	东北	急速快递	177.69	59.230000
		统一包裹	145.76	24.293333
		联邦货运	96.63	32.210000
	华东	急速快递	267.88	53.576000
		统一包裹	760.35	76.035000
...	...	...	...	...
金士鹏	西北	急速快递	411.88	411.880000
		联邦货运	32.45	32.450000
	西南	急速快递	52.32	26.160000

图 5-77

			sum	mean
			运货费	运货费
雇员	货主地区	运货商		
刘英玫	东北	急速快递	177.69	59.230000
		统一包裹	145.76	24.293333
		联邦货运	96.63	32.210000
	华东	急速快递	267.88	53.576000
		统一包裹	760.35	76.035000
...	...	...	...	...
金士鹏	西北	联邦货运	32.45	32.450000
	西南	急速快递	52.32	26.160000
		统一包裹	170.48	85.240000
		联邦货运	0.40	0.400000
All			64942.69	78.244205

图 5-78

当使用 pivot_table 创建透视查询后，利用 query（）函数在生成的结果中进行相关的查询。比如查询特定的雇员、特定的货主地区的运货费数据。

```
ordtable = pd.pivot_table (ordersdf, index = ['雇员', '货主地区', '运货商'], values = '运货费', aggfunc = {'运货费': np.mean, '运货费': np.sum}, margins = True) #生成透视对象
ordtable.query ('雇员 = = ["刘英玫", "金士鹏"] & 货主地区 = = ["东北"] ') #两个"与"条件使用"&"进行连接
#输出的结果如图 5-79 所示。
```

			运货费
雇员	货主地区	运货商	
刘英玫	东北	急速快递	177.69
		统一包裹	145.76
		联邦货运	96.63
金士鹏	东北	急速快递	112.47
		统一包裹	872.86
		联邦货运	280.55

图 5-79

雇员	刘英玫	孙林	张雪眉	张颖	李芳	王伟	赵军	郑建杰	金士鹏
运货商									
急速快递	27	23	10	39	36	35	14	45	20
统一包裹	48	25	20	44	45	36	15	69	24
联邦货运	29	19	14	41	46	25	13	40	28

图 5-80

2. 多维交叉查询

多维交叉查询用于（crosstab）计算两个（或更多）因子的简单交叉表。默认情况下，除非传递值、数组和聚合函数，否则将计算因子的频率表。它可以看作 pivot_table 的特例。

查询不同雇员在不同运货商之间的下单数。

```
pd.crosstab (index = ordersdf ['运货商'], columns = ordersdf ['雇员'] )
#输出的结果如图 5-80 所示。
```

增加一个总计的统计数。

```
pd.crosstab (index = ordersdf ['运货商'], columns = ordersdf ['雇员'],
margins = True, margins_name = '总计')
#输出的结果如图 5-81 所示。
```

雇员	刘英玫	孙林	张雪眉	张颖	李芳	王伟	赵军	郑建杰	金士鹏	总计
运货商										
急速快递	27	23	10	39	36	35	14	45	20	249
统一包裹	48	25	20	44	45	36	15	69	24	326
联邦货运	29	19	14	41	46	25	13	40	28	255
总计	104	67	44	124	127	96	42	154	72	830

图 5-81

通过 aggfunc 参数，增加平均值计算。

```
pd.crosstab (index = ordersdf ['运货商'], columns = ordersdf ['雇员'],
margins = True, margins_name = '均值', values = ordersdf ['运货费'], aggfunc
= 'mean') .round (2)
#输出的结果如图 5-82 所示。
```

同样，若出现 NaN，则可以将 round () 替换为 fillna (0)。

若要计算不同员工与不同运货商交易单数的占比，则使用 normalize 参数。

- normalize=True 或 all，表示在所有元素上进行标准化计算；
- normalize=columns，表示在列上进行标准化计算；
- normalize=index，表示在行上进行标准化计算。

雇员 运货商	刘英玫	孙林	张雪眉	张颖	李芳	王伟	赵军	郑建杰	金士鹏	均值
急速快递	69.97	45.64	72.64	56.89	69.22	65.17	87.02	69.01	60.23	65.00
统一包裹	68.70	50.82	89.76	74.09	94.64	120.84	132.79	70.52	131.47	86.64
联邦货运	79.35	76.85	61.83	82.49	89.87	82.60	54.51	82.25	82.34	80.44
均值	72.00	56.42	76.98	71.46	85.71	90.59	93.30	73.12	92.58	78.24

图 5-82

```
    pd.crosstab (index = ordersdf ['运货商'], columns = ordersdf ['雇员'],
margins = True,
    margins_name = '占比总计', normalize = True) .style.format ("{:.2%}")
    #输出的结果如图 5-83 所示
```

雇员 运货商	刘英玫	孙林	张雪眉	张颖	李芳	王伟	赵军	郑建杰	金士鹏	占比总计
急速快递	3.25%	2.77%	1.20%	4.70%	4.34%	4.22%	1.69%	5.42%	2.41%	30.00%
统一包裹	5.78%	3.01%	2.41%	5.30%	5.42%	4.34%	1.81%	8.31%	2.89%	39.28%
联邦货运	3.49%	2.29%	1.69%	4.94%	5.54%	3.01%	1.57%	4.82%	3.37%	30.72%
占比总计	12.53%	8.07%	5.30%	14.94%	15.30%	11.57%	5.06%	18.55%	8.67%	100.00%

图 5-83

5.6 小　　结

本章通过对 COUNT 和 SUM 等聚合函数、GROUP BY 子句、分组查询、各类嵌套子查询、简单以及超级和特殊连接查询等内容的学习，同时利用 Python 及其 Pandas 库的 groupby、pivot_table、crosstab 等函数及相关参数的灵活组合，高效地进行数据的分组、透视查询，为 SQL 数据与 NoSQL 数据之间的相互转换奠定了基础。

第 6 章

数 据 处 理

在 SQL Server 服务器中，T-SQL 语句除了能够完成各种数据查询以外，还可以对数据库中的数据表进行各种方式的记录的添加、更新和删除，实现数据库管理系统更加完整的功能。整合 Python 环境下的 Numpy、Pandas 等第三方库相关功能，对于海量数据的处理将带来更高的效率。

本章学习要点：

☑ T-SQL 数据处理概述
☑ 掌握数据的添加技术
☑ 掌握数据的更新技术
☑ 掌握数据的删除技术
☑ 掌握利用嵌套子句进行数据处理
☑ 掌握特殊的数据更新技术
☑ 掌握利用 Python 的数据处理技术

6.1 SQL 数据处理概述

数据处理技术属于 SQL 语言中的数据操作语言（DML)，用于检索和使用 SQL Server 中的数据。使用这些语句可以从 SQL Server 数据库添加、更新、查询或删除数据。数据的查询是上个章节详细介绍的内容。本章将着重介绍利用各种方法对数据库中的数据进行添加、更新和删除。

- INSERT 功能：向数据表插入新记录。
- UPDATE 功能：更新数据表中的记录。
- DELETE 功能：删除数据表中的记录。

6.2 数据添加

T-SQL 中使用 INSERT 语句完成对数据的添加，INSERT 语句的标准语法格式为：

```
INSERT INTO tablename [ (column1 name, column2 name......) ] VALUES (value1, default, expression......)
```

- INSERT INTO 之后的 tablename 指明了需要添加数据的目标数据表。目标数据表后的字段是可选的，可以列出表中的字段名称，或者选择其中的部分字段名称，或者不指定任何列名称以标识对表中所有的列添加数据。如果不在列表中出现列，则数据库引擎必须能够为该列的定义提供一个值。
  - 具有 IDENTITY 属性，使用下一个增量标识值。
  - 有默认值，使用列的默认值。
  - 具有 timestamp 数据类型，可能使用当前的时间戳值。
  - 可以为 Null，使用 Null 值。
  - 是计算列，使用计算值。
- VALUES 关键词后的括号内包含输入的数据。在添加数据时要注意以下几点：
  - 数据顺序问题。如果 tablename 后的括号内已经添加了表的相关字段，并且按照一定的顺序，则此时 VALUES 关键词后括号内的数据数量与顺序等要和 tablename 后括号内设置字段的数量和顺序等相对应。如果 tablename 后括号内没有设置表的相关字段，那么 VALUES 括号内的数据数量、字段类型和顺序要与创建该表时相对应。
  - 数据类型问题。VALUES 括号中数据列表的类型必须与被加入的列的数据类型相同或数据库引擎能够隐式转换，否则将出现错误提示而无法添加数据。
  - 当向标识列中插入显式值时，必须使用 column_list 和值列表，并且表的 SET IDENTITY_INSERT 选项必须为 ON。
  - 若 VALUES 数据列表中有 DEFAULT 设置，则会强制数据库引擎加载为列定义的默认值。如果某列并不存在默认值，并且该列允许 NULL 值，则插入 NULL。对于使用 timestamp 数据类型定义的列，则插入下一个时间戳值。DEFAULT 对标识列无效。
  - 可以使用 T-SQL 行构造函数（又称为表值构造函数）在一个 INSERT 语句中指定多个行。行构造函数包含一个 VALUES 子句和多个包含在括号中且以逗号分隔的值列表。
  - 可以使用表达式，但表达式不能包含 EXECUTE 语句。当引用 UNI-

CODE 字符数据类型 NCHAR、NVARCHAR 和 NTEXT 时，“表达式”应采用大写字母“N”作为前缀。如果未指定“N”，则 SQL Server 会将字符串转换为与数据库或列的默认排序规则相对应的代码页。此代码页中没有的字符都将丢失。

下面将在 TEMP0501 表中进行数据的添加操作，TEMP0501 表结构如表 6-1 所示。该表是通过以下代码基于 PRODUCTS 表进行构建的（参考本教程第 3 章相关操作）。

表 6-1　TEMP0501 表结构

字段名称	字段类型、长度	备注
产品 ID	INT	非 Primary Key，非 IDENTITY，允许 NULL
产品名称	NVARCHAR (20)	允许 NULL
单价	MONEY	允许 NULL
库存	FLOAT	允许 NULL
总价值	FLOAT	允许 NULL，为默认计算字段＝单价 * 库存
销售日期	DATETIME	允许 NULL，设置为默认值＝GETDATE ()

```
——获取表格副本
SELECT 产品 ID，产品名称，单价，库存量 INTO TEMP0501 FROM PRODUCTS

——修改 TEMP0501 表结构
ALTER TABLE TEMP0501
ADD 总价值 AS 库存量 * 单价，销售日期 DATETIME DEFAULT GETDATE ( ) ——将库存量 * 单价作为总价值，销售日期设置为当前系统日期时间
——输出的结果如图 6-1 所示。
```

结果　消息

	产品ID	产品名称	单价	库存量	总价值	销售日期
1	56	白米	38.00	21	798	NULL
2	32	白奶酪	32.00	9	288	NULL
3	16	饼干	17.45	29	506.05	NULL
4	42	糙米	14.00	26	364	NULL
5	11	大众奶酪	21.00	22	462	NULL
6	47	蛋糕	9.50	36	342	NULL
7	12	德国奶酪	38.00	86	3268	NULL
8	3	蕃茄酱	10.00	13	130	NULL

图 6-1

6.2.1 简单数据添加

1. 添加一般单行数据

(1) TABLENAME 关键词后有字段列表

```
    INSERT INTO TEMP0501 (产品 ID, 产品名称, 单价, 库存量) VALUES (133,
'ORANGE', 13.2, 100)
   SELECT * FROM TEMP0501
   ——输出的结果如图 6-2 所示。
```

结果　消息

	产品ID	产品名称	单价	库存量	总价值	销售日期
76	17	猪肉	39.00	0	0	NULL
77	51	猪肉干	53.00	20	1060	NULL
78	133	ORANGE	13.20	100	1320	2022-01-05 14:52:26.083

图 6-2

总价值字段为计算字段，销售日期字段为默认值字段，这两个字段无须在 VALUES 中显式体现。

(2) TABLENAME 关键词后无字段列表

```
   INSERT INTO temp0501 VALUES (134, 'ORANGE', 13.2, 200)
   ——输出的结果如图 6-3 所示。
```

消息

消息 213，级别 16，状态 1，第 34 行
列名或所提供值的数目与表定义不匹配。

图 6-3

因为 TEMP0501 表中的字段有 6 个，但是 VALUES 列表中的值只提供了 4 个，且无法对应，故出现错误而导致添加数据失败。

(3) 对特定列添加数据

在其他列允许空值或已经设置了相关默认值、计算值的情况下，可以向单个或部分列添加数据。本例中，假设只向产品名称字段添加数据，其他均不添加，其他列均允许使用空值。

```
INSERT TEMP0501 (产品名称) VALUES ('新故乡桂圆')
——输出的结果如图 6-4 所示。
```

	产品ID	产品名称	单价	库存量	总价值	销售日期
77	51	猪肉干	53.00	20	1060	NULL
78	133	ORANGE	13.20	100	1320	2022-01-05 14:...
79	NULL	新故乡桂圆	NULL	NULL	NULL	2022-01-05 14:...

图 6-4

2. 手动插入标识量数据

假设 TEMP0501 表中增加了一个列，名为 ID，设置为 IDENTITY 标识值。如果要手动插入 IDENTITY 标识值，则需要先执行 SET IDENTITY_INSERT tablename ON，否则将出现如图 6-5 所示的错误。

```
ALTER TABLE TEMP0501
ADD ID INT IDENTITY (1, 1) UNIQUE NOT NULL ——注意：设置为唯一非空值

——尝试插入一条指向 ID 列值的数据
INSERT INTO TEMP0501 (ID, 产品 ID, 产品名称, 单价, 库存量) VALUES (135,
135, '新故乡鸭蛋', 16.2, 100)
——输出的结果如图 6-5 所示。
```

消息

消息 544，级别 16，状态 1，第 43 行
当 IDENTITY_INSERT 设置为 OFF 时，不能为表 'TEMP0501' 中的标识列插入显式值。

图 6-5

如果需要用户自定义 IDENTITY 标识值，则通过如下代码完成：

```
SET IDENTITY_INSERT temp09 ON
INSERT INTO temp09 (id, productname, price, total) VALUES (4, ' mango,
20.0, 100)
SELECT * FROM TEMP0501
——输出的结果如图 6-6 所示。
```

	产品ID	产品名称	单价	库存量	总价值	销售日期	ID
73	50	玉米饼	16.25	65	105...	NULL	73
74	48	玉米片	12.75	15	191.25	NULL	74
75	39	运动饮料	18.00	69	1242	NULL	75
76	17	猪肉	39.00	0	0	NULL	76
77	51	猪肉干	53.00	20	1060	NULL	77
78	133	ORANGE	13.20	100	1320	2022-01-0...	78
79	NULL	新故乡桂圆	NULL	NULL	NULL	2022-01-0...	79
80	135	新故乡鸭蛋	16.20	100	NULL	2022-01-0...	135

图 6-6

——对于存在唯一约束的 IDENTITY 标识值，在手动添加 IDENTITY 值时可能会引起字段的唯一性冲突，可以考虑在 VALUES 括号中的数据列表中使用表达式方式完成：

```
INSERT INTO TEMP0501 (ID, 产品 ID, 产品名称, 单价, 库存量)
VALUES ( (SELECT MAX (ID) FROM TEMP0501) + 1, 136, '新故乡鸡蛋', 11.2, 100)
SELECT * FROM TEMP0501
```

——输出的结果如图 6-7 所示。

	产品ID	产品名称	单价	库存量	总价值	销售日期	ID
78	133	ORANGE	13.20	100	1320	2022-01-05 14:52:26.083	78
79	NULL	新故乡桂圆	NULL	NULL	NULL	2022-01-05 14:58:34.633	79
80	135	新故乡鸭蛋	16.20	100	NULL	2022-01-05 15:39:41.303	135
81	136	新故乡鸡蛋	11.20	100	NULL	2022-01-05 15:44:37.073	136

图 6-7

3. 添加 UNICODE 字符数据

在 TEMP0501 表中，PRODUCTNAME 字段为 NVARCHAR 类型，该字段可以添加相关的 UNICODE 字符串，但是，需要在前面添加 N 的标识，以示区别。本例中添加了一个字段 PRODUCTNAME2，字段类型是 CHAR，添加希伯来语的水果名称“黑莓”השחור הפטל。

```
INSERT INTO TEMP0501 (ID, 产品 ID, 产品名称, 单价, 库存量, PRODUCTNAME2)
VALUES ( (SELECT MAX (ID) FROM TEMP0501) + 1, 137, N'השחור הפטל', 30.0, 100, 'השחור הפטל')
SELECT * FROM TEMP0501
```

——输出的结果如图 6-8 所示。

结果	消息						
	产品ID	产品名称	单价	库存量	总价值	销售日期	ID	PRODUCTNAME2

	产品ID	产品名称	单价	库存量	总价值	销售日期	ID	PRODUCTNAME2
77	51	猪肉干	53.00	20	1060	NULL	77	NULL
78	133	ORANGE	13.20	100	1320	2022-...	78	NULL
79	NULL	新故乡桂圆	NULL	NULL	NULL	2022-...	79	NULL
80	135	新故乡鸭蛋	16.20	100	NULL	2022-...	135	NULL
81	136	新故乡鸡蛋	11.20	100	NULL	2022-...	136	NULL
82	137	הפטל השחור	30.00	100	NULL	2022-...	137	???? ?????

图 6-8

产品名称字段的值显示正常，因为该字段的类型是 NVARCHAR；PRODUCTNAME2 的值则显示不正常，因为 PRODUCTNAME2 的字段类型是 CHAR，即使在添加该数据时前面也添加了 N 标识符，在查询的结果中也无法正常显示。

6.2.2　多行数据添加

1. 利用 VALUES 关键词添加多行数据

(1) 利用多行语句进行多行数据的添加，VALUES 关键词后不同行的数据用半角逗号分隔

```
INSERT INTO TEMP0501 (产品名称, 单价, 库存量, 备注)
VALUES
('PEAR', 12.1, 200, 'CHINA'),
('PEACH', 12.1, 200, 'CHINA'),
('PINEAPPLE', 12.1, 200, 'CHINA')
——输出的结果如图 6-9 所示。
```

	产品ID	产品名称	单价	库存量	总价值	销售日期	ID	PRODUCTNAME2	备注
81	136	新故乡鸡蛋	11.20	100	NULL	2022-...	136	NULL	NULL
82	137	הפטל השחור	30.00	100	NULL	2022-...	137	???? ?????	NULL
83	NULL	PEAR	12.10	200	NULL	2022-...	138	NULL	CHINA
84	NULL	PEACH	12.10	200	NULL	2022-...	139	NULL	CHINA
85	NULL	PINEAPPLE	12.10	200	NULL	2022-...	140	NULL	CHINA

图 6-9

（2）利用 UNION ALL 关联词连接进行多行数据的添加

```
INSERT INTO TEMP0501（产品名称，单价，库存量，备注）
SELECT 'OLIVE'，10.1，200，'USA'
UNION ALL SELECT 'OLEASTER'，20.5，200，'ISRAEL'
UNION ALL SELECT 'ORANGE'，30.1，100，'BRAZIL'
——输出的结果如图 6-10 所示。
```

	产品ID	产品名称	单价	库存量	总价值	销售日期	ID	PRODUCTNAME2	备注
84	NULL	PEACH	12.10	200	NULL	2022-01-06 19:53...	139	NULL	CHINA
85	NULL	PINEAPPLE	12.10	200	NULL	2022-01-06 19:53...	140	NULL	CHINA
86	NULL	OLIVE	10.10	200	NULL	2022-01-06 20:12...	141	NULL	USA
87	NULL	OLEASTER	20.50	200	NULL	2022-01-06 20:12...	142	NULL	ISRAEL
88	NULL	ORANGE	30.10	100	NULL	2022-01-06 20:12...	143	NULL	BRAZIL

图 6-10

2. 利用 INSERT…SELECT…添加多行数据

在 T-SQL 中，可以将 SELECT 查询的结果利用 INSERT 语句添加到目标数据表中，但是要求 SELECT 所使用的源数据表与目标表的数据结构相同。

```
——首先，利用 SELECT 语句获取一张与 TEMP0501 相同的空表
SELECT * INTO TEMP0502 FROM TEMP0501 WHERE 1 = 2 ——因为逻辑值为 FALSE，所以并没有复制数据而是得到了表的结构。相关约束、计算值、默认值、索引等不会继承，但是 IDENTITY 标识量设置会保留。
——当然也可以通过 SELECT…INTO…语句获取整张表格，然后用 TRUNCATE 或者 DELETE 语句将数据删除，但保留表结构

——其次，将所有产品名称的首字母是“O”的数据都添加到新建的 TEMP0502 表中
SET IDENTITY_INSERT TEMP0502 ON
INSERT INTO TEMP0502（产品 ID，产品名称，单价，库存量，总价值，销售日期，ID，PRODUCTNAME2，备注）SELECT * FROM TEMP0501 WHERE 产品名称 like 'O%'

——可对源数据表和目标数据表的字段数量进行选择
INSERT INTO TEMP0502（产品名称，单价，库存量，备注）SELECT 产品名称，单价，库存量，备注 FROM TEMP0501 WHERE 产品名称 LIKE 'O%'
——输出的结果如图 6-11 所示。
```

	产品ID	产品名称	单价	库存量	总价值	销售日期	ID	PRODUCTNAME2	备注
1	133	ORANGE	13.20	100	1320	2022-01-05 14:52:26.083	78	NULL	NULL
2	NULL	OLIVE	10.10	200	NULL	2022-01-06 20:12:41.960	141	NULL	USA
3	NULL	OLEASTER	20.50	200	NULL	2022-01-06 20:12:41.960	142	NULL	ISRAEL
4	NULL	ORANGE	30.10	100	NULL	2022-01-06 20:12:41.960	143	NULL	BRAZIL

图 6-11

3. 利用控制流语句添加多行数据

即利用 T-SQL 程序设计的方式对数据进行批量添加，比如新建了一张 vipusers 表，要求表中的 vipname 字段值为 vip1、vip2、vip3……

```
——首先，创建一张新表 vipusers，相关字段名称、数据类型都已经设置
CREATE TABLE vipusers
(id int identity,
vipname nvarchar (20),
regtime datetime default getdate () )
——其次，利用 WHILE…BEGIN…END 语句进行 1000 个账号的创建
DECLARE @vipcounter int
SET @vipcounter = 1
WHILE @vipcounter≤1000
BEGIN
  INSERT INTO vipusers (vipname) VALUES
   ('VIP'+ CAST (@vipcounter AS VARCHAR) )
  SET @vipcounter = @vipcounter + 1
END
——输出的结果如图 6-12 所示。
```

	id	vipname	regtime
1	1	VIP1	2022-01-06 21:11:26.013
2	2	VIP2	2022-01-06 21:11:26.013
3	3	VIP3	2022-01-06 21:11:26.017
4	4	VIP4	2022-01-06 21:11:26.017

图 6-12

6.2.3 特殊数据的添加

1. 长字符串的添加

在 SQL Server 中，使用 TEXT 字段最多可以存储 2，147，483，647 个字符。TEXT 数据类型字段可以用来存储巨长文本数据。

本例在 TEMP0501 数据表中添加了字段类型为 TEXT 的“备注”字段，如果有个长文本数据要添加，则可以直接使用 INSERT INTO 的方式完成。

```
SET IDENTITY_INSERT TEMP0501 ON
INSERT INTO TEMP0501 (ID，产品名称，单价，库存量，productname2，备注)
VALUES ((SELECT MAX (ID) FROM TEMP0501) +1，N'השחור הפטל'，30.0，100，
N'השחור הפטל'，'视频提供了功能强大的方法帮助您证明您的观点。当您单击联机视频时，可以在想要添加的视频的嵌入代码中进行粘贴。您也可以键入一个关键字以联机搜索最适合您的文档的视频。为使您的文档具有专业外观，Word 提供了页眉、页脚、封面和文本框设计，这些设计可互为补充。例如，您可以添加匹配…')
SET IDENTITY_INSERT TEMP0501 OFF
—— “备注”字段可最多插入 2，147，483，647 个字符，输出结果如图 6-13 所示。
```

结果 消息

	产品ID	产品名称	单价	库存量	总价值	销售日期	ID	PRODUCTNAME2	备注
86	NULL	OLIVE	10.10	200	NULL	2022-...	141	NULL	USA
87	NULL	OLEASTER	20.50	200	NULL	2022-...	142	NULL	ISRAEL
88	NULL	ORANGE	30.10	100	NULL	2022-...	143	NULL	BRAZIL
89	NULL	השחור הפטל	30.00	100	NULL	2022-...	144	???? ?????	视频提供了功能强大的方法帮助您证明您的观点。...

图 6-13

注意：微软推荐使用 WRITETEXT、READTEXT 等方法对 TEXT（NTEXT、IMAGE）字段进行添加或读取。请参考第 3 章相关内容和下文中的案例。

2. 图片数据的添加

本例首先在 TEMP0501 数据表中添加一个数据类型是 VARBINARY（MAX）的字段 PIC，并将要插入的图形置于 D:\ 根目录下，如 D:\dunhuang.jpg 等。使用以下语句将图片文件存储于数据库的 PIC 字段中。

```
INSERT INTO TEMP0501 (PIC)
SELECT BulkColumn FROM OPENROWSET (
Bulk 'D:\dunhuang.jpg', SINGLE_BLOB) AS BLOB
——输出的结果如图 6-14 所示。
```

结果　消息

	产品ID	产品名称	单价	库存量	总价值	销售日期	ID	PRODUCTNAME2	备注	PIC
87	NULL	OLEASTER	20.50	200	NULL	2022-...	1..	NULL	I...	NULL
88	NULL	ORANGE	30.10	100	NULL	2022-...	1..	NULL	B...	NULL
89	NULL	הפטלה...	30.00	100	NULL	2022-...	1..	???? ?????	视...	NULL
90	NULL	NULL	NULL	NULL	NULL	2022-...	1..	NULL	NULL	0xFFD8FFE153A1457869660004D4D002A000...

图 6-14

图 6-14 中第 90 条的 PIC 字段中已经添加了图片数据，但在 SQL Server 平台上无法正常阅读图片信息，可以利用 Web 开发技术呈现 SQL Server 中 IMAGE 字段的图片信息。

数据表中的字段数据类型若为 TEXT、NTEXT 和 IMAGE，且其中确实包含大量数据，一般不会在 SQL Server 中直接使用 T-SQL 语句对数据进行读取等操作，而是采用如 Web、客户端软件的方式对特殊的数据类型进行读取。这方面的内容请参考如动态网页设计方面的教程。

3. BULK INSERT

BULK INSERT 以用户在 SQL Server 中指定的格式将数据文件导入数据库表或视图中。使用此语句可以高效地在 SQL Server 和异类数据源之间传输数据。

BULK INSERT 的基本语法如下：

```
BULK INSERT table_name FROM 'data_file' WITH ( [FORMATFILE = 'format_file
_path']
[ [,] FIELDTERMINATOR = 'field_terminator']
[ [,] ROWTERMINATOR = 'row_terminator']
)
```

BULK INSERT 的主要参数说明如下：

- table_name：将数据大容量导入其中的表或视图的名称。只能使用所有列均引用相同基表的视图。
- data_file：数据文件的完整路径，该数据文件包含要导入指定表或视图中的数据。使用 BULK INSERT 可以从磁盘（包括网络、软盘、硬盘等）导入数据。data_file 必须基于运行 SQL Server 的服务器指定一个有效路径。如果 data_file 为远程文件，则指定通用命名约定（UNC）名称。UNC 名称的格式为：\Systemname\ShareName\Path\FileName，如\\10.1.1.1\DBS\products.txt。
- FORMATFILE ='format_file_path'：指定格式化文件的完整路径。格式化文件用于说明包含存储响应的数据文件，这些存储响应是使用 bcp 实用工具在相同的表或视图中创建的。在下列情况下应使用格式化文件：
  - 数据文件包含的列多于或少于表或视图包含的列。

- 列的顺序不同。
- 列的分隔符不同。
- 数据格式有其他更改。格式化文件通常使用 bcp 实用工具来创建，并可根据需要用文本编辑器进行修改。

- FIELDTERMINATOR ='field_terminator'：指定要用于数据文件的字段终止符。默认的字段终止符是 \t（制表符），还有可能使用 “,” “|” 等，根据实际情况调整。
- ROWTERMINATOR ='row_terminator'：指定要用于数据文件的行终止符。默认的行终止符为 \r\n（换行符）。

假定在 SQL Server 服务器的 D:\ 目录下有一个文件 products. txt（默认设置为 ANSI 格式），包含大量字符数据。如果使用 BULK INSERT 方法将该文件的内容添加到 TEMP0503 表中（与 PRODUCTS 表的结构相同），TEMP0503 表的结构如图 6-15 所示。

	Column_name	Type	Computed	Length	Prec	Scale	Nullable	TrimTrailingBlanks	FixedLenNullInSource	Collation
1	产品ID	float	no	8	53	NULL	no	(n/a)	(n/a)	NULL
2	产品名称	nvarchar	no	510			no	(n/a)	(n/a)	Chinese_PRC_CI_AS
3	供应商	nvarchar	no	510			yes	(n/a)	(n/a)	Chinese_PRC_CI_AS
4	类别	nvarchar	no	510			yes	(n/a)	(n/a)	Chinese_PRC_CI_AS
5	单位数量	nvarchar	no	510			yes	(n/a)	(n/a)	Chinese_PRC_CI_AS
6	单价	money	no	8	19	4	yes	(n/a)	(n/a)	NULL
7	库存量	float	no	8	53	NULL	yes	(n/a)	(n/a)	NULL
8	订购量	float	no	8	53	NULL	yes	(n/a)	(n/a)	NULL
9	再订购量	float	no	8	53	NULL	yes	(n/a)	(n/a)	NULL
10	中止	bit	no	1			yes	(n/a)	(n/a)	NULL

图 6-15

products. txt 文本文件的内容如图 6-16 所示。

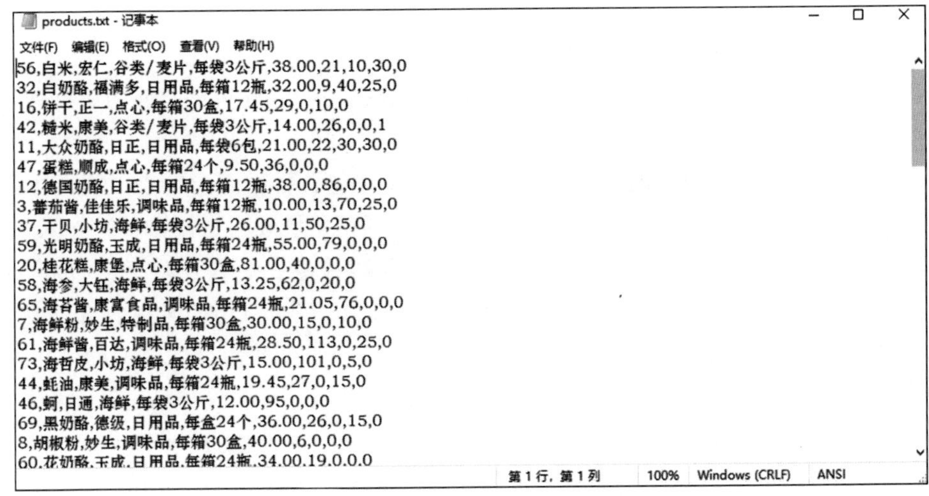
products.txt - 记事本

文件(F) 编辑(E) 格式(O) 查看(V) 帮助(H)

56,白米,宏仁,谷类/麦片,每袋3公斤,38.00,21,10,30,0
32,白奶酪,福满多,日用品,每箱12瓶,32.00,9,40,25,0
16,饼干,正一,点心,每箱30盒,17.45,29,0,10,0
42,糙米,康美,谷类/麦片,每袋3公斤,14.00,26,0,0,1
11,大众奶酪,日正,日用品,每袋6包,21.00,22,30,30,0
47,蛋糕,顺成,点心,每箱24个,9.50,36,0,0,0
12,德国奶酪,日正,日用品,每箱12瓶,38.00,86,0,0,0
3,蕃茄酱,佳佳乐,调味品,每箱12瓶,10.00,13,70,25,0
37,干贝,小坊,海鲜,每袋3公斤,26.00,11,50,25,0
59,光明奶酪,玉成,日用品,每箱24瓶,55.00,79,0,0,0
20,桂花糕,康堡,点心,每箱30盒,81.00,40,0,0,0
58,海参,大钰,海鲜,每袋3公斤,13.25,62,0,20,0
65,海苔酱,康富食品,调味品,每箱24瓶,21.05,76,0,0,0
7,海鲜粉,妙生,特制品,每箱30盒,30.00,15,0,10,0
61,海鲜酱,百达,调味品,每箱24瓶,28.50,113,0,25,0
73,海哲皮,小坊,海鲜,每袋3公斤,15.00,101,0,5,0
44,蚝油,康美,调味品,每箱24瓶,19.45,27,0,15,0
46,蚵,日通,海鲜,每袋3公斤,12.00,95,0,0,0
69,黑奶酪,德级,日用品,每盒24个,36.00,26,0,15,0
8,胡椒粉,妙生,调味品,每箱30盒,40.00,6,0,0,0
60,花奶酪,玉成,日用品,每箱24瓶,34.00,19,0,0,0

第 1 行，第 1 列　100%　Windows (CRLF)　ANSI

图 6-16

（1）在不使用 FORMAT FILE（格式化文件）的情况下将文本文件内容通过 BULK INSERT 语句添加到 TEMP0503 表中

```
BULK INSERT TEMP0503
FROM 'D:\PRODUCTS.TXT'
WITH
(
  FIELDTERMINATOR = ', ',
  ROWTERMINATOR = '\n'
)
——输出的结果如图 6-17 所示。
```

	产品ID	产品名称	供应商	类别	单位数量	单价	库存量	订购量	再订购量	中止
1	56	白米	宏仁	谷类/麦片	每袋3公斤	38	21	10	30	0
2	32	白奶酪	福满多	日用品	每箱12瓶	32	9	40	25	0
3	16	饼干	正一	点心	每箱30盒	17.45	29	0	10	0
4	42	糙米	康美	谷类/麦片	每袋3公斤	14	26	0	0	1
5	11	大众奶酪	日正	日用品	每袋6包	21	22	30	30	0
6	47	蛋糕	顺成	点心	每箱24个	9.5	36	0	0	0
7	12	德国奶酪	日正	日用品	每箱12瓶	38	86	0	0	0

图 6-17

（2）在 BULK INSERT 中使用格式文件导入相关记录

新的数据文件 prodcuts2.txt 的字段与 SQL Server 数据表的字段顺序不对应，如图 6-18 所示。

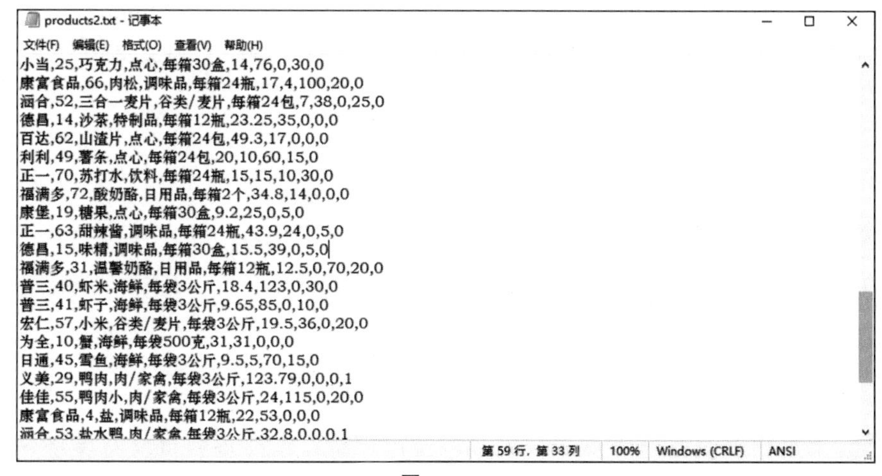

图 6-18

首先，创建格式文件 D:\SQLFORMAT.xml。

```
<?xml version="1.0"?>
<BCPFORMAT xmlns="http://schemas.microsoft.com/sqlserver/2004/bulkload/format" xmlns:xsi="http://www.w3.org/2001/XMLSchema-instance">
  <RECORD>
   <FIELD ID="1" xsi:type="CharTerm" TERMINATOR="," />
   <FIELD ID="2" xsi:type="CharTerm" TERMINATOR="," />
   <FIELD ID="3" xsi:type="CharTerm" TERMINATOR="," />
   <FIELD ID="4" xsi:type="CharTerm" TERMINATOR="," />
   <FIELD ID="5" xsi:type="CharTerm" TERMINATOR="," />
   <FIELD ID="6" xsi:type="CharTerm" TERMINATOR="," />
   <FIELD ID="7" xsi:type="CharTerm" TERMINATOR="\r\n" />
   </RECORD>
   <ROW>
   <COLUMN SOURCE="2" NAME="产品id" xsi:type="SQLINT"/>
   <COLUMN SOURCE="3" NAME="产品名称" xsi:type="SQLNVARCHAR"/>
   <COLUMN SOURCE="1" NAME="供应商" xsi:type="SQLNVARCHAR"/>
——本字段在.txt文件中排在第1列，但在SQL Server中的列顺序是第3列
   <COLUMN SOURCE="4" NAME="类别" xsi:type="SQLNVARCHAR"/>
   <COLUMN SOURCE="5" NAME="单位数量" xsi:type="SQLNVARCHAR"/>
   <COLUMN SOURCE="6" NAME="单价" xsi:type="SQLMONEY"/>
   <COLUMN SOURCE="7" NAME="库存量" xsi:type="SQLMONEY"/>
  </ROW>
</BCPFORMAT>
```

其次，利用 BULK INSERT 语句向数据表添加大数据。

```
BULK INSERT TEMP0503
FROM 'D:\PRODUCTS2.TXT'
WITH (FORMATFILE='D:\SQLFORMAT.XML')
——输出结果如图6-19所示，后三个字段为空，但数值被合并为库存量，因为库存量设置为MONEY数据类型。
```

	产品ID	产品名称	供应商	类别	单位数量	单价	库存量	订购量	再订购量	中止
151	48	玉米片	顺成	点心	每箱24包	12.75	157...	NULL	NULL	NULL
152	39	运动饮料	成记	饮料	每箱24瓶	18	69050	NULL	NULL	NULL
153	17	猪肉	正一	肉/家禽	每袋500克	39	1	NULL	NULL	NULL
154	51	猪肉干	涵合	特制品	每箱24包	53	200100	NULL	NULL	NULL

图 6-19

6.3　数据更新

对数据表中的数据进行更新是 SQL Server DML 语句的常用操作。更新数据的常用语法格式如下：

```
    UPDATE table_name SET column_name1 = value1,
    [, column_name2 = expression, column_name3 = default…]  [FROM table_
source] [WHERE condition]
```

UPDATE 后的 table_name 指定了要更新记录所在的表，在所有数据更新语句时，一次只能针对一个表的数据进行更新。

- 关键字 SET 后指定的是要更新的列或变量名称的列表。列的新值可以是常量或表达式，也可以是来自其他表或视图的数据。
- 如果新值是一个表达式，则表达式是返回单个值的变量、文字值、表达式或嵌套 select 语句（加括号）。
- FROM table_source：指定将表、视图或派生表源用于为更新操作提供条件。如果所更新的对象与 FROM 子句中的对象相同，并且在 FROM 子句中对该对象只有一个引用，则指定或不指定对象别名均可。如果更新的对象在 FROM 子句中出现了不止一次，则对该对象的一个（并且只有一个）引用不能指定表别名。FROM 子句中对该对象的所有其他引用都必须包含对象别名。
- WHERE 条件是可选的。如果无条件设置，则是对整张表的所有记录进行更新。

需要注意的是：

- UPDATE 不能更新标识列。
- 当引用 Unicode 字符数据类型 nchar、nvarchar 和 ntext 时，expression 应采用大写字母“N”作为前缀。如果未指定“N”，则 SQL Server 会将字符串转换为与数据库或列的默认排序规则相对应的代码页，此代码页中没有的字符都将丢失。
- 带 INSTEAD OF UPDATE 触发器的视图不能是含有 FROM 子句的 UP-

DATE 的目标。关于触发器的知识将在后文中详述。

6.3.1 简单数据更新

本例将对 TEMP0501 中的数据进行简单更新。

(1) 对产品 ID=137 的产品名称的数据进行更新，设置为“以色列黑莓”

```
UPDATE TEMP0501
SET 产品名称 = '以色列黑莓' WHERE 产品 ID = 137
```

(2) 将产品 ID=137 的以色列黑莓的单价调高到原价格的 1.25 倍，注意观察总价值是否随之改变

```
UPDATE TEMP0501
SET 单价 = 单价 * 1.25 WHERE 产品 ID = 137
```

6.3.2 多行数据更新

本例将对 TEMP0501 中的数据进行多行单列更新。

(1) 将产品名称为 NULL 的价格单价设置为 20.0

```
UPDATE TEMP0501
SET 单价 = 20.0 WHERE 产品名称 IS NULL
```

(2) 将产品名称字段中以“P”开头的单价调高到原来的 1.5 倍

```
UPDATE TEMP0501
SET 单价 = 单价 * 1.5 WHERE 产品名称 LIKE 'P%'
```

6.3.3 多列数据更新

本例将对 TEMP0501 中的数据进行多行单列更新。

将产品名称为 NULL 的全部更新为“APPLE”，且库存量是 120.0。

```
UPDATE TEMP0501
SET 产品名称 = 'APPLE', 库存量 = 120.0 WHERE 产品名称 IS NULL
——输出的结果如图 6-20 所示。
```

6.3.4 利用嵌套子句更新数据

本例利用 T-SQL 嵌套子句的方式对 TEMP0501 数据表中的数据进行更新。

	产品ID	产品名称	单价	库存量	总价值	销售日期	ID	PRODUCTNAME2	备注	PIC
88	NULL	ORANGE	30.10	100	NULL	2022-01-06 ...	1..	NULL	B...	NULL
89	NULL	הספלה...	30.00	100	NULL	2022-01-06 ...	1..	???? ?????	视...	NULL
90	NULL	APPLE	20.00	120	NULL	2022-01-06 ...	1..	NULL	NULL	0...

图 6-20

（1）将总价值高于当前平均销售额的备注字段更新为“总价值高于平均值”

```
UPDATE TEMP0501
SET 备注 ='总价值高于平均值' WHERE 总价值＞（SELECT AVG（总价值）FROM TEMP0501）
——输出的结果如图 6-21 所示。
```

	产品ID	产品名称	单价	库存量	总价值	销售日期	ID	PRODUCTNAME2	备注	PIC
79	NULL	新故乡桂圆	NULL	NULL	NULL	2022-...	79	NULL	NULL	NULL
80	135	新故乡鸭蛋	16.20	100	1620	2022-...	135	NULL	总价值高于平均值	NULL
81	136	新故乡鸡蛋	11.20	100	1120	2022-...	136	NULL	NULL	NULL
82	137	以色列黑莓	37.50	100	3750	2022-...	137	???? ?????	总价值高于平均值	NULL

图 6-21

（2）对总价值大于任一按产品名称分类平均价值的 90％的销售日期进行更新

```
UPDATE TEMP0501
SET 销售日期 = DEFAULT WHERE 总价值＞ANY（SELECT AVG（总价值）＊0.9 FROM TEMP0501 GROUP BY 产品名称）
——因为销售日期字段设置了默认值 GETDATE（），因此在进行更新的时候使用的更新值是 default。使用 SELECT 查询更新后的结果如图 6-22 所示。
```

	产品ID	产品名称	单价	库存量	总价值	销售日期	ID	PRODUCTNAME2	备注	PIC
67	55	鸭肉小	24.00	115	2760	2022-01-07 22:00:19.173	67	NULL	总价值高于平均值	NULL
68	4	盐	22.00	53	1166	2022-01-07 22:00:19.173	68	NULL	NULL	NULL
69	53	盐水鸭	32.80	0	0	NULL	69	NULL	NULL	NULL
70	23	燕麦	9.00	61	549	2022-01-07 22:00:19.173	70	NULL	NULL	NULL

图 6-22

6.3.5 更新所有数据

本例将对 TEMP0501 表的所有行的相关字段进行数据更新。

（1）对所有行的销售日期进行更新

```
UPDATE TEMP0501
SET 销售日期 = DEFAULT
```

（2）将所有产品名称、单价和总价值合成一个字符串，更新到备注字段中

```
UPDATE TEMP0501
SET 备注 = 产品名称 + '的销售单价是：' + CAST（单价 AS varchar） + '，总价值是：' + CAST（总价值 AS VARCHAR）
```

6.3.6 特殊数据字段的更新

特殊数据字段的更新指的是对如 TEXT、NTEXT、IMAGE 等数据类型的更新。以更新 IMAGE 字段为例，假设产品名称等于希伯来语黑莓 “הפטל השחור”，则将该记录的图片字段 PIC 的数据都更新为 D：\ 372791.jpg，代码如下：

```
UPDATE TEMP0501
SET PIC = （SELECT BulkColumn FROM OPENROWSET（Bulk ' D：\ 372791.jpg '，SINGLE_BLOB）AS BLOB）
WHERE 产品名称 = N 'הפטל השחור'
——输出的结果如图 6-23 所示。
```

结果　消息

	产品ID	产品名称	单价	库存量	总价值	销售日期	ID	PRODUCTNAME2	备注	PIC
88	NULL	ORANGE	30.10	100	3010	2022-01...	1..	NULL	ORANGE的销售单价是:30.10,总价值是:3010	NULL
89	NULL	הפטל השחור	30.00	100	3000	2022-01...	1..	???? ?????	???? ?????的销售单价是:30.00,总价值是...	0xFFD8FFE1001845786...
90	NULL	APPLE	20.00	120	2400	2022-01...	1..	NULL	APPLE的销售单价是:20.00,总价值是:2400	0xFFD8FFE153A145786...

图 6-23

6.4 数 据 删 除

对数据表中的数据进行删除是清理数据库的基本操作，也是对数据库的一种特殊更新。

对数据进行删除的主要语法格式为：

```
DELETE [TOP (expression) [PERCENT] ] [FROM] table_name | view_name
[FROM table_source] WHERE condition
```

- DELETE：只会删除指定数据表中的记录行，不会对表进行删除。表的删除语句是 DROP TABLE。
- TOP | PERCENT：指定将要删除的任意行数或任意行的百分比。expression 可以为行数或行的百分比。与 INSERT、UPDATE 或 DELETE 一起使用的 TOP 表达式中被引用行将不按任何顺序排列；
- FROM：可选的关键字，可用在 DELETE 关键字与目标 table_or_view_name 或 rowset_function_limited 之间。
- table_name | view_name：删除行所在的表或视图的名称。
- FROM table_source：指定附加的 FROM 子句。这个对 DELETE 的 T-SQL 扩展允许从 table_source 指定数据，并从第一个 FROM 子句内的表中删除相应的行。这个扩展指定连接，可在 WHERE 子句中取代子查询来标识要删除的行。
- WHERE：指定用于限制删除行数的条件。如果没有提供 WHERE 子句，则 DELETE 删除表中的所有行。

需要注意的是：

- DELETE 是对整条记录的删除，而不能仅仅删除指定的列；
- 在 INSERT、UPDATE 和 DELETE 语句中，需要使用括号分隔 TOP 中的 expression。
- 基于 WHERE 子句中所指定的条件，有两种形式的删除操作：
  - 搜索删除，指定搜索条件以限定要删除的行。例如，WHERE column_name=value。
  - 定位删除，使用 CURRENT OF 子句指定游标。删除操作在游标的当前位置执行。这比使用 WHERE search_condition 子句限定要删除的行的搜索 DELETE 语句更为精确。如果搜索条件不唯一标识单行，则搜索 DELETE 语句删除多行。关于游标的知识将在后文详细阐述。
- 如果 DELETE 语句违反了触发器，或试图删除另一个有 FOREIGN KEY 约束的表内的数据被引用行，则可能会失败。如果 DELETE 删除了多行，而在删除的行中有任何一行违反触发器或约束，则将取消该语句，返回错误信息且不删除任何行。
- 当 DELETE 语句遇到在表达式计算过程中发生的算术错误（溢出、被零除或域错误）时，数据库引擎将处理这些错误，就好像 SET ARITHABORT 设置为 ON，将取消批处理中的其余部分并返回错误消息。
- 远程表和本地及远程分区视图上的 DELETE 语句将忽略 SET ROWCOUNT

选项的设置。

- 在 SQL Server 的将来版本中，使用 SET ROWCOUNT 将不会影响 DELETE、INSERT 和 UPDATE 语句。注意不要在新的开发工作中将 SET ROWCOUNT 与 DELETE、INSERT 和 UPDATE 语句一起使用，并准备修改当前使用它的应用程序。建议改用 TOP 子句。
- 从堆中删除行时，数据库引擎可以使用行锁定或页锁定进行操作。结果，删除操作导致的空页将继续分配给堆。未释放空页时，数据库中的其他对象将无法重用关联的空间。请使用以下方法：
  - 在 DELETE 语句中指定 TABLOCK 提示。使用 TABLOCK 提示会导致删除操作获取表的共享锁，而不是行锁或页锁。这将允许释放页。
  - 如果要从表中删除所有行，可使用 TRUNCATE TABLE。
  - 删除行之前，须为堆创建聚集索引。删除行之后，可以删除聚集索引。与先前的方法相比，此方法非常耗时，并且使用更多的临时资源。
- 如果在对表或视图的 DELETE 操作上定义了 INSTEAD OF 触发器，则执行该触发器而不执行 DELETE 语句。SQL Server 的早期版本只支持 DELETE 和其他数据修改语句上的 AFTER 触发器。不能在直接或间接引用定义 INSTEAD OF 触发器的视图的 DELETE 语句中指定 FROM 子句。

6.4.1 单行数据删除

本例对 TEMP0501 表中的产品 id=29 的行记录进行删除。

```
DELETE TEMP0501 WHERE 产品 ID = 29
```

6.4.2 多行数据删除

本例对 TEMP0501 表中价格低于 20 的数据进行删除。

```
DELETE TEMP0501 WHERE 单价<20
```

6.4.3 利用嵌套查询删除数据

本例对 TEMP0501 表中价格最高和价格最低的记录进行删除。

```
DELETE TEMP0501
WHERE 单价 IN ((SELECT MAX(单价) FROM TEMP0501),(SELECT MIN(单价)
FROM TEMP0501))
```

6.4.4　删除表中的所有记录

使用 DELETE 不设置任何条件的情况下，可对整张表的数据进行删除，但是保留表的结构。

使用 TRUNCATE 也可以对整张表的数据进行删除，与 DELETE 比较，TRUNCATE 方法有如下特点：

- 所用的事务日志空间较少。
- DELETE 语句每次删除一行，就在事务日志中为所删除的每行记录一个项。TRUNCATE TABLE 通过释放用于存储表数据的数据页来删除数据，并且在事务日志中只记录页释放。
- 使用的锁通常较少。当使用行锁执行 DELETE 语句时，将锁定表中各行以便删除。TRUNCATE TABLE 始终锁定表和页，而不是锁定各行。
- 如无例外，执行 TRUNCATE 操作后在表中不会留有任何页。执行 DELETE 语句后，表仍会包含空页。例如，必须至少使用一个排他（LCK_M_X）表锁，才能释放堆中的空表。如果执行删除操作时没有使用表锁，表（堆）中将包含许多空页。对于索引，删除操作会留下一些空页，尽管这些页会通过后台清除进程迅速释放。
- TRUNCATE TABLE 删除表中的所有行，但表结构及其列、约束、索引等保持不变。若要删除表定义及其数据，须使用 DROP TABLE 语句。
- 如果表包含标识列，该列的计数器重置为该列定义的种子值。如果未定义种子，则使用默认值 1。若要保留标识计数器，须使用 DELETE 语句。
- TRUNCATE TABLE 不能激活触发器，因为该操作不记录各个行删除。
- 不能对以下表使用 TRUNCATE TABLE：
  - 由 FOREIGN KEY 约束引用的表。(可以截断具有引用自身的外键的表)
  - 参与索引视图的表。
  - 通过使用事务复制或合并复制发布的表。
  - 对于具有一个或多个特征的表，须使用 DELETE 语句。

本例中使用的数据将从 PRODUCTS（产品表）和 PTYPES（产品类别表）中加以复制，进而对存在外键等关系的数据表进行删除操作，以观察相应的结果和调整数据操作方法。

PRODUCTS 和 PTYPES 两张表之间存在外键引用关系，如图 6-24 所示。

从 PRODUCTS 和 PTYPES 获取副本，分别命名为 PRODUCTSTEMP1、PRODUCTSTEMP2 和 PTYPESTEMP。

```
SELECT * INTO PRODUCTSTEMP1 FROM PRODUCTS
SELECT * INTO PRODUCTSTEMP2 FROM PRODUCTS
SELECT * INTO PTYPESTEMP FROM PTYPES
```

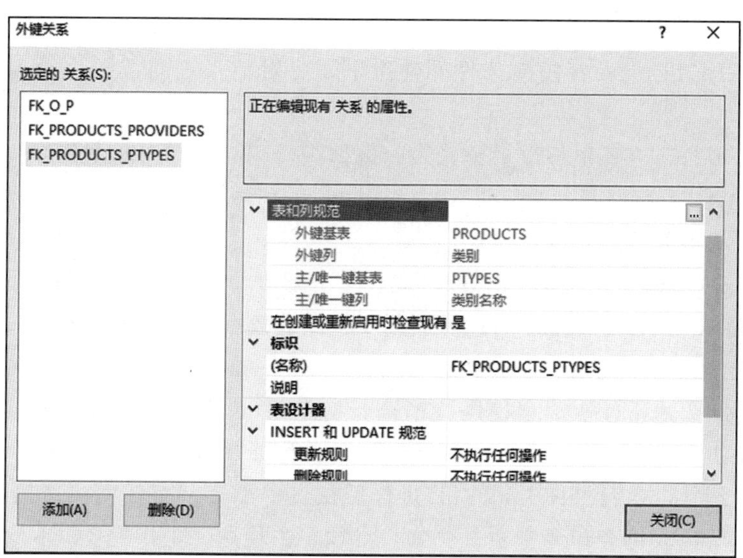

图 6-24

这时，使用 SELECT... INTO 语句获取的数据副本相关的表的主键、外键引用关系均消失，所以，使用 T-SQL 语句重新构建相关主键及外键的引用关系。

```
ALTER TABLE PRODUCTSTEMP1
ADD CONSTRAINT PK_PNAME1 PRIMARY KEY (产品名称)
ALTER TABLE PRODUCTSTEMP2
ADD CONSTRAINT PK_PNAME2 PRIMARY KEY (产品名称)
ALTER TABLE PTYPESTEMP
ADD CONSTRAINT PK_PTNAME PRIMARY KEY (类别名称)
ALTER TABLE PRODUCTSTEMP1
ADD CONSTRAINT FK_PRODUCTSTEMP_PTYPESTEMP1 FOREIGN KEY (类别) REFERENCES
PTYPESTEMP (类别名称)
ALTER TABLE PRODUCTSTEMP2
ADD CONSTRAINT FK_PRODUCTSTEMP_PTYPESTEMP2 FOREIGN KEY (类别) REFERENCES
PTYPESTEMP (类别名称)
```

下面将比较使用 DELETE 和 TRUNCATE 两种方法对两张完全相同的表进行删除，然后比较删除后的相关属性以及使用空间的大小。

使用 DELETE 语句将 PRODUCTSTEMP1 表中的记录全部删除。

```
DELETE PRODUCTSTEMP1
EXEC SP_HELP PRODUCTSTEMP1
EXEC SP_SPACEUSED PRODUCTSTEMP1
```

——使用 SP_HELP 和 SP_SPACEUSERD 系统存储过程查看表的相关属性以及空间使用情况，如图 6-25 所示。

结果　消息

1	No rowguidcol column defined.

	Data_located_on_filegroup
1	PRIMARY

	index_name	index_description	index_keys
1	PK_PNAME1	clustered, unique, primary key located on PRIMARY	产品名称

	constraint_type	constraint_name	delete_action	update_action	status_enabled	status_for_replication	constraint_keys
1	FOREIGN KEY	FK_PRODUCTSTEMP_PTYPESTEMP1	No Action	No Action	Enabled	Is_For_Replication	类别
2							REFERENCES T3DATA.dbo.PTYPESTEMP (类别名称)
3	PRIMARY KEY ...	PK_PNAME1	(n/a)	(n/a)	(n/a)	(n/a)	产品名称

	name	rows	reserved	data	index_size	unused
1	PRODUCTSTEMP1	0	72 KB	8 KB	8 KB	56 KB

图 6-25

使用 TRUNCATE 语句将 PRODUCTTEMP2 表中的记录全部删除。

```
TRUNCATE TABLE PRODUCTSTEMP2
EXEC SP_HELP PRODUCTSTEMP2
EXEC SP_SPACEUSED PRODUCTSTEMP2
```

——使用 SP_HELP 和 SP_SPACEUSERD 系统存储过程查看表的相关属性以及空间使用情况，如图 6-26 所示。

结果　消息

1	No rowguidcol column defined.

	Data_located_on_filegroup
1	PRIMARY

	index_name	index_description	index_keys
1	PK_PNAME2	clustered, unique, primary key located on PRIMARY	产品名称

	constraint_type	constraint_name	delete_action	update_action	status_enabled	status_for_replication	constraint_keys
1	FOREIGN KEY	FK_PRODUCTSTEMP_PTYPESTEMP2	No Action	No Action	Enabled	Is_For_Replication	类别
2							REFERENCES T3DATA.dbo.PTYPESTEMP (类别名称)
3	PRIMARY KEY ...	PK_PNAME2	(n/a)	(n/a)	(n/a)	(n/a)	产品名称

	name	rows	reserved	data	index_size	unused
1	PRODUCTSTEMP2	0	0 KB	0 KB	0 KB	0 KB

图 6-26

对比两张删除了所有数据的表得知：

- 使用 DELETE 删除所有数据后的 PRODUCTSTEMP1 表的保留空间为 80KB；
- 使用 TRUNCATE 删除所有数据后的 PRODUCTSTEMP2 表的保留空间为 0KB。
- 使用 DELETE 和 TRUNCATE 对表中所有数据进行删除后的空表中，保留了

相关主键、外键引用等设置。

使用 TRUNCATE 和 DELETE 删除被引用外键的主键表。

```
TRUNCATE TABLE PTYPESTEMP
DELETE PTYPESTEMP
```

使用 TRUNCATE 无法删除 PTYPESTEMP 表，而 DELETE 则可以。如图 6-27 所示。

```
消息
消息 4712，级别 16，状态 1，第 244 行
无法截断表 'PTYPESTEMP'，因为该表正由 FOREIGN KEY 约束引用。

完成时间：2022-01-08T12:25:09.9359490+08:00
```

```
消息

(8 行受影响)

完成时间：2022-01-08T12:27:34.1855467+08:00
```

图 6-27

DELETE 和 TRUNCATE 之间的详细区别请参考官方相关资料。

6.5 使用 MERGE 添加、更新和删除数据

在 SQL Server 及更高版本中，用户可以使用 MERGE 语句在一条语句中执行插入、更新或删除操作。MERGE 语句允许用户将数据源与目标表或视图连接，然后根据该连接的结果对目标执行多项操作。例如，可以使用 MERGE 语句执行以下操作：

- 有条件地在目标表中插入或更新行。
- 如果目标表中存在相应行，则更新一个或多个列；否则，会将数据插入新行。
- 同步两个表。
- 根据与源数据的差别在目标表中插入、更新或删除行。

假定需要完成以下操作：

- 目标数据表是 PTYPESTEMP2，源数据表是 PTYPESTEMP1。它们均和上文中的 PTYPESTEMP 表具有相同结构和数据。
- 如果目标数据表与源数据表在类别 ID 字段上有匹配，则将目标数据表中的类别名称字段更新为源数据表中的类别名称值。
- 如果目标数据表与源数据表在类别 ID 字段上没有匹配，则在目标数据表中插入一条新的记录。
- 如果源数据表在类别 ID 字段上没有匹配，目标数据表在类别 ID 字段上有匹配，则删除目标数据表中的多余记录。

1. 对比两张表的结构

对比两张表的结构，如图 6-28 所示。

	Name	Owner	Type	Created_datetime
1	PTYPESTEMP1	dbo	user table	2022-01-08 13:32:18.813

	Column_name	Type	Computed	Length	Prec	Scale	Nullable	TrimTrailingBlanks	FixedLenNullInSource	Collation
1	类别ID	float	no	8	53	NULL	yes	(n/a)	(n/a)	NULL
2	类别名称	nvarchar	no	510			no	(n/a)	(n/a)	Chinese_PRC_CI_AS
3	说明	nvarchar	no	510			yes	(n/a)	(n/a)	Chinese_PRC_CI_AS
4	图片	nvarchar	no	510			yes	(n/a)	(n/a)	Chinese_PRC_CI_AS

	Name	Owner	Type	Created_datetime
1	PTYPESTEMP2	dbo	user table	2022-01-08 13:32:18.817

	Column_name	Type	Computed	Length	Prec	Scale	Nullable	TrimTrailingBlanks	FixedLenNullInSource	Collation
1	类别ID	float	no	8	53	NULL	yes	(n/a)	(n/a)	NULL
2	类别名称	nvarchar	no	510			no	(n/a)	(n/a)	Chinese_PRC_CI_AS
3	说明	nvarchar	no	510			yes	(n/a)	(n/a)	Chinese_PRC_CI_AS
4	图片	nvarchar	no	510			yes	(n/a)	(n/a)	Chinese_PRC_CI_AS

图 6-28

2. 对两张表的数据进行整理

通过 INSERT 语句，向两张表各输入一条数据不同的新记录。

```
INSERT INTO PTYPESTEMP1（类别 ID，类别名称，说明）VALUES（9.0，N'糖果/巧克力'，N'糖果、巧克力、口香糖、润喉糖'）
INSERT INTO PTYPESTEMP2（类别 ID，类别名称，说明）VALUES（10.0，N'方便面'，N'杯面、袋装面、桶装面、炒面、米粉米线'）
SELECT * FROM PTYPESTEMP1
SELECT * FROM PTYPESTEMP2
——数据整理后，两个临时表中都至少有一条记录的类别 ID 值不在对方的表中，如图 6-29 所示。
```

结果　消息

6	6	肉/家禽	精制肉	NULL
7	7	特制品	干果和豆乳	NULL
8	1	饮料	软饮料、咖啡、茶、啤酒和淡啤酒	NULL
9	9	糖果/巧克力	糖果、巧克力、口香糖、润喉糖	NULL

	类别ID	类别名称	说明	图片
5	4	日用品	乳酪	NULL
6	6	肉/家禽	精制肉	NULL
7	7	特制品	干果和豆乳	NULL
8	1	饮料	软饮料、咖啡、茶、啤酒和淡啤酒	NULL
9	10	方便面	杯面、袋装面、桶装面、炒面、米...	NULL

图 6-29

3. 使用 MERGE 对数据进行添加、更新和删除

假定将 PTYPESTEMP1 设置为源表，将 PTYPESTEMP2 设置为目标表。需要完成的任务是：

- 当 PTYPESTEMP2 表中的类别 ID 与 PTYPESTEMP1 表中的类别 ID 有匹配时，用 PTYPESTEMP1 表中的类别名称的值更新 PTYPESTEMP2 中相应的类别名称的值；
- 如果 PTYPESTEMP1 表中存在记录，但是 PTYPESTEMP2 表中不存在，则将 PTYPESTEMP1 表中的记录复制到 PTYPESTEMP2 中；
- 如果 PTYPESTEMP2 表中存在记录，但 PTYPESTEMP1 表中不存在，则将 PTYPESTEMP2 中的记录删除。

```
MERGE PTYPESTEMP2 PT2
USING PTYPESTEMP1 PT1
ON (PT2. 类别 ID = PT1. 类别 ID)
WHEN MATCHED
  THEN UPDATE SET PT2. 类别名称 = PT1. 类别名称 ——如果匹配了则更新目标表 PT2
WHEN NOT MATCHED
  THEN INSERT VALUES (PT1. 类别 ID, PT1. 类别名称, PT1. 说明, PT1. 图片) ——如果不匹配则在 PT2 中添加
WHEN NOT MATCHED BY SOURCE THEN DELETE; ——如果与源表不匹配则直接删除。这里的源表名称只能使用 SOURCE，不能使用 PTYPESTEMP11，否则会报错。
```

如图 6-29 所示，PTYPESTEMP2 表中有一条类别 ID＝10，而该记录在 PTYPESTEMP1 表中并不存在，所以 PTYPESTEMP2 表中该记录被删除而添加 PTYPESTEMP1 表中类别 ID＝9 的记录，如图 6-30 所示。两表中的其他记录均相同，所以看起来并未发生改变。

结果　消息

PTYPESTEMP1

4	8	海鲜	海菜和鱼	NULL
5	4	日用品	乳酪	NULL
6	6	肉/家禽	精制肉	NULL
7	7	特制品	干果和豆乳	NULL
8	1	饮料	软饮料、咖啡、茶、啤酒和淡啤酒	NULL
9	9	糖果/巧克力	糖果、巧克力、口香糖、润喉糖	NULL

PTYPESTEMP2

	类别ID	类别名称	说明	图片
2	2	调味品	香甜可口的果酱、调料、酱汁和调味品	NULL
3	5	谷类/麦片	面包、饼干、生面团和谷物	NULL
4	8	海鲜	海菜和鱼	NULL
5	4	日用品	乳酪	NULL
6	6	肉/家禽	精制肉	NULL
7	7	特制品	干果和豆乳	NULL
8	1	饮料	软饮料、咖啡、茶、啤酒和淡啤酒	NULL
9	9	糖果/巧克力	糖果、巧克力、口香糖、润喉糖	NULL

图 6-30

6.6　数据操作中的特殊情况

在数据操作中，如果多表之前存在外键引用问题，且可能设置了如“不执行任何操作”“级联更新”“级联删除”，那么在更新、删除相应表中的记录时就要十分注意。

假设从数据库中的 PRODUCTS 表获取副本 PRODUCTSTEMP，并将 PTYPESTEMP1 表中作为 Primary Key 的类别名称设置为 PRODUCTSTEMP 表中类别的外键，不执行任何操作，相关代码如下：

```
——获取表的副本
SELECT * INTO PRODUCTSTEMP FROM PRODUCTS
——创建级联更新与删除的外键关系
ALTER TABLE PRODUTSTEMP
ADD CONSTRAINT FK_T_P FOREIGN KEY（类别）REFERENCES PTYPESTEMP1（类别名称）ON DELETE NO ACTION ON UPDATE NO ACTION
——得到的结果如图 6-31 所示。
```

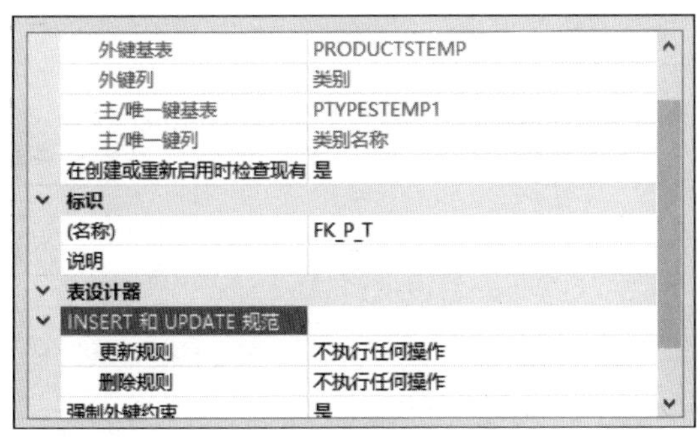

图 6-31

6.6.1　添加数据过程中的特殊情况

如果存在外键引用关系，则添加相关记录时，首先要保证主键表中的记录是完备的，外键表中再添加新记录时才能正常进行，否则将报错。

PTYPESTEMP1 中的数据如图 6-30 所示，如果需要在 PRODUCTSTEMP 表中添加一个记录，其中类别＝‘休闲食品’，结果将会报错。

```
    INSERT INTO PRODUCTSTEMP VALUES (100, '布丁', '日正', '休闲食品', '每袋
500克', 10, 100, 10, 0, 0) ——结果将报错
    ——报错内容如下:
    /*
    消息 547, 级别 16, 状态 0, 第 288 行
    INSERT 语句与 FOREIGN KEY 约束"FK_P_T"冲突。该冲突发生于数据库"T3DATA",
表"dbo.PTYPESTEMP1", column '类别名称'。
    语句已终止。*/
```

6.6.2 更新数据过程中的特殊情况

1. NO ACTION（不执行任何操作）

如果 PTYPESTEMP1 和 PRODUCTSTEMP 两表之间建立了外键关系，且默认启用了 NO ACTION（不执行任何操作），则在父表中更新被引用相关记录数据时，系统会报错，并回滚对父表中相应行的更新操作。

假设对 PTYPESTEMP1 表中类别名称＝‘海鲜’的记录进行更新操作，因为该记录已经被 PRODUCTSTEMP 表中的相关记录所引用，因此系统将报错并回滚相应操作。

```
    UPDATE PTYPESTEMP1 SET 类别名称 = '大海鲜' WHERE 类别名称 = '海鲜'
    ——报错信息及相关操作:
    /*
    消息 547, 级别 16, 状态 0, 第 291 行
    UPDATE 语句与 REFERENCE 约束"FK_P_T"冲突。该冲突发生于数据库"T3DATA",
表"dbo.PRODUCTSTEMP", column '类别'。
    语句已终止。
    */
```

本例中如果仅对 PTYPESTEMP1 表中的其他可更新字段进行更新，则不会报错。

同样，在 PRODUCTSTEMP 中如果要对类别进行更新，而且在 PTYPESTEMP1 中无对应的主键，也会收到同样的报错信息。

2. CASCADE（级联）

将外键引用关系设置为级联更新（使用 ALTER 语句无法进行修改，需要先删除再创建）。

```
——删除原有的主外键约束
ALTER TABLE PRODUCTSTEMP DROP CONSTRAINT FK_P_T

——创建级联更新主外键约束
ALTER TABLE PRODUCTSTEMP
ADD CONSTRAINT FK_T_P FOREIGN KEY (类别) REFERENCES PTYPESTEMP1 (类别名
称) ON UPDATE CASCADE
```

如果用户在 PTYPESTEMP 表中对被外键引用的键值进行了更新，则 PRODUCTSTEMP1 表中相关引用的记录数据也会同时更新。

```
——更新产品类别表的相关数据
UPDATE PTYPESTEMP1 SET 类别名称 = '大海鲜' WHERE 类别名称 = '海鲜'
——查看产品表的数据级联更新情况
SELECT * FROM PRODUCTSTEMP
——输出的结果如图 6-32 所示。
```

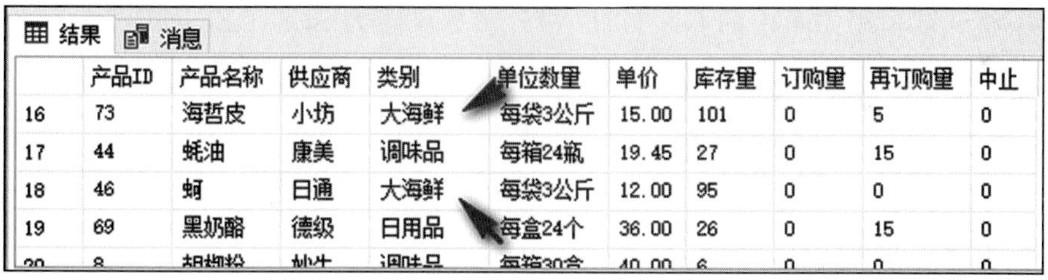

结果　消息

	产品ID	产品名称	供应商	类别	单位数量	单价	库存量	订购量	再订购量	中止
16	73	海哲皮	小坊	大海鲜	每袋3公斤	15.00	101	0	5	0
17	44	蚝油	康美	调味品	每箱24瓶	19.45	27	0	15	0
18	46	蚵	日通	大海鲜	每袋3公斤	12.00	95	0	0	0
19	69	黑奶酪	德级	日用品	每盒24个	36.00	26	0	15	0
20	8	胡椒粉	妙生	调味品	每箱30盒	40.00	6	0	0	0

图 6-32

3. SET NULL 或 SET DEFAULT

SET NULL 和 SET DEFAULT 只能在 SQL Server 2005 及以上版本中才可使用。

SET NULL 的作用是如果更新了父表中的相应键值，则会将构成外键的所有值设置为 NULL。若要执行此约束，外键列必须允许为空值。

SET DEFAULT 的作用是如果更新了父表中被引用的键值，则会将构成外键的所有值设置为默认值。若要执行此约束，外键列必须设置默认值。如果某个列可为空值，并且未设置显式默认值，则会使用 NULL 作为该列的隐式默认值。

下面举例说明：

(1) 将外键引用关系中的 ON UPDATE 参数设置为 SET NULL

```
——需要先删除或更改原有的 FK_P_T 主外键约束
ALTER TABLE PRODUCTSTEMP
ADD CONSTRAINT FK_T_P FOREIGN KEY (类别) REFERENCES PTYPESTEMP1 (类别名称) ON UPDATE SET NULL
```

假设将 PTYPESTEMP1 表中的类别名称＝‘大海鲜’的记录更改为‘海鲜’，那么相应地在 PRODUCTSTEMP 表中的记录会被更新为 NULL。

```
UPDATE PTYPESTEMP1 SET 类别名称 = '海鲜' WHERE 类别名称 = '大海鲜'
SELECT * FROM PRODUCTSTEMP
——输出的结果如图 6-33 所示。
```

结果 消息

	产品ID	产品名称	供应商	类别	单位数量	单价	库存量	订购量	再订购量	中止
7	12	德国奶酪	日正	日用品	每箱12瓶	38.00	86	0	0	0
8	3	蕃茄酱	佳佳乐	调味品	每箱12瓶	10.00	13	70	25	0
9	37	干贝	小坊	NULL	每袋3公斤	26.00	11	50	25	0
10	59	光明奶酪	玉成	日用品	每箱24瓶	55.00	79	0	0	0
11	20	桂花糕	康保	点心	每箱30盒	81.00	40	0	0	0

图 6-33

（2）将外键引用关系中的 ON UPDATE 参数设置为 SET DEFAULT

```
——需要先删除或更改原有的 FK_P_T 主外键约束
ALTER TABLE PRODUCTSTEMP
ADD CONSTRAINT FK_T_P FOREIGN KEY (类别) REFERENCES PTYPESTEMP1 (类别名称) ON UPDATE SET DEFAULT
```

对 PTYPESTEMP1 表中产品类别＝‘海鲜’的记录进行更新，那么相应地在 PRODUCTSTEMP 表中的记录会被更新为默认值（假定 PRODCUTSTEMP 表中产品类别的默认值设置为“其他”，注意这个默认值也必须在 PTYPESTEMP1 表中产品类别的取值范围内，否则将会报错）。

```
——设置 PRODUCTSTEMP 中的类别默认值为"日用品"
ALTER TABLE PRODUCTSTEMP ADD CONSTRAINT DF_PN DEFAULT ('日用品') FOR 类别

——更新 PTYPESTEMP1 中的类别名称 = '调味品'的值
UPDATE PTYPESTEMP1 SET 类别名称 = '家用调味品' WHERE 类别名称 = '调味品'
SELECT * FROM PRODUCTSTEMP
——输出的结果如图 6-34 所示，与图 6-33 对比供应商为佳佳乐的番茄酱。
```

结果	消息									
	产品ID	产品名称	供应商	类别	单位数量	单价	库存量	订购量	再订购量	中止
7	12	德国奶酪	日正	日用品	每箱12瓶	38.00	86	0	0	0
8	3	蕃茄酱	佳佳乐	日用品	每箱12瓶	10.00	13	70	25	0
9	37	干贝	小坊	NULL	每袋3公斤	26.00	11	50	25	0
10	59	光明奶酪	玉成	日用品	每箱24瓶	55.00	79	0	0	0

图 6-34

6.6.3　删除数据过程中的特殊情况

1. NO ACTION（不执行任何操作）

如果 PTYPESTEMP1 和 PRODUCTSTEMP 两表之间建立了外键关系，且默认启用了 NO ACTION，则在父表中删除被引用相关记录数据时，系统会报错，并回滚对父表中相应行的更新操作。

假设对 PTYPESTEMP1 表中类别名称＝‘日用品’的记录进行删除操作，因为该记录已经被 PRODUCTSTEMP 表中的相关记录所引用，因此系统将报错并回滚相应操作。

```
DELETE PTYPESTEMP1 WHERE 类别名称 = '日用品'
——报错信息及相关操作：
/ *
消息 547，级别 16，状态 0，第 318 行
DELETE 语句与 REFERENCE 约束" FK_T_P "冲突。该冲突发生于数据库" T3DATA "，表" dbo. PRODUCTSTEMP "，column '类别'。
语句已终止。* /
```

2. CASCADE（级联）

将外键引用关系设置为级联删除。

```
ALTER TABLE PRODUCTSTEMP
ADD CONSTRAINT FK_T_P FOREIGN KEY (类别) REFERENCES PTYPESTEMP1 (类别名称) ON DELETE CASCADE
```

如果用户在 PTYPESTEMP1 表中对被外键引用的键值进行了删除，则 PRODUCTSTEMP 表中相关引用的记录数据也会同时删除。

```
DELETE PTYPESTEMP1 WHERE 类别名称 = '日用品'
SELECT * FROM PRODUCTSTEMP
——输出的结果如图 6-35 所示，PRODUCTSTEMP 中的类别已无“日用品”类。
```

	产品ID	产品名称	供应商	类别	单位数量	单价	库存量	订购量	再订购量	中止
31	34	啤酒	力锦	饮料	每箱24瓶	14.00	111	0	15	0
32	1	苹果汁	佳佳乐	饮料	每箱24瓶	18.00	39	0	10	1
33	24	汽水	金美	饮料	每箱12瓶	4.50	20	0	0	1
34	25	巧克力	小当	点心	每箱30盒	14.00	76	0	30	0
35	52	三合...	涵合	谷类/麦片	每箱24包	7.00	38	0	25	0
36	14	沙茶	德昌	特制品	每箱12瓶	23.25	35	0	0	0
37	62	山渣片	百达	点心	每箱24包	49.30	17	0	0	0

图 6-35

3. SET NULL 或 SET DEFAULT

在 ON DELETE 中设置 SET NULL 或 SET DEFAULT 的方法及最终结果与在 ON UPDATE 中相似，请参考 ON UPDATE 的相关案例，在此不再重复。

6.6.4 更新与删除数据的前后对比

对数据进行 INSERT、UPDATE 或 DELETE 操作过程中使用 OUPTUT 子句，将会调用 INSERTED 和 DELETED 两张数据表中的数据，以对比添加、更新或删除前后的数据变化情况。在进行 DML 操作时，添加或更新的数据会添加到 INSERTED 临时表中，原始数据表的相关数据信息会添加到 DELETED 虚拟表中。删除数据记录，则被删除的数据记录会被添加到 DELETED 数据表中。

1. UPDATE 操作中使用 OUTPUT 子句

本例中使用 TEMP0501 表进行操作，假设将 TEMP0501 表中产品名称‘APPLE’更新为‘BANANA’，要求 UPDATE 后能够显示更新前后的产品名称对比。

```
UPDATE TEMP0501 SET 产品名称 = 'BANANA'
OUTPUT INSERTED. 产品名称 AS 更新后的产品名称, DELETED. 产品名称 AS 更新前的产品名称
WHERE 产品名称 = 'APPLE'
——输出的结果如图 6-36 所示。
```

	更新后的产品名称	更新前的产品名称
1	BANANA	APPLE

图 6-36

2. DELETE 操作中使用 OUTPUT 子句

本例中使用 TEMP0501 表进行操作，假设将 TEMP0501 表中产品 ID 为 NULL 的产品信息删除，要求删除后能够显示前后的数据变化。

```
DELETE TEMP0501
OUTPUT
DELETED. 产品 ID AS 被删除的产品 ID, DELETED. 产品名称 AS 被删除的产品名称
WHERE 产品 ID IS NULL
SELECT * FROM TEMP0501
——输出的结果如图 6-37 所示。
```

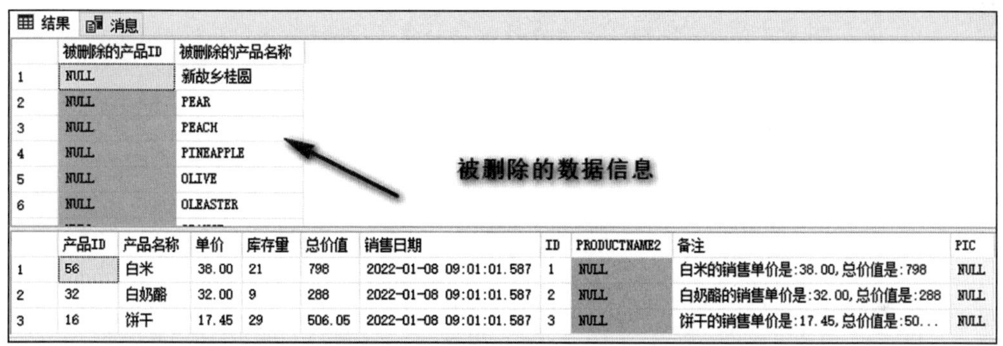

结果　消息

	被删除的产品ID	被删除的产品名称
1	NULL	新故乡桂圆
2	NULL	PEAR
3	NULL	PEACH
4	NULL	PINEAPPLE
5	NULL	OLIVE
6	NULL	OLEASTER

	产品ID	产品名称	单价	库存量	总价值	销售日期	ID	PRODUCTNAME2	备注	PIC
1	56	白米	38.00	21	798	2022-01-08 09:01:01.587	1	NULL	白米的销售单价是:38.00,总价值是:798	NULL
2	32	白奶酪	32.00	9	288	2022-01-08 09:01:01.587	2	NULL	白奶酪的销售单价是:32.00,总价值是:288	NULL
3	16	饼干	17.45	29	506.05	2022-01-08 09:01:01.587	3	NULL	饼干的销售单价是:17.45,总价值是:50...	NULL

图 6-37

3. INSERT 操作中使用 OUTPUT 子句

假定有一张专门用来记录价格变化的物理表 PRICEMODIFY，记录的是 TEMP0501 表中价格的前后情况和变化时间，表的结构如图 6-38 所示。

	Column_name	Type	Computed	Length	Prec	Scale	Nullable
1	id	int	no	4	10	0	yes
2	productname	nvarchar	no	160			yes
3	oldprice	decimal	no	5	5	1	yes
4	newprice	decimal	no	5	5	1	yes
5	modifytime	datetime	no	8			yes

图 6-38

假设对 TEMP0501 表产品名称中含有“新故乡”字符的产品单价统一提高 20%，并将更新前后的价格添加到 PRICEMODIFY 表中。

```
INSERT INTO PRICEMODIFY (ID, PRODUCTNAME, OLDPRICE, NEWPRICE)
SELECT N. ID, N. PRODUCTNAME, N. OLDPRICE, N. NEWPRICE
FROM
(
    UPDATE TEMP0501
    SET 单价 = 单价 * 1.2
    OUTPUT
    INSERTED. 产品 ID AS ID,
    INSERTED. 产品名称 AS PRODUCTNAME,
    INSERTED. 单价 AS NEWPRICE,
    DELETED. 单价 AS OLDPRICE
) N
WHERE N. PRODUCTNAME LIKE '%新故乡%'
SELECT * FROM PRICEMODIFY
——输出的结果如图 6-39 所示。
```

	id	productname	oldprice	newprice	modifytime
1	135	新故乡鸭蛋	16.2	19.4	2022-01-09 09:15:05.977
2	136	新故乡鸡蛋	11.2	13.4	2022-01-09 09:15:05.977

图 6-39

如果再次进行相同幅度的提价，则结果如图 6-40 所示。

	id	productname	oldprice	newprice	modifytime
1	135	新故乡鸭蛋	16.2	19.4	2022-01-09 09:15:05.977
2	136	新故乡鸡蛋	11.2	13.4	2022-01-09 09:15:05.977
3	135	新故乡鸭蛋	19.4	23.3	2022-01-09 09:16:12.260
4	136	新故乡鸡蛋	13.4	16.1	2022-01-09 09:16:12.260

图 6-40

6.7　Python 数据处理

在前文中，已经介绍了利用 Python 与 SQL 数据库进行交互，包括数据库、表等对象的创建和管理，以及数据基础查询、高级查询等操作。本节将利用 Python 中常用的 Numpy、Pandas 等库功能，对 SQL 数据进行数据整合、数据清洗、数据转换和数据重塑等操作，为下一步数据分析做好准备。

6.7.1　数据整合

数据整合指的是将不同的关系表（Python 中用 DataFrame，常用 df 指代）在纵向或横向上进行合并、追加，使其形成更加完整的数据集。整合的方式主要有以下两种：

- 按“键”(key)合并，用 merge()和 join()函数，后者是前者的特殊情况。
- 按“轴”(axis)连接，用 concat()和 append()函数，后者是前者的特殊情况。

参考本教程第 3 章中利用 Python 查询数据的方法，将 T3DATA 数据库中的相关表都读取到本地的缓存中。

```
import pymssql
import pandas as pd
conn = pymssql.connect ("WIN10SPOCVM", "sa", "1234", "T3DATA")
productsdf = pd.read_sql ('select * from PRODUCTS', conn)
ordersdf = pd.read_sql ('select * from ORDERS', conn)
odetailsdf = pd.read_sql ('select * from ODETAILS', conn)
empsdf = pd.read_sql ('select * from EMPLOYEES', conn)
custsdf = pd.read_sql ('select * from CUSTOMERS', conn)
ptypesdf = pd.read_sql ('select * from PTYPES', conn)
shippersdf = pd.read_sql ('select * from SHIPPER', conn)
providersdf = pd.read_sql ('select * from PROVIDERS', conn)
```

为了更有效地演示有关数据的操作，对已获取的数据进行一定的分割。

```
#从 ptypesdf 复制出 ptdf1 和 ptdf2,
ptdf1 = ptypesdf [ ['类别 ID', '类别名称'] ]. copy ()
ptdf2 = ptypesdf [ ['类别名称', '说明', '图片'] ]. copy ()
#输出的结果如图 6-41 所示。
```

	类别ID	类别名称
0	3.0	点心
1	2.0	调味品
2	5.0	谷类/麦片

(a)

	类别名称	说明	图片
0	点心	甜点、糖和甜面包	None
1	调味品	香甜可口的果酱、调料、酱汁和调味品	None
2	谷类/麦片	面包、饼干、生面团和谷物	None

(b)

图 6-41

```
#从 productsdf 复制出 pdf1 和 pdf2，使用的是 sample () 随机抽取的方法
pdf1 = productsdf.sample (n = 38, replace = True, random_state = np.random.randint (10) ).copy ()
pdf2 = productsdf.sample (n = 39, replace = True, random_state = np.random.randint (10) ).copy ()
#输出的结果如图 6-42 所示。(注意其中有相同的记录)
```

```
In [84]: pdf1.head()
```

	产品ID	产品名称	供应商	类别	单位数量	单价	库存量	订购量	再订购量	中止
66	55.0	鸭肉小	佳佳	肉/家禽	每袋3公斤	24.0	115.0	0.0	20.0	False
48	25.0	巧克力	小当	点心	每箱30盒	14.0	76.0	0.0	30.0	False
25	74.0	鸡精	为全	特制品	每盒24个	10.0	4.0	20.0	5.0	False
67	4.0	盐	康富食品	调味品	每箱12瓶	22.0	53.0	0.0	0.0	False
53	49.0	薯条	利利	点心	每箱24包	20.0	10.0	60.0	15.0	False

```
In [85]: pdf2.head()
```

	产品ID	产品名称	供应商	类别	单位数量	单价	库存量	订购量	再订购量	中止
29	67.0	矿泉水	力锦	饮料	每箱24瓶	14.00	52.0	0.0	10.0	False
41	2.0	牛奶	佳佳乐	饮料	每箱24瓶	19.00	17.0	40.0	25.0	False
25	74.0	鸡精	为全	特制品	每盒24个	10.00	4.0	20.0	5.0	False
32	43.0	柳橙汁	康美	饮料	每箱24瓶	46.00	17.0	10.0	25.0	False
38	26.0	棉花糖	小当	点心	每箱30盒	31.23	15.0	0.0	0.0	False

图 6-42

1. 按“键”整合

(1) merge 合并

merge () 函数，语法如下：

pd.merge (df1，df2，how＝s，on＝c)

其中，on＝c 是 df1 和 df2 共有列标签（即属性，比如产品类别），具体用法如下：

- 如果 c 有一个，那么按单键合并；

- 如果 c 有多个，那么按多键合并；
- 如果不设定 c，那么默认按 df1 和 df2 共有列标签合并。

合并方式 how=s 有四种：

- 左连接（left join）：合并之后显示 df1 的所有行；
- 右连接（right join）：合并之后显示 df2 的所有行；
- 外连接（outer join）：合并 df1 和 df2 的所有行；
- 内连接（inner join）：合并 df1 和 df2 的共有行，默认情况是使用内连接。

以上知识点可以关联本教程第 4 章多表连接查询部分。

下面使用默认方式将 ptdf1 和 ptdf2 进行 merger 合并。

```
ptdf = ptdf1.merge (ptdf2)
#或者
ptdf = pd.merge (ptdf1, ptdf2)
#输出的结果是相同的，如图 6-43 所示。
```

	类别ID	类别名称	说明	图片
0	3.0	点心	甜点、糖和甜面包	None
1	2.0	调味品	香甜可口的果酱、调料、酱汁和调味品	None
2	5.0	谷类/麦片	面包、饼干、生面团和谷物	None
3	8.0	海鲜	海菜和鱼	None
4	4.0	日用品	乳酪	None
5	6.0	肉/家禽	精制肉	None
6	7.0	特制品	干果和豆乳	None
7	1.0	饮料	软饮料、咖啡、茶、啤酒和淡啤酒	None

图 6-43

为了说明 merge () 及后续其他数据处理，在此添加另两个数据集 ptdf3、ptdf4，其实现代码如下：

```
ptdf3 = ptypesdf [ ['类别名称', '说明', '图片'] ] .copy ()
a = {'类别名称': '新故乡乡品', '说明': '来自新故乡的各类农产品、文创产品等', '图片': ''}
ptdf3 = ptdf3.append (a, ignore_index = True)

ptdf4 = ptypesdf [ ['类别 ID', '类别名称', '说明'] ] .copy ()
a = {'类别 ID': 10, '类别名称': '新故乡乡品', '说明': '新故乡最美乡品'}
ptdf4 = ptdf4.append (a, ignore_index = True)

#输出的结果如图 6-44 所示。
```

	类别名称	说明	图片
0	点心	甜点、糖和甜面包	None
1	调味品	香甜可口的果酱、调料、酱汁和调味品	None
2	谷类/麦片	面包、饼干、生面团和谷物	None
3	海鲜	海菜和鱼	None
4	日用品	乳酪	None
5	肉/家禽	精制肉	None
6	特制品	干果和豆乳	None
7	饮料	软饮料、咖啡、茶、啤酒和淡啤酒	None
8	新故乡乡品	来自新故乡的各类农产品、文创产品等	

(a)

	类别ID	类别名称	说明
0	3.0	点心	甜点、糖和甜面包
1	2.0	调味品	香甜可口的果酱、调料、酱汁和调味品
2	5.0	谷类/麦片	面包、饼干、生面团和谷物
3	8.0	海鲜	海菜和鱼
4	4.0	日用品	乳酪
5	6.0	肉/家禽	精制肉
6	7.0	特制品	干果和豆乳
7	1.0	饮料	软饮料、咖啡、茶、啤酒和淡啤酒
8	10.0	新故乡乡品	新故乡最美乡品

(b)

图 6-44

使用 how=right 或者 left 参数对 ptdf1 和 ptdf3 进行 merge 合并。

```
ptdf = pd.merge (ptdf1, ptdf3, how = 'left') # 以 ptdf1 中的类别名称进行合并，ptdf3 中的新故乡乡品在 ptdf1 中没有，故丢弃
ptdf = pd.merge (ptdf1, ptdf3, how = 'right') # 以 ptdf3 中的类别名称进行合并，故新故乡乡品仍保留
#输出的结果如图 6-45 所示。
```

	类别ID	类别名称	说明	图片
0	3.0	点心	甜点、糖和甜面包	None
1	2.0	调味品	香甜可口的果酱、调料、酱汁和调味品	None
2	5.0	谷类/麦片	面包、饼干、生面团和谷物	None
3	8.0	海鲜	海菜和鱼	None
4	4.0	日用品	乳酪	None
5	6.0	肉/家禽	精制肉	None
6	7.0	特制品	干果和豆乳	None
7	1.0	饮料	软饮料、咖啡、茶、啤酒和淡啤酒	None

(a)

	类别ID	类别名称	说明	图片
0	3.0	点心	甜点、糖和甜面包	None
1	2.0	调味品	香甜可口的果酱、调料、酱汁和调味品	None
2	5.0	谷类/麦片	面包、饼干、生面团和谷物	None
3	8.0	海鲜	海菜和鱼	None
4	4.0	日用品	乳酪	None
5	6.0	肉/家禽	精制肉	None
6	7.0	特制品	干果和豆乳	None
7	1.0	饮料	软饮料、咖啡、茶、啤酒和淡啤酒	None
8	NaN	新故乡乡品	来自新故乡的各类农产品、文创产品等	

(b)

图 6-45

使用 how=inner 或者 outer 参数对 ptdf1 和 ptdf3 进行 merge 合并。

ptdf = pd.merge (ptdf1, ptdf3, how = 'inner') # 取两个数据集中的共有数据来合并数据

ptdf = pd.merge (ptdf1, ptdf3, how = 'outer') # 取两个数据集中的所有数据来合并数据

输出的结果如图 6-46 所示。

	类别ID	类别名称		说明	图片
0	3.0	点心	甜点、糖和甜面包	None	
1	2.0	调味品	香甜可口的果酱、调料、酱汁和调味品	None	
2	5.0	谷类/麦片	面包、饼干、生面团和谷物	None	
3	8.0	海鲜	海菜和鱼	None	
4	4.0	日用品	乳酪	None	
5	6.0	肉/家禽	精制肉	None	
6	7.0	特制品	干果和豆乳	None	
7	1.0	饮料	软饮料、咖啡、茶、啤酒和淡啤酒	None	

(a)

	类别ID	类别名称		说明	图片
0	3.0	点心	甜点、糖和甜面包	None	
1	2.0	调味品	香甜可口的果酱、调料、酱汁和调味品	None	
2	5.0	谷类/麦片	面包、饼干、生面团和谷物	None	
3	8.0	海鲜	海菜和鱼	None	
4	4.0	日用品	乳酪	None	
5	6.0	肉/家禽	精制肉	None	
6	7.0	特制品	干果和豆乳	None	
7	1.0	饮料	软饮料、咖啡、茶、啤酒和淡啤酒	None	
8	NaN	新故乡乡品	来自新故乡的各类农产品、文创产品等		

(b)

图 6-46

以上操作都是单键合并操作。下面使用 ptdf3 和 ptdf4 进行多键合并操作。

使用单键“类别名称”进行 merge

ptdf = pd.merge (ptdf3, ptdf4, on = ['类别名称']) # 类别名称都一一对应，但“说明”不同，导致出现有两列关于“说明”属性

ptdf = pd.merge (ptdf3, ptdf4, on = ['类别名称', '说明']) # 同时需要两个属性相等才能进行 merge，因此“新故乡乡品”都被删除了

输出的结果如图 6-47 所示。

	类别名称	说明_x	图片	类别ID	说明_y
0	点心	甜点、糖和甜面包	None	3.0	甜点、糖和甜面包
1	调味品	香甜可口的果酱、调料、酱汁和调味品	None	2.0	香甜可口的果酱、调料、酱汁和调味品
2	谷类/麦片	面包、饼干、生面团和谷物	None	5.0	面包、饼干、生面团和谷物
3	海鲜	海菜和鱼	None	8.0	海菜和鱼
4	日用品	乳酪	None	4.0	乳酪
5	肉/家禽	精制肉	None	6.0	精制肉
6	特制品	干果和豆乳	None	7.0	干果和豆乳
7	饮料	软饮料、咖啡、茶、啤酒和淡啤酒	None	1.0	软饮料、咖啡、茶、啤酒和淡啤酒
8	新故乡乡品	来自新故乡的各类农产品、文创产品等		10.0	新故乡最美乡品

(a)

	类别名称	说明	图片	类别ID
0	点心	甜点、糖和甜面包	None	3.0
1	调味品	香甜可口的果酱、调料、酱汁和调味品	None	2.0
2	谷类/麦片	面包、饼干、生面团和谷物	None	5.0
3	海鲜	海菜和鱼	None	8.0
4	日用品	乳酪	None	4.0
5	肉/家禽	精制肉	None	6.0
6	特制品	干果和豆乳	None	7.0
7	饮料	软饮料、咖啡、茶、啤酒和淡啤酒	None	1.0

(b)

图 6-47

当然，如果添加了 how= ‘outer’ 参数，则即使条件不满足，也同样可以将所有数据都保留下来。

```
ptdf = pd.merge (ptdf3, ptdf4, on = ['类别名称', '说明'], how = ' outer ')
# 输出的结果如图 6-48 所示。
```

	类别名称	说明	图片	类别ID
0	点心	甜点、糖和甜面包	None	3.0
1	调味品	香甜可口的果酱、调料、酱汁和调味品	None	2.0
2	谷类/麦片	面包、饼干、生面团和谷物	None	5.0
3	海鲜	海菜和鱼	None	8.0
4	日用品	乳酪	None	4.0
5	肉/家禽	精制肉	None	6.0
6	特制品	干果和豆乳	None	7.0
7	饮料	软饮料、咖啡、茶、啤酒和淡啤酒	None	1.0
8	新故乡乡品	来自新故乡的各类农产品、文创产品等		NaN
9	新故乡乡品	新故乡最美乡品	NaN	10.0

图 6-48

(2) join 合并

join () 函数语法如下：

df1. join (df2, how=s, on=c)

其中，on=c 是 df1 和 df2 共有列标签（即属性，比如产品类别），具体用法如下：

- 如果 c 有一个，那么按单键合并；
- 如果 c 有多个，那么按多键合并；
- 如果不设定 c，那么默认按 df1 和 df2 共有列标签合并。

合并方式 how=s 有四种：

- 左连接（left join）：合并之后显示 df1 的所有行；
- 右连接（right join）：合并之后显示 df2 的所有行；
- 外连接（outer join）：合并 df1 和 df2 的所有行；
- 内连接（inner join）：合并 df1 和 df2 的共有行，默认情况为内连接。

具体操作请参考上文中的 merge 合并，在此不再赘述。

2. 按“轴”合并

在二维数据中，轴（axis）主要有两个参数值：axis=0 和 axis=1。

- axis = 0（默认），沿着轴 0（行）连接，得到一个更长的数据帧（也可称作数据集）；

- axis = 1，沿着轴 1（列）连接，得到一个更宽的数据帧。

连接后的序列的行索引可以重复（overlapping），也可以不同。常用的方法是 concat 合并和 append 合并。以下操作中的数据集来自图 6-39 和图 6-40 中的相关数据集。

（1）concat 合并

```
#分别以默认参数 (axis = 0) 和 axis = 1 进行 concat 合并
ptdf12 = pd.concat ( [ptdf1, ptdf2] )
ptdf13 = pd.concat ( [ptdf1, ptdf2], axis = 1)
#输出的结果如图 6-49 所示。
```

	类别ID	类别名称	说明	图片
0	3.0	点心	NaN	NaN
1	2.0	调味品	NaN	NaN
2	5.0	谷类/麦片	NaN	NaN
3	8.0	海鲜	NaN	NaN
4	4.0	日用品	NaN	NaN
5	6.0	肉/家禽	NaN	NaN
6	7.0	特制品	NaN	NaN
7	1.0	饮料	NaN	NaN
0	NaN	点心	甜点、糖和甜面包	None
1	NaN	调味品	香甜可口的果酱、调料、酱汁和调味品	None
2	NaN	谷类/麦片	面包、饼干、生面团和谷物	None
3	NaN	海鲜	海菜和鱼	None
4	NaN	日用品	乳酪	None
5	NaN	肉/家禽	精制肉	None
6	NaN	特制品	干果和豆乳	None
7	NaN	饮料	软饮料、咖啡、茶、啤酒和淡啤酒	None

(a)

	类别ID	类别名称	类别名称	说明	图片
0	3.0	点心	点心	甜点、糖和甜面包	None
1	2.0	调味品	调味品	香甜可口的果酱、调料、酱汁和调味品	None
2	5.0	谷类/麦片	谷类/麦片	面包、饼干、生面团和谷物	None
3	8.0	海鲜	海鲜	海菜和鱼	None
4	4.0	日用品	日用品	乳酪	None
5	6.0	肉/家禽	肉/家禽	精制肉	None
6	7.0	特制品	特制品	干果和豆乳	None
7	1.0	饮料	饮料	软饮料、咖啡、茶、啤酒和淡啤酒	None

(b)

图 6-49

以 axis=0 进行合并，得到更长（记录更多）的数据集；以 axis=1 进行合并，得到更宽（属性更多）的数据集。

以上操作过程中数据集并无指定的索引键。假设对相关数据集进行索引设置。

```
ptdf1i = ptdf1.set_index ( ['类别名称'] ) .replace ()
ptdf2i = ptdf2.set_index ( ['类别名称'] ) .replace ()
#输出的结果如图 6-50 所示。
```

ptdf1i 和 ptdf2i 中的数据集有共有的行索引。当进行 concat 合并时也有两种情况。

类别名称	类别ID
点心	3.0
调味品	2.0
谷类/麦片	5.0
海鲜	8.0
日用品	4.0
肉/家禽	6.0
特制品	7.0
饮料	1.0

类别名称	说明	图片
点心	甜点、糖和甜面包	None
调味品	香甜可口的果酱、调料、酱汁和调味品	None
谷类/麦片	面包、饼干、生面团和谷物	None
海鲜	海菜和鱼	None
日用品	乳酪	None
肉/家禽	精制肉	None
特制品	干果和豆乳	None
饮料	软饮料、咖啡、茶、啤酒和淡啤酒	None

图 6-50

```
#默认值或者 axis = 0
ptdf12i = pd.concat ([ptdf1i, ptdf2i], axis = 0) #增加参数: ignore_index = True 可以去掉索引“类别名称”
#axis = 1 的情况
ptdf12i = pd.concat ([ptdf1i, ptdf2i], axis = 1, join = 'inner')
ptdf12i
#输出的结果如图 6-51 所示。
```

从图 6-51 可以看出，若使用 axis=0，则在行索引“类别名称”中会出现重复值。若使用 axis=1，则只合并它们共有行索引对应的值，因此，“类别名称”中只留下唯一值。

通过 keys 参数，在 concat 合并过程中可以生成多重索引。

```
ptdf12ii = pd.concat ([ptdf1i, ptdf2i], keys = ['P1', 'P2']) #添加 axis = 1，则会在列上生成多重索引
ptdf12ii
#输出的结果如图 6-52 所示。
```

(2) append 合并

append () 函数是专门为沿着行来连接数据帧的操作而设计的，其作用基本等同于 concat () 函数的默认参数。假设要将上文中的 pdf1 和 pdf2 进行 append () 追加。

```
pdfappend = pdf1.append (pdf2)
pdfappend.sort_values (by = '产品 ID') #使用产品 ID 或者产品名称进行排序
#输出的结果如图 6-53 所示，有重复的数据。
```

	类别ID	说明	图片
类别名称			
点心	3.0	NaN	NaN
调味品	2.0	NaN	NaN
谷类/麦片	5.0	NaN	NaN
海鲜	8.0	NaN	NaN
日用品	4.0	NaN	NaN
肉/家禽	6.0	NaN	NaN
特制品	7.0	NaN	NaN
饮料	1.0	NaN	NaN
点心	NaN	甜点、糖和甜面包	None
调味品	NaN	香甜可口的果酱、调料、酱汁和调味品	None
谷类/麦片	NaN	面包、饼干、生面团和谷物	None
海鲜	NaN	海菜和鱼	None
日用品	NaN	乳酪	None
肉/家禽	NaN	精制肉	None
特制品	NaN	干果和豆乳	None
饮料	NaN	软饮料、咖啡、茶、啤酒和淡啤酒	None

(a)

	类别ID	说明	图片
类别名称			
点心	3.0	甜点、糖和甜面包	None
调味品	2.0	香甜可口的果酱、调料、酱汁和调味品	None
谷类/麦片	5.0	面包、饼干、生面团和谷物	None
海鲜	8.0	海菜和鱼	None
日用品	4.0	乳酪	None
肉/家禽	6.0	精制肉	None
特制品	7.0	干果和豆乳	None
饮料	1.0	软饮料、咖啡、茶、啤酒和淡啤酒	None

(b)

图 6-51

		类别ID	说明	图片
	类别名称			
P1	点心	3.0	NaN	NaN
	调味品	2.0	NaN	NaN
	谷类/麦片	5.0	NaN	NaN
	海鲜	8.0	NaN	NaN
	日用品	4.0	NaN	NaN
	肉/家禽	6.0	NaN	NaN
	特制品	7.0	NaN	NaN
	饮料	1.0	NaN	NaN
P2	点心	NaN	甜点、糖和甜面包	None
	调味品	NaN	香甜可口的果酱、调料、酱汁和调味品	None
	谷类/麦片	NaN	面包、饼干、生面团和谷物	None
	海鲜	NaN	海菜和鱼	None
	日用品	NaN	乳酪	None
	肉/家禽	NaN	精制肉	None
	特制品	NaN	干果和豆乳	None
	饮料	NaN	软饮料、咖啡、茶、啤酒和淡啤酒	None

图 6-52

	产品ID	产品名称	供应商	类别	单位数量	单价	库存量	订购量	再订购量	中止
67	4.0	盐	康富食品	调味品	每箱12瓶	22.00	53.0	0.0	0.0	False
27	6.0	酱油	妙生	调味品	每箱12瓶	25.00	120.0	0.0	25.0	False
13	7.0	海鲜粉	妙生	特制品	每箱30盒	30.00	15.0	0.0	10.0	False
19	8.0	胡椒粉	妙生	调味品	每箱30盒	40.00	6.0	0.0	0.0	False
63	10.0	蟹	为全	海鲜	每袋500克	31.00	31.0	0.0	0.0	False
...	...	...	...	...	...	...	...	...	...	...
15	73.0	海哲皮	小坊	海鲜	每袋3公斤	15.00	101.0	0.0	5.0	False
25	74.0	鸡精	为全	特制品	每盒24个	10.00	4.0	20.0	5.0	False
43	75.0	浓缩咖啡	义美	饮料	每箱24瓶	7.75	125.0	0.0	25.0	False
43	75.0	浓缩咖啡	义美	饮料	每箱24瓶	7.75	125.0	0.0	25.0	False
40	76.0	柠檬汁	利利	饮料	每箱24瓶	18.00	57.0	0.0	20.0	False

77 rows × 10 columns

图 6-53

6.7.2 数据清洗

1. 缺失值处理

获取数据的途径各种各样，加上数据格式的多样化，在进行数据管理过程中，数据缺失的现象是常见的。为了能够开展更加科学的数据分析，往往需要对缺失值进行一定的处理。假定 odetailsdf2 当前的数据情况如图 6-54 所示。

	订单ID	产品	单价	数量	折扣	客户
0	10248.0	猪肉	14.00	12.0	NaN	None
1	10248.0	酸奶酪	34.80	5.0	NaN	None
2	10248.0	糙米	9.80	10.0	NaN	None
3	10249.0	猪肉干	42.40	40.0	NaN	None
4	10249.0	沙茶	18.60	9.0	NaN	None
...	...	...	...	...	...	...
2152	11077.0	桂花糕	81.00	1.0	0.04	None
2153	11077.0	蕃茄酱	10.00	4.0	NaN	None
2154	11077.0	德国奶酪	38.00	2.0	0.05	None
2155	11077.0	饼干	17.45	2.0	0.03	None
2156	11077.0	白奶酪	32.00	1.0	NaN	None

图 6-54

首先，了解该数据集的缺失值大概情况。

```
#通过描述统计函数 describe () 进行了解:
odetailsdf. describe ()

#通过函数进行统计判断:
odetailsdf ['折扣'] . isnull () . sum () #对“折扣”字段进一步统计缺失值总数

#输出的结果如图 6-55 所示。
```

	订单ID	单价	数量	折扣
count	2157.000000	2157.000000	2157.000000	838.000000
mean	10659.647195	26.217158	23.791841	0.144439
std	241.430458	29.816454	19.025902	0.071808
min	10248.000000	2.000000	1.000000	0.010000
25%	10451.000000	12.000000	10.000000	0.100000
50%	10657.000000	18.400000	20.000000	0.150000
75%	10863.000000	32.000000	30.000000	0.200000
max	11077.000000	263.500000	130.000000	0.250000

(a)

```
odetailsdf['折扣'].isnull().sum()
```

1319

(b)

图 6-55

从图 6-55（a）可以看出，折扣字段和其他三个字段的统计描述在 count 上是有差别的，存在大量的缺失值。从（b）图的计算可以看出其缺失值总数达到了 1319 条。

对于缺失值，一般处理方式有两种，即删除或填充，用以下对应的方法：

- dropna ()：直接将 NaN 值对应的行或列删除，用 axis 参数来设置；
- fillna ()：填具体的值，或者插值。

使用 dropna () 删除缺失值所在的行或者列。

```
#利用 dropna () 进行删除
odtdf2 = odetailsdf. copy () #为了便于演示，从原始数据复制了一份副本
odtdf2nonan1 = odtdf2. dropna () #删除所有包含缺失值的行记录。参考图 6-54，因为客户字段的值都是缺失值，所以，odtdf2nonan1 输出的结果为空。

odtdf2nonan2 = odtdf2. dropna (axis = 1) #参考图 6-54，结果就会剩下不包含任何缺失值的四列数据。odtdf2nonan2 输出的结果如图 6-56 所示。
```

	订单ID	产品	单价	数量
0	10248.0	猪肉	14.00	12.0
1	10248.0	酸奶酪	34.80	5.0
2	10248.0	糙米	9.80	10.0
3	10249.0	猪肉干	42.40	40.0
4	10249.0	沙茶	18.60	9.0
...	...	...	...	...
2152	11077.0	桂花糕	81.00	1.0
2153	11077.0	蕃茄酱	10.00	4.0
2154	11077.0	德国奶酪	38.00	2.0
2155	11077.0	饼干	17.45	2.0
2156	11077.0	白奶酪	32.00	1.0

图 6-56

	订单ID	产品	单价	数量	折扣	客户
0	10248.0	猪肉	14.00	12.0	0.00	0
1	10248.0	酸奶酪	34.80	5.0	0.00	0
2	10248.0	糙米	9.80	10.0	0.00	0
3	10249.0	猪肉干	42.40	40.0	0.00	0
4	10249.0	沙茶	18.60	9.0	0.00	0
...	...	...	...	...	...	...
2152	11077.0	桂花糕	81.00	1.0	0.04	0
2153	11077.0	蕃茄酱	10.00	4.0	0.00	0
2154	11077.0	德国奶酪	38.00	2.0	0.05	0
2155	11077.0	饼干	17.45	2.0	0.03	0
2156	11077.0	白奶酪	32.00	1.0	0.00	0

图 6-57

使用 fillna () 方法对缺失值进行填充。对缺失值进行填充的方法很多，在此就基本操作方法进行介绍。

```
#将所有缺失值填充为 0
odtdffill0 = odtdf2. fillna (0)
odtdffill0 ——输出的结果如图 6-57 所示

#利用 bfill 和 ffill 参数值进行填充，原始数据如图 6-58 (a) 所示
odtdffillb = odtdf2. fillna (method = 'bfill') #输出的结果如图 6-58 (b)
所示
odtdffillf = odtdf2. fillna (method = 'ffill') #输出的结果如图 6-58 (c)
所示
```

客户字段的所有值都是 None，所以，不管是 bfill 或 ffill 都看不到效果。

折扣字段在 method＝‘bfill’参数支持下，是将其下一条记录的对应值填充到缺失值位置；‘ffill’参数值则是将前一条记录的对应值填充到缺失值位置。

2. 异常值处理

判断数据集成是否存在异常值，一般用以下方法：如果最大值和 75 分位数差个数量级，或者最小值和 25 分位数差个数量级，那么数据里极有可能有离群值（outliers），即异常值。如图 6-55 (a) 所示的统计描述，单价和数量两个属性值可能存在异

	订单ID	产品	单价	数量	折扣	客户
0	10248.0	猪肉	14.00	12.0	NaN	None
1	10248.0	酸奶酪	34.80	5.0	NaN	None
2	10248.0	糙米	9.80	10.0	NaN	None
3	10249.0	猪肉干	42.40	40.0	NaN	None
4	10249.0	沙茶	18.60	9.0	NaN	None
...	...	...	...	...	...	...
2152	11077.0	桂花糕	81.00	1.0	0.04	None
2153	11077.0	蕃茄酱	10.00	4.0	NaN	None
2154	11077.0	德国奶酪	38.00	2.0	0.05	None
2155	11077.0	饼干	17.45	2.0	0.03	None
2156	11077.0	白奶酪	32.00	1.0	NaN	None

(a)

	订单ID	产品	单价	数量	折扣	客户
0	10248.0	猪肉	14.00	12.0	0.15	None
1	10248.0	酸奶酪	34.80	5.0	0.15	None
2	10248.0	糙米	9.80	10.0	0.15	None
3	10249.0	猪肉干	42.40	40.0	0.15	None
4	10249.0	沙茶	18.60	9.0	0.15	None
...	...	...	...	...	...	...
2152	11077.0	桂花糕	81.00	1.0	0.04	None
2153	11077.0	蕃茄酱	10.00	4.0	0.05	None
2154	11077.0	德国奶酪	38.00	2.0	0.05	None
2155	11077.0	饼干	17.45	2.0	0.03	None
2156	11077.0	白奶酪	32.00	1.0	NaN	None

(b)

	订单ID	产品	单价	数量	折扣	客户
0	10248.0	猪肉	14.00	12.0	NaN	None
1	10248.0	酸奶酪	34.80	5.0	NaN	None
2	10248.0	糙米	9.80	10.0	NaN	None
3	10249.0	猪肉干	42.40	40.0	NaN	None
4	10249.0	沙茶	18.60	9.0	NaN	None
...	...	...	...	...	...	...
2152	11077.0	桂花糕	81.00	1.0	0.04	None
2153	11077.0	蕃茄酱	10.00	4.0	0.04	None
2154	11077.0	德国奶酪	38.00	2.0	0.05	None
2155	11077.0	饼干	17.45	2.0	0.03	None
2156	11077.0	白奶酪	32.00	1.0	0.03	None

(c)

图 6-58

常值。通过箱型图和散点图进一步确认。

```
#利用箱型图观察单价字段
odtdffill0 ['单价'] .plot (kind = 'box ')
#利用散点图观察数量字段
odtdffill0.plot (kind = 'scatter ', x = '数量', y = '数量')
#输出的结果如图 6-59 所示。
```

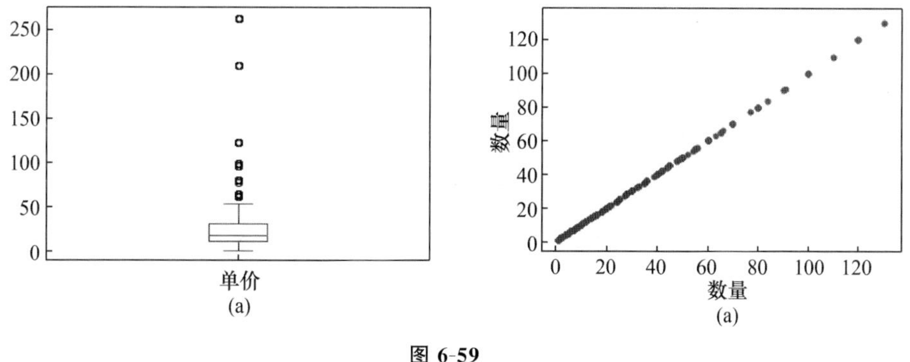

(a)　　　　(a)

图 6-59

从图 6-59（a）看到，有些单价数值超过 75 分位（比如>50 的数值）；从（b）看到，有些数量数值超过了 75 分位（比如>80 的数值）。

对于异常值，只要数据总数目占比较小，就可以直接删除。在删除之前，一般应获取需要被删除记录的索引。而标记这些需要被删除记录的索引时应使用 3-sigma 原则，即返回数值落在（$\mu-3\sigma$，$\mu+3\sigma$）之外的样本被删除，其中 μ 是平均值。

```
#计算3-sigma边界，以单价为例
mu = odtdffill0 ['单价'] .describe () .loc ['mean']
sigma = odtdffill0 ['单价'] .describe () .loc ['std']
lb = np.maximum (mu-3 * sigma, 0)
ub = mu + 3 * sigma
(lb, ub) #输出结果是：(0.0, 115.66651903212133)

#统计超出边界的总数
bool_idx = ( (odtdffill0 ['单价'] <= lb) | (odtdffill0 ['单价'] >= ub) )
bool_idx.sum () #输出结果是：46

odtdffill0 [bool_idx] .index #查看异常值所在记录的索引。如图 6-60 所示
odtdffill0. drop (odtdffill0 [bool_idx] .index, inplace = True) #根据索引值进行定位并删除记录
```

```
1 odtdffill0[bool_idx].index

Int64Index([ 217,  275,  280,  300,  331,  450,  472,  614,  684,  713,  782,
             786,  895,  973,  994, 1006, 1099, 1116, 1153, 1161, 1184, 1379,
            1403, 1412, 1422, 1447, 1459, 1484, 1488, 1510, 1522, 1531, 1598,
            1621, 1677, 1685, 1698, 1726, 1857, 1870, 1895, 1926, 1960, 1962,
            2019, 2029],
           dtype='int64')
```

图 6-60

6.7.3 数据转换

1. 字符型变量编码

计算机无法识别字符型变量并进行运算，特别是分类数据，比如性别等，在数据分析过程中往往需要通过编码（encoding）转成数值型。以 ordersdf 数据集为例。

```
#查看 ordersdf 数据集的头尾各五条记录：
ordersdf.head () .append (ordersdf.tail () )
——输出的结果如图 6-61 所示。
```

该数据集中有属性“运货商”。

```
1 ordersdf.head().append(ordersdf.tail())
```

	订单ID	客户	雇员	订购日期	发货日期	到货日期	运货商	运货费	货主名称	货主地址	货主城市	货主地区	货主邮政编码	货主国家
0	10248.0	山泰企业	赵军	2012-07-04	2012-07-16	2012-08-01	联邦货运	32.38	余小姐	光明北路 124 号	北京	华北	111080	中国
1	10249.0	东帝望	孙林	2012-07-05	2012-07-10	2012-08-16	急速快递	11.61	谢小姐	青年东路 543 号	济南	华东	440876	中国
2	10250.0	实翼	郑建杰	2012-07-08	2012-07-12	2012-08-05	统一包裹	65.83	谢小姐	光化街 22 号	秦皇岛	华北	754546	中国
3	10251.0	千固	李芳	2012-07-08	2012-07-15	2012-08-05	急速快递	41.34	陈先生	清林桥 68 号	南京	华东	690047	中国
4	10252.0	福星制衣厂股份有限公司	郑建杰	2012-07-09	2012-07-11	2012-08-06	统一包裹	51.30	刘先生	东管西林路 87 号	长春	东北	567889	中国
825	11073.0	就业广兑	王伟	2014-05-05	2014-05-11	2014-06-02	统一包裹	24.95	林慧音	西华路 18 号	深圳	华南	050330	中国
826	11074.0	百达电子	金士鹏	2014-05-06	2014-05-11	2014-06-03	统一包裹	18.44	何先生	巩东路 3 号	温州	华东	173400	中国
827	11075.0	永大企业	刘英玫	2014-05-06	2014-05-15	2014-06-03	统一包裹	6.19	方先生	成昆路 524 号	常州	华东	120400	中国
828	11076.0	祥通	郑建杰	2014-05-06	2014-05-17	2014-06-03	统一包裹	38.28	谢小姐	季源南路 25 号	常州	华东	130080	中国
829	11077.0	学仁贸易	张颖	2014-05-06	2014-05-13	2014-06-03	统一包裹	8.53	王先生	宽石西路 37 号	深圳	华南	871100	中国

图 6-61

```
#通过 unique () 函数查看运货商的总数
ordersdf ['运货商'] . unique ()
#输出的结果如图 6-62 所示。
```

```
1 ordersdf['运货商'].unique()

array(['联邦货运', '急速快递', '统一包裹'], dtype=object)
```

图 6-62

使用 Pandas 内置函数 get_dummies 将数据集中的运货商（可看作分类值）转换为独热编码（one-hot）。

```
#前缀使用“运货商”
pd.get_dummies (ordersdf ['运货商'], prefix = '运货商') #如图 6-63 (a) 所示
pd.get_dummies (ordersdf ['运货商'], prefix = '运货商', prefix_sep = '#', drop_first = True) #改变前缀与分类之间的分隔符以及丢弃第 1 个维度。如图 6-63 (b) 所示
```

	运货商_急速快递	运货商_统一包裹	运货商_联邦货运
0	0	0	1
1	1	0	0
2	0	1	0
3	1	0	0
4	0	1	0
...	...	...	...
825	0	1	0
826	0	1	0
827	0	1	0
828	0	1	0
829	0	1	0

前缀的作用

(a)

	运货商#统一包裹	运货商#联邦货运
0	0	1
1	0	0
2	1	0
3	0	0
4	1	0
...	...	...
825	1	0
826	1	0
827	1	0
828	1	0
829	1	0

(b)

图 6-63

2. 数值型变量分组

在众多数据中，如销售额、工龄、成绩等数据集往往是连续型数值，如果按照分类方法来进行如 one-hot 编码，产生的数值可能毫无意义。因此，对于连续数值型变量往往采用分桶（或称为分箱）操作，利用 qcut（）或其他函数将数据集 n 等分（尽量地）。下面以 ordersdf 中的运货商的运货费分布为例。

```
pd.crosstab (index = ordersdf ['运货费'], columns = ordersdf ['运货商'], normalize = True) .style.format ("{: .2%}")
# 输出的结果如图 6-64 所示。
```

```
# 通过 qcut () 函数，对运货费进行分箱，假设分为 5 个区间
bins = pd.qcut (ordersdf ['运货费'], 5)
bins # 输出的结果是 5 个区间：Categories (5, interval [float64, right] )：[(0.019, 8.784] < (8.784, 28.114] < (28.114, 57.902] < (57.902, 116.19] < (116.19, 1007.64] ]
bins.value_counts () # 统计每个区间的记录数，如图 6-65 所示。
ordersdf['运货费分箱'] = bins # 将分箱标签附加到每条记录上，如图 6-66 所示。
```

继续使用交叉表方式对 ordersdf 分箱后的数据进行统计。

运货商 运货费	急速快递	统一包裹	联邦货运
0.02	0.00%	0.12%	0.00%
0.12	0.12%	0.00%	0.00%
0.14	0.00%	0.12%	0.00%
0.15	0.12%	0.00%	0.00%
0.17	0.00%	0.12%	0.00%
0.2	0.12%	0.00%	0.00%
0.21	0.00%	0.12%	0.00%
0.33	0.12%	0.00%	0.00%
0.4	0.00%	0.00%	0.12%
0.45	0.12%	0.00%	0.00%

图 6-64

```
(0.019, 8.784]        166
(8.784, 28.114]       166
(28.114, 57.902]      166
(57.902, 116.19]      166
(116.19, 1007.64]     166
Name: 运货费, dtype: int64
```

图 6-65

```
pd.crosstab (index = ordersdf ['运货费分箱'], columns = ordersdf ['运货商'], normalize = True) .style.format ("{:.2%}") # 输出的结果如图 6-67 (a) 所示，数值在整个数据集中的占比
pd.crosstab (index = ordersdf ['运货费分箱'], columns = ordersdf ['运货商'], normalize = 'columns') .style.format ("{:.2%}") # 输出的结果如图 6-67 (b) 所示，数值在列中的占比
pd.crosstab (index = ordersdf ['运货费分箱'], columns = ordersdf ['运货商'], normalize = 'index') .style.format ("{:.2%}") # 输出的结果如图 6-67 (c) 所示，数值在行中的占比，即以默认索引作为总体计算
```

利用 Python 及其 Pandas 等第三方库进行数据处理在此只作简单介绍，更详细的介绍可参考其他相关教材，或参考官网等在线资料。

	订单ID	客户	雇员	订购日期	发货日期	到货日期	运货商	运货费	货主名称	货主地址	货主城市	货主地区	货主邮政编码	货主国家	运货费分箱
0	10248.0	山泰企业	赵军	2012-07-04	2012-07-16	2012-08-01	联邦货运	32.38	余小姐	光明北路124号	北京	华北	111080	中国	(28.114, 57.902]
1	10249.0	东帝望	孙林	2012-07-05	2012-07-10	2012-08-16	急速快递	11.61	谢小姐	青年东路543号	济南	华东	440876	中国	(8.784, 28.114]
2	10250.0	实翼	郑建杰	2012-07-08	2012-07-12	2012-08-05	统一包裹	65.83	谢小姐	光化街22号	秦皇岛	华北	754546	中国	(57.902, 116.19]
3	10251.0	千固	李芳	2012-07-08	2012-07-15	2012-08-05	急速快递	41.34	陈先生	清林桥68号	南京	华东	690047	中国	(28.114, 57.902]
4	10252.0	福星制衣厂股份有限公司	郑建杰	2012-07-09	2012-07-11	2012-08-06	统一包裹	51.30	刘先生	东管西林路87号	长春	东北	567889	中国	(28.114, 57.902]
...	...	...	...	...	...	...	...	...	...	...	...	...	...	...	...
825	11073.0	就业广兑	王伟	2014-05-05	2014-05-11	2014-06-02	统一包裹	24.95	林慧音	西华路18号	深圳	华南	050330	中国	(8.784, 28.114]
826	11074.0	百达电子	金士鹏	2014-05-06	2014-05-11	2014-06-03	统一包裹	18.44	何先生	巩东路3号	温州	华东	173400	中国	(8.784, 28.114]
827	11075.0	永大企业	刘英玫	2014-05-06	2014-05-15	2014-06-03	统一包裹	6.19	方先生	成昆路524号	常州	华东	120400	中国	(0.019, 8.784]
828	11076.0	祥通	郑建杰	2014-05-06	2014-05-17	2014-06-03	统一包裹	38.28	谢小姐	季源南路25号	常州	华东	130080	中国	(28.114, 57.902]
829	11077.0	学仁贸易	张颖	2014-05-06	2014-05-13	2014-06-03	统一包裹	8.53	王先生	宽石西路37号	深圳	华南	871100	中国	(0.019, 8.784]

830 rows × 15 columns

图 6-66

运货商 运货费分箱	急速快递	统一包裹	联邦货运
(0.019, 8.784]	5.78%	7.95%	6.27%
(8.784, 28.114]	6.14%	7.47%	6.39%
(28.114, 57.902]	6.75%	7.47%	5.78%
(57.902, 116.19]	6.02%	8.80%	5.18%
(116.19, 1007.64]	5.30%	7.59%	7.11%

(a)

运货商 运货费分箱	急速快递	统一包裹	联邦货运
(0.019, 8.784]	19.28%	20.25%	20.39%
(8.784, 28.114]	20.48%	19.02%	20.78%
(28.114, 57.902]	22.49%	19.02%	18.82%
(57.902, 116.19]	20.08%	22.39%	16.86%
(116.19, 1007.64]	17.67%	19.33%	23.14%

(b)

运货商 运货费分箱	急速快递	统一包裹	联邦货运
(0.019, 8.784]	28.92%	39.76%	31.33%
(8.784, 28.114]	30.72%	37.35%	31.93%
(28.114, 57.902]	33.73%	37.35%	28.92%
(57.902, 116.19]	30.12%	43.98%	25.90%
(116.19, 1007.64]	26.51%	37.95%	35.54%

(c)

图 6-67

6.8 小　　结

本章通过对 T-SQL 中 INSERT、DELETE、UPDATE 语句进行从基础应用到复杂参数的深入介绍，特别是对 UNICODE 字符、图像、文本、XML 等特殊数据对象的添加和查询的详细介绍，为用户较为系统地展现了对数据增、删、改、查的处理技术，从而为用户学习利用 C/S 或 B/S 模式进行数据管理奠定了基础。

本章还介绍了通过 Pandas 等第三方 Python 库进行数据高效处理的方法，为用户进一步掌握不同的数据处理方式和学习大数据分析做好准备。

第 7 章

Neo4j 图数据库管理基础

目前主流的 NoSQL 数据库有键值数据库、列存储数据库、文档数据库和图数据库。在社交网络、推荐系统等应用场景中，若要利用图结构及相关算法开展最短路径寻找、N 度关系查找、社区划分、智能网络管理以及构建地理数据模型、分子架构模型等，图数据库具有得天独厚的优势。

本章基于 Neo4j 图数据库管理系统，利用 CQL（Cypher Query Language）对图结构及图数据库中的节点、关系、属性、标签等对象进行增、删、改、查操作，为下一步整合 Python 环境下相关第三方库功能，对海量 SQL 数据的图数据库化奠定基础。

本章学习要点：

☑ 图数据库概述

☑ 图数据库管理系统安装与配置

☑ CQL 语法下的对象增、删、改、查操作

☑ Python 与图数据库数据管理基础

7.1 图数据库概述

7.1.1 简介

图（graph）是用于对对象之间的成对关系进行建模的数学结构。图由顶点（也称为节点或点）组成，这些顶点由边（也称为链接或线）连接。

图与图形、图像不同，后二者主要是真实世界中物体的光学或其他表示。

图数据库是使用图形模型来表示和存储数据的数据库。图数据库模型是关系模型的替代方法。在关系型数据库中，数据使用具有预定义架构的刚性结构存储在表中。如图 7-1 所示，这是本教程 SQL 主题数据库中的实体关系图。

在图数据库中，没有预定义的架构（schema），任何架构都是已输入数据的反映。随着输入更多不同的数据，架构会相应地增长。图数据库存储就是以图结构形式进行

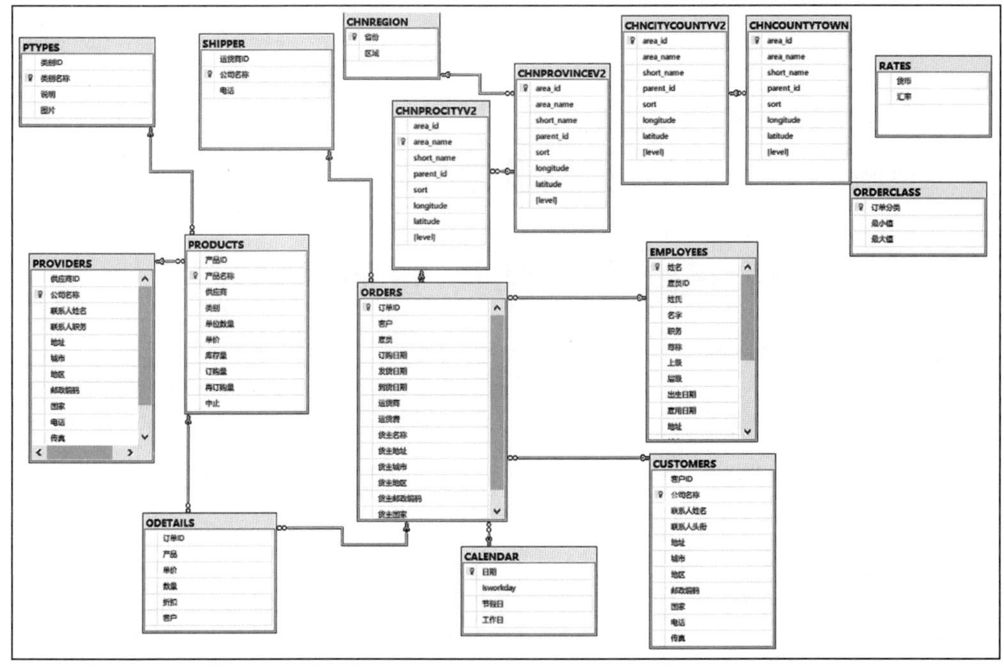

图 7-1

的，所存储的就是具有联系特征的数据，是关联数据本身。图 7-1 虽然是为存储和管理 SQL 数据而设计的，但实体对象之间的关联需要用图数据库来表达，而且 SQL 数据属性之间的关联也可以用图数据库来实现，并利用 CQL 和算法实现数据的分析、挖掘。

SQL 数据库仍是当前数据存储的主要方式之一。SQL 数据库挖掘也是数据应用的高级形式，但由于其本身架构设计的先天特性，比如数据按照结构化形式存储、事务严格遵循 ACID 原则等等，加上在互联网时代，大数据飞速发展，关联数据中的联系越来越复杂，导致 SQL 数据增、删、改、查等操作性能下降。

在 CQL、Python 等组件的支持下，具有关联性质的 SQL 数据基本可以转换为图数据库中的数据。因此，图数据库的主要管理任务包括：

(1) 图数据库的创建、更改、删除、迁移等数据定义任务，包括支持与 SQL 数据模型之间的相互转换。

(2) 在 nodes（顶点或节点）、edge（边）等技术的支持下完成图数据的增、删、改、查等数据操作任务。

(3) 实现关联数据分析的业务需求。在 CQL、算法及模型的支持下，完成对关联数据的分析挖掘，为推进业务起到数据支撑作用。

7.1.2 Neo4j 的安装与配置

本节以 Neo4j 图数据库为例，讲解在 Windows 环境下进行图数据库的安装、配置与调试。Neo4j 是一个世界领先的开源图形数据库，用 Java 编写。它的数据并非保存在表或集合中，而是保存为节点以及节点之间的关系。Neo4j 的数据由下面几部分构成：

- 节点
- 边
- 属性

Neo4j 除了节点和边，还有一个重要的部分——属性。无论是节点还是边，都可以有任意多的属性。属性的存放类似于一个 HashMap，Key 为一个字符串，而 Value 必须是基本类型（如 float、string 等）或者基本类型数组（如 list 等）。

在 Neo4j 中，节点以及边都可以包含保存值的属性，此外还应注意：

- 可以为节点设置零或多个标签（如 PRODUCTS 或 EMPLOYEES）
- 每个关系都对应一种类型（如销售或包含）
- 关系总是从一个节点指向另一个节点（可以在不考虑指向性的情况下进行查询）

Neo4j 虽然属于 NoSQL 非关系数据类型，但支持完整的 ACID（原子性、一致性、隔离性和持久性），具有适用于企业部署的高可用性集群，并附带基于 Web 的管理工具，包括完整的事务支持和可视化节点链接图形资源管理器。Neo4j 可以使用其内置的 REST Web API 接口以及带有官方驱动程序的专有 Bolt 协议通过大多数编程语言访问，比如 Python。

1. Neo4j 安装

Neo4j 各版本及 Desktop 的官网下载地址如图 7-2 所示。本教程所使用的是基于 Windows 的 Neo4j 4.4.3 版本。

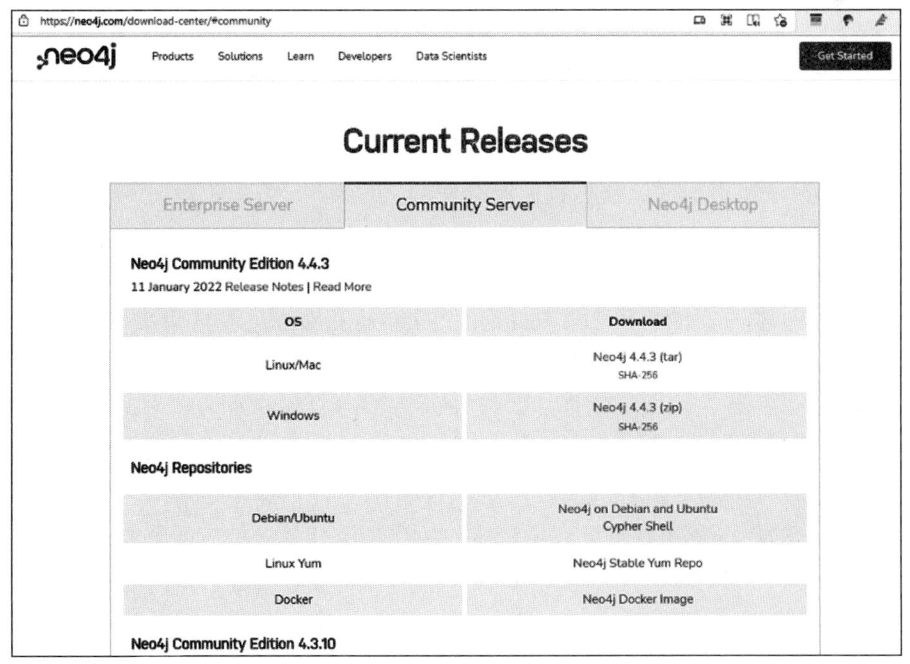

图 7-2

下载 Neo4j 图数据库服务器软件后将其解压到特定的分区及文件夹，如图 7-3 所示。

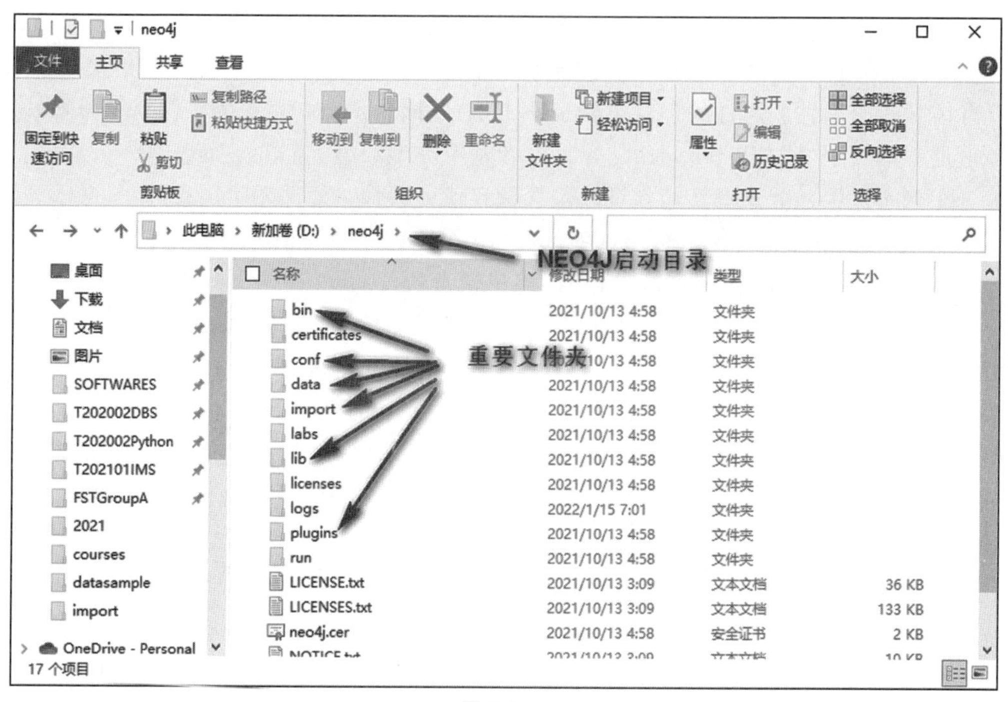

图 7-3

Neo4j 应用程序有如下主要目录结构：

- bin 目录：用于存储 Neo4j 的可执行程序；
- conf 目录：用于控制 Neo4j 启动的配置文件；
- data 目录：用于存储核心数据库文件；
- plugins 目录：用于存储 Neo4j 的插件；

Neo4j 是基于 Java 运行环境的图形数据库，因此，必须在系统中安装 Java SE (Standard Editon) 的 JRE (Java Runtime Environment)，也可以安装相应版本的 JDK (Java Development Kit)。JDK 和 JRE 是有区别的，JDK 包括 Java 运行环境 (JRE) 和 Java 开发工具；而 JRE 是运行 Java 程序时必须安装的环境。如果只是运行 Java 程序，那么只需要安装 JRE 即可；如果希望开发 Java 程序，那么必须安装 JDK。本教程使用的是 JDK 11.0.11 版本，如图 7-4 所示。

Windows 的环境变量有系统环境变量和用户环境变量，都应配置。配置环境变量分两步进行：

(1) 新建 JAVA_HOME 变量，变量值填写 jdk 的安装目录，默认的安装目录如图 7-4 所示。配置方法如图 7-5 所示。

(2) 编辑 Path 变量，变量值如图 7-6 所示。

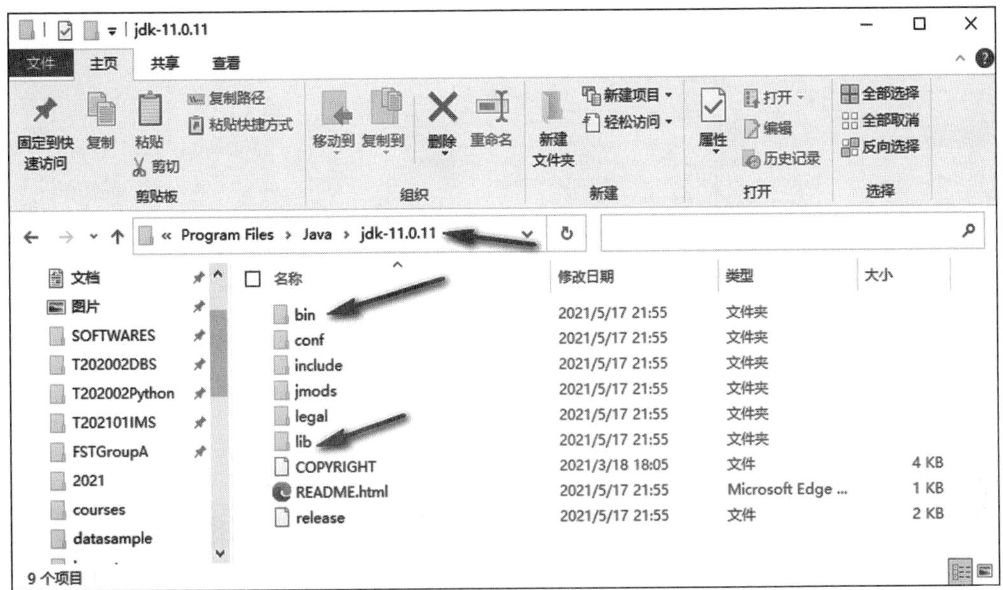

图 7-4

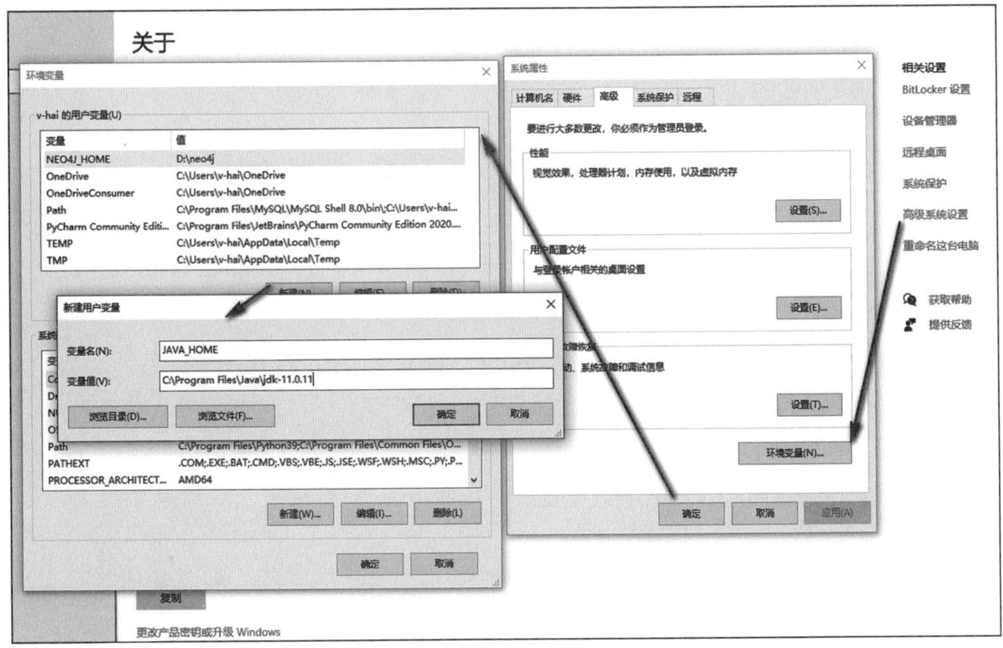

图 7-5

在 Windows 环境下，按 WIN+R 组合键，运行 cmd 命令，在命令提示符中输入 java -version 后回车，如果显示 Java 的版本信息，则说明 Java 已成功安装和配置。

创建主目录环境变量 Neo4j_HOME，并把主目录设置为变量值，如图 7-5 和图 7-6 中所示的针对 Neo4j 运行的环境配置条目。

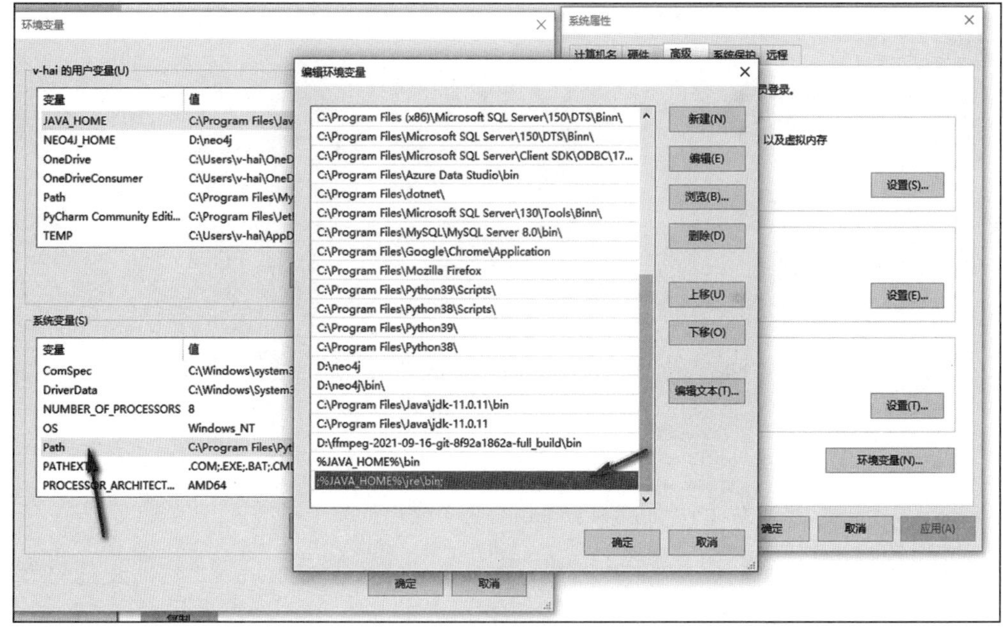

图 7-6

> 注意：Neo4j 图数据库软件的版本更新比较频繁，相应的配置也可能因为版本的变更而有所变化，请参阅官网上的参考文档。

2. Neo4j 配置

Neo4j 的配置文档存储在 conf 目录下，通过配置文件 neo4j.conf 控制服务器的工作状态。默认情况下，不需要进行任何配置，就可以启动和运行服务器。

(1) 核心数据文件的存储位置

核心数据文件的存储位置，默认是在 data/database/neo4j 目录下，要改变默认的存储目录，可以更新配置选项，如图 7-7 所示。

```
# The name of the default database
#dbms.default_database=neo4j

# Paths of directories in the installation.
#dbms.directories.data=data
#dbms.directories.plugins=plugins
#dbms.directories.logs=logs
#dbms.directories.lib=lib
#dbms.directories.run=run
#dbms.directories.licenses=licenses
#dbms.directories.transaction.logs.root=data/transactions
```

图 7-7

（2）配置 LOAD CSV 导入外部数据源（见图 7-8）

```
# This setting constrains all `LOAD CSV` import files to be under the `import` directory. Remove or comment it
out to
# allow files to be loaded from anywhere in the filesystem; this introduces possible security problems. See the
# `LOAD CSV` section of the manual for details.
dbms.directories.import=import
```

图 7-8

（3）配置 JAVA 堆内存的大小（见图 7-9）

```
# Java Heap Size: by default the Java heap size is dynamically calculated based
# on available system resources. Uncomment these lines to set specific initial
# and maximum heap size.
#dbms.memory.heap.initial_size=512m
#dbms.memory.heap.max_size=512m
```

图 7-9

还可以根据不同的应用场景和需求，在配置文件中分别设置，以及添加相关参数，在此不一一介绍。

3. Neo4j *启动*

在正式启动 Neo4j 之前，建议将 Neo4j 安装为 Windows Service，用管理员权限运行 Power Shell 或者 CMD，执行命令：neo4j install-service。系统会提示是否安装成功，并且可以在 Windows Service 管理界面（在 Windows 运行中输入 services. msc 可调用）看到该服务状态。建议将该服务设置为手动启动，即在需要时启动 Neo4j 服务即可。如图 7-10 所示。

调用 Neo4j 服务的命令是 net start neo4j 或者 neo4j start。

本教程所使用的 Neo4j 是开放的社区版，客户端使用 Web 浏览器或者 Neo4j Desktop Client。启动 Neo4j 服务之后，即可开始使用客户端进行连接与应用。在后续学习中，还将介绍如何利用 py2neo 库实现 Python 与 Neo4j 图数据库之间的交互。

（1）利用 Web 浏览器访问 Neo4j 图数据库

如图 7-11 所示，本地访问 Neo4j 图数据库的地址是 http：//127. 0. 0. 1：7474 或者 http：//localhost：7474。

第一次登录 Neo4j 图数据库平台时，需要重置登录密码。如图 7-12 所示。

重置密码后，进入 Neo4j 数据库主界面，如图 7-13 所示。左侧主要是菜单区域，右侧为代码及执行结果呈现区域，并有关闭界面、最大化界面、固定界面等相关功能。

利用 Neo4j Desktop Client 进行 Neo4j 数据库连接和管理，首先需要设置连接的属性，如图 7-14 所示。

以添加本地 Neo4j 数据库为例，如图 7-15 所示进行配置。

若添加远程 Neo4j 数据库，则远程数据库服务器配置必须设置为远程连接，包括可接受的 IP 地址、端口等，如图 7-16 所示。

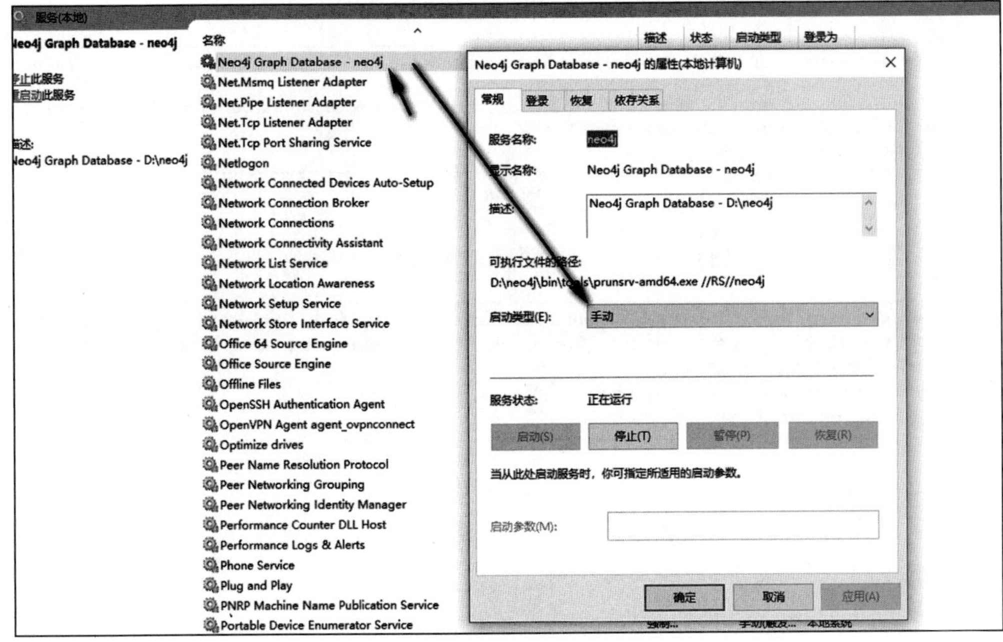

图 7-10

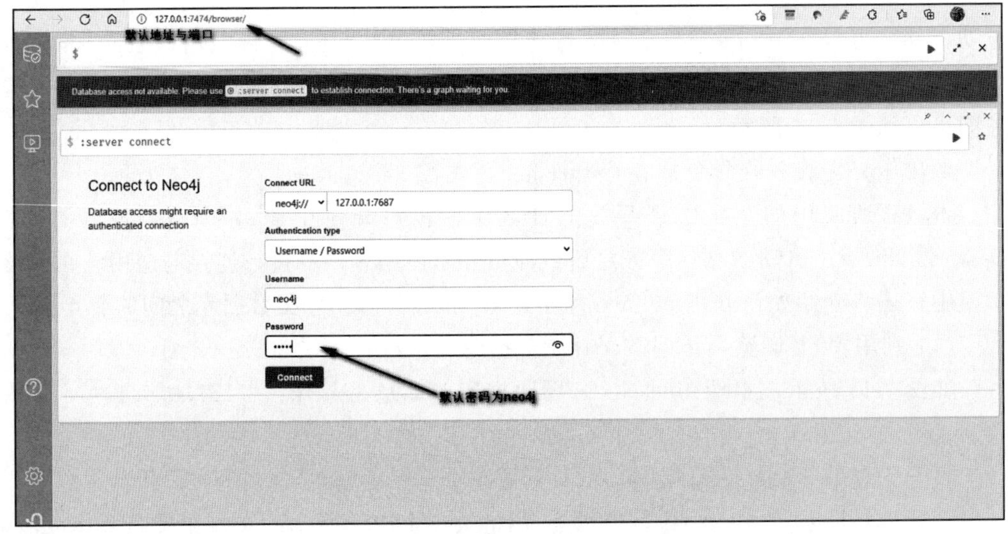

图 7-11

当配置连接属性后，如图 7-17 所示，单击“Connect”，完成与 Neo4j 数据库的连接，并进入工作状态。

已成功连接的数据库会呈现“Active”的状态，这时可点击左边菜单栏上的数据库图标，进入数据库管理状态，如图 7-18 所示。

当选择利用 Browser 方式进行 Neo4j 管理时，进入如图 7-19 所示的界面。实际上调用的是其他浏览器的界面（对比图 7-13），但 Neo4j Browser 是面向开发人员的工

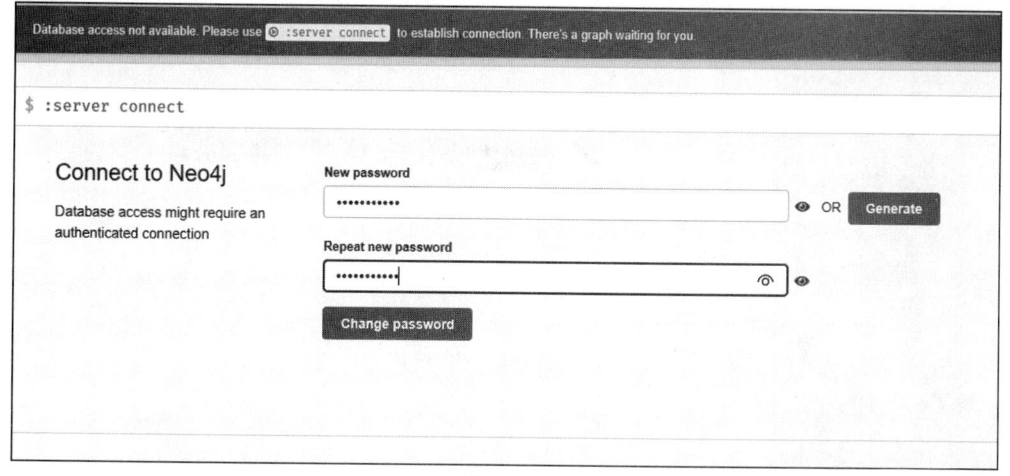

图 7-12

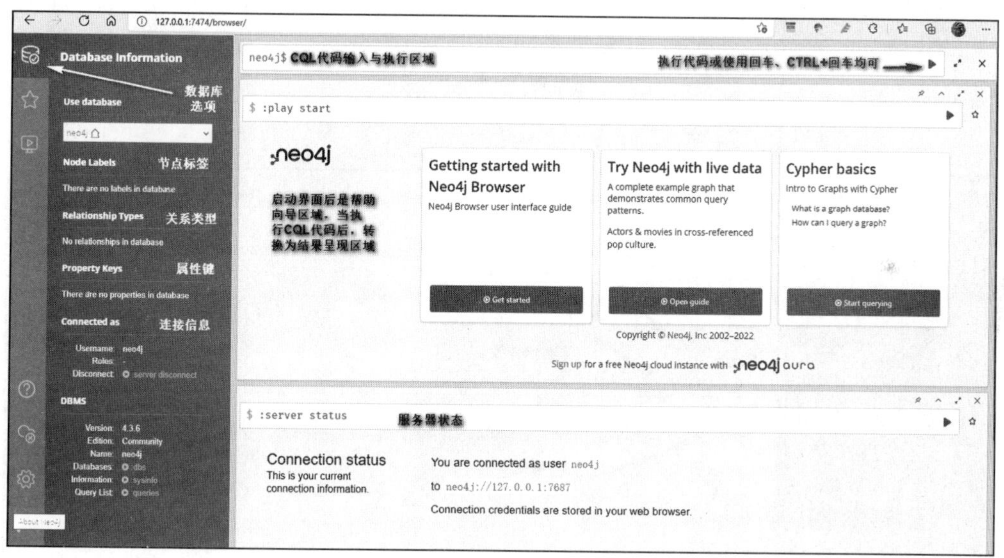

图 7-13

具，允许开发人员执行 CQL 并可视化结果，它是 Neo4j 数据库的企业版和社区版的默认开发人员界面。

Neo4j Bloom 是一种商业许可的产品，允许用户使用自然语言浏览其图数据。它必须在 Neo4j 企业版环境下才能使用，否则会报错，如图 7-20 所示。

对于一般用户而言，Neo4j ETL 的主要作用是将数据从 RDBMS（关系数据库）转换为 Neo4j 图数据库，如图 7-21 所示。

Neo4j Browser 的使用方法将在后文介绍，对于 BLOOM 和 ETL，可参考官网相关资料，本教程不作详细介绍。

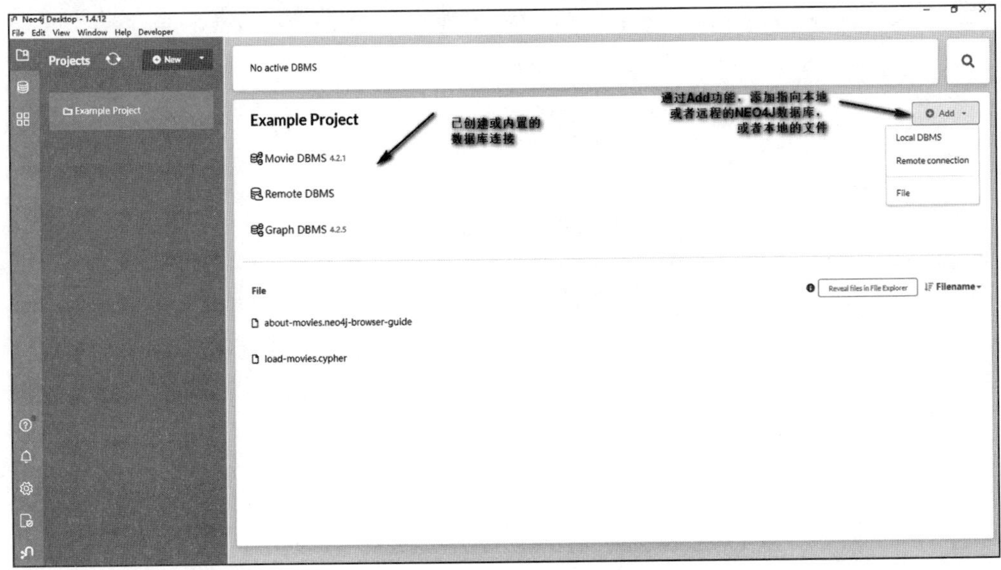

图 7-14

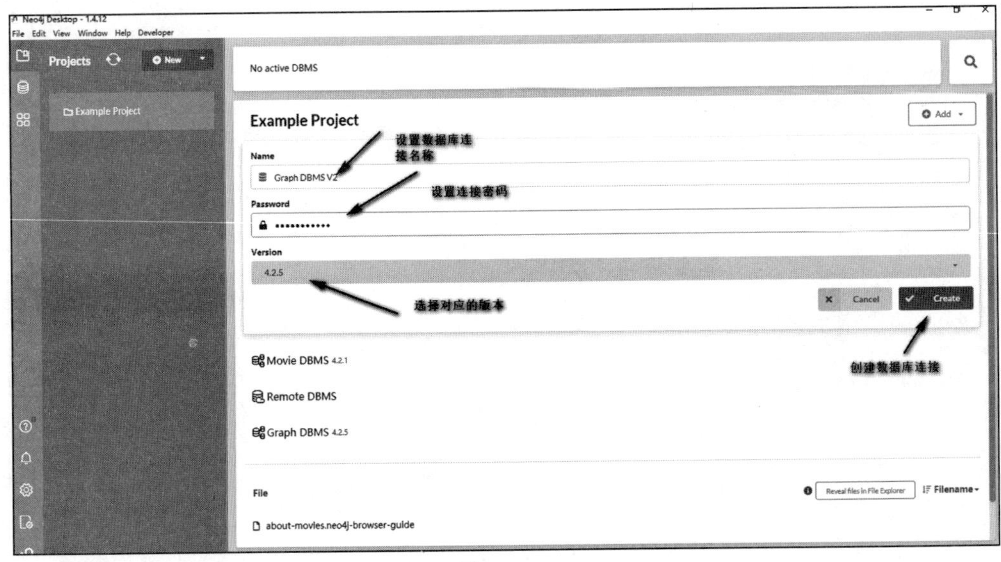

图 7-15

7.1.3 SQL 数据库与图数据库比较

1. 模型比较

数据库模型描述了在数据库中结构化和操纵数据的方法，模型的结构部分规定了数据如何被描述（如树、表等），模型的操纵部分规定了数据的添加、删除、显示、维护、打印、查找、选择、排序和更新等操作。

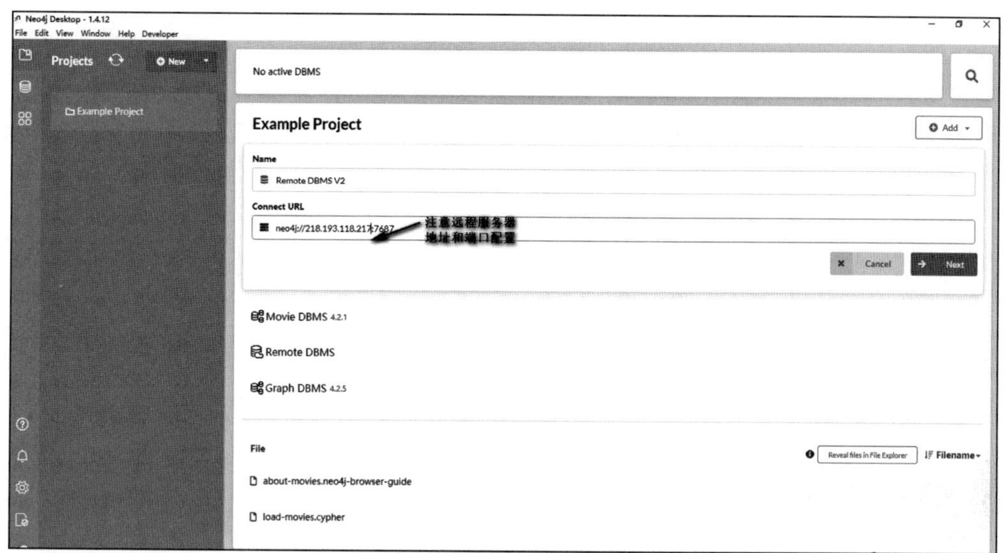

图 7-16

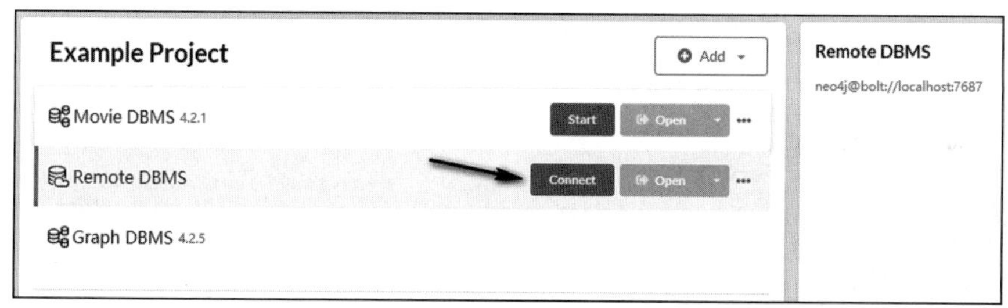

图 7-17

以 ORDERS、ODETAILS、EMPLOYEES 三张 SQL 表为例，如图 7-22 所示。该数据关系图中，ODETAILS 表、EMPLOYEES 表分别与 ORDERS 表创建了主外键关系，代表着 ORDERS 表订单详情需要连接 ODETAILS 表进行查询，ORDERS 表中负责销售的员工详细信息需要从 EMPLOYEES 表中进行查询（关系型数据库请参考本教程与 SQL 相关的内容）。

在某些方面，图形数据库类似于下一代关系型数据库，但对“关系”或传统关系数据库中通过外键指示的隐式连接具有一定的支持。数据由节点表示，可以在节点之间创建关系，这意味着整个数据库集合看起来像一个图形，这使得 Neo4j 与其他数据库管理系统不同。

本机图形属性模型中的每个节点（实体或属性）都直接和物理地包含一个关系记录列表，这些记录表示该节点与其他节点的关系。这些关系记录按类型和方向进行组织，并可能包含其他属性。

如果将上文的三个表及关系转换为图数据库模型，则如图 7-23 所示。

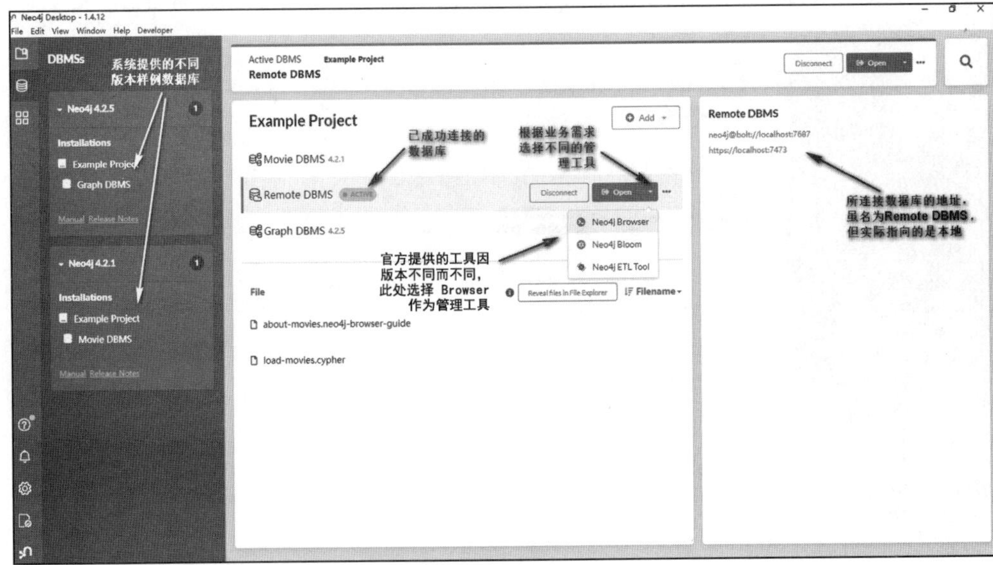

图 7-18

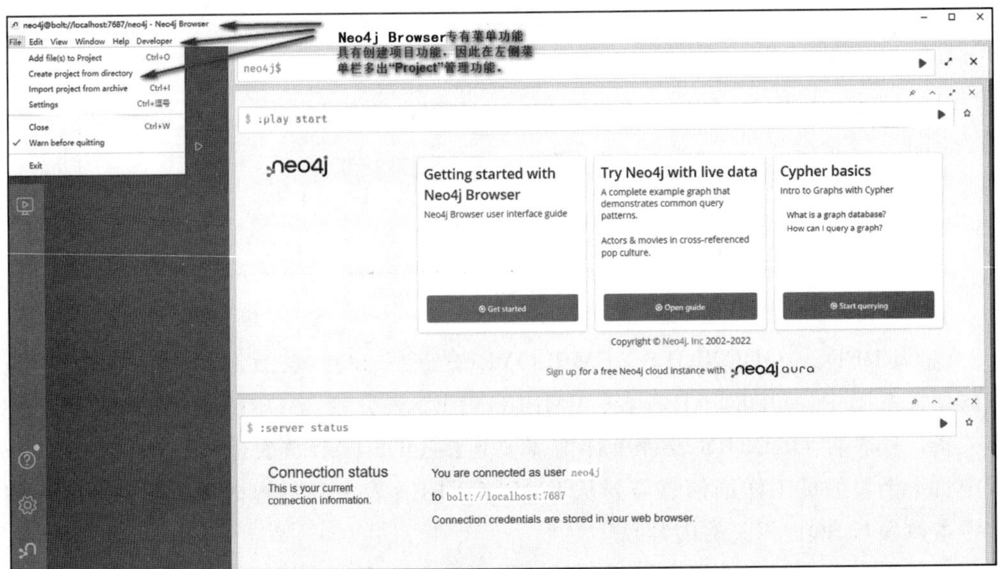

图 7-19

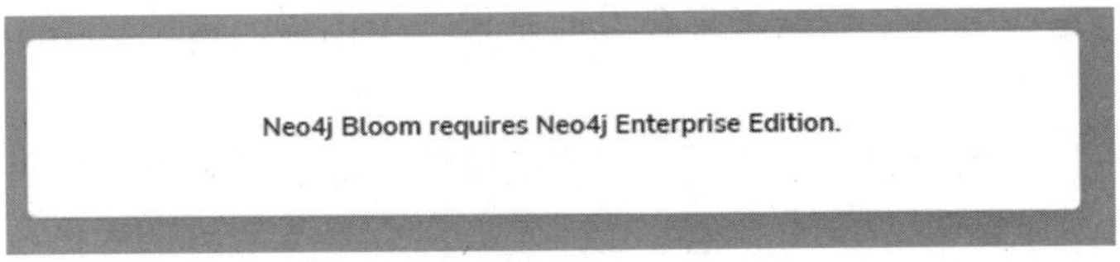

Neo4j Bloom requires Neo4j Enterprise Edition.

图 7-20

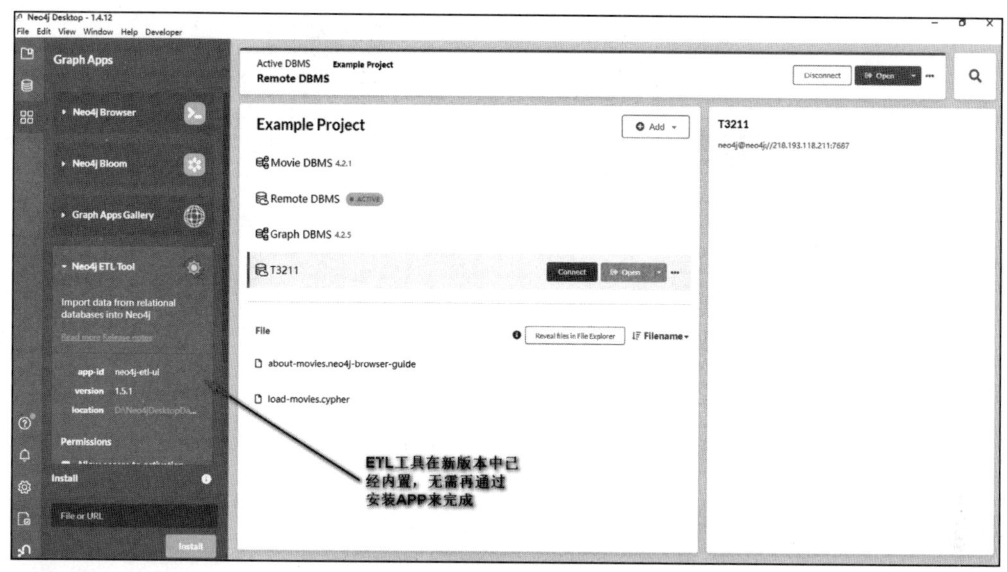

图 7-21

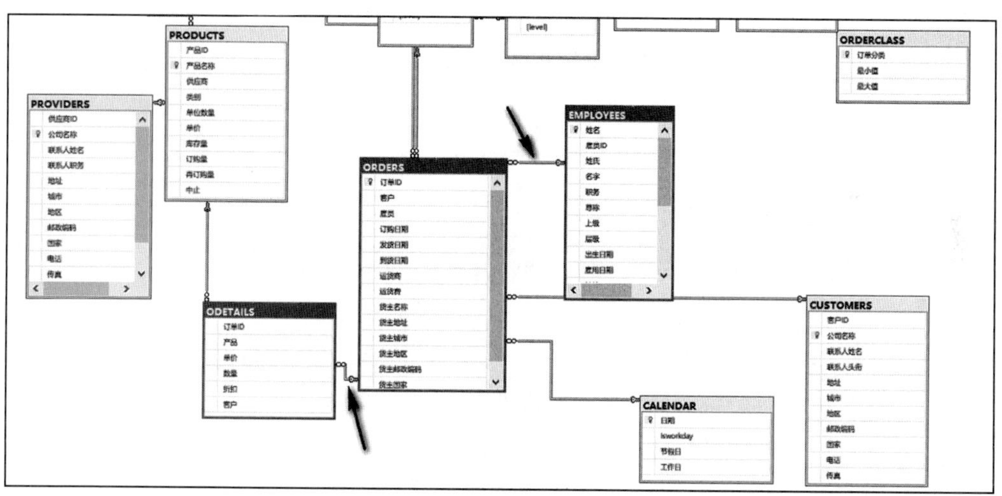

图 7-22

在图 7-23 中，同一域的图数据模型包含多个部门的组织内的雇员和所负责的订单，以及订单中所销售的具体商品及价格等属性，这些统称为节点及属性。使用图模型，所有连接（JOIN）的表，现在都已成为图中的关系，称为 Relationships，而表中的列则成为图中关系的属性。用更加贴切的图数据模型表示则如图 7-24 所示。

2. 概念比较

图数据库以实体及其关系为主要存储对象。

- 图（graph）：指关系图，其核心是关系的总和。比如，雇员及商品销售图、订单及包含商品图、经理与员工隶属图等。
- 节点（node）：一般指实体，是主要的数据元素，通过关系连接到其他节点，

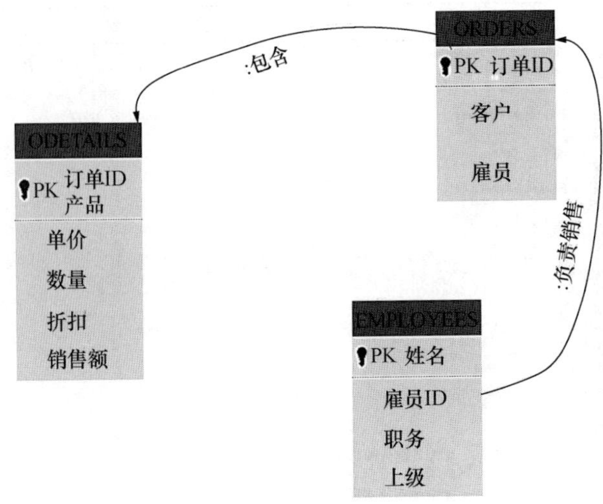

图 7-23

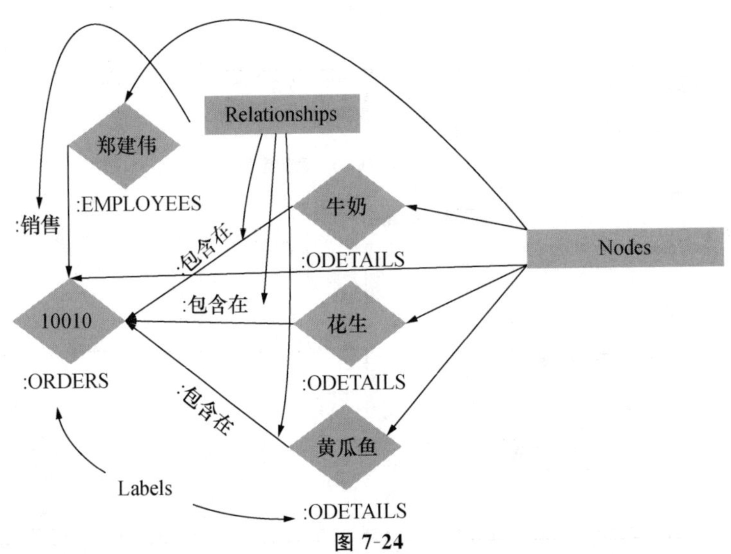

图 7-24

（资料来源：https：//neo4j. com/blog/rdbms-vs-graph-data-modeling/）

可以有多个属性和标签。比如，员工、订单、运货商等。

- 关系（relationship），也可称作边（edge），一般指节点之间的具体关系，往往是属性、活动等的表现。比如，朋友关系、订购关系、隶属关系等。
- 属性（property）：节点或边可以包含属性，可以有索引和约束。比如，员工姓名、产品名称、订单下单时间等。
- 标签（label）：用于节点分组，比如“鸭肉”（新故乡，35 元）可以有“产地”“订单明细”等多个实体标签。

Neo4j 与 SQL 关系型数据库概念对比如表 7-1 所示。

表 7-1　Neo4j 与 SQL 关系型数据库概念对比

SQL	Neo4j
表	节点及其标签、关系
行	节点
列	属性，往往以键值对方式存储
连接	关系，或称为边

7.2　图数据库管理基础

Neo4j 图数据库管理基础包括数据库（参考图 7-19 及相关说明）、节点、标签、关系等对象的创建与管理。如果是 SQL 数据库，则这些任务是开展数据管理和应用的基础。

以下操作若无特殊说明，则使用 Web Client 方式基于 Neo4j 系统默认数据库进行创建，而非 Neo4j Browser 环境下完成。

7.2.1　Neo4j 数据定义基础

1. 创建节点

（1）创建无标签的节点

```
create (n) //单个无标签节点，从 Node Labels 中查询不到，可直接添加 return n 语句查看创建的结果
create (n), (m) //可创建多个无标签节点
match (n), (m) return n, m //查询创建的节点情况，match、return 的用法后文详细说明
match (n), (m) delete n, m //查询所有节点并删除，delete 用法后文详细说明
//输出的结果如图 7-25 所示。
```

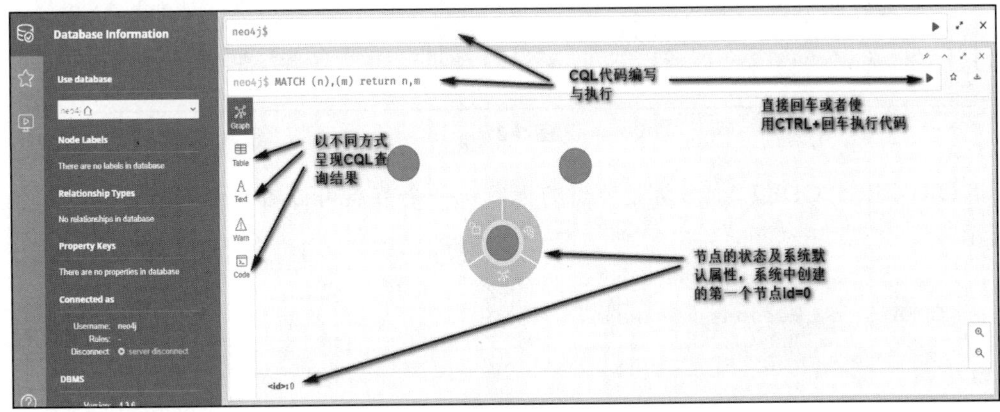

图 7-25

（2）创建有标签的节点

参考图 7-1 所示，根据多个 SQL 表来创建图数据库中的节点，如图 7-26 所示。

```
CREATE (ord: ORDERS), (ordt: ODETAILS), (prd: PRODUCTS), (pt: PTYPES), (sp: SHIPPER), (emp: EMPLOYEES), (cust: CUSTOMERS), (ctr: COUNTRY), (prv: PROVINCES), (cty: CITIES), (reg: REGIONS), (cnt: COUNTIES), (twn: TOWNS)
```

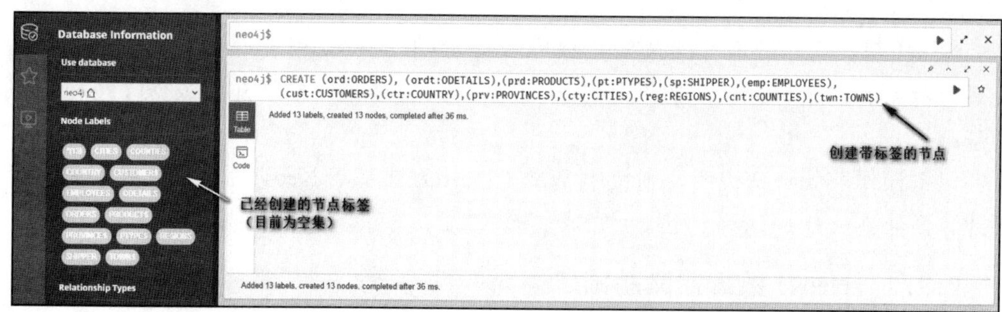

图 7-26

ord、ordt 等是系列变量，如果在一个代码区中有两个相同的变量被同时调用，系统就会报错，如图 7-27 所示。

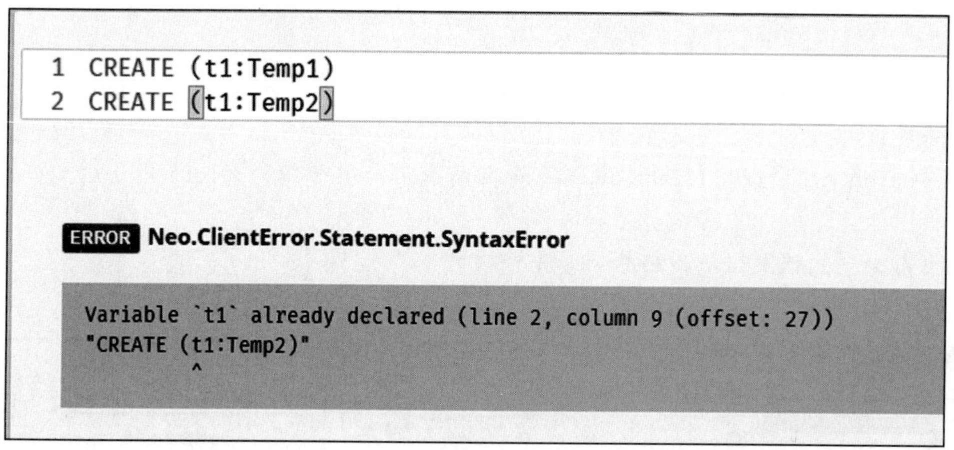

图 7-27

ORDERS、ODETAILS 等是节点的标签，一个节点可以有多个标签，如图 7-28 所示。

```
CREATE (n: Persons: China)
```

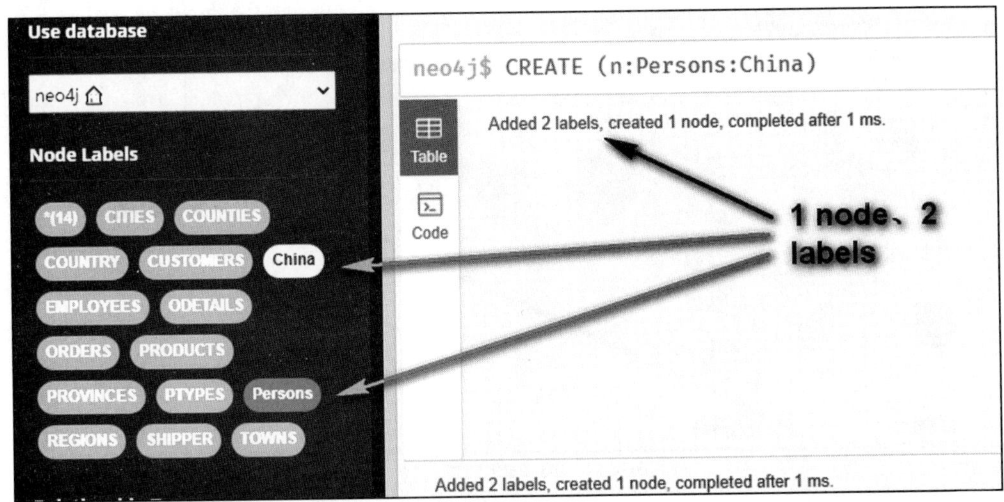

图 7-28

(3) 创建带标签和属性的节点

如图 7-29 所示，标签 ORDERS 之后跟随了一个键值对数据，该数据为节点标签设置了一个名为 name 的属性，该属性值＝订单。通过查询语句 MATCH，可以看到结果中默认呈现了 name 的属性。如果一个节点标签有多个属性，则可以在多个属性间进行切换，从而以不同的视角观测节点。

```
CREATE (ord: ORDERS {name: '订单'} ), (ordt: ODETAILS {name: '订单详情'} ), (prd: PRODUCTS {name: '产品'} ), (pt: PTYPES {name: '类别'} ), (sp: SHIPPER {name: '运货商'} ), (emp: EMPLOYEES {name: '雇员'} ),  (cust: CUSTOMERS {name: '客户'} ), (ctr: COUNTRY {name: '国家'} ), (prv: PROVINCES {name: '省份'} ), (cty: CITIES {name: '城市'} ), (reg: REGION {name: '区域'} ), (cnt: COUNTIES {name: '县区'} ), (twn: TOWNS {name: '乡镇'} )
```

2. 创建关系

(1) 两个节点关系的创建

创建关系指的是两个节点对象之间的关系创建。如果节点中没有设置相关的属性，则会对两个节点创建一个新的标签，并建立起相应的关系，如图 7-30 所示。

```
CREATE (a: ORDERS) - [r: 包含] -> (b: ODETAILS)
RETURN r
```

(2) 两个节点特定条件关系的创建

上一步中，两个节点没有指定相应的标签属性（相当于条件），因此就会在已有的节点中创建一个新的无属性标签，可视化呈现为无任何标识的圆圈（除了系统赋予

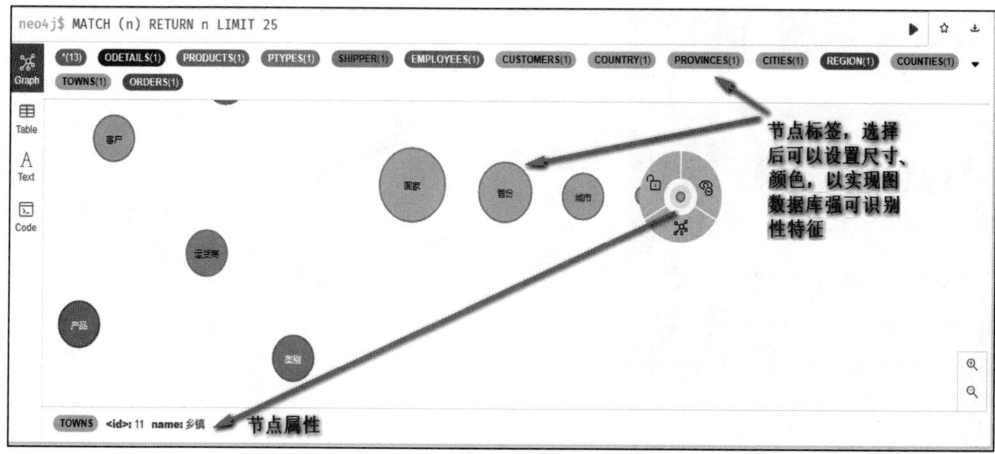

图 7-29

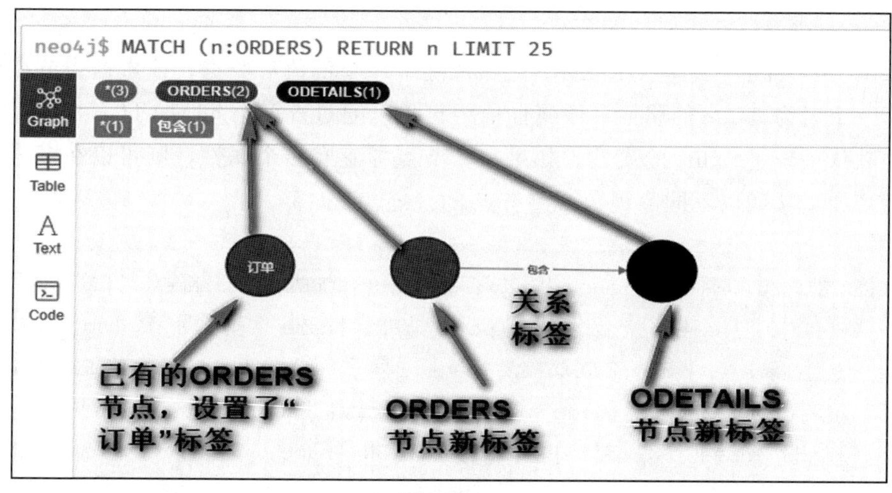

图 7-30

的 ID 值)。如果要在已有标签属性的节点之间创建关系，则需要携带相应的属性及其条件值，如图 7-31 所示。关于 MATCH、WHERE 等相关内容将于下文详细介绍。

```
MATCH (a: ORDERS), (b: ODETAILS)
WHERE a.name = '订单' AND b.name = '订单详情'
CREATE (a) - [r: 包含] -> (b)
RETURN r
```

(3) 创建带有属性的关系

为了更好地精细化管理关系对象，一般需要对关系等对象设置可唯一识别的属性，如图 7-32 所示。

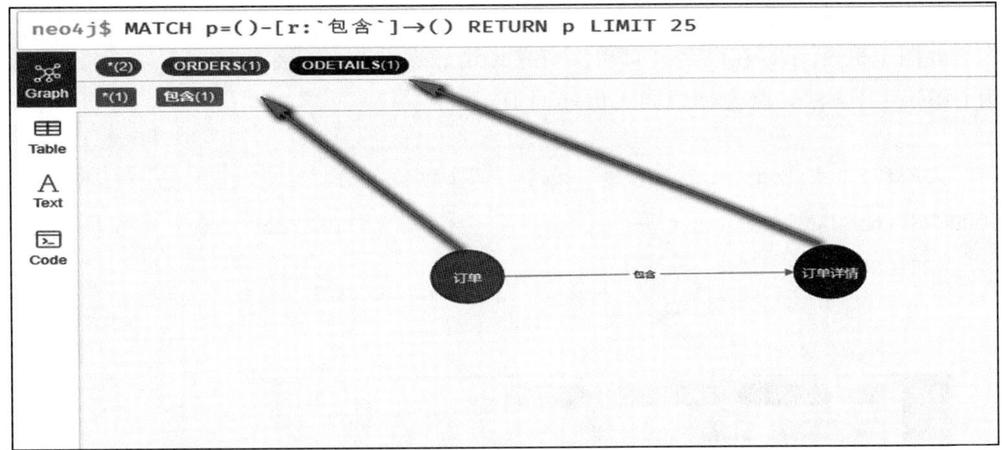

图 7-31

```
MATCH (a: ORDERS), (b: ODETAILS)
WHERE a.name = '订单' AND b.name = '订单详情'
CREATE (a) - [r: 包含 {name: a.name + '<->' + b.name} ] -> (b)
RETURN r
```

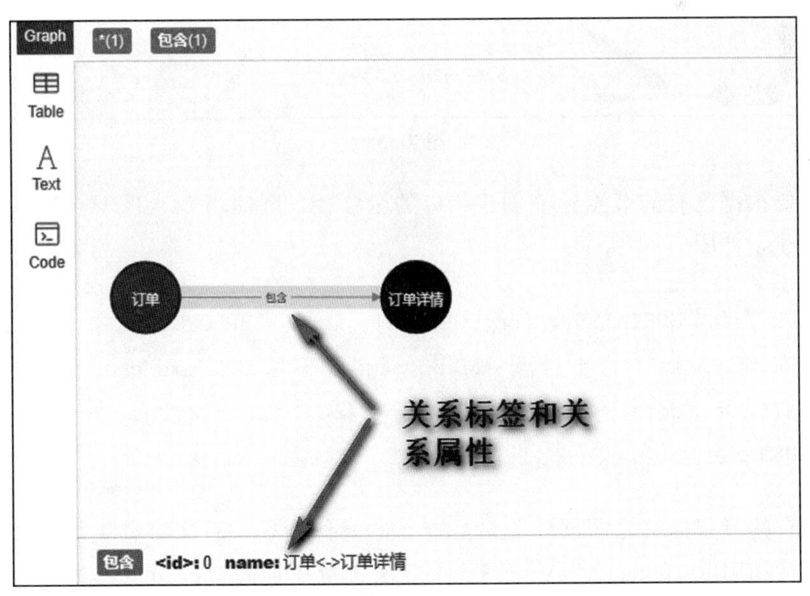

图 7-32

3. 创建全路径关系

要创建所有节点之间的关系，可以采取逐个完成的方式，也可以通过全路径

(full path) 方式进行创建，前提是数据之间的关系在客观或者业务需求上是存在的，节点及相关属性也建议进行设置。

如图 7-33 所示，在已经有订单、订单详情、雇员节点标签的情况下，如果直接使用 CREATE 方法，将会创建同名但不同 ID 的标签：

```
CREATE p = (odt: ODETAILS {name: '订单明细'}) - [: 包含在] -> (od: ORDERS {name: '订单'}) <- [: 负责] - (emp: EMPLOYEES {name: '雇员'})
RETURN p
```

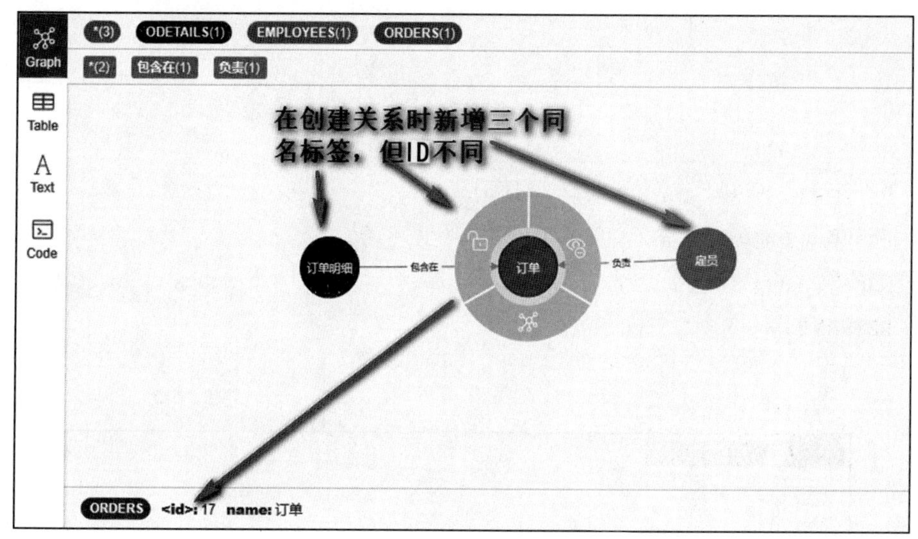

图 7-33

如果要根据已有的节点标签创建相应的全路径，则使用 MATCH…WHERE 的方式进行创建，如图 7-34 所示。

```
MATCH (odt: ODETAILS), (od: ORDERS), (emp: EMPLOYEES)
WHERE odt.name = '订单详情' AND od.name = '订单' AND emp.name = '雇员'
CREATE p = (odt) - [: 包含在] -> (od) <- [: 负责] - (emp)
RETURN p
```

在已有的节点标签之间创建关系是推荐的操作方式，后文将有更加系统、详细的介绍，包括利用 Python、LOAD CSV 等方法进行更加高效的节点、标签、属性、关系等管理。

7.2.2 Neo4j 数据操作基础

Neo4j 数据操作主要包括对数据的查询、更新和删除。

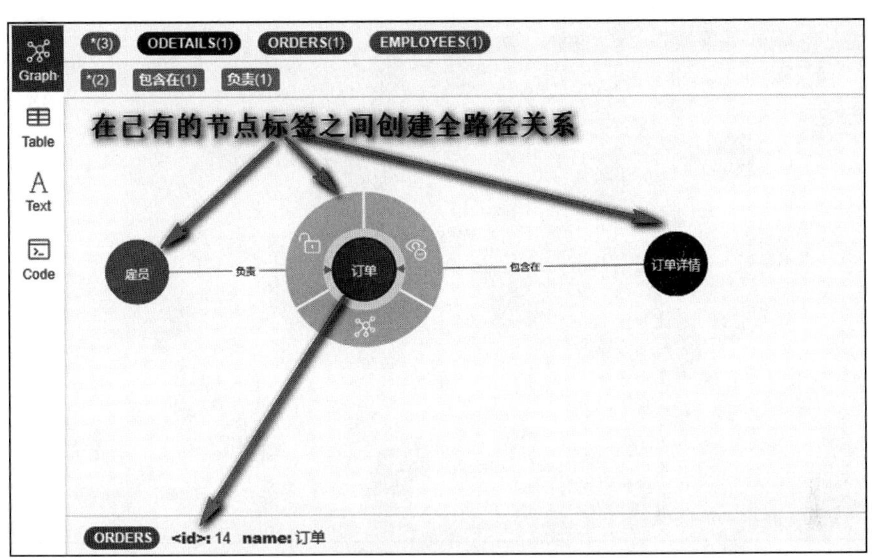

图 7-34

1. 查询操作

利用 MATCH 子句进行查询，是 Neo4j 图数据库管理中最重要的应用之一。

MATCH 子句允许用户定义图数据库查询的模式。MATCH 通常与 WHERE 条件一起，向 MATCH 模式添加限制或谓词，使其更加具体。谓词是模式描述的一部分，不应被视为仅在匹配完成后才应用的筛选器，即 WHERE 应始终与它所属的 MATCH 子句放在一起。（类似于 SQL 聚合查询 GROUP BY 过程中，WHERE 与 HAVING 的作用是不同的，这部分内容请参考本教程第 4.2 节）

MATCH 可以在查询开始时或之后发生，也可能在 WITH（后面章节将介绍）之后发生。如果是第一个子句，则尚未绑定任何内容，Neo4j 将规划一个搜索以查找与子句匹配的结果以及 WHERE 部分中指定的任何关联谓词。这可能涉及扫描数据库、搜索具有特定标签的节点或搜索索引以查找模式匹配的起点。通过此搜索找到的节点和关系可用于绑定模式元素，也可用于路径的模式匹配，还可以用于任何进一步的 MATCH 子句中。Neo4j 将使用已知元素，并从中查找更多未知元素。

MATCH 查询一般都需要返回一个结果，如果是最终结果，则需要用 RETURN 子句。RETURN 返回的结果可以是节点、关系或者属性（值）等。

为了更加清晰地演示，我们假设已经创建了相关节点并设置相应的关系标签、属性等，如图 7-35 所示。

（1）节点基本查询

① 查询所有节点

采用仅指定具有单个节点且没有标签的模式，将返回图形中的所有节点，如图 7-36 所示。

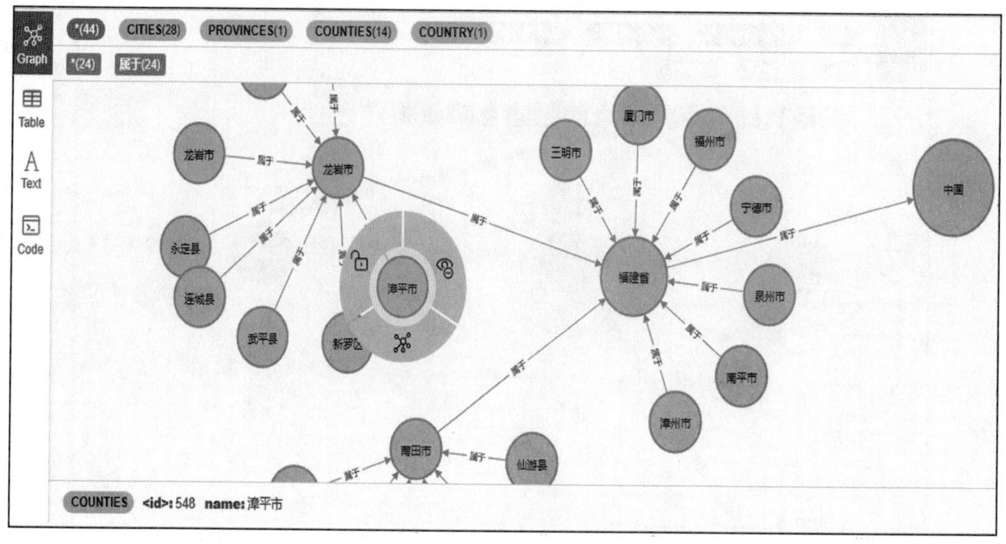

图 7-35

```
MATCH (n) RETURN n //如前文假设库中已创建部分节点、标签等
```

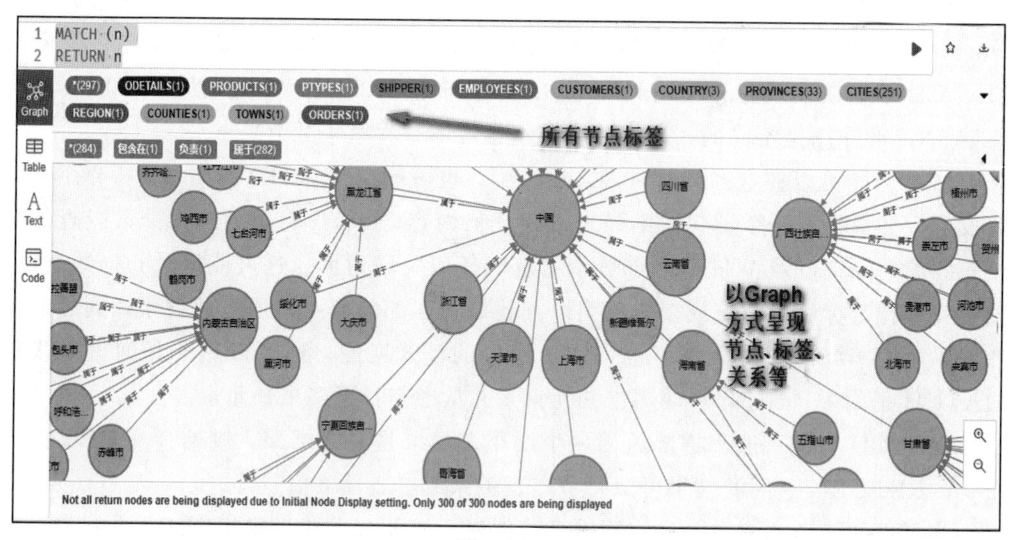

图 7-36

② 通过标签查询节点

获取所有带有特定标签的节点，往往应用于单个节点模式，其中节点上已设置了标签，如图 7-37 所示。

MATCH (city: CITIES) RETURN city.name //查询节点标签为 CITIES 的节点信息，并返回其 name 属性

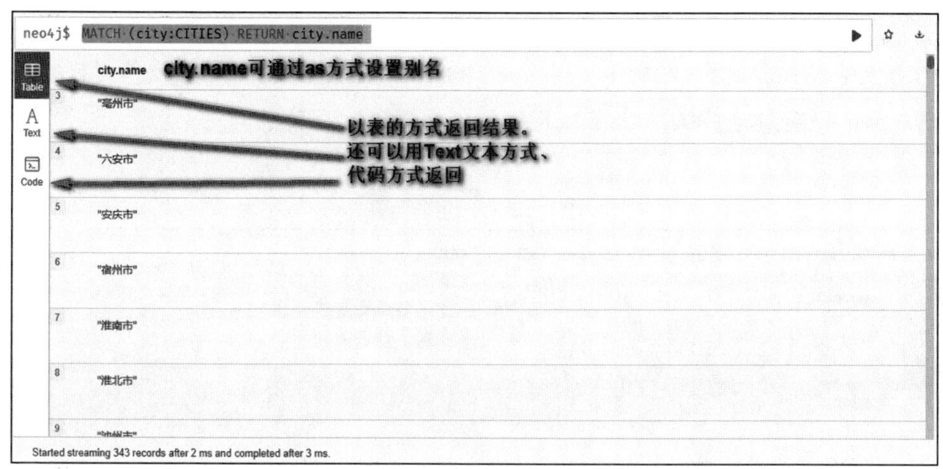

图 7-37

③ 查询相关节点

查询相关节点的前提是节点之间已经创建了关系，符号“——”表示具有相关关系，而不考虑关系的类型或方向，如图 7-38 所示。

MATCH (pro {name: '辽宁省'}) -- (items) RETURN items.name //pro、items 是变量，并未与相应的节点标签捆绑，因此会遍历库中满足 name = '辽宁省'的属性

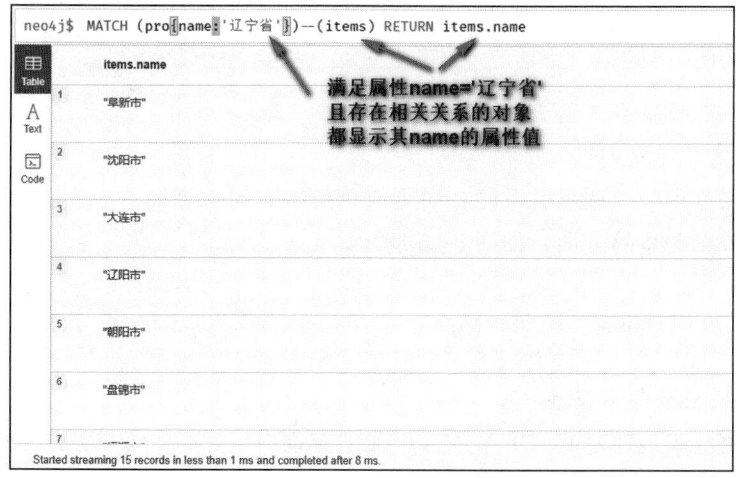

图 7-38

④ 基于标签的查询

上文中的查询往往带有一定的模糊特征，如果要执行更加高效或精准的查询，往往要在节点上使用标签约束模式，注意要满足标签语法将其添加到模式节点，如图 7-39 所示。

```
MATCH (city: CITIES) -- (pro: PROVINCES {name: '福建省'}) RETURN city.name //查询与 PROVINCE 节点标签为“福建省”相关的城市
```

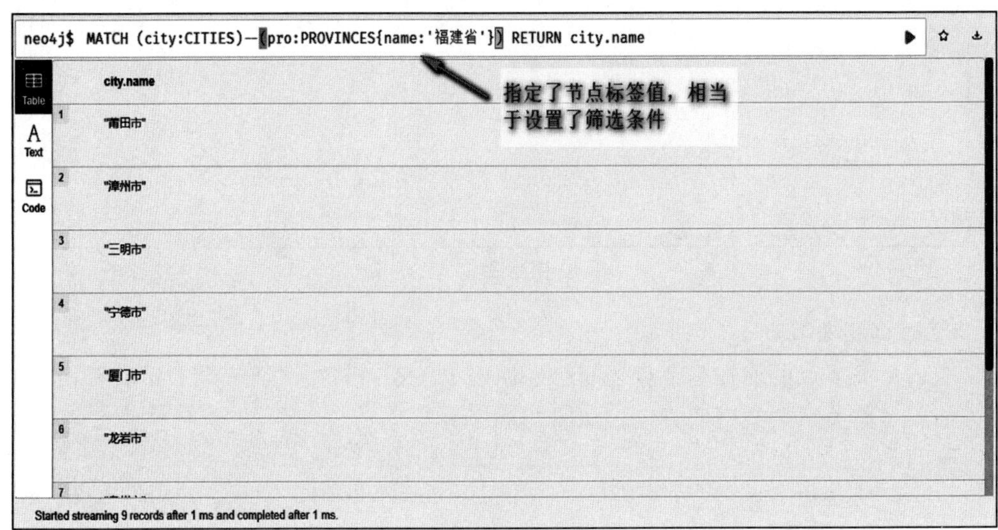

图 7-39

若使用下列语句，则查询出与辽宁省相关的人物：

```
MATCH (pro {location: '辽宁省'}) -- (items) RETURN items.name
```

(2) 关系基本查询

① 传出关系查询

关系查询过程中，如果关系的方向是有价值的，可以通过“→”或“←”来表达所要查询的节点关系的方向，如图 7-40 所示。

```
MATCH (pro {name: '福建省'}) --> (n) RETURN n.name //
```

② 有向关系及变量查询

当需要更准确地通过有向关系进行相关的查询时，可以先了解关系的类型，如图 7-41 所示。

图 7-40

```
MATCH (pro {name: '福建省'}) - [r] -> (n) RETURN type (r), n.name
```

图 7-41

如果改变有向关系的方向，查询到的是哪些城市属于福建省的结果，如图 7-42 所示。

```
MATCH (pro {name: '福建省'}) <- [r] - (n) RETURN type (r), n.name
```

	type(r)	n.name
1	"属于"	"莆田市"
2	"属于"	"漳州市"
3	"属于"	"三明市"
4	"属于"	"宁德市"
5	"属于"	"厦门市"
6	"属于"	"龙岩市"

n.name下的这些城市属于福建省

图 7-42

如果使用双向关系，则查询到福建省属于中国、相关城市属于福建省两种节点类型，如图 7-43 所示。

```
MATCH (pro {name: '福建省'} ) <- [r] -> (n) RETURN type (r), n.name
```

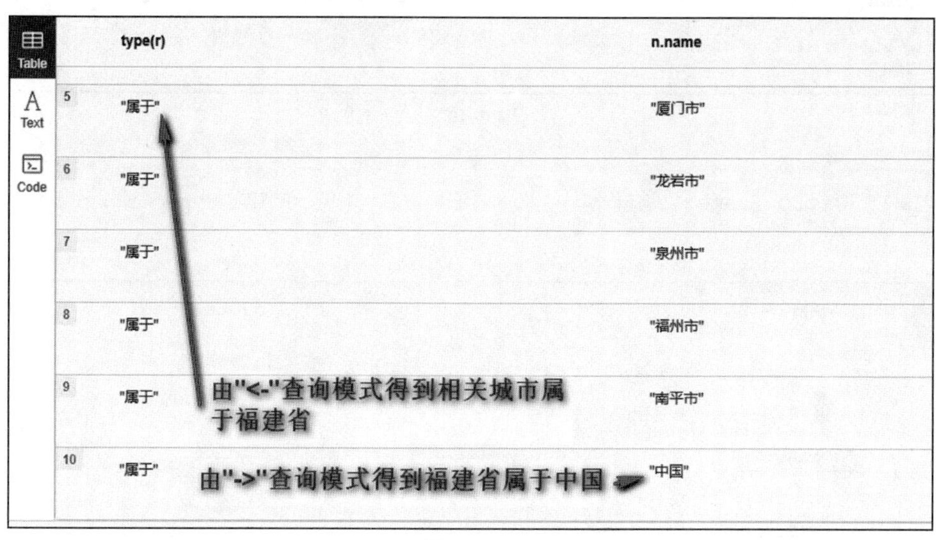

图 7-43

③ 关系筛选查询

要匹配多个关系类型之一，可通过将它们与管道符号连接在一起来指定，如图 7-44 所示。

```
MATCH p = (city: CITIES {name: '南京市'} ) <- [: 所在] - () RETURN
p //查询所有关系标签属性“所在”南京市的客户名称
```

如果关系中有多个标签属性，可以通过“|”来连接多个关系标签属性，比如需要查询所有关系标签属性“所在”或“属于”南京市的客户名称或下辖县区名称，如图 7-45 所示。

```
MATCH p = (city: CITIES {name: '南京市'} ) <- [: 所在 | 属于] - ()
RETURN p
```

2. 更新操作

在 Neo4j 环境下，对节点属性等对象标签的更新设置使用 SET 谓词，SET 可以与映射（以文本、参数、节点或关系的形式提供）一起使用。

在节点上设置标签是幂等操作，如果尝试在已具有该标签的节点上设置标签，则不会发生任何操作。通过查询结果可说明更新是否成功。

假设在 PRODUCTS 节点中有一款产品是“新故乡百合”，只有 productName 属

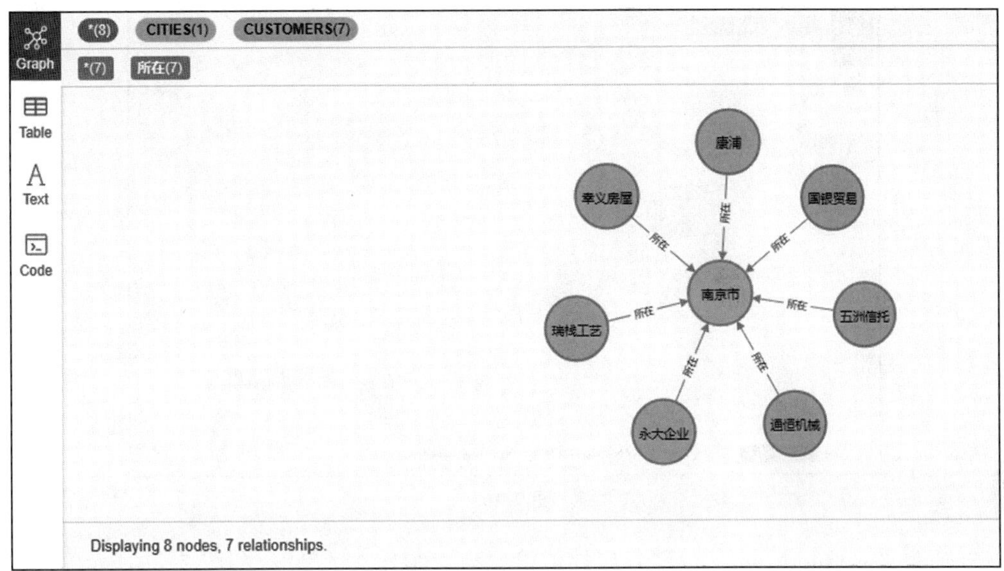

图 7-44

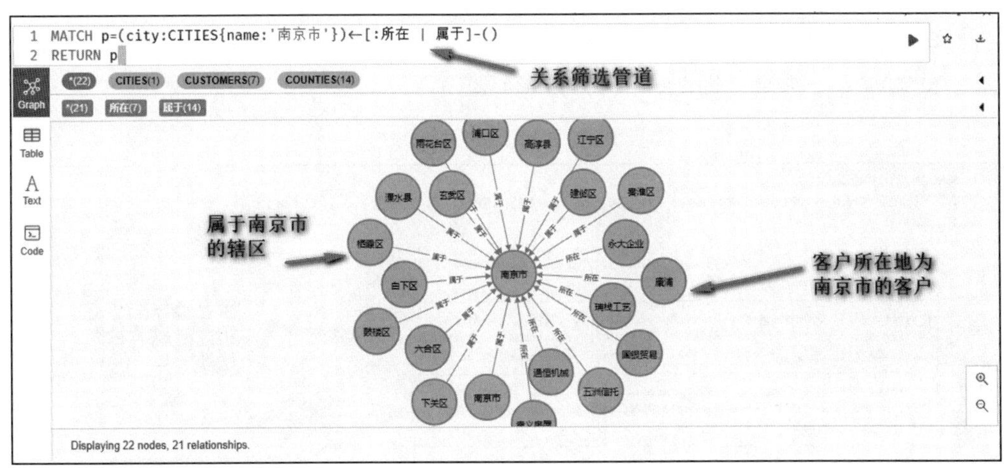

图 7-45

性，现在需要为“新故乡百合”设置单价，如图 7-46 所示。

```
MATCH (p: PRODUCTS {productName: "新故乡百合"} )
SET p.productPrice = 10.12
RETURN p
```

如果需要对该产品重新设置价格，也可以直接修改价格，而不更改其他语句。

SET 语句可以使用更复杂的表达式在节点或关系上设置属性。例如，与直接指定节点相比。下列使用的是内嵌的 CASE 选择语句：如果产品单价高于 10 元，则增加

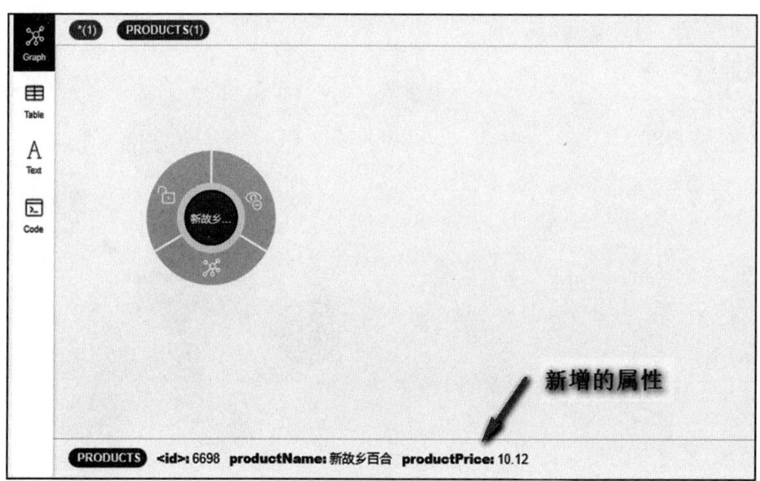

图 7-46

一个属性“productMemo”，并且属性值设置为“非日常用品”，如图 7-47 所示。

```
MATCH (p: PRODUCTS)
SET (CASE WHEN p.productPrice>10 THEN p END) . productMemo = '非日常用品'
RETURN p //如果不匹配，则返回 null 值
```

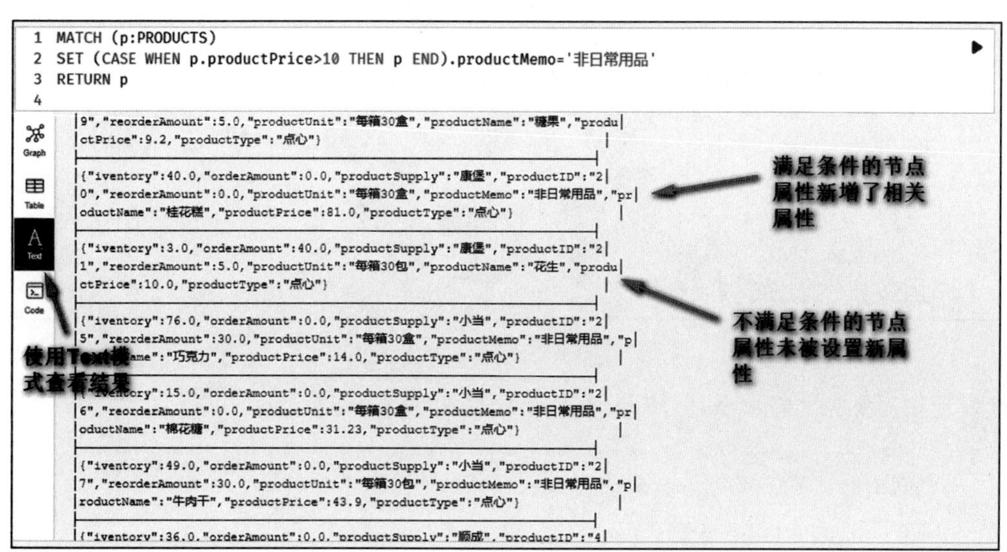

图 7-47

可以看出，作为 NoSQL 主要代表的图数据库，在进行模型构建时，并不一定遵循 SQL 关系型数据范式要求的严谨性，比如有些节点标签下有某个属性，但另一些可能就没有，凸显出关系型数据与非关系型数据的典型区别。

如图 7-46 所示，在 PRODUCTS 节点标签下，有些节点标签有了 productMemo 属性及相关值，有些节点则连 productMemo 属性都没有。现在对节点下无 productMemo 属性的标签添加属性并设置值为“日常用品”，如图 7-48 所示。

```
MATCH (p: PRODUCTS)
WHERE p. productMemo IS null //利用 IS null 进行筛选。
SET p. productMemo = '日常用品'
RETURN p
```

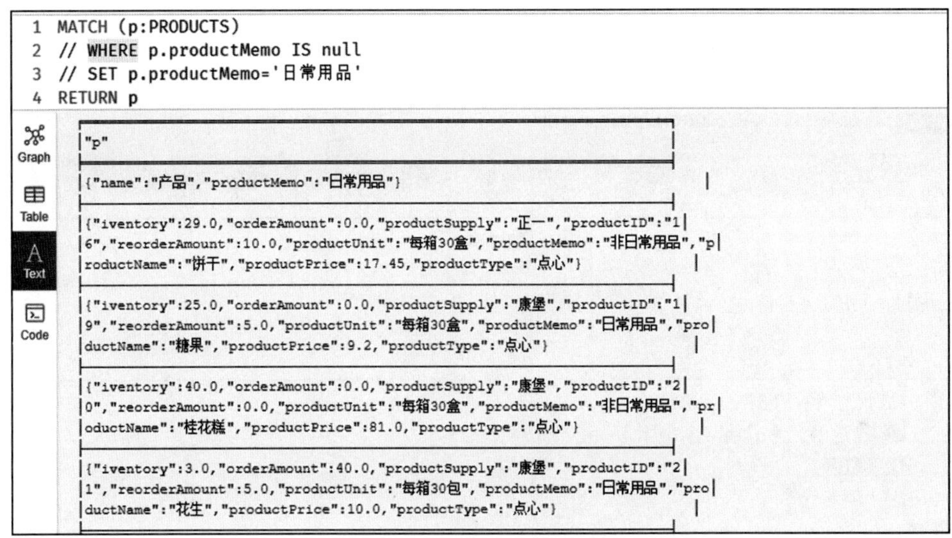

图 7-48

如图 7-46 所示，符合条件的都设置了属性值为“日常用品”，加上之前的属性值“非日常用品”，所有节点基本上都拥有了 productMemo 属性及相关值。

利用 SET 方法可以进行更复杂、更高效的操作。下一章节将作更加详细的介绍。

3. 删除操作

在 Neo4j 环境下，对节点属性等对象的删除操作主要使用 DELETE、REMOVE 命令。SET 也可以对某些属性值进行删除。

在删除过程中，DELETE 操作要慎重，其删除过程往往会对库对象造成较大影响。

如果要删除的是节点的属性或标签，则使用 REMOVE。

如果节点之间存在关系，则先用删除关系或者同时使用 DETACH 参数，将关系解除后再删除。

(1) DELETE 删除

删除单一的节点一般需要指定过滤器，假设需要删除的是 T3Person 下 title 为

NULL 的节点。

```
//如果该节点还有关系存在，则会出现错误提示：
MATCH (p: T3Person)
WHERE p.title IS NULL
DELETE p
//输出的结果如图 7-49 所示。
```

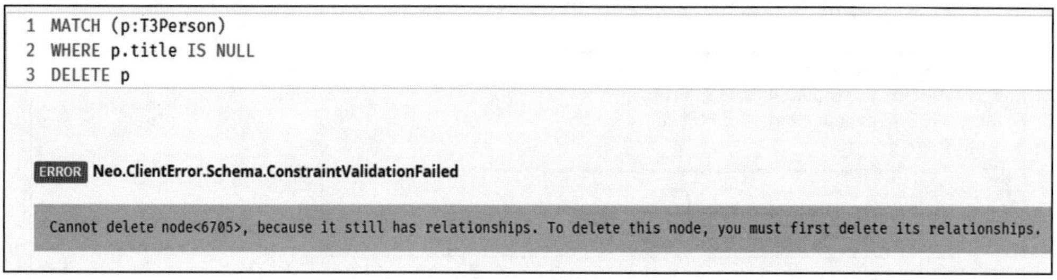

```
MATCH (p:T3Person)
WHERE p.title IS NULL
DELETE p
```

ERROR Neo.ClientError.Schema.ConstraintValidationFailed

Cannot delete node<6705>, because it still has relationships. To delete this node, you must first delete its relationships.

图 7-49

添加 DETACH 之后才能正常删除，如图 7-50 所示。

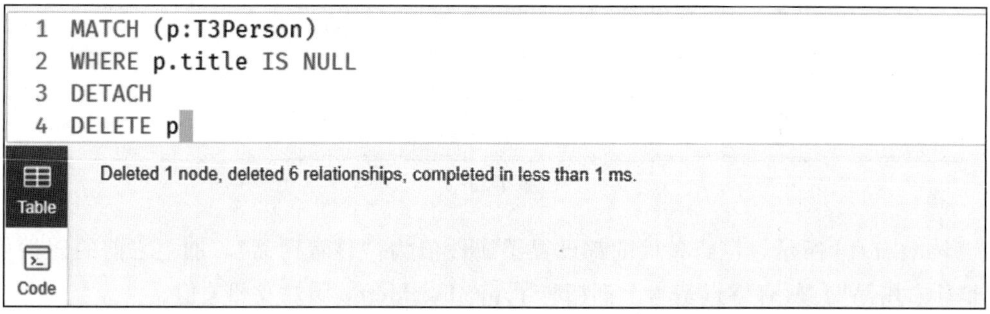

```
MATCH (p:T3Person)
WHERE p.title IS NULL
DETACH
DELETE p
```

Table

Code

Deleted 1 node, deleted 6 relationships, completed in less than 1 ms.

图 7-50

删除所有节点及关系的操作如下：

```
MATCH (n)
DETACH DELETE n
//该操作不可逆，请谨慎使用！
```

只删除单一的某个关系，比如删除张三和李四之间的“同事关系”，则操作如下：

```
MATCH (p1: T3Person {name: "张三"}) - [r: '同事关系'] - (p2: T3Person {name: "李四"}) DELETE r
```

（2）REMOVE 删除

DELETE 命令完成的是节点、关系的删除。从节点中删除标签及属性，使用 REMOVE 方法。如果尝试从没有标签的节点中删除标签及属性，则不会发生任何情况。

假设 T3Person 节点中有名为“周全”的标签，其属性 title 为 NULL，现需要对其属性 title 进行移除，如图 7-51 所示。

```
MATCH (n: T3Person {name: '周全'} )
REMOVE n. title
RETURN n
```

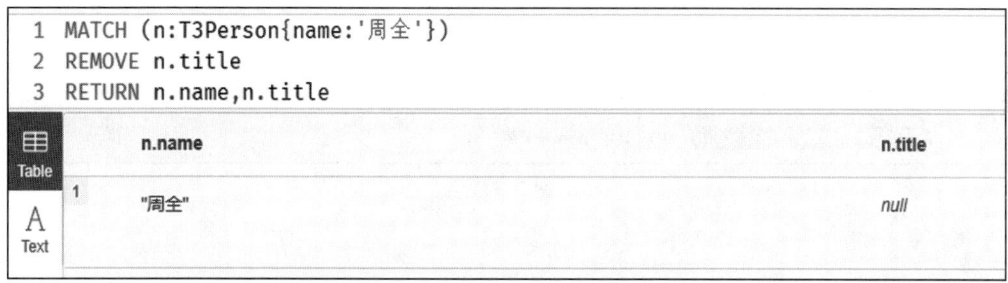

图 7-51

创建 name 为“郑望”的对象，结果如图 7-52 所示。

```
CREATE (n: PERSONS: CHINA: CANADA {name: '郑望'} )
RETURN n
```

“郑望”对象有了三个节点标签。如果需要保留该对象，但要移除其节点标签，则使用 REMOVE，如图 7-53 所示。

```
MATCH (n {name: '郑望'} )
REMOVE n: PERSONS: CANADA //若只移除该对象的一个节点标签 PERSONS，则改为 n: PERSONS 即可
RETURN n. name, labels (n)
```

（3）SET NULL 删除

对于 SET 的用法，上文“更新”环节已经讲解。通过一些特殊的参数，也可以移除特定的属性等对象。

① 移除单一属性，如图 7-54 所示。

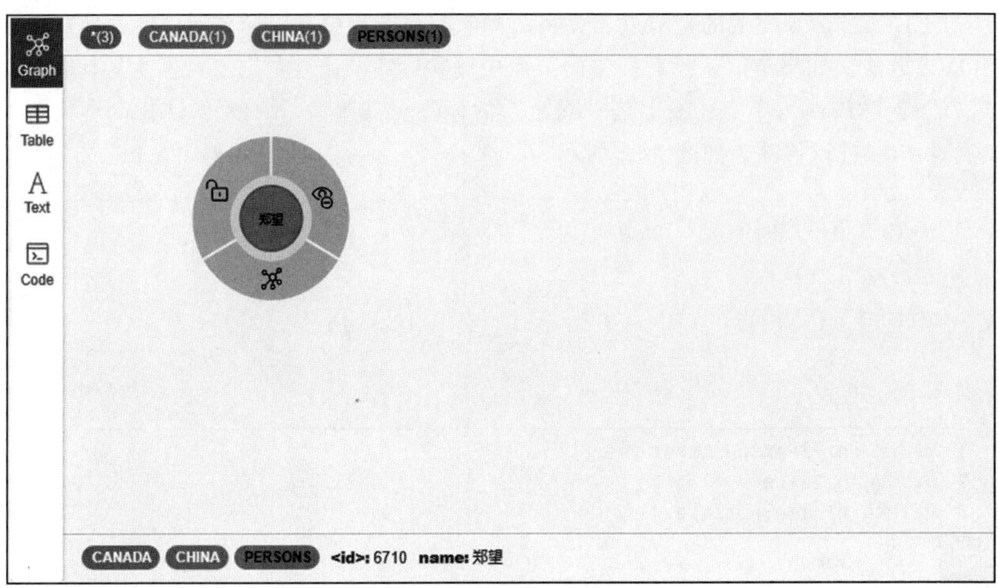

图 7-52

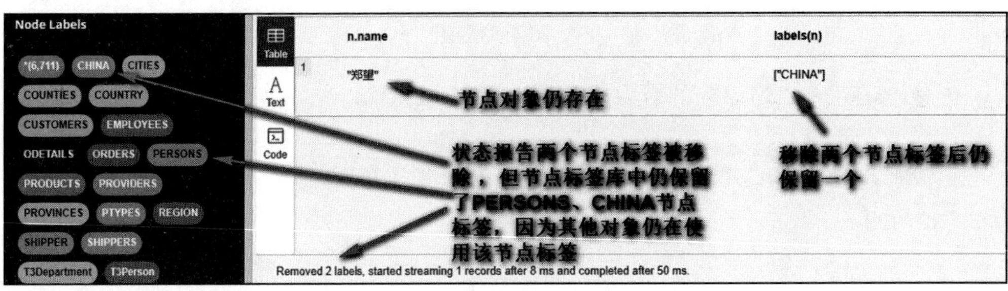

图 7-53

```
MATCH (n: PERSONS {name: '梁海'} )
SET n.age = null
RETURN n.name, n.age, n.address
```

② 移除所有属性（map 映射法），如图 7-55 所示。

```
MATCH (p {name: '梁海'} ) //注意变量的写法
SET p = {} //p 设置为 null
RETURN p.name, p.age, p.address //节点标签 PERSONS 下“梁海”的对象也
不复存在
```

```
MATCH (n:PERSONS{name:'梁海'})
SET n.age=null
RETURN n.name,n.age,n.address
```

	n.name	n.age	n.address
1	"梁海"	null	"福建省福州市闽侯县"

图 7-54

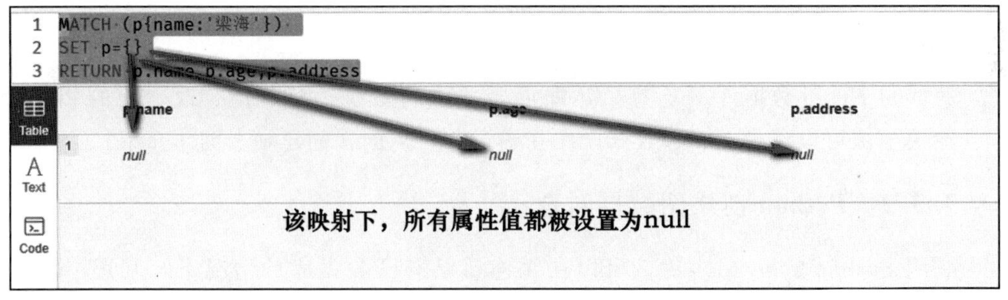

图 7-55

7.3　Python 与 Neo4j 数据管理基础

基于 Python 下的 Numpy、Pandas 等第三方库开展 SQL 数据管理，前文作了较多的介绍。利用 Python 还可以对 SQL 关系数据与图数据库进行高效的融合管理。本节介绍在 Python 环境下如何与 Neo4j 数据库进行连接，并进行数据库对象的创建与查询，更加系统的应用于下一章详细介绍。

7.3.1　Python 连接图数据库

利用 Python 进行图数据库管理，首先需要安装第三方库 py2neo，在命令提示符中运行“pip install py2neo”或者在 jupyter notebook 下执行“! pip install py2neo”命令均可安装该库。

安装后，测试与本地 Neo4j 图数据库的连接，如图 7-56 所示。若成功运行，则表示已经和图数据库服务器完成连接。

```
from py2neo import Graph
graph = Graph ("bolt://localhost:7687", auth = ("neo4j", "password12!")) #本地连接实例化
graph.run ("UNWIND range (1, 3) AS n RETURN n, n * n as n_sq")
```

```
In [2]:
1 from py2neo import Graph
2 graph = Graph("bolt://localhost:7687", auth=("neo4j", "password12!"))
3 graph.run("UNWIND range(1, 3) AS n RETURN n, n * n as n_sq")

 n | n_sq
---|------
 1 |    1
 2 |    4
 3 |    9
```

图 7-56

完成与 Neo4j 数据库的连接后，即可开始进行数据库增、删、改、查的相关操作。相关语法可以参考 Neo4j 数据操作基础章节。下面就创建和查询作介绍。

7.3.2 Python 创建图数据对象

利用 Python 的 py2neo 库，可以在无连接已有图数据库的情况下，利用 py2neo 第三方库功能，直接开展图数据库管理和应用，包括创建、查询对象。如果是连接已有图数据库，则相关操作有可能会影响所连接的图数据库。

(1) 无连接已有图数据库

```
#在 Python 环境下新建两个节点变量 a、b，分别具有一个 name 属性值，同时建立它们之间的关系为“同事关系”
from py2neo import Node, Relationship
a = Node ("PERSONS", name = "张三")
b = Node ("PERSONS", name = "李四")
ab = Relationship (a, "同事关系", b)
ab #输出的结果:
同事关系 (Node ('PERSONS', name = '张三'), Node ('PERSONS', name = '李四'))
```

其中，Node 和 Relationship 都继承了 Neo4j 图数据库中的 PropertyDict 类，它可以赋值很多属性，类似于字典的形式，如可以通过如下方式对 Node 或 Relationship 进行属性赋值：

```
from py2neo import Node, Relationship
a = Node ("PERSONS", name = "张三")
b = Node ("PERSONS", name = "李四")
r = Relationship (a, "同事关系", b)
a ['age'] = 20
b ['age'] = 21
r ['time'] = '2020/01/24' //假设是关系 r 建立的时间
print (a, b, r)
#输出结果:
(:PERSONS {age:20, name:'张三'}) (:PERSONS {age:21, name:'李四'})
(张三) - [:同事关系 {time:'2020/01/24'}] -> (李四)
```

因为并未与实际的图数据库连接，以上操作均不会体现在已有的图数据库中。

(2) 连接已有图数据库

如果需要从已有的图数据库中读取数据或者将处理的结果返回到图数据库中存储，则需要首先建立连接，但如果是真实远程连接，则需要更改连接的模式，如图 7-57 所示。

```
from py2neo import Node, Relationship, Graph
graph = Graph ("http://WIN10SPOCVM:7474", auth = ("neo4j", "password12!")) //非本主机连接方式
a = Node ('PERSONS', name = '张三')
b = Node ('PERSONS', name = '李四')
r = Relationship (a, '同事关系', b)
s = a | b | r
graph.create (s) //创建了两个节点对象及其关系
```

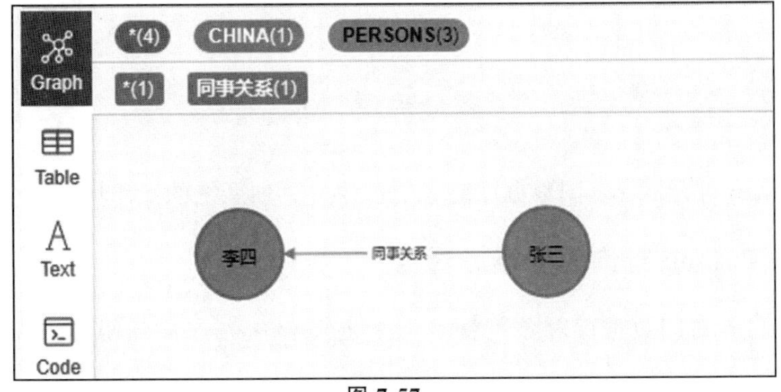

图 7-57

也可以使用独立语句添加单个节点或关系，如图 7-58 所示。

```
test_node_1 = Node ('新故乡', name='董事会')
test_node_2 = Node ('新故乡', name='总经理')
test_node_3 = Node ('新故乡', name='经理')
graph.create (test_node_1)
graph.create (test_node_2)
graph.create (test_node_3)
```

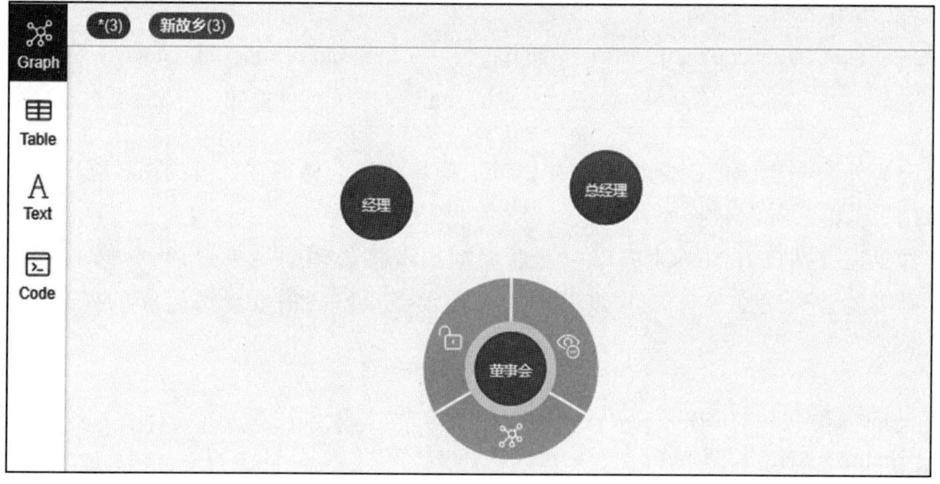

图 7-58

创建节点标签时，创建它们之间的关系，如图 7-59 所示。

```
test_node_1 = Node ('新故乡', name='董事会')
test_node_2 = Node ('新故乡', name='总经理')
test_node_3 = Node ('新故乡', name='经理')
r1 = Relationship (test_node_3, '隶属于', test_node_2)
r2 = Relationship (test_node_2, '隶属于', test_node_1)
s = r1 | r2
graph.create (s)
```

利用 Python 进行 Neo4j 图数据库对象的创建，更加系统的操作将在下个章节介绍。

7.3.3 Python 查询图数据库对象

利用 Python 对图数据库对象进行查询，也需要预先连接到图数据库，请参考图 7-56。

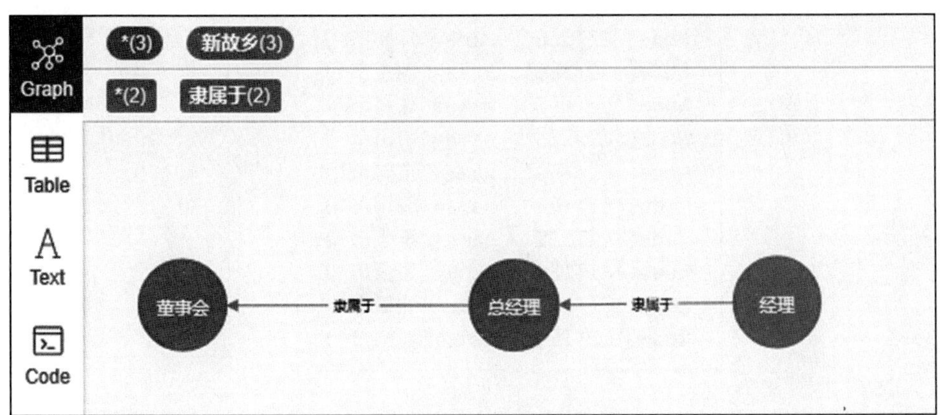

图 7-59

（1）查询节点

① 利用节点 ID 进行查询

假设要查询 ID=1234 的节点数据，以下两种方式都可以：

```
from py2neo import Node, Relationship, Graph
graph = Graph ("http://WIN10SPOCVM:7474", auth = ("neo4j", "password12!"))
graph.nodes [1234] #等价于下个语句
graph.nodes.get (1234)
#输出的结果:
Node ('COUNTIES', name = '海兴县') #此结果要视具体情况而定
```

如果以 ID 方式一次性查询多个节点数据，则操作如下：

```
from py2neo import Node, Relationship, Graph
import numpy as np
graph = Graph ("http://WIN10SPOCVM:7474", auth = ("neo4j", "password12!"))
graph.nodes [np.arange (100, 110) .tolist () ]
graph.nodes.get (np.arange (100, 110) .tolist () )
#输出的结果如图 7-60 所示。
```

② 使用 MATCH 方式查询

利用 MATCH 方式查询是 Neo4j 图数据库的 CQL 典型语法。在 Python 中该语句的一般用法如下：

```
[Node('CITIES', name='广州市'),
 Node('CITIES', name='韶关市'),
 Node('CITIES', name='珠海市'),
 Node('CITIES', name='中山市'),
 Node('CITIES', name='东莞市'),
 Node('CITIES', name='深圳市'),
 Node('CITIES', name='惠州市'),
 Node('CITIES', name='河源市'),
 Node('CITIES', name='汕尾市'),
 Node('CITIES', name='梅州市')]
```

图 7-60

```
from py2neo import Node, Relationship, Graph
import pandas as pd
pd.DataFrame (graph.run ("MATCH (a: PERSONS {name: '张三'}) RETURN a.name").data ()) # 输出的结果如图 7-61 (a) 所示
graph.run ("MATCH (a: PERSONS) RETURN a.name").to_data_frame () # 输出的结果如图 7-61 (b) 所示
len (graph.nodes.match ("新故乡")) # 查询 "新故乡" 类别标签下节点数量，如图 7-61 (c) 所示
```

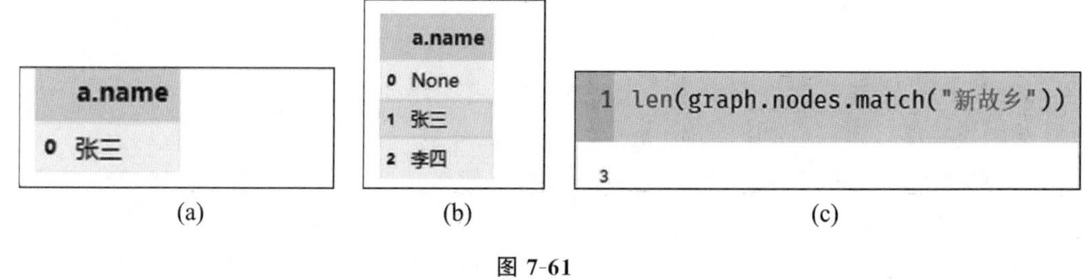

图 7-61

③ 使用 NodeMatcher 查询

顾名思义，NodeMatcher 是专门为节点查询而设计的函数，在查询过程中比单纯的 graph 实体对象下的函数查询支持更多的查询条件，以及支持排序等。

```
from py2neo import Graph, NodeMatcher
selector = NodeMatcher (graph) #graph 实例化必须先完成
PERSONS = selector. match ("PERSONS") # 查询 PERSONS 节点标签下的所有对象
print (list (PERSONS) )
# 输出的结果如下:
[Node ('CHINA', 'PERSONS'), Node ('PERSONS', name = '张三'), Node ('PERSONS', name = '李四') ]

PERSONS = selector. match ("PERSONS") . where ("_. name = ~'李 . *'", "15 ≤ _. age <60") # 查询 name 中以 "李" 起始、age 大于等于 15、小于 60 的节点数据
list (PERSONS)
# 输出的结果如下:
[Node ('PERSONS', age = 20, name = '李四') ]

PERSONS = selector. match ("PERSONS") . order_by ('_. age') # 利用 order_by 方法对 age 进行排序
list (PERSONS)
# 输出的结果如下:
[Node ('PERSONS', age = 20, name = '李四'),
Node ('PERSONS', age = 50, name = '张三'),
Node ('CHINA', 'PERSONS') ]
```

(2) 查询关系

在 Python 环境下查询节点之间的关系，有两种方案：

① 通过 Graph. run () 方法

Graph. run () 方法中填写的是标准的 CQL 语句。

```
from py2neo import Node, Relationship, Graph
import pandas as pd
graph = Graph ("http://WIN10SPOCVM:7474", auth = ("neo4j", "password12!") )
pd. DataFrame (graph. run ("MATCH (n: PROVINCES {name: '福建省'} ) - [r] - (c) RETURN n. name, c. name, type (r) ") )
pd. DataFrame (graph. run ("MATCH (n: PROVINCES {name: '福建省'} ) - [r] -> (c) RETURN n. name, c. name, type (r) ") )
# 两个 RETURN 输出的结果如图 7-62 所示。
```

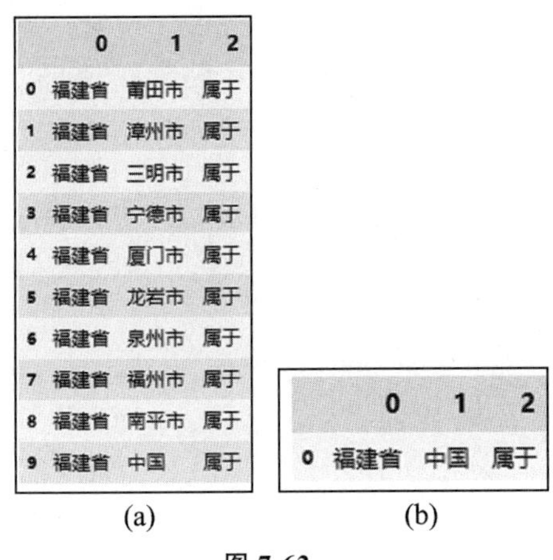

	0	1	2
0	福建省	莆田市	属于
1	福建省	漳州市	属于
2	福建省	三明市	属于
3	福建省	宁德市	属于
4	福建省	厦门市	属于
5	福建省	龙岩市	属于
6	福建省	泉州市	属于
7	福建省	福州市	属于
8	福建省	南平市	属于
9	福建省	中国	属于

(a)

	0	1	2
0	福建省	中国	属于

(b)

图 7-62

第一个 REUTNR 返回的是与节点对象“福建省”具有关系的所有关系类型，即“属于”，列出了所有属于福建省的城市，最后一条记录是指福建省属于中国。

第二个 RETURN 返回的是与节点对象“福建省”具有方向性的所有关系类型，所以，只有一条指向中国的记录。

② 通过 Graph. match () 方法

利用 Graph. match () 方法查询节点对象关系，需要引入更多的库及访问，其中主要有 RelationshipMatcher 方法。

假设要查询图数据库中所有的关系。

```
from py2neo import Graph, NodeMatcher, RelationshipMatcher, RelationshipMatch #RelationshipMatcher
from py2neo. matching import *
graph = Graph ("http://WIN10SPOCVM:7474", auth = ("neo4j", "password12!"))
nodeselctor = NodeMatcher (graph)
relselector = RelationshipMatcher (graph)
for rel in relselector. match ():
print (rel. start_node, rel. type, rel. end_node)
#输出的结果如图 7-63 所示。
```

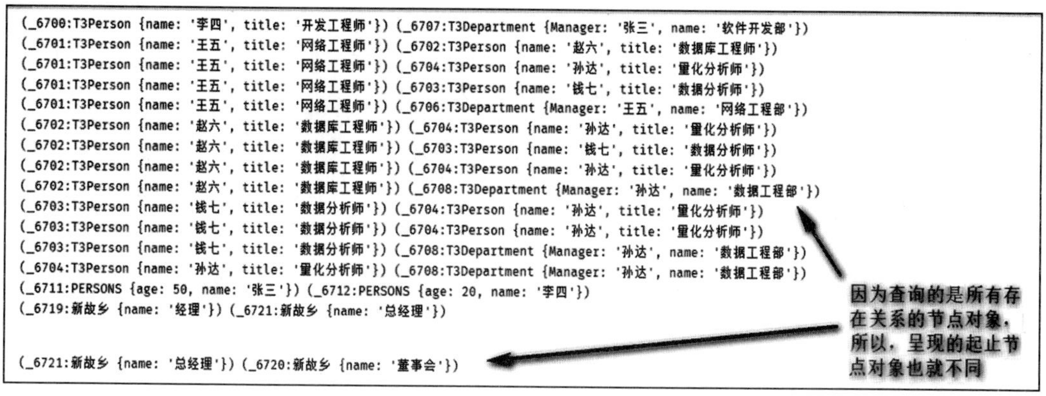

```
(_6700:T3Person {name: '李四', title: '开发工程师'}) (_6707:T3Department {Manager: '张三', name: '软件开发部'})
(_6701:T3Person {name: '王五', title: '网络工程师'}) (_6702:T3Person {name: '赵六', title: '数据库工程师'})
(_6701:T3Person {name: '王五', title: '网络工程师'}) (_6704:T3Person {name: '孙达', title: '量化分析师'})
(_6701:T3Person {name: '王五', title: '网络工程师'}) (_6703:T3Person {name: '钱七', title: '数据分析师'})
(_6701:T3Person {name: '王五', title: '网络工程师'}) (_6706:T3Department {Manager: '王五', name: '网络工程部'})
(_6702:T3Person {name: '赵六', title: '数据库工程师'}) (_6704:T3Person {name: '孙达', title: '量化分析师'})
(_6702:T3Person {name: '赵六', title: '数据库工程师'}) (_6703:T3Person {name: '钱七', title: '数据分析师'})
(_6702:T3Person {name: '赵六', title: '数据库工程师'}) (_6704:T3Person {name: '孙达', title: '量化分析师'})
(_6702:T3Person {name: '赵六', title: '数据库工程师'}) (_6708:T3Department {Manager: '孙达', name: '数据工程部'})
(_6703:T3Person {name: '钱七', title: '数据分析师'}) (_6704:T3Person {name: '孙达', title: '量化分析师'})
(_6703:T3Person {name: '钱七', title: '数据分析师'}) (_6704:T3Person {name: '孙达', title: '量化分析师'})
(_6703:T3Person {name: '钱七', title: '数据分析师'}) (_6708:T3Department {Manager: '孙达', name: '数据工程部'})
(_6704:T3Person {name: '孙达', title: '量化分析师'}) (_6708:T3Department {Manager: '孙达', name: '数据工程部'})
(_6711:PERSONS {age: 50, name: '张三'}) (_6712:PERSONS {age: 20, name: '李四'})
(_6719:新故乡 {name: '经理'}) (_6721:新故乡 {name: '总经理'})

(_6721:新故乡 {name: '总经理'}) (_6720:新故乡 {name: '董事会'})
```

因为查询的是所有存在关系的节点对象，所以，呈现的起止节点对象也就不同

图 7-63

for rel in relselector. match (r_type = ' sljrel '): # 通过关系类型进行筛选

print (rel. start_node [" name "], rel [" sljrels "], rel. end_node [" name "])

输出的结果如图 7-64 所示。

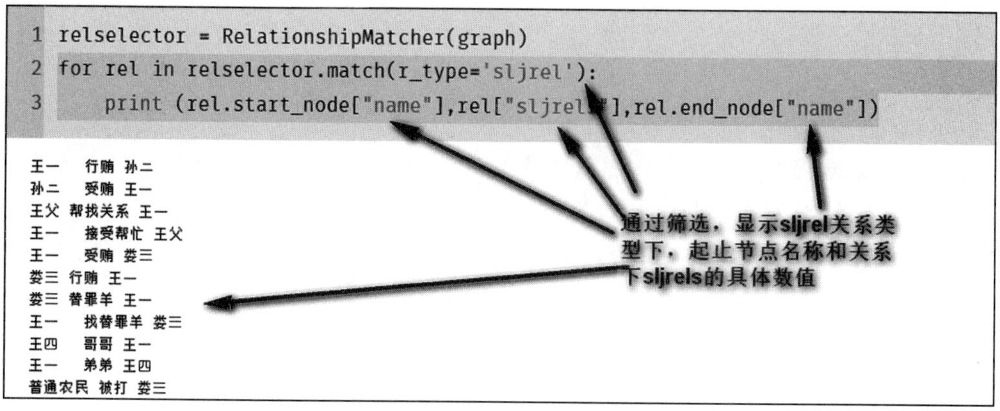

```
relselector = RelationshipMatcher(graph)
for rel in relselector.match(r_type='sljrel'):
    print (rel.start_node["name"],rel["sljrels"],rel.end_node["name"])
```

```
王一    行贿 孙二
孙二    受贿 王一
王父 帮找关系 王一
王一    接受帮忙 王父
王一    受贿 娄三
娄三 行贿 王一
娄三 替罪羊 王一
王一    找替罪羊 娄三
王四    哥哥 王一
王一    弟弟 王四
普通农民 被打 娄三
```

通过筛选，显示sljrel关系类型下，起止节点名称和关系下sljrels的具体数值

图 7-64

```
#独立运行以下代码:
node = nodeselctor.match ("sljPersons") .where (name = "王一") .first ()
for rel in relselector.match ( [node], r_type = None):
    print (rel.start_node ["name"], rel ["sljrels"], rel.end_node ["name"] )
#查询的结果是孙二政治团伙腐败案中王一的主要关系及对象，如图 7-65 所示。
```

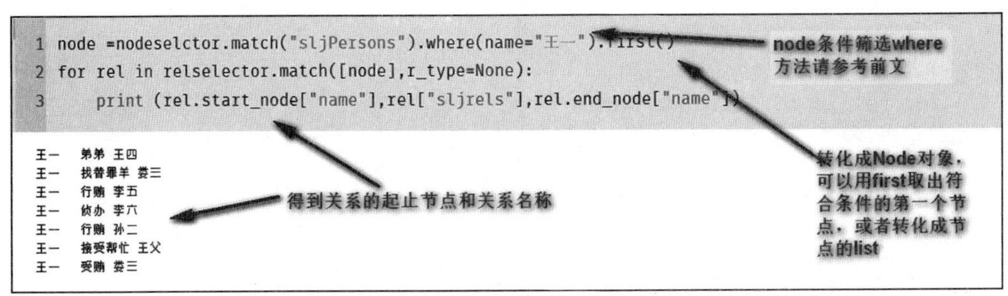

图 7-65

基于 py2neo 第三方库进行 Neo4j 图数据库管理将在下个章节作更加深入的介绍。

7.4 小　　结

本章是在前文对 SQL 关系型数据库对象，如库、表、行、列，以及对象之间关系充分理解的基础上，在 Neo4j 图数据库管理系统中，利用 CQL 将关系数据库中对象之间的关系转换为图数据库中的节点、关系、属性、标签等对象，并进行增、删、改、查图数据库管理；同时介绍 py2neo 等 Python 第三方库在无连接、有连接环境下的图数据库操作，为后续的图数据库高效管理进一步夯实基础。

第 8 章

Neo4j 图数据库高级管理

在第 7 章中，通过对 Neo4j 图数据库中节点、关系、属性、标签等对象的认知，并使用 CQL 语言、Python 下的 py2neo 第三方库完成了对图数据库的基础管理。

本章节将继续基于 Neo4j 图数据库管理系统，利用 CQL（Cypher Query Language）、py2neo，分别以 Neo4j Web Browser 和 jupyter notebook 为客户端，利用已有的 SQL 关系型数据库，包括 SQL Server 数据库表、CSV 数据文件，完成 Neo4j 图数据库对象的增、改、查、计算等高级管理任务。

本章学习要点：

☑ 掌握 CSV 数据文件的导入方法

☑ 掌握 Pandas DataFrame 数据的导入方法

☑ 掌握其他非关系型数据的导入方法

☑ 掌握高级查询与增、删、改等技术

8.1　CSV 与图数据库

CSV 文件主要以字符分隔值、纯文本形式存储表格数据，其中分隔符不一定是逗号方式。文件由任意数目的记录组成，记录之间以某种换行符（一般是回车符）分隔，每条记录由若干字段组成，并且文件开头不留空。一般地，所有记录都有完全相同的字段序列。

如第 7 章所述，对于 SQL 关系型数据库对象，特别是对象之间关系的理解，是进行数据分析与挖掘的前提。同样，对于关系的理解和把握，也是利用关系型数据构建图数据库以实现更高效率数据洞察的基础。

本章节的关系型数据主要还是围绕如图 7-1 所示的数据对象。该类型数据的实现有 CSV 文本文件和 SQL Server 数据库表两种方式。前者主要使用 LOAD CSV 方法，后者主要使用 Pandas 下的 DataFrame 结合 py2neo 第三方库方法，以完成数据的转换与管理应用。

8.1.1 LOAD CSV 简介

LOAD CSV 帮助用户将 CSV 数据文件导入 Neo4j 中，可处理中小型数据集（最多 1000 万条记录），适用于几乎所有的 Neo4j 相关版本配置中。

1. LOAD CSV 基本属性

通过 LOAD CSV 导入 CSV 数据，应该注意以下方面：

- CSV 文件的 URL 是通过使用 FROM 指定的，后跟对相关 URL 求值的任意表达式。
- 需要使用 AS 为 CSV 数据指定一个变量。
- CSV 文件可以存储在数据库服务器上，然后可以使用 file：/// URL 进行访问。另外，LOAD CSV 还支持通过 HTTPS、HTTP 和 FTP 访问 CSV 文件。
- LOAD CSV 支持使用 gzip 和 Deflate 压缩的资源，还支持使用 ZIP 压缩的本地存储的 CSV 文件。
- LOAD CSV 将遵循 HTTP 重定向，但出于安全原因，它不会遵循更改协议的重定向，例如，如果重定向是从 HTTPS 到 HTTP。
- LOAD CSV 通常与查询提示 PERIODIC COMMIT 结合使用。

2. 配置应用 LOAD CSV

使用 LOAD CSV 方法，需要预先配置好 neo4j. conf 文件。

(1) 文件 URL 的配置设置

节点：dbms. security. allow_csv_import_from_file_urls

此设置确定 Cypher 在使用 LOAD CSV 方法加载数据时是否允许使用 file：/// URL。此类 URL 标识数据库服务器文件系统上的文件。默认为真。设置 dbms. security. allow_csv_import_from_file_urls=false 将完全禁用对 LOAD CSV 文件系统的访问。

节点：dbms. directories. import

此设置确定与 LOAD CSV 子句一起使用的 file：/// URL 的根目录，应该将其设置为相对于数据库服务器上 Neo4j 安装路径的单个目录。所有从 file：///URL 加载的请求都将相对于指定的目录。配置设置中默认值是导入。这是一种安全措施，可防止数据库访问标准导入目录之外的文件。将其设置为空字段将允许访问 Neo4j 安装文件夹中的所有文件。注释掉此设置将禁用安全功能，允许导入本地系统中的所有文件。

文件 URL 将针对 dbms. directories. import 目录进行解析。例如，文件 URL 通常看起来像 file：///myfile. csv 或 file：///myproject/myfile. csv。

若将 dbms. directories. import 设置为：

- 默认值 import，则在 LOAD CSV 中使用上述 URL 将分别从<Neo4j_HOME>/import/myfile. csv 和<Neo4j_HOME>/import/myproject/myfile. csv 读取。

- /data/csv，则在 LOAD CSV 中使用上述 URL 将分别从＜Neo4j_HOME＞/data/csv/myfile. csv 和＜Neo4j _ HOME＞/data/csv/myproject/myfile. csv 读取。

(2) 其他注意事项

- 如果 dbms. import. csv. legacy_quote_escaping 设置为默认值 true，则"\"用作转义字符；
- 双引号必须用在带引号的字符串中并使用转义字符或第二个双引号进行转义。

8.1.2　LOAD CSV 导入数据

本节以 Neo4j Web Browser 为客户端接口，以默认的 Neo4j \ IMPORT 目录为 CSV 文件存放位置，介绍利用 LOAD CSV 语句读取 CSV 文件的各种方式，以及在读取的过程中如何进行节点、关系、属性等的创建。

1. 读取 CSV

使用 LOAD CSV 最基本的功能是从默认或指定的位置读取 CSV 数据，分为不读取表头和读取表头两种操作，如图 8-1 所示，在默认的 import 位置有不同格式的数据文件。

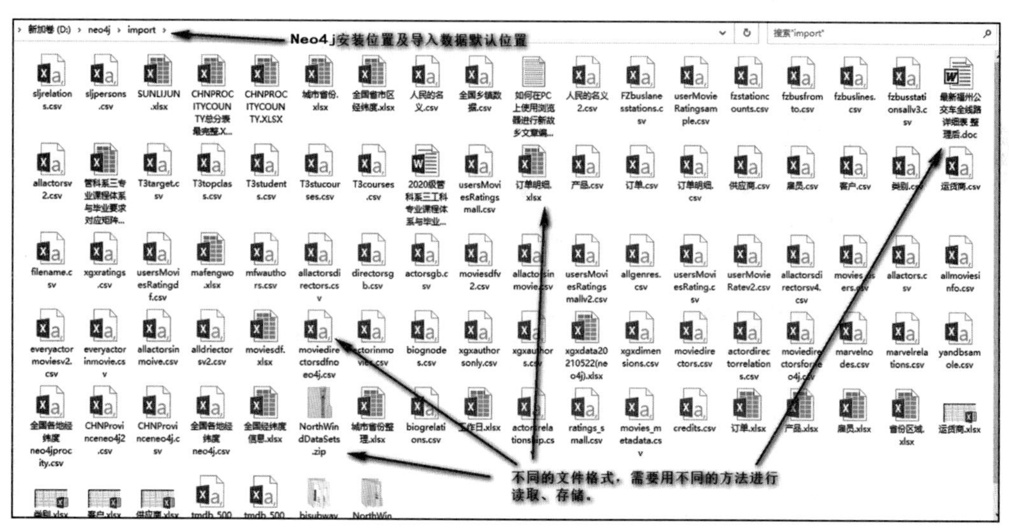

图 8-1

以订单 . CSV 文件为例，观察其中的结构化数据，如图 8-2 所示。

以福州公交线路 . TXT 文本文件为例，观察其中的非结构化数据，如图 8-3 所示。

```
订单.csv - 记事本
文件(F) 编辑(E) 格式(O) 查看(V) 帮助(H)
订单ID,客户,雇员,订购日期,发货日期,到货日期,运货商,运货费,货主名称,货主地址,货主城市,货主地区,货主邮政编码,货主国家
10249,东帝望,孙林,2012-07-05,2012-07-10,2012-08-16,急速快递,11.61,谢小姐,青年东路 543 号,济南,华东,440876,中国
10252,福星制衣厂股份有限公司,郑建杰,2012-07-09,2012-07-11,2012-08-06,统一包裹,51.3,刘先生,东管西林路 87 号,长春,东北,567889,中国
10250,实翼,郑建杰,2012-07-08,2012-07-12,2012-08-05,统一包裹,65.83,谢小姐,光化街 22 号,秦皇岛,华北,754546,中国
10251,千固,李芳,2012-07-08,2012-07-15,2012-08-05,急速快递,41.34,陈先生,清林桥 68 号,南京,华东,690047,中国
10255,永大企业,张雪眉,2012-07-12,2012-07-15,2012-08-09,联邦货运,148.33,方先生,白石路 116 号,北京,华北,120477,中国
10248,山泰企业,赵军,2012-07-04,2012-07-16,2012-08-01,联邦货运,32.38,余小姐,光明北路 124 号,北京,华北,111080,中国
10253,实翼,李芳,2012-07-10,2012-07-16,2012-07-24,统一包裹,58.17,谢小姐,新成东 96 号,长治,华北,545486,中国
10256,凯诚国际顾问公司,李芳,2012-07-15,2012-07-17,2012-08-12,统一包裹,13.97,何先生,山大北路 237 号,济南,华东,873763,中国
10257,远东开发,郑建杰,2012-07-16,2012-07-22,2012-08-13,联邦货运,81.91,王先生,清华路 78 号,上海,华东,502234,中国
10254,浩天旅行社,赵军,2012-07-11,2012-07-23,2012-08-08,统一包裹,22.98,林小姐,汉正东街 12 号,武汉,华中,301256,中国
10258,正人资源,张颖,2012-07-17,2012-07-23,2012-08-14,急速快递,140.51,王先生,经三纬四路 48 号,济南,华东,801009,中国
10259,三捷实业,郑建杰,2012-07-18,2012-07-25,2012-08-15,联邦货运,3.25,林小姐,青年西路甲 245 号,上海,华东,705022,中国
10262,学仁贸易,刘英玫,2012-07-22,2012-07-25,2012-08-19,联邦货运,48.29,王先生,浦东临江北路 43 号,上海,华东,871610,中国
10260,一诠精密工业,郑建杰,2012-07-19,2012-07-29,2012-08-16,急速快递,55.09,徐文彬,海淀区明成路甲 8 号,北京,华北,140739,中国
10261,兰格英语,郑建杰,2012-07-19,2012-07-30,2012-08-16,统一包裹,3.05,刘先生,花园北街 754 号,济南,华东,238967,中国
10263,正人资源,张雪眉,2012-07-23,2012-07-31,2012-08-20,联邦货运,146.06,王先生,复兴路 12 号,北京,华北,101043,中国
10266,升格企业,李芳,2012-07-26,2012-07-31,2012-09-06,联邦货运,25.73,成先生,幸福大街 83 号,北京,华北,101103,中国
10268,光远商贸,刘英玫,2012-07-30,2012-08-02,2012-08-27,联邦货运,66.29,刘先生,泰山路 72 号,青岛,华东,108651,中国
10270,升格企业,张颖,2012-08-01,2012-08-02,2012-08-29,急速快递,136.54,成先生,朝阳区光华路 523 号,北京,华北,101106,中国
10267,友恒信托,郑建杰,2012-07-29,2012-08-06,2012-08-26,急速快递,208.58,余小姐,黄河西口大街 324 号,上海,华东,380805,中国
10272,学仁贸易,孙林,2012-08-02,2012-08-06,2012-08-30,统一包裹,98.03,王先生,海淀区学院路 31 号,北京,华北,171103,中国
10269,椅天文化事业,赵军,2012-07-31,2012-08-09,2012-08-14,急速快递,4.56,黎先生,即墨路 452 号,青岛,华东,981124,中国
10275,阳林,张颖,2012-08-07,2012-08-09,2012-09-04,急速快递,26.93,王炫皓,宣武区琉璃厂东大街 45 号,北京,华北,141007,中国
10265,国皓,王伟,2012-07-25,2012-08-12,2012-08-22,急速快递,55.28,文先生,学院路甲 66 号,武汉,华中,670005,中国
第 1 行，第 1 列  100%  Windows (CRLF)  带有 BOM 的 UT
```

表头Header

以逗号为分隔

还应注意文件编码格式(以UTF-8为参考)

图 8-2

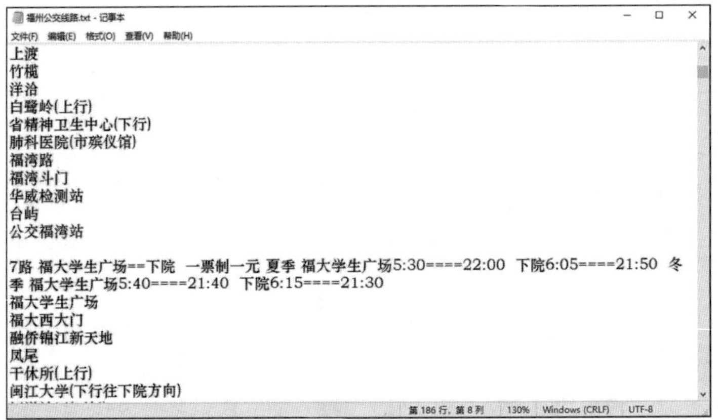

```
福州公交线路.txt - 记事本
文件(F) 编辑(E) 格式(O) 查看(V) 帮助(H)
上渡
竹榄
洋洽
白鹭岭(上行)
省精神卫生中心(下行)
肺科医院(市殡仪馆)
福湾路
福湾斗门
华威检测站
台屿
公交福湾站

7路 福大学生广场==下院 一票制一元 夏季 福大学生广场5:30====22:00 下院6:05====21:50 冬季 福大学生广场5:40====21:40 下院6:15====21:30
福大学生广场
福大西大门
融侨锦江新天地
凤尾
干休所(上行)
闽江大学(下行往下院方向)
第 186 行，第 8 列  130%  Windows (CRLF)  UTF-8
```

图 8-3

(1) 无表头读取 CSV

```
LOAD CSV FROM "FILE: ///订单.CSV" AS ROW
RETURN ROW
```

无表头读取 CSV 时，第一行表头也当作数据一起读取，如图 8-4 所示。

(2) 带表头读取 CSV

在上例中，添加 WITH HEADERS 参数，即可将第一行当作表头（HEADER）使用，如图 8-5 所示。

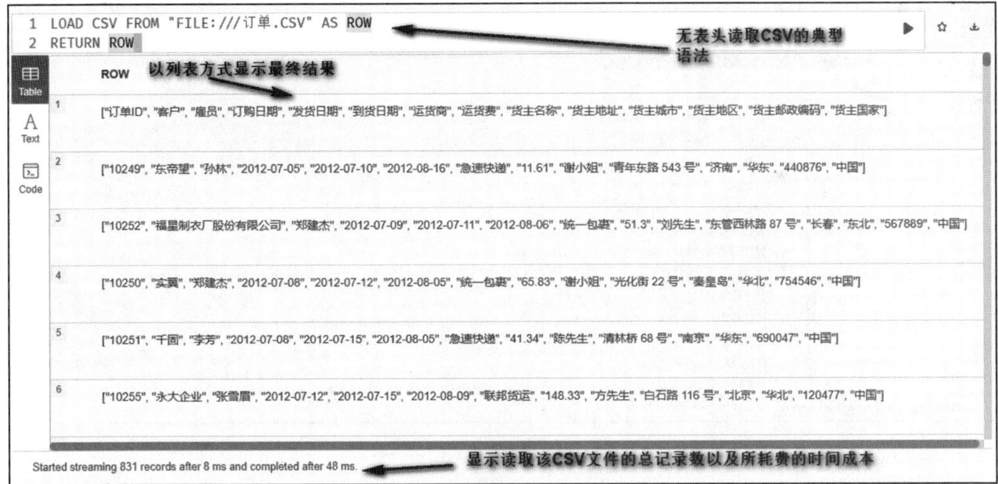

图 8-4

```
LOAD CSV WITH HEADERS FROM " FILE: ///订单 . CSV " AS ROW
RETURN ROW
```

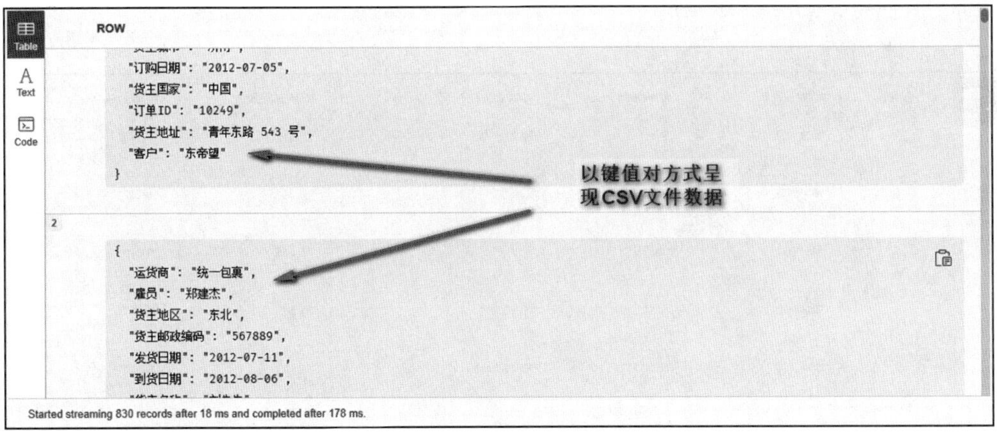

```
ROW
  "订购日期": "2012-07-05",
  "货主国家": "中国",
  "订单ID": "10249",
  "货主地址": "青年东路 543 号",
  "客户": "东帝望"
}
2
{
  "运货商": "统一包裹",
  "雇员": "郑建杰",
  "货主地区": "东北",
  "货主邮政编码": "567889",
  "发货日期": "2012-07-11",
  "到货日期": "2012-08-06",
Started streaming 830 records after 18 ms and completed after 178 ms.
```

以键值对方式呈现CSV文件数据

图 8-5

（3）带行号读取 CSV

在上例中，添加 linenumber ()，则会在结果中添加相应的行号，如图 8-6 所示。

```
LOAD CSV WITH HEADERS FROM " FILE: ///订单 . CSV " AS ROW
RETURN linenumber () AS 编号, ROW
```

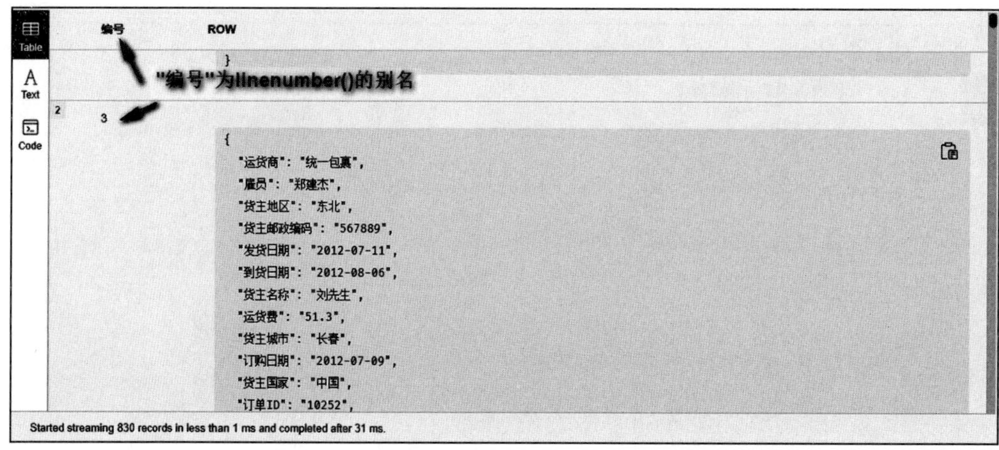

图 8-6

（4）读取 CSV 部分字段

在上例中，直接输出 ROW 变量，得到的是键值对的集合。假设只需要输出其中的某些字段，如图 8-7 所示。

```
LOAD CSV WITH HEADERS FROM " FILE: ///订单 . CSV " AS ROW
RETURN linenumber () -1 AS 编号, ROW. 运货商, ROW. 雇员, ROW. 货主名称, ROW. 运货费, ROW. 订单 ID
```

	编号	ROW.运货商	ROW.雇员	ROW.货主名称	ROW.运货费	ROW.订单ID
1	1	"急速快递"	"孙林"	"谢小姐"	"11.61"	"10249"
2	2	"统一包裹"	"郑建杰"	"刘先生"	"51.3"	"10252"
3	3	"统一包裹"	"郑建杰"	"谢小姐"	"65.83"	"10250"
4	4	"急速快递"	"李芳"	"陈先生"	"41.34"	"10251"
5	5	"联邦货运"	"张雪眉"	"方先生"	"148.33"	"10255"
6	6	"联邦货运"	"赵军"	"余小姐"	"32.38"	"10248"

图 8-7

如果 CSV 文件中的数值分隔符使用的是非逗号，则需要加上 FIELDTERMINATOR 参数。

```
LOAD CSV WITH HEADERS FROM " FILE: ///订单 . CSV " AS ROW FIELDTERMINATOR "; "
RETURN linenumber () -1 AS 编号, ROW. 运货商, ROW. 雇员, ROW. 货主名称, ROW. 运货费, ROW. 订单 ID
```

2. 导入 CSV

导入 CSV 指的是根据读取的 CSV 数据，依据业务需求或实际情况，在 Neo4j 图数据库中创建图数据库对象，包括节点、标签、属性和关系。因此，导入 CSV 实际上是先“读”后“写”的过程。

下面以创建订单节点标签为例介绍如何利用 LOAD CSV 和 MERGE、SET 等谓词进行节点、标签、属性等的设置。

（1）MERGE 说明

使用 MERGE 可以匹配现有节点并与之关联，如果指定的节点数据不存在，就会创建新数据并绑定它。其功能类似于 MATCH 和 CREATE 的组合。另外，使用 MERGE 还允许用户指定在匹配条件或创建数据时可进行的操作，例如，可以指定图形必须包含具有特定名称的用户的节点。如果没有特定名称，将创建一个新节点并设置其名称属性。

考虑到性能原因，强烈建议在使用 MERGE 时在标签或属性上创建模式索引。索引部分将在本章后文进行讲解。

在完整模式上使用 MERGE 时，是整个模式匹配，或者创建整个模式。MERGE 不会部分使用现有模式——它是全有或全无。如果需要部分匹配，可以通过将模式拆分为多个 MERGE 子句来实现。

与 MATCH 一样，MERGE 可以匹配多次出现的模式。如果有多个匹配项，它们都将被传递到查询的后续阶段。

MERGE 的最后一部分是 ON CREATE 和 ON MATCH，允许查询表达对节点或关系的属性的其他更改，具体取决于元素是否在数据库中匹配（MATCH）或是否已创建（CREATE）。

（2）MERGE 用法

① MERGE 的创建功能

```
//创建带标签的单个节点
MERGE (xgx: Xinguxiang)
RETURN xgx, labels (xgx)
//输出的结果如图 8-8 所示。
```

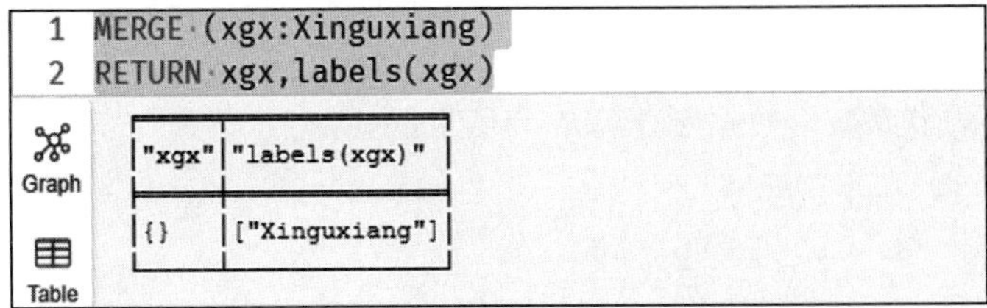

图 8-8

```
//创建带属性的单个节点
MERGE (xgxfj {name: "新故乡福建", address: "福建省福州市"} )
RETURN xgxfj
//输出的结果如图 8-9 所示，该节点没有标签，只有相关属性。
```

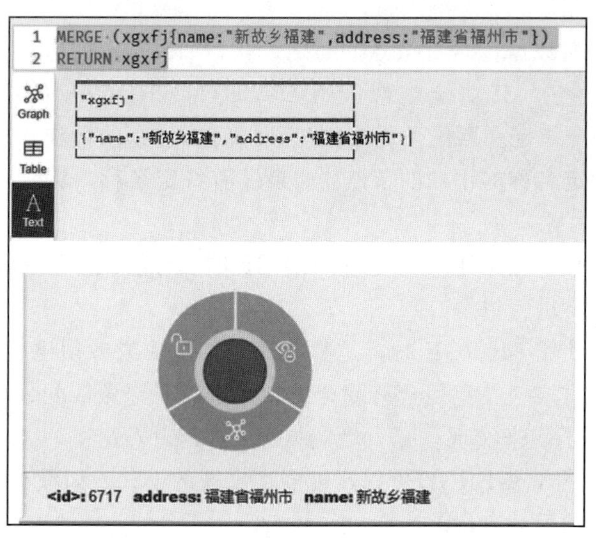

图 8 9

```
//创建带标签及属性的单个节点
MATCH (cust: CUSTOMERS)
WHERE cust.custCity IS NOT NULL
MERGE (xgxcity: XGXCity {name: (cust.custCity) } )
RETURN cust.custName, cust.custCity, xgxcity
MERGE (xgxxz: XGXHQ {name: "新故乡西藏", address: "西藏自治区拉萨市"} )
RETURN xgxxz
//输出的结果如图 8-10 所示，新的节点为 XGXHQ (并非 Xinguxiang)。
```

```
//从已有的节点获取数据创建新的节点及属性
MATCH (cust: CUSTOMERS)
WHERE cust.custCity IS NOT NULL
MERGE (xgxcity: XGXCity {name: (cust.custCity) } )
```

图 8-10

```
RETURN cust. custName, cust. custCity, XGXCity
//输出的结果如图 8-11 所示。
```

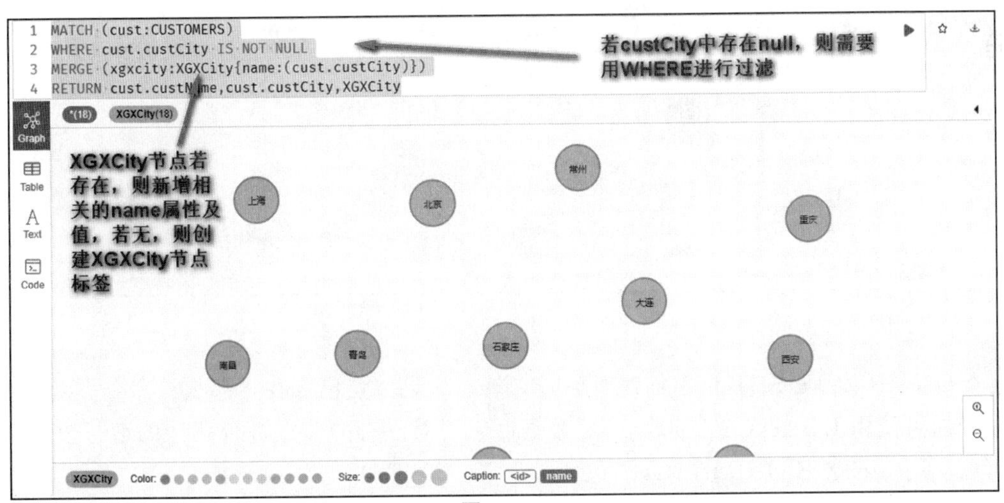

图 8-11

若 custCity 中存在 null，又未设置 WHERE 过滤，则会出现如下错误而导致创建或更新失败：

```
Cannot merge the following node because of null property value for 'name':
(: XGXCity {name: null} )
```

② MERGE ON CREATE

MERGE 子句的作用有两个：当模式（pattern）存在时，匹配该模式；当模式不存在时，创建新的模式（参考）。如果需要创建节点，那么执行 ON CREATE 子句，修改节点的属性，如图 8-12 所示。

```
LOAD CSV WITH HEADERS FROM 'FILE:///订单.csv' AS row
MERGE (order: ORDERS {orderID: toString (row. 订单 ID) } )
ON CREATE SET order. name = row. 客户, order. employeeName = row. 雇员, order. eodt = row. 订购日期, order. sdt = row. 发货日期, order. rdt = row. 到货日期, order. shipfee = row. 运货费, order. shippername = row. 运货商;
```

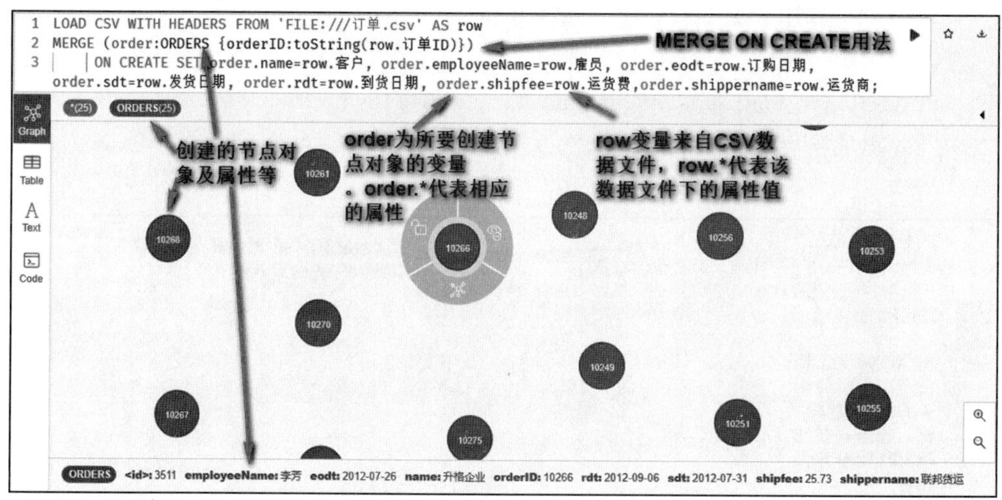

图 8-12

ON CREATE SET 只在创建对象时有效，如果节点已存在，那么该命令失效。

如果使用 LOAD CSV 读取 CSV 数据后，要对已有的节点进行属性的增、改，则可以使用 MERGE ON MATCH 方法。

其他几张 SQL 关系型数据表通过 ON CREATE 方式进行创建的参考代码如下：

```
//PRODUCTS 产品节点
LOAD CSV WITH HEADERS FROM 'file:///产品.csv' AS row
CREATE (product: PRODUCTS {productID: row. 产品 ID, productName: row. 产品名称, productSupply: row. 供应商, productType: row. 类别, productUnit: row. 单位数量, unitAmount: toFloat (row. 单位数量), productPrice: toFloat (row. 单价), iventory: toFloat (row. 库存量), orderAmount: toFloat (row. 订购量), reorderAmount: toFloat (row. 再订购量) } )
```

```
//ODETAILS 订单明细节点
LOAD CSV WITH HEADERS FROM 'file: ///订单明细 .csv' AS row
CREATE (orderdetail: ODETAILS {orderID: row. 订单 ID, productName: row. 产品, productPrice: toFloat (row. 单价), orderAmount: toFloat (row. 数量) } )

//PROVIDERS 供应商节点
LOAD CSV WITH HEADERS FROM 'file: ///供应商 .csv' AS row
CREATE (supply: PROVIDERS {providerID: row. 供应商 ID, providerName: row. 公司名称, providerCotact: row. 联系人姓名, providerAddress: row. 地址, providerCity: row. 城市, providerArea: row. 地区} )

//EMPLOYEES 雇员节点
LOAD CSV WITH HEADERS FROM 'file: ///雇员 .csv' AS row
CREATE (employee: EMPLOYEES {empID: row. 雇员 ID, empLN: row. 姓氏, empFN: row. 名字, empTitle: row. 职务, empRespect: row. 尊称, empLeader: row. 上级, empBirthdate: row. 出生日期, empHiredate: row. 雇用日期, empAdd: row. 地址, empCity: row. 城市, empMemo: row. 备注, empName: row. 姓氏 + row. 名字} )

//CUSTOMERS 客户节点
LOAD CSV WITH HEADERS FROM 'file: ///客户 .csv' AS row
CREATE (cust: CUSTOMERS {custID: row. 客户 ID, custName: row. 公司名称, custContact: row. 联系人姓名, custAdd: row. 地址, custCity: row. 城市, custArea: row. 地区} )
//PTYPES 产品类别节点
LOAD CSV WITH HEADERS FROM 'file: ///类别 .csv' AS row
CREATE (categorytype: PTYPES {typeID: row. 类别 ID, typeName: row. 类别名称, typeMemo: row. 类别说明} )

//SHIPPERS 运货商节点
LOAD CSV WITH HEADERS FROM 'file: ///运货商 .csv' AS row
CREATE (shipper: SHIPPERS {shipperID: row. 运货商 ID, shipperName: row. 公司名称, shipperTel: row. 电话} )

//以上节点创建后图数据库的状态如图 8-13、8-14 所示。
```

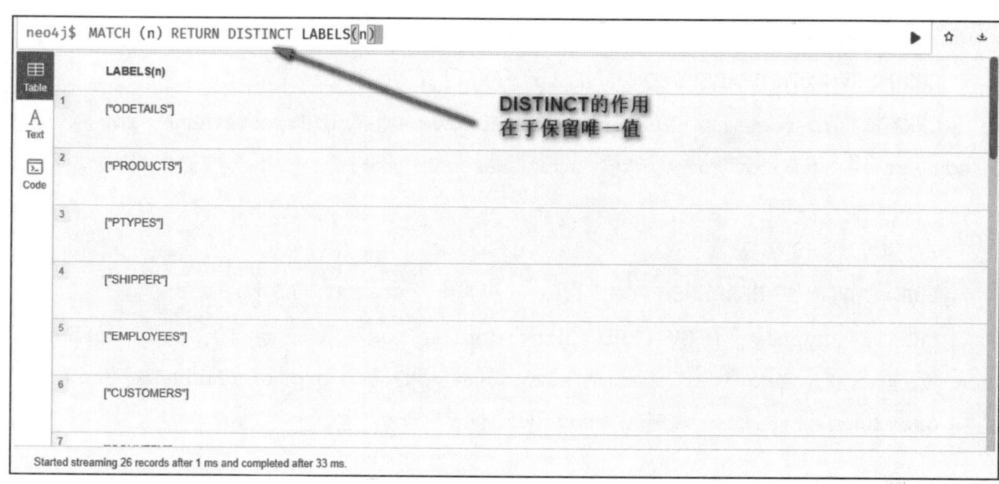

图 8-13

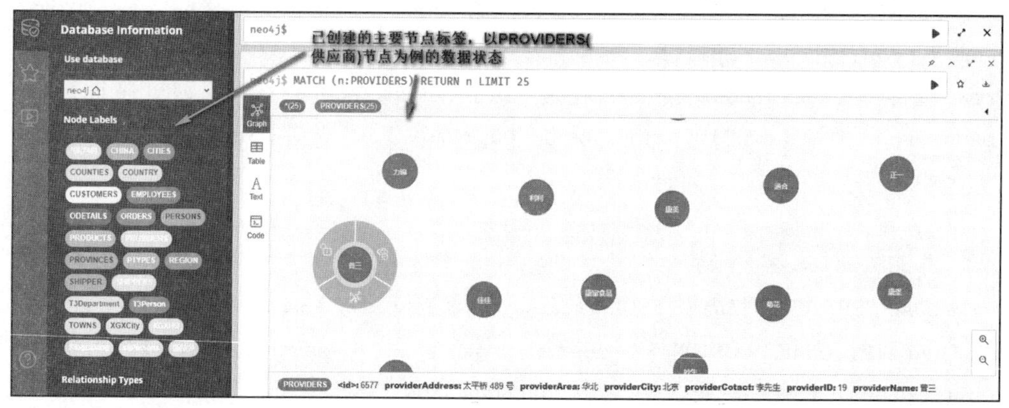

图 8-14

上例中 MATCH（n）查询的是所有的节点对象，从图 8-14 可以看到节点标签对象超过 6000 个，但实际的节点标签只有 20 多个。查看节点标签还可以使用的典型 CQL 语句有：

```
CALL db. labels ()
```

省份、城市、县区或乡镇节点及关系的创建将在下文详细说明。

③ MERGE ON MATCH

若节点已存在于图数据库中，那么执行 ON MATCH 子句，修改节点的属性，即对于已经存在的节点进行属性重定义。比如订单.CSV 中的数据发生了变化，或者每单的运货费均转换为 float 类型，同时将运费提升 10%，如图 8-15 所示。

```
LOAD CSV WITH HEADERS FROM 'FILE: ///订单.csv' AS row
MERGE (order: ORDERS {orderID: toString (row.订单 ID) } )
ON MATCH SET order.name = row.客户, order.employeeName = row.雇员, order.eodt = row.订购日期, order.sdt = row.发货日期, order.rdt = row.到货日期, order.shipfee = tofloat (row.运货费) + tofloat (row.运货费) * 0.1, order.shippername = row.运货商;
```

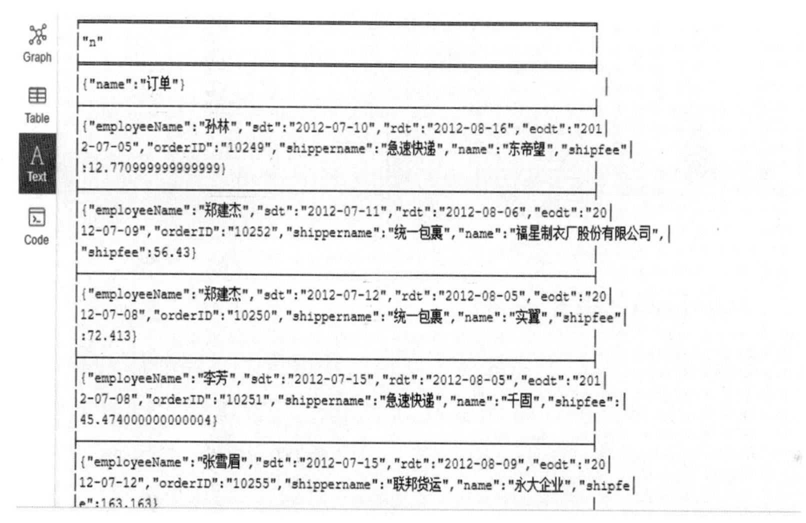

图 8-15

8.2　DataFrame 与图数据库

DataFrame 特指 Python 环境下利用 Pandas 第三方库进行处理的数据集，代表 SQL 关系型数据。Pandas 与 DataFrame 的管理方法请参考前面相关章节。本节将利用 Python 与 py2neo4、Pandas，基于 DataFrame 数据创建图数据库节点对象、关系等，所使用的是"课程体系与毕业要求对应矩阵关系"基础数据，如图 8-16 所示。

该基础数据涉及 5 张数据表：

- T3topclass：能力矩阵一级分类，共有四个分类；
- T3target：能力矩阵二级分类，共有 11 个子类（T01—T11）；
- T3courses：专业课程表，包括课程编号（courseid），课程名称（coursename），一级能力矩阵二级分类所对应的权重（利用稀疏矩阵进行标注，H=高，M=中，L=低），对应二级分类的总数（AMOUNTS）；
- T3students：学生信息样例数据（如有雷同，纯属巧合）；
- T3stucourses：学生选课表，包括学号、课程编号、成绩和随机的绩点（points）。

T3stucourses

	stuid	courseid	score	points
2	071803115	4	45	5
3	071803118	55	63	1
4	071803140	73	50	3
5	071803204	65	44	3
6	071803209	53	97	9
7	071803211	69	79	6
8	071803301	59	40	6
9	071803302	36	88	2
10	071803303	3	94	10
11	071803304	29	43	1
12	071803305	78	40	5
13	071803307	60	65	6
14	071803308	60	81	7
15	071803310	76	94	5
16	071803311	66	80	2
17	071803312	8	97	
18	071803313	59	88	
19	071803314	4	97	
20	071803316	77	82	
21	071803318	64	44	
22	071803320	64	65	
23	071803321	14	76	
24	071803322	4	61	
25	071803323	57	91	
26	071803324	7	90	
27	071803325	57	89	
28	071803326	75	82	
29	071803327	53	41	
30	071803328	34	49	
31	071803330	42	52	

T3students

	stupro	stuid	stuname
2	信息管理与信息系统	071803115	梁彪
3	信息管理与信息系统	071803118	刘瀚霖
4	信息管理与信息系统	071803140	赵非凡
5	信息管理与信息系统	071803204	陈凯
6	信息管理与信息系统	071803209	郭泳秀
7	信息管理与信息系统	071803211	何正杨
8	电子商务	071803301	蔡思琳
9	电子商务	071803302	蔡茜萍
10	电子商务	071803303	曾心怡
11	电子商务	071803304	陈丹艳
12	电子商务	071803305	陈慧欣
13	电子商务	071803307	陈进辉
14	电子商务	071803308	方妍
15	电子商务	071803310	何应红
16	电子商务	071803311	黄沐雨
17	电子商务	071803312	黄晓雯
18	电子商务	071803313	李浩楠
19	电子商务	071803314	李凯凌
20	电子商务	071803316	林萍萍

课程体系与毕业要求对应矩阵关系图

T3topclass

	topclassid	topclassname
2	1	品德修养
3	2	知识要求
4	3	能力要求
5	4	素质要求

T3courses

T3target

图 8-16

8.2.1 DataFrame 数据构建

DataFrame 数据集来自以上 5 张表，其初始数据位于“课程体系与毕业要求对应矩阵关系.xlsx”工作簿文件，首先，利用 Pandas 获取 Excel 数据文件，并创建与 Neo4j 图数据库连接的实体对象 graph。以下代码在 jupyter notcbook 下执行：

```
import pandas as pd
import numpy as np

t3f = pd.ExcelFile ('课程体系与毕业要求对应矩阵关系.xlsx')
t3ls = t3f.sheet_names # 获取工作表名称
t3ls
#输出结果: ['T3topclass', 'T3target', 'T3courses', 'T3students',
'T3stucourses']

#创建与 Neo4j 图数据库连接实体对象 graph
from py2neo import Graph, Node, NodeMatcher, RelationshipMatcher # Re-
lationshipMatcher
from py2neo.matching import *
graph = Graph ("http://WIN10SPOCVM:7474", auth = ("neo4j", "pass-
word12!"))
#实例化与 Neo4j 数据库连接
```

然后，获取 5 张表的数据并赋值给 DataFrame 变量（共有 5 个：t3df0—t3df4）。

```
#构建 5 个 DataFrame 变量
t3f = pd.ExcelFile ('课程体系与毕业要求对应矩阵关系 v2.xlsx')
t3ls = t3f.sheet_names # 获取工作表名称
t3ls
t3df0 = pd.read_excel ('课程体系与毕业要求对应矩阵关系 v2.xlsx', sheet_name = t3ls [0] )
t3df1 = pd.read_excel ('课程体系与毕业要求对应矩阵关系 v2.xlsx', sheet_name = t3ls [1] )
t3df2 = pd.read_excel ('课程体系与毕业要求对应矩阵关系 v2.xlsx', sheet_name = t3ls [2] )
t3df3 = pd.read_excel ('课程体系与毕业要求对应矩阵关系 v2.xlsx', sheet_name = t3ls [3] )
t3df4 = pd.read_excel ('课程体系与毕业要求对应矩阵关系 v2.xlsx', sheet_name = t3ls [4] )
#输出最后一个数据结果，如图 8-17 所示。
```

	stuid	courseid	score	points
0	71803115	4	45	5
1	71803118	55	63	1
2	71803140	73	50	3
3	71803204	65	44	3
4	71803209	53	97	9
...	...	...	...	...
313	71803328	40	54	9
314	71803330	75	59	9
315	71803331	42	92	3
316	71803332	4	79	7
317	71803333	42	87	4

图 8-17

8.2.2　DataFrame 数据导入

DataFrame 数据导入功能与 LOAD CSV 数据导入功能一样，即通过已有的 SQL 关系型数据构建图数据库，包括创建节点、关系、标签、属性等对象。

1. 创建节点

根据上文定义的 5 个变量中的二维 DataFrame 数据帧，结合 Python、py2neo 创建相应的节点数据。请注意，在 Python 环境下，t3df0～t3df4 变量均已定义，再执行以下代码：

```
#01 创建 T3topclass 节点数据对象
for i in range (len (t3df0) ):
    cql = '''
        MERGE (t3: T3Topclass {topclassid: ''' + str (t3df0.iloc [i]
.topclassid) +'''} )
        ON CREATE SET t3.topclassname = "''' + str (t3df0.iloc [i]
.topclassname) +'''"'''
    graph.run (cql)

#02 创建 T3Target 节点
for i in range (len (t3df1) ):
    cql = '''
        MERGE (t3: T3Target {targetid: "''' + str (t3df1.iloc [i]
.targetid) +'''"} )
        ON CREATE SET t3.target = "''' + str (t3df1.iloc [i] .target) +'''",
t3.topclass =''' + str (t3df1.iloc [i] .topclass)
    graph.run (cql)

#03 创建 T3Courses 节点
for i in range (len (t3df2) ):
    cql = '''
        MERGE (t3: T3Courses {courseid: ''' + str (t3df2.iloc [i]
.courseid) +'''} )
        ON CREATE SET
    t3.coursename = "''' + str (t3df2.iloc [i] ] .coursename) +'''", t3.T01 =
"''' + str (t3df2.iloc [i] .T01) +'''", t3.T02 = "''' + str (t3df2.iloc [i] .T02)
+'''", t3.T03 = "''' + str (t3df2.iloc [i] .T03) +'''", t3.T03 = "''' + str
(t3df2.iloc [i] .T03) +'''", t3.T04 = "''' + str (t3df2.iloc [i] .T05) +'''",
t3.T06 = "''' + str (t3df2.iloc [i] .T06) +'''", t3.T07 = "''' + str (t3df2.iloc
[i] .T07) +'''", t3.T08 = "''' + str (t3df2.iloc [i] .T09) +'''", t3.T10 = "''' +
str (t3df2.iloc [i] .T10) +'''", t3.T11 = "''' + str (t3df2.iloc [i] .T11) +'''",
t3.AMOUNTS =''' + str (t3df2.iloc [i] .AMOUNTS)
    graph.run (cql)
```

```
#04 创建 T3Students 节点
for i in range (len (t3df3) ):
    cql = '''
      MERGE (t3: T3Students {stuid: "0'''+ str (t3df3.iloc [i] .stuid)
+'''"} )
      ON CREATE SET
t3.stupro = "'''+ str (t3df3.iloc [i] .stupro) +'''", t3.stuname = "'''+ str
(t3df3.iloc [i] .stuname) +'''"'''
    graph.run (cql)

#05 创建 T3Stucourses 节点
for i in range (len (t3df4) ):
    cql = '''
       MERGE (t3: T3Stucourses {stuid: "0''' + str (t3df4.iloc [i]
.stuid) +'''", courseid: '''+ str (t3df4.iloc [i] .courseid) +'''} )
       ON CREATE SET t3.score = ''' + str (t3df4.iloc [i] .score) + ''',
t3.points = '''+ str (t3df4.iloc [i] .points)
    graph.run (cql)
```

DataFrame 与 LOAD CSV 方法最主要的区别在于并非调用默认数据导入位置（import）的 CSV 文件，而是直接使用 DataFrame 变量中的数据，采用 CQL 与 Python 代码相互嵌套的方式完成数据的导入，结果如图 8-18 所示（以 T3Stucourese 为例）。

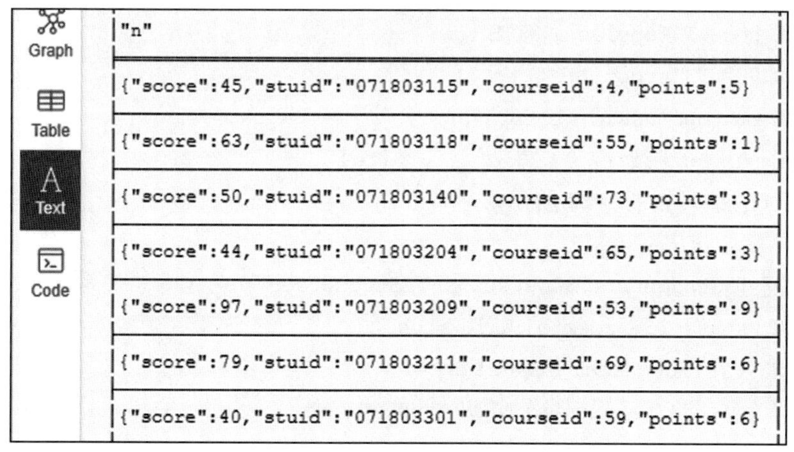

图 8-18

2. 创建关系

在已创建节点上创建关系也有两种类型，一是单纯调用 MATCH…MERGE 等方法，二是利用 Python 进行 CQL 代码嵌套。

为相关节点创建索引代码如下：

```
#使用 py2neo 中的 graph 方法：
graph.schema.create_index ("T3Topclass", "topclassid2")
graph.schema.create_index ("T3Target", "targetid")
graph.schema.create_index ("T3Courses", "courseid")
graph.schema.create_index ("T3Students", "stuid")
graph.schema.create_index ("T3Stucourses", "stuid", "courseid")
#创建多属性索引，输出的结果如图 8-19 所示。
```

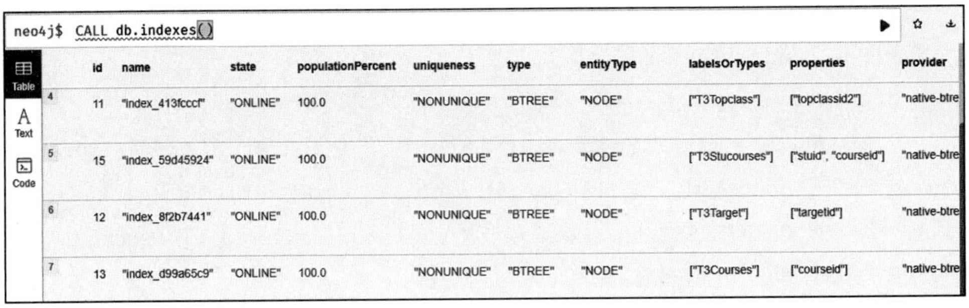

neo4j$ CALL db.indexes()

	id	name	state	populationPercent	uniqueness	type	entityType	labelsOrTypes	properties	provider
4	11	"index_413fcccf"	"ONLINE"	100.0	"NONUNIQUE"	"BTREE"	"NODE"	["T3Topclass"]	["topclassid2"]	"native-btre
5	15	"index_59d45924"	"ONLINE"	100.0	"NONUNIQUE"	"BTREE"	"NODE"	["T3Stucourses"]	["stuid", "courseid"]	"native-btre
6	12	"index_8f2b7441"	"ONLINE"	100.0	"NONUNIQUE"	"BTREE"	"NODE"	["T3Target"]	["targetid"]	"native-btre
7	13	"index_d99a65c9"	"ONLINE"	100.0	"NONUNIQUE"	"BTREE"	"NODE"	["T3Courses"]	["courseid"]	"native-btre

图 8-19

(1) MATCH…MERGE 方法

我们分别为节点创建关系，利用 Neo4j Web Browser 方式进行。

```
//创建 T3Topclass 和 T3Target 节点之间的关系
MATCH (tc: T3Topclass) WITH tc
MATCH (t: T3Target) WITH tc, t
WHERE tc.topclassid = t.topclass
MERGE (t) - [tctr: T3 属于] -> (tc)
//输出的结果如图 8-20 所示。

//创建 T3Students、T3Courses 和 T3Stucourses 节点之间的关系
MATCH (stus: T3Students) WITH stus
MATCH (c: T3Courses) WITH stus, c
MATCH (sc: T3Stucourses) WITH stus, c, sc
WHERE stus.stuid = sc.stuid AND c.courseid = sc.courseid
MERGE (stus) - [scr: T3 选修] -> (c) - [op: T3 考分] - (sc)
ON MATCH SET scr.T3 选修 = sc.points
//输出的结果如图 8-21 所示。
```

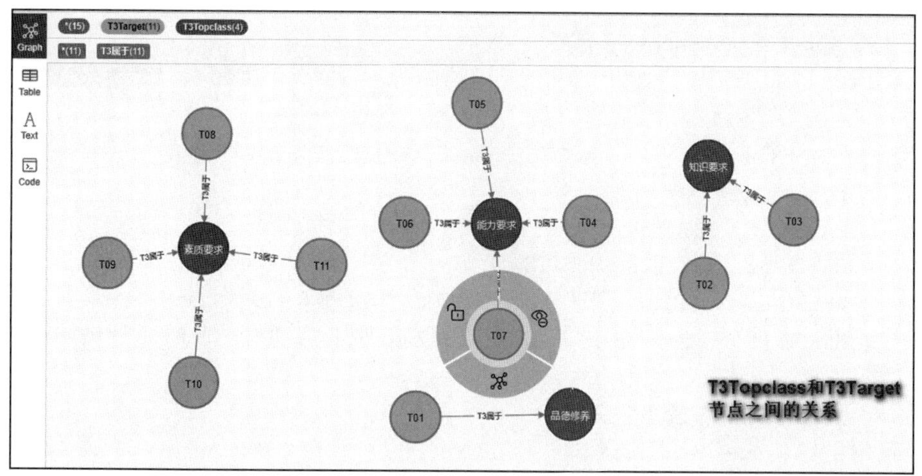

图 8-20

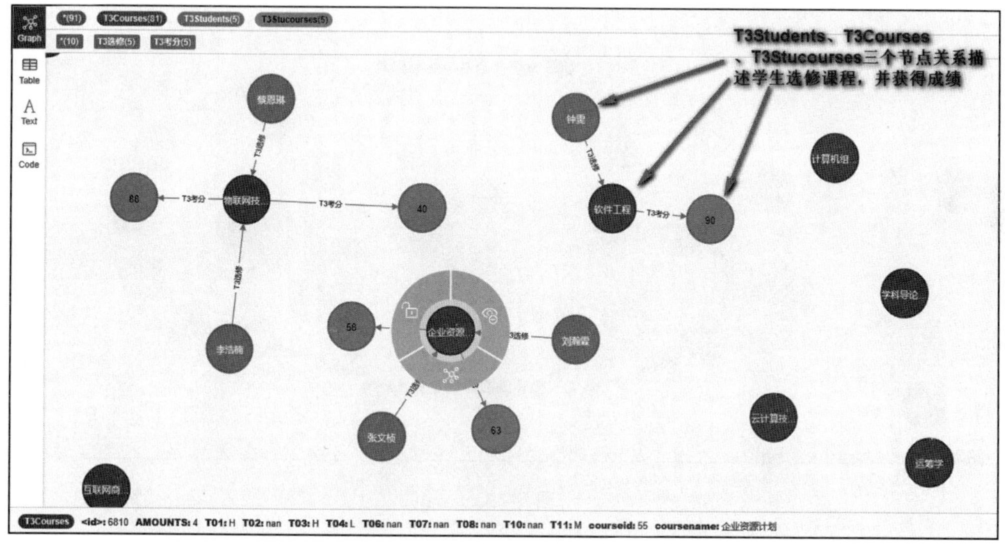

图 8-21

（2）Python+CQL 代码嵌套方法

T3Courses 与 T3Target 之间是课程与目标的关系，一门课程可能有多个目标（T01—T11），构成了一个类似稀疏矩阵的数据格式，并且在 Neo4j 图数据库中创建课程。另外，并非所有属性值都有非空值对应，因此需要考虑使用 Python 代码进行循环判断，从而提高节点关系创建的效率。

```
#在 jupyter notebook 下完成
t3list= ['T01', 'T02', 'T03', 'T04', 'T05', 'T06', 'T07', 'T08',
'T09', 'T10', 'T11']
for i in t3list:
    tcmatrixcql='''
    MATCH (t: T3Target) WITH t
    MATCH (c: T3Courses) WITH c, t
    WHERE t.targetid=''''+i +'''' AND c.'''+i+''' <> 'nan'
    MERGE (t)-[tcr:T3矩阵{description:''''+i+'''+c.'''+i+''''}]-(c)
    '''
    graph.run (tcmatrixcql)
```

输出的结果如图 8-22 所示。

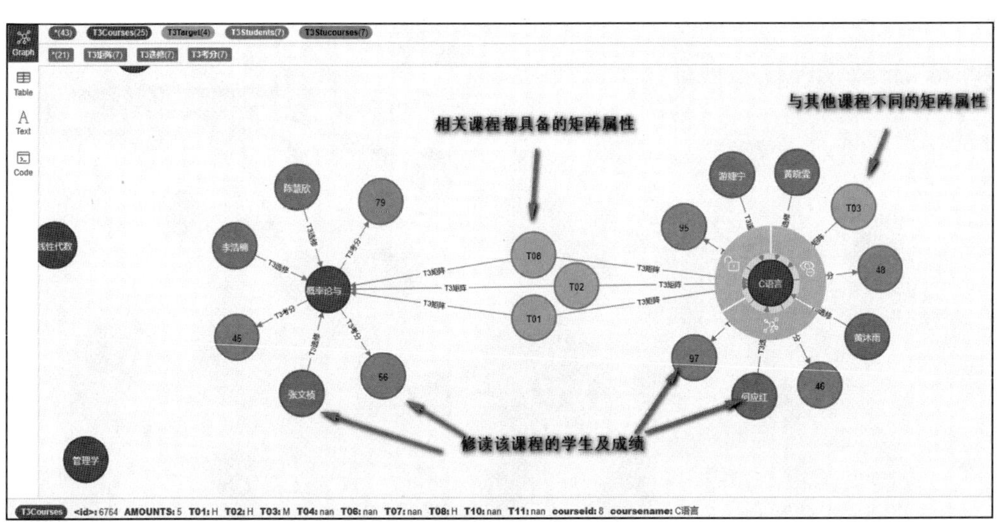

图 8-22

8.3 Neo4j 索引管理

之前章节简单介绍了如何创建 Neo4j 图数据库索引的方法，本节将更加系统地介绍如何在 Neo4j 中管理索引。

数据库索引是一种专用数据结构，允许用户快速定位信息。它的组织方式类似于二叉树结构，左侧值较小，右侧值较大。索引可以用来比较树状结构中的行值，以更快地定位所需数据，而不是强制扫描整个表。

数据库只做两件事情：存储数据、检索数据。而索引是在存储的数据之外，额外保存一些“路标”（一般是 b+树），以减少检索数据的时间。所以，索引是主数据衍生的附加结构。

图数据库和关系型数据库创建索引的原理是一样的，它们会在数据库中创建冗余的副本，从而占用一些硬盘资源，使写入速度变慢，所以需要作一些权衡，如果数据量不大，且查询效率很高，就没有必要创建索引。数据量越大，好的索引对查询效率的提升越大。

8.3.1　Neo4j 索引概述

数据库索引是数据库中某部分数据的冗余副本，目的是提高相关数据的查询效率，这是以额外的存储空间和较慢的写入速度为代价的，因此决定是否要创建索引是一项重要且不容易完成的任务。

创建索引后，数据库管理系统将对其进行管理并保持最新状态。Neo4j 将在创建索引并联机后自动拾取并开始使用。

与前面章节介绍的 SQL 关系型数据库的索引相似，Neo4j 有多种可用的索引类型：b-树、全文、查找和文本类型。

Cypher 允许在具有给定标签（label）或关系类型（relationship type）的所有节点或者关系的一个或多个属性上创建 b-树索引。

- 针对任何给定标签或关系类型的单个属性创建的索引称为单属性索引。
- 针对任何给定标签或关系类型的多个属性创建的索引称为复合索引。

对于二者的区别，将在下文中说明。

另外，文本索引是一种单属性索引，最大的限制是它只能识别具有字符串值的属性，索引中不包括索引属性属于其他值类型的节点或者与索引标签或关系类型的关系。

在 Neo4j 中，对于索引的管理应该注意以下事项：

- 最佳做法是在创建索引时为其命名。如果索引未显示命名，它将获取自动生成的名称，但系统默认命名会导致索引管理更加困难。
- 索引名称在索引和约束中必须是唯一的，因此，如果是用户命名，则可能会出现重名而导致产生执行错误。
- 默认情况下，索引创建不是幂等（幂等方法是指可以使用相同参数重复执行，并能获得相同结果的函数）的，如果尝试两次创建同一索引，将导致产生错误。使用关键字 IF NOT EXISTS 会使命令幂等，并且尝试两次创建同一索引时，不会导致产生任何错误。

8.3.2　创建 Neo4j 索引

1. 语法参考

针对不同的 Neo4j 图数据库对象，创新索引的语法也有所不同，如表 8-1 所示。

表 8-1　Neo4j 不同索引创建语法及作用对照表

ID	参考语法	作用
1	CREATE [BTREE] INDEX [index_name] [IF NOT EXISTS] FOR (n：LabelName) ON (n.propertyName) [OPTIONS " {" option：value [, …] "} "]	在节点上创建单属性索引 可以使用 OPTIONS 子句指定索引提供程序和配置 显式使用 BTREE 关键字或 b-树选项在 Neo4j 4.4 中已弃用，并将在 5.0 中被替换
2	CREATE [BTREE] INDEX [index_name] [IF NOT EXISTS] FOR () -" [" r：TYPE_NAME "] "- () ON (r.propertyName) [OPTIONS " {" option：value [, …] "} "]	创建关系的单属性索引 可以使用 OPTIONS 子句指定索引提供程序和配置 显式使用 BTREE 关键字或 b-树选项在 Neo4j 4.4 中已弃用，并将在 5.0 中被替换

3	CREATE [BTREE] INDEX [index_name]
	[IF NOT EXISTS]
	FOR (n：LabelName)
	ON (n.propertyName_1,
	    n.propertyName_2,
	    …
	    n.propertyName_n)
	[OPTIONS " {" option：value [, …] "} "]
		在节点上创建复合索引
		可以使用 OPTIONS 子句指定索引提供程序和配置
		显式使用 BTREE 关键字或 b-树选项在 Neo4j 4.4 中已弃用，并将在 5.0 中被替换

4	CREATE [BTREE] INDEX [index_name] [IF NOT EXISTS]
	FOR () -" [" r：TYPE_NAME "] "- ()
	ON (r.propertyName_1,
	    r.propertyName_2,
	    …
	    r.propertyName_n)
	[OPTIONS " {" option：value [, …] "} "]
		创建关系的复合索引
		可以使用 OPTIONS 子句指定索引提供程序和配置
		显式使用 BTREE 关键字或 b-树选项在 Neo4j 4.4 中已弃用，并将在 5.0 中被替换

5	CREATE LOOKUP INDEX [index_name] [IF NOT EXISTS] FOR (n) ON EACH labels (n) [OPTIONS " {" option：value [, …] "} "]	创建节点标签查找索引 可以使用 OPTIONS 子句指定索引提供程序
6	CREATE LOOKUP INDEX [index_name] [IF NOT EXISTS] FOR () -" [" r "] "- () ON [EACH] type (r) [OPTIONS " {" option：value [, …] "} "]	创建关系类型查找索引 可以使用 OPTIONS 子句指定索引提供程序

（续表）

ID	参考语法	作用
7	CREATE TEXT INDEX [index_name] [IF NOT EXISTS] FOR (n：LabelName) ON (n. propertyName) [OPTIONS " {" option：value [，…] "} "]	在属性具有字符串值的节点上创建文本索引 可以使用 OPTIONS 子句指定索引提供程序
8	CREATE TEXT INDEX [index_name] [IF NOT EXISTS] FOR () —" [" r：TYPE_NAME "] "— () ON (r. propertyName) [OPTIONS " {" option：value [，…] "} "]	在属性具有字符串值的关系上创建文本索引 可以使用 OPTIONS 子句指定索引提供程序

2. 创建索引

创建索引需要“创建索引”权限，而删除索引需要“删除索引”权限，列出索引需要“显示索引”权限。

规划器提示和 USING 关键字描述了如何使 Cypher 规划器使用特定索引（特别是在规划器不一定使用它们的情况下）。

与单属性 b-树索引一样，复合 b-树索引支持所有谓词，具体包括：

- 相等性检查：n. prop =VALUE
- 列表成员资格检查：n. prop IN LIST
- 存在检查：n. prop IS NOT NULL
- 范围搜索：n. prop >VALUE
- 前缀搜索：STARTS WITH
- 后缀搜索：ENDS WITH
- 子字符串搜索：CONTAINS

(1) 显示所有索引

```
//以下两个语句等效，输出的结果如图 8-23 所示。
SHOW INDEXES
CALL db. indexes ()
```

```
//带有条件过滤的索引查询，输出的结果如图 8-24 所示。
SHOW BTREE INDEXES WHERE uniqueness = 'UNIQUE'
```

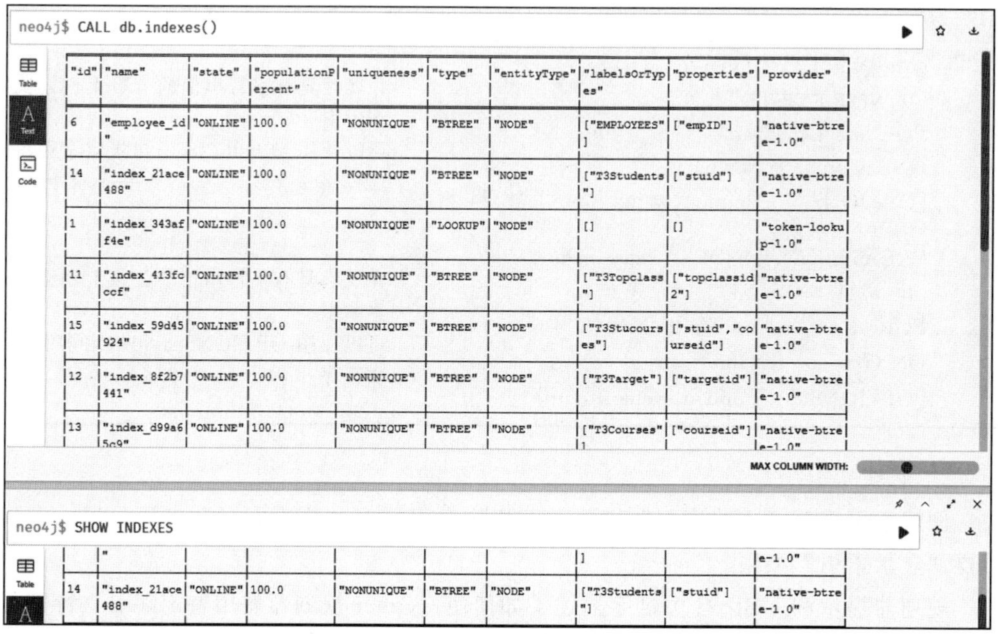

neo4j$ CALL db.indexes()

"id"	"name"	"state"	"populationPercent"	"uniqueness"	"type"	"entityType"	"labelsOrTypes"	"properties"	"provider"
6	"employee_id"	"ONLINE"	100.0	"NONUNIQUE"	"BTREE"	"NODE"	["EMPLOYEES"]	["empID"]	"native-btree-1.0"
14	"index_21ace488"	"ONLINE"	100.0	"NONUNIQUE"	"BTREE"	"NODE"	["T3Students"]	["stuid"]	"native-btree-1.0"
1	"index_343aff4e"	"ONLINE"	100.0	"NONUNIQUE"	"LOOKUP"	"NODE"	[]	[]	"token-lookup-1.0"
11	"index_413fcccf"	"ONLINE"	100.0	"NONUNIQUE"	"BTREE"	"NODE"	["T3Topclass"]	["topclassid2"]	"native-btree-1.0"
15	"index_59d45924"	"ONLINE"	100.0	"NONUNIQUE"	"BTREE"	"NODE"	["T3Stucourses"]	["stuid","courseid"]	"native-btree-1.0"
12	"index_8f2b7441"	"ONLINE"	100.0	"NONUNIQUE"	"BTREE"	"NODE"	["T3Target"]	["targetid"]	"native-btree-1.0"
13	"index_d99a65c9"	"ONLINE"	100.0	"NONUNIQUE"	"BTREE"	"NODE"	["T3Courses"]	["courseid"]	"native-btree-1.0"

MAX COLUMN WIDTH:

neo4j$ SHOW INDEXES

	"						]		e-1.0"
14	"index_21ace488"	"ONLINE"	100.0	"NONUNIQUE"	"BTREE"	"NODE"	["T3Students"]	["stuid"]	"native-btree-1.0"

图 8-23

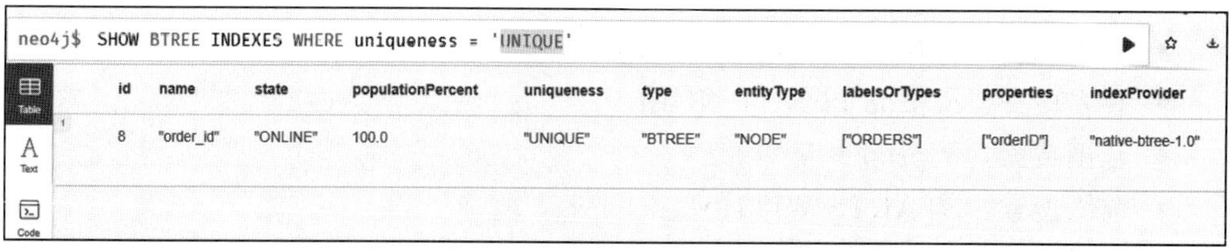

neo4j$ SHOW BTREE INDEXES WHERE uniqueness = 'UNIQUE'

id	name	state	populationPercent	uniqueness	type	entityType	labelsOrTypes	properties	indexProvider
8	"order_id"	"ONLINE"	100.0	"UNIQUE"	"BTREE"	"NODE"	["ORDERS"]	["orderID"]	"native-btree-1.0"

图 8-24

```
//带有条件并显示所有相关属性的索引，输出的结果如图 8-25 所示。
SHOW BTREE INDEXES YIELD * WHERE uniqueness = 'UNIQUE'
```

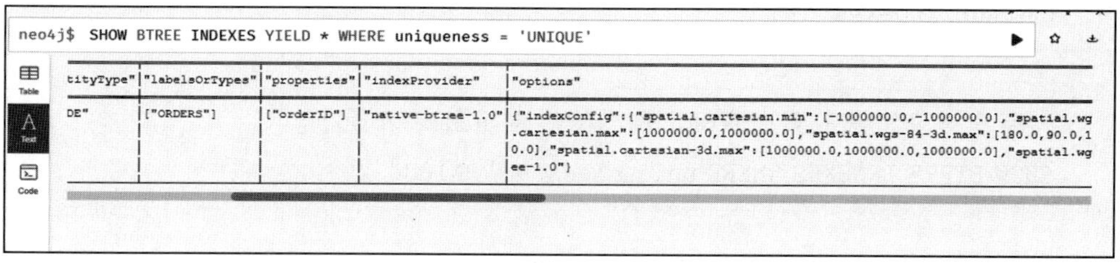

neo4j$ SHOW BTREE INDEXES YIELD * WHERE uniqueness = 'UNIQUE'

tityType"	"labelsOrTypes"	"properties"	"indexProvider"	"options"
DE"	["ORDERS"]	["orderID"]	"native-btree-1.0"	{"indexConfig":{"spatial.cartesian.min":[-1000000.0,-1000000.0],"spatial.wg .cartesian.max":[1000000.0,1000000.0],"spatial.wgs-84-3d.max":[180.0,90.0,1 0.0],"spatial.cartesian-3d.max":[1000000.0,1000000.0,1000000.0],"spatial.wg ee-1.0"}

图 8-25

（2）创建节点单属性 b-树索引

对于具有特定标签的所有节点，可以在单个属性上创建命名的 b-树索引，方法是使用 CREATE INDEX index_name FOR（n：Label）ON（n. property）。请注意，索引不会立即可用，而是在后台创建的。

假设要为 XGXCity 节点创建基于 name 的索引，代码如下：

```
CREATE INDEX xgxcity_node_index FOR (n: XGXCity) ON (n.name)
//输出的结果如图 8-26 所示。
```

neo4j$ SHOW INDEXES WHERE name='xgxcity_node_index'

"id"	"name"	"state"	"populationPercent"	"uniqueness"	"type"	"entityType"	"labelsOrTypes"	"properties"	"indexProvider"
16	"xgxcity_node_index"	"ONLINE"	100.0	"NONUNIQUE"	"BTREE"	"NODE"	["XGXCity"]	["name"]	"native-btree-1.0"

图 8-26

（3）创建关系单属性 b-树索引

可以使用 CREATE INDEX index_name FOR（）－［r：TYPE］－（）ON（r. property）创建具有特定关系类型的所有关系的单个属性上的命名 b-树索引。

假设要为 sljPersons 节点创建基于 sljrel 关系的索引，代码如下：

```
    CREATE INDEX sljrel_index_name FOR ( ) - [r: sljrel] - ( ) ON
(r.sljwts)
    //输出的结果如图 8-27 所示。
```

neo4j$ SHOW INDEXES WHERE name='sljrel_index_name'

"id"	"name"	"state"	"populationPercent"	"uniqueness"	"type"	"entityType"	"labelsOrTypes"	"properties"	"indexProvider"
17	"sljrel_index_name"	"ONLINE"	100.0	"NONUNIQUE"	"BTREE"	"RELATIONSHIP"	["sljrel"]	["sljwts"]	"native-btree-1.0"

图 8-27

对照图 8-26 和图 8-27，其中 entityType 分别是 NODE 和 RELATIONSHIP，代表着节点和关系两种索引类型。

（4）创建节点多属性 b-树复合索引

多属性与单属性索引最主要的区别在于 ON 介词后的节点属性的多少，参考代码如下：

```
CREATE INDEX xgxcity_node_index2 FOR (n: XGXCity) ON (n.name, n.population)
```

（5）创建关系多属性 b-树复合索引

ON 介词后关系类型的属性数量如果大于 1，就构成了关系的复合索引，参考代码如下：

```
CREATE INDEX sljrel_index_name2 FOR () - [r: sljrel] - () ON (r.sljwts, r.sljrels)
```

（6）创建 lookup（查找）索引

lookup 索引又称为“token lookup index”令牌查找索引，用于查找具有特定标签或特定类型关系的节点。

令牌查找索引总是分别在所有标签或关系类型上创建，因此数据库中最多只能有两个令牌查找索引：一个用于节点，一个用于关系。

令牌查找索引是由 Neo4j 4.3 引入的，而关系类型查找索引是一个新概念，节点标签查找索引不是新概念。节点标签查找索引提供与以前的标签扫描存储相同的功能，但具有所有索引通用的附加功能，如使用非阻塞填充、创建和删除的能力。参考代码如下：

```
//为节点标签创建 lookup 索引
CREATE LOOKUP INDEX node_label_lookup_index FOR (n) ON EACH labels (n)

//为关系类型创建 lookup 索引
CREATE LOOKUP INDEX rel_type_lookup_index FOR () - [r] - () ON EACH type (r)
```

（7）创建文本索引（text index）

```
//为节点标签创建文本索引
CREATE TEXT INDEX node_index_name FOR (n: EMPLOYEES) ON (n.empName) //empName 为 EMPLOYEES 节点标签的员工姓名属性

//为关系创建文本索引
CREATE TEXT INDEX rel_index_name FOR () - [r: 员工属于] - () ON (r.empCounts) //empCounts 表示该关系下领导的下属数量
```

（8）创建全文搜索索引（full text index）

```
    //基于节点标签的全文搜索
    CREATE FULLTEXT INDEX shippernameAndtempmemo FOR (n: ORDERS | EMPLOYEES)
ON EACH [n.shippername, n.empmemo]
    //输出的结果如图 8-28 所示。
```

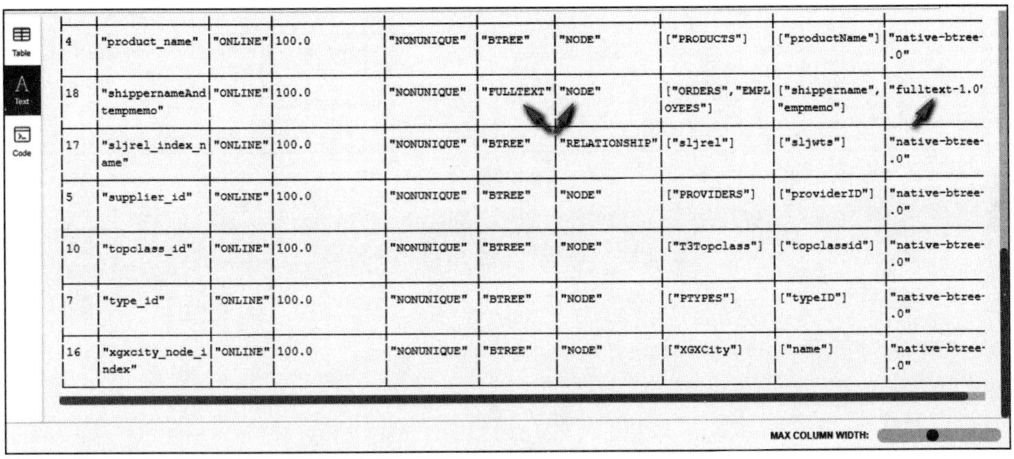

4	"product_name"	"ONLINE"	100.0	"NONUNIQUE"	"BTREE"	"NODE"	["PRODUCTS"]	["productName"]	"native-btree-.0"
18	"shippernameAndtempmemo"	"ONLINE"	100.0	"NONUNIQUE"	"FULLTEXT"	"NODE"	["ORDERS","EMPLOYEES"]	["shippername", "empmemo"]	"fulltext-1.0'
17	"sljrel_index_name"	"ONLINE"	100.0	"NONUNIQUE"	"BTREE"	"RELATIONSHIP"	["sljrel"]	["sljwts"]	"native-btree-.0"
5	"supplier_id"	"ONLINE"	100.0	"NONUNIQUE"	"BTREE"	"NODE"	["PROVIDERS"]	["providerID"]	"native-btree-.0"
10	"topclass_id"	"ONLINE"	100.0	"NONUNIQUE"	"BTREE"	"NODE"	["T3Topclass"]	["topclassid"]	"native-btree-.0"
7	"type_id"	"ONLINE"	100.0	"NONUNIQUE"	"BTREE"	"NODE"	["PTYPES"]	["typeID"]	"native-btree-.0"
16	"xgxcity_node_index"	"ONLINE"	100.0	"NONUNIQUE"	"BTREE"	"NODE"	["XGXCity"]	["name"]	"native-btree-.0"

图 8-28

关系的全文索引也是如此。尽管一个关系只能有一种类型，但关系的全文索引可以为多种类型的索引，并且包括与其中一种关系类型和至少一个索引属性匹配的所有关系。

```
    //基于关系类型的全文检索
    CREATE FULLTEXT INDEX taggedByRelationshipIndex FOR () - [r: sljrel]
- () ON EACH [r.title] OPTIONS {indexConfig: {'fulltext.analyzer': 'cjk', '
fulltext.eventually_consistent': true} }
    //输出的结果如图 8-29 所示。
```

3. 删除索引

在 Neo4j 中，删除索引常用的命令是 DROP INDEX index_name。此命令可以删除任何类型的索引，但那些后备约束除外。可以使用输出列名称中给定的 SHOW INDEXES 命令找到索引的名称。

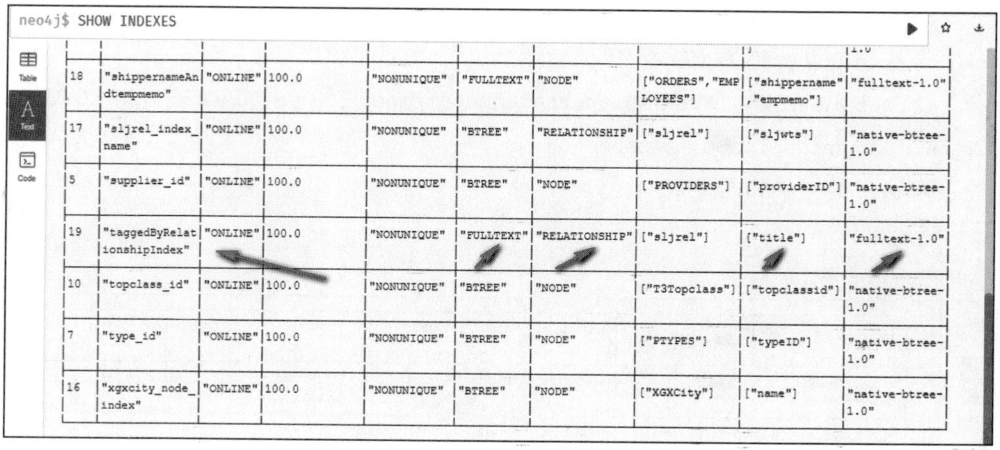

neo4j$ SHOW INDEXES

18	"shippernameAndtempmemo"	"ONLINE"	100.0	"NONUNIQUE"	"FULLTEXT"	"NODE"	["ORDERS","EMPLOYEES"]	["shippername","empmemo"]	"fulltext-1.0"
17	"sljrel_index_name"	"ONLINE"	100.0	"NONUNIQUE"	"BTREE"	"RELATIONSHIP"	["sljrel"]	["sljwts"]	"native-btree-1.0"
5	"supplier_id"	"ONLINE"	100.0	"NONUNIQUE"	"BTREE"	"NODE"	["PROVIDERS"]	["providerID"]	"native-btree-1.0"
19	"taggedByRelationshipIndex"	"ONLINE"	100.0	"NONUNIQUE"	"FULLTEXT"	"RELATIONSHIP"	["sljrel"]	["title"]	"fulltext-1.0"
10	"topclass_id"	"ONLINE"	100.0	"NONUNIQUE"	"BTREE"	"NODE"	["T3Topclass"]	["topclassid"]	"native-btree-1.0"
7	"type_id"	"ONLINE"	100.0	"NONUNIQUE"	"BTREE"	"NODE"	["PTYPES"]	["typeID"]	"native-btree-1.0"
16	"xgxcity_node_index"	"ONLINE"	100.0	"NONUNIQUE"	"BTREE"	"NODE"	["XGXCity"]	["name"]	"native-btree-1.0"

图 8-29

```
//删除名为"xgxcity_node_index"的节点标签索引
DROP INDEX "xgxcity_node_index"
SHOW INDEXES WHERE name = "xgxcity_node_index"
//输出的结果如图 8-30 所示。
```

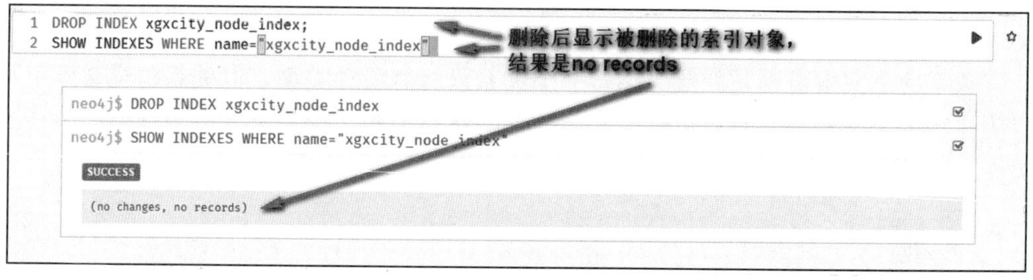

图 8-30

如果要避免删除并不存在的对象导致的错误提示，可以在语句后添加“IF EXISTS”。

8.4 Neo4j 高级查询

与第 7 章中节点和关系数据的查询不同，基于 Neo4j 图数据库的高级查询对象往往是节点、关系、标签中的更深关系，以此发现更有价值的结论。

若无特定说明，本节所进行的高级查询均在 Neo4j Web Browser 方式下完成。(相关人物及事件如有雷同，纯属巧合)

8.4.1 深度查询

1. 可变关系深度查询

假设从节点标签“王一”出发，以可变深度的参数完成其直接关系和间接关系查询。

```
MATCH p = (a: sljPersons {name: '王一'}) - [: sljrel * 1..1] - (b: sljPersons)
RETURN p //输出的结果如图 8-31 (a) 所示。
MATCH p = (a: sljPersons {name: '王一'}) - [: sljrel * 1..2] - (b: sljPersons)
RETURN p //输出的结果如图 8-31 (b) 所示。
```

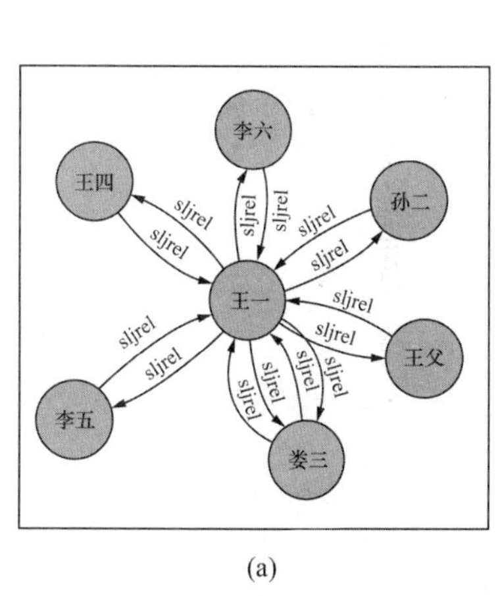

(a)

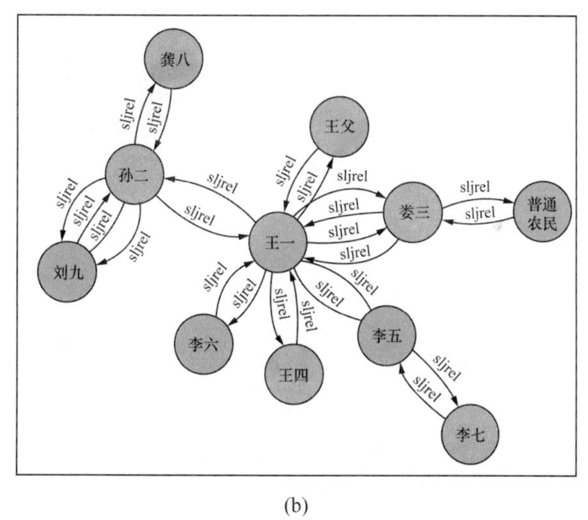

(b)

图 8-31

节点标签之间的关系类型是 sjlrel，通过 * 1..n 的可变参数，可以改变关系深度（路径长度）查询的结果。图 8-31（a）查询到的是直接关系，图 8-31（b）则更深入一层（更长的路径查询）。

2. 多变量可变关系深度查询

假设要通过查询员工“赵军”节点标签的两个关系类型“销售”“汇报”，以可变关系深度查询相应的关系，分别查询直接关系和间接关系。

```
MATCH p= (emp {empName: '赵军'} ) - [: 销售 | 汇报] - ()
RETURN p
//输出的结果如图 8-32 所示。

MATCH p= (emp {empName: '赵军'} ) - [: 销售 | 汇报 * 2] - ()
RETURN p
//输出的结果如图 8-33 所示。
```

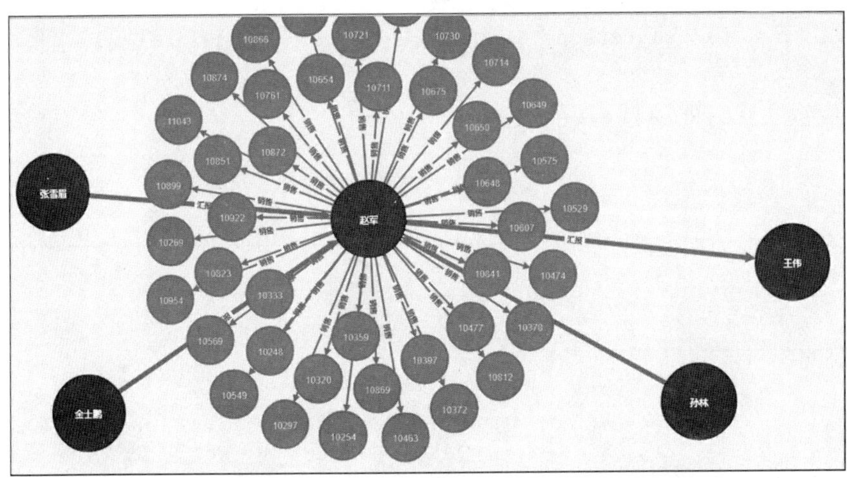

图 8-32

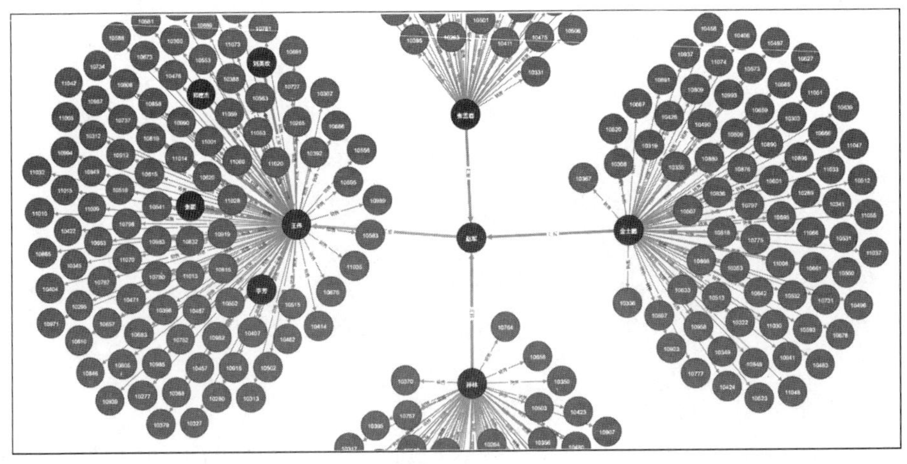
图 8-33

不同深度的查询过程将耗费不同的计算资源，而且随着节点或关系数量的增加，这种资源耗费往往呈数量级增长，因此对于索引的科学管理至关重要。

3. ZERO（零）深度查询

使用下限为零（ZERO）的可变长度路径意味着两个变量可以指向同一个节点。如果两个节点之间的路径长度为零，则根据定义，它们是同一个节点。请注意，当匹配零长度路径时，即使匹配未使用的关系类型，结果也可能包含匹配项。

```
MATCH p = (emp {empName: '赵军'} ) - [ * 0..1] - (x)
RETURN x
//输出的结果如图 8-34 所示。
```

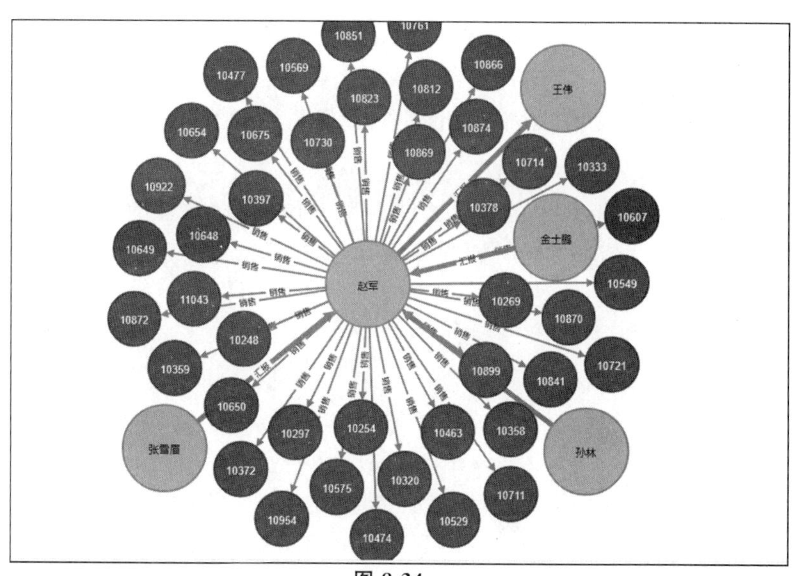

图 8-34

可以看到查询结果包括了与“赵军”节点标签有直接关联的“销售”“汇报”两种关系标签。请对比图 8-32 及相关代码。

8.4.2　最短路径查询

1. 单一最短路径查询

```
MATCH (a {name: '王一'} ),
      (b {name: '普通农民'} ),
p = shortestPath ( (a) - [ *..5] - (b) )
RETURN p
//输出的结果如图 8-35 所示。
```

如图 8-34 所示，在两个节点之间找到一条最短路径，只要该路径最长为 5 个关系。在括号内定义路径的单个链接“—”起始节点、连接关系和结束节点。在寻找最

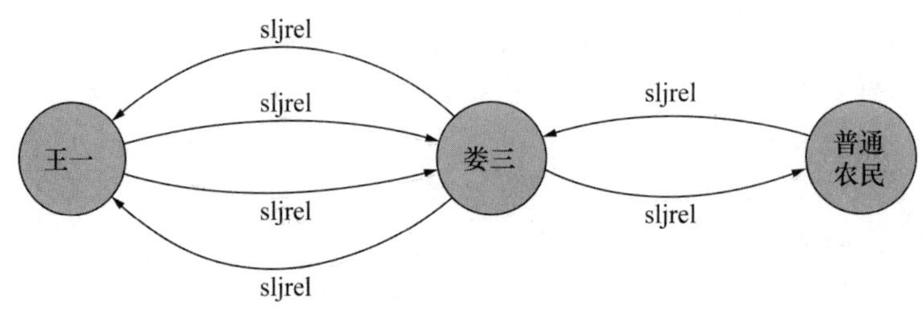

图 8-35

短路径时，都会使用关系类型、最大跳数和方向等关系的特征。如果在最短路径匹配后有 WHERE 子句，则相关谓词将包含在最短路径中。如果谓词是路径的关系元素上的 none（）或 all（），则将在搜索期间使用它来提高性能。(可参考下面的例子)

2. 带条件单一最短路径查询

图 8-36 和图 8-37 的主要区别在于条件类型 type（r）的值的实际作用是反向筛选，即当 type（r）＝‘销售’时，因为外层 WHERE none（）将其否决，所以查询到的是关系类型为“汇报”的路径。

```
MATCH (a {empName: '金士鹏'} ),
      (b {empName: '李芳'} ),
p = shortestPath ( (a) - [ * ] - (b) )
WHERE none (r in relationships (p) WHERE type (r) ='销售')
RETURN p //输出的结果如图 8-36 所示

MATCH (a {empName: '金士鹏'} ),
      (b {empName: '李芳'} ),
p = shortestPath ( (a) - [ * ] - (b) )
WHERE none (r in relationships (p) WHERE type (r) ='销售')
RETURN p
//输出的结果如图 8-37 所示。
```

3. 所有最短路径

在 CUSTOMERS 节点标签中，要找到中通与嘉业两个客户之间能够产生关联的所有路径。

可见，中通与嘉业两个客户之间共有 6 条关联链路，关键节点是订单（ORDERS)、员工（EOMPLOYEES)，为两个客户之间提供了关联路径。

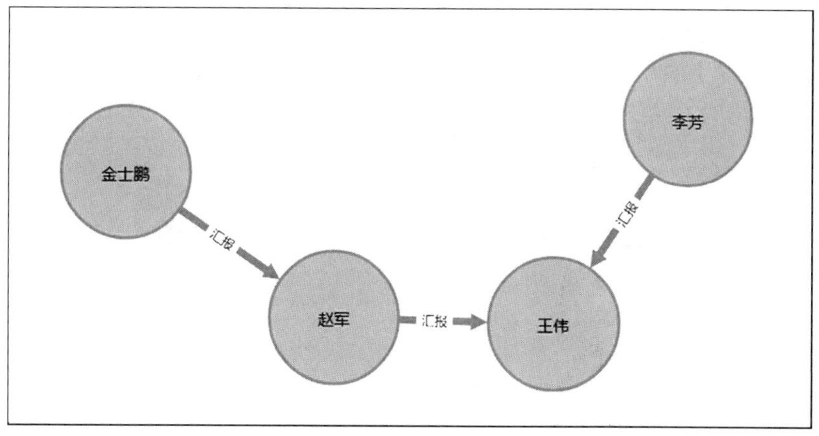

图 8-36

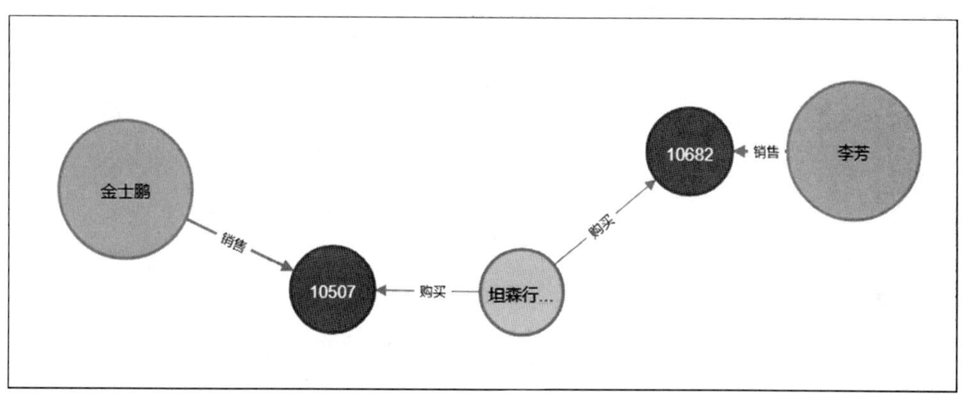

图 8-37

```
MATCH (a {custName: '中通'} ),
     (b {custName: '嘉业'} ),
p = allShortestPaths ( (a) - [ * ] - (b) )
RETURN p
//输出的结果如图 8-38 所示。
```

8.4.3　OPTIONAL 查询

如果关系是可选的，请使用 OPTIONAL MATCH 子句。这类似于 SQL 外连接的工作方式：如果关系存在，则返回关系值；如果关系不存在，则在其位置返回 null。

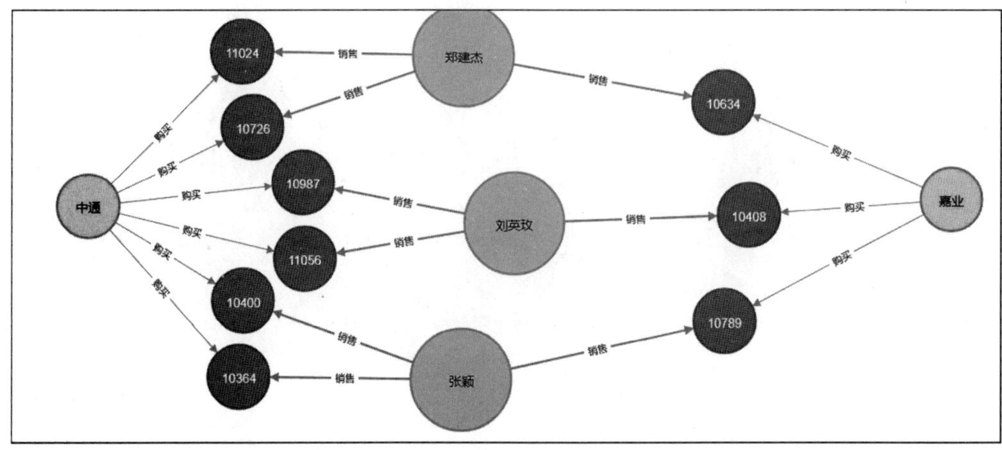

图 8-38

```
MATCH (a {name: '王一'} )
OPTIONAL MATCH (a) - - > (x {name: '张三'} ) //假设 name: '张三'在整个图数据库中并不存在
RETURN x
//输出结果如图 8-39 所示。
//如果不使用 OPTIONAL MATCH，则输出的结果如图 8-40 所示。
```

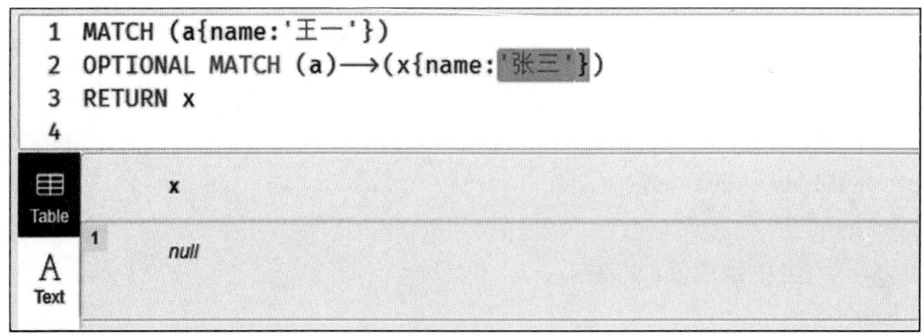

图 8-39

8.4.4 WITH 查询

“WITH 查询”指的是在查询过程中使用 WITH 语句，该子句允许将各查询部分链接在一起，通过管道将一个查询的结果用作下一个查询的起点或条件。

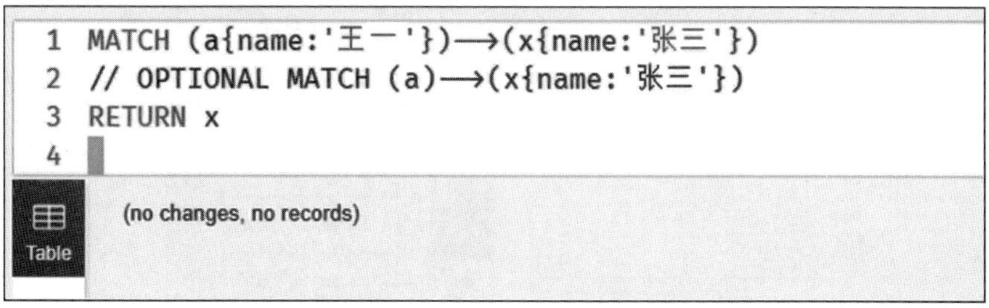

```
MATCH (a{name:'王一'})-->(x{name:'张三'})
// OPTIONAL MATCH (a)-->(x{name:'张三'})
RETURN x

Table
(no changes, no records)
```

图 8-40

WITH 的一种常见用法是限制随后传递给其他 MATCH 子句的条目数。通过组合 ORDER BY 和 LIMIT 等，可以利用某些条件获得前 n 个条目，然后从图表中引入额外的数据。

WITH 的另一个用途是过滤聚合值。WITH 用于引入聚合，然后可以在 WHERE 的谓词中使用这些聚合。这些聚合表达式在结果中创建新的绑定。WITH 也可以像 RETURN 一样，使用别名作为绑定名称引入结果中的别名表达式。

WITH 还用于将读取与图形更新分开。查询的每个部分都必须是只读的或只写的。从写入部分转到读取部分时，必须使用 WITH 子句进行切换。

下面讲解查询语句中 WITH 的典型用法。

1. 聚合函数结果过滤

假设要查询图数据库 PROVINCES 节点中与 name＝‘福建省’有连接的对象并且其内向关系总数大于 10 条的市级名称。

```
MATCH (a {name: '福建省'} ) <-- (b) -- ()
WITH b, count ( * ) as btotal
WHERE btotal>10
RETURN b
//输出的结果如图 8-41 (a) 所示。如果将条件设置为 btotal>3，则得到如图 8-41 (b) 所示的结果。
```

2. 结果排序限制

假设要查询图数据库 PROVINCES 节点中与 name＝‘福建省’有连接的对象并且其内向关系总数降序排列，取前 5 名。

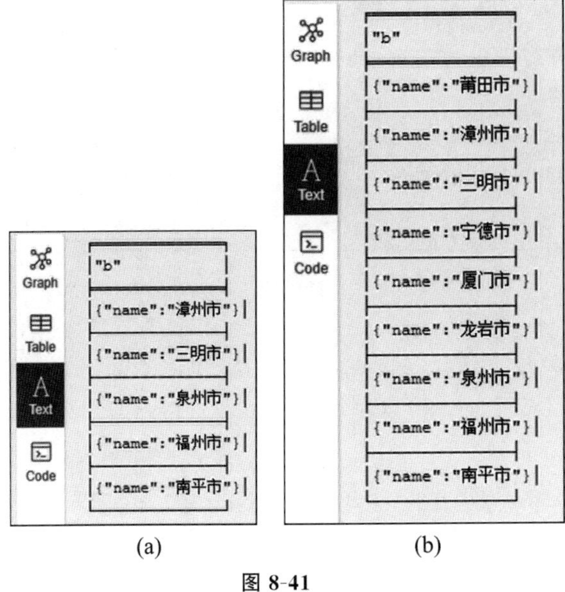

(a) (b)

图 8-41

```
MATCH (a {name: '福建省'} ) <-- (b) -- ()
WITH b, COUNT (b) AS btotal
ORDER BY btotal DESC
LIMIT 5
RETURN COLLECT (b.name), btotal
//输出的结果如图 8-42 所示。
```

	COLLECT(b.name)	btotal
1	["福州市"]	14
2	["三明市", "泉州市"]	13
3	["漳州市"]	12
4	["南平市"]	11

图 8-42

如图 8-42 所示，福州市有 14 个对象与之关联，三明市、泉州市有 13 个对象与之关联。

区县的输出结果使用 COLLECT () 方法转换为 LIST 数据格式。

3. 路径搜索分支的限制

用户可以匹配路径，将其限制为特定数量，然后使用这些路径作为基础再次匹配，实现类似任意数量有限搜索。

假设要查询图数据库 EMPLOYEES 节点中与 empName=‘李芳’有连接的节点，并使用 name 进行降序排列后获取第一层数据，再根据第一层数据，继续查询与之相关联的节点，并返回名称的唯一值。

```
MATCH (a {empName: '李芳'} ) -- (b)
WITH b
ORDER BY b.name DESC
LIMIT 1
MATCH (b) --> (c)
RETURN DISTINCT (c.name)
//输出的结果如图 8-43 所示。
```

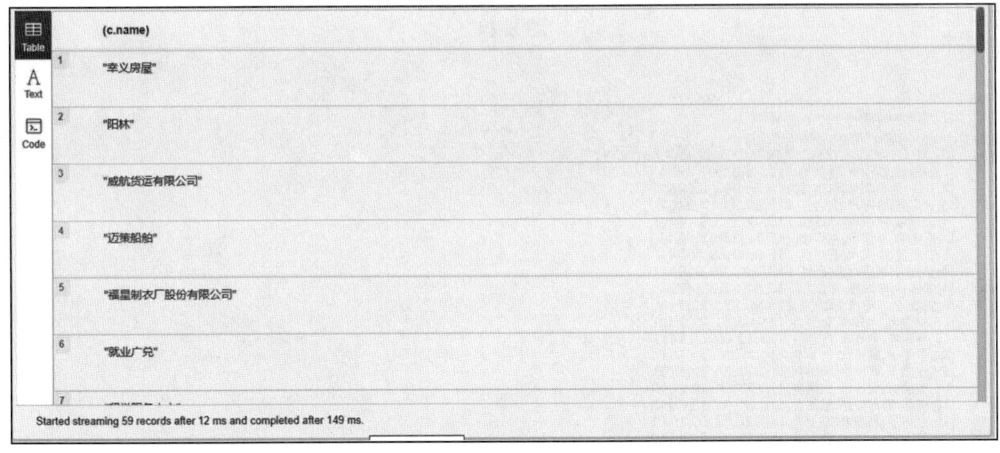

图 8-43

8.5 Neo4j 高级增改

基于 Neo4j CQL 进行图数据库对象更加复杂而高效的增、删、改等操作，涉及基于 CSV、DataFrame 等数据源对已有节点等对象进行更新、关系创建或者筛选删除。

假设 CHNProvinceneo4j2. csv 数据文件状态如图 8-44 所示；全国各地经纬度 neo4jprocity. csv 数据文件状态如图 8-45 所示；全国乡镇数据 . csv 数据文件状态如图 8-46 所示。

```
CHNProvinceneo4j2.csv - 记事本
文件(F) 编辑(E) 格式(O) 查看(V) 帮助(H)
PID,PROVINCE
1,安徽省
2,北京市
3,福建省
4,甘肃省
5,港澳台地区
6,广东省
7,广西壮族自治区
8,贵州省
9,海南省
10,河北省
11,河南省
12,黑龙江省
13,湖北省
14,湖南省
15,吉林省
16,江苏省
17,江西省
18,辽宁省
19,内蒙古自治区
20,宁夏回族自治区
21,青海省
第1行，第1列 120% Windows (CRLF) UTF-8
```

图 8-44

```
全国各地经纬度neo4jprocity.csv - 记事本
文件(F) 编辑(E) 格式(O) 查看(V) 帮助(H)
ID,PROVINCE,CITY,COUNTY,LONGI,LAT,AMOUNT
1,安徽省,阜阳市,临泉县,115.25,33.07,3354
2,安徽省,阜阳市,阜南县,115.58,32.63,2467
3,安徽省,阜阳市,太和县,115.62,33.17,2467
4,安徽省,亳州市,谯城区,115.77,33.88,4842
5,安徽省,亳州市,亳州市,115.78,33.85,7543
6,安徽省,阜阳市,颍州区,115.8,32.88,5054
7,安徽省,阜阳市,颍泉区,115.8,32.93,3698
8,安徽省,阜阳市,阜阳市,115.82,32.9,4499
9,安徽省,阜阳市,颍东区,115.85,32.92,3743
10,安徽省,六安市,金寨县,115.92,31.72,2331
11,安徽省,安庆市,宿松县,116.12,30.15,1412
12,安徽省,亳州市,利辛县,116.2,33.15,1381
13,安徽省,亳州市,涡阳县,116.22,33.52,1764
14,安徽省,安庆市,太湖县,116.27,30.43,1040
15,安徽省,六安市,霍邱县,116.27,32.33,6063
16,安徽省,阜阳市,颍上县,116.27,32.63,1911
17,安徽省,六安市,霍山县,116.33,31.4,9258
18,安徽省,安庆市,岳西县,116.35,30.85,4472
19,安徽省,宿州市,砀山县,116.35,34.42,2300
20,安徽省,六安市,裕安区,116.48,31.77,3125
21,安徽省,六安市,六安市,116.5,31.77,2585
22,安徽省,六安市,金安区,116.5,31.77,2893
第10行，第32列 110% Windows (CRLF) UTF-8
```

图 8-45

```
全国乡镇数据.csv - 记事本
文件(F) 编辑(E) 格式(O) 查看(V) 帮助(H)
id,province,city,area,street,name,shortname,townCoin,addTime,addName,manageName,manageUserID,rank,effect,info,resume,py_prefix,py,deep,pid,logo,isRecommend,activity,allvalue
1,北京市,,,,北京市,北京,0,,,,,834,14,,,b,bei jing,0,0,/upload/images/ht.jpg,0,8,22
2,北京市,北京市,,,市辖区,北京,1,,,,,651,123,,,b,bei jing,1,11,/upload/images/ht.jpg,0,77,201
3,北京市,北京市,东城区,,东城区,东城,738,,,,,323,35,,,d,dong cheng,2,1101,/upload/images/ht.jpg,0,252,1025
21,北京市,北京市,西城区,,西城区,西城,10353,,,,,66,7,,,x,xi cheng,2,1101,/upload/images/ht.jpg,0,4139,14445
37,北京市,北京市,朝阳区,,朝阳区,朝阳,2405,,,,,151,10,,,c,chao yang,2,1101,/upload/images/ht.jpg,0,653,3068
81,北京市,北京市,丰台区,,丰台区,丰台,134,,,,,686,4,,,f,feng tai,2,1101,/upload/images/ht.jpg,0,27,165
101,北京市,北京市,丰台区,长辛店镇,长辛店镇,长辛店镇,0,,,,,0,0,,,c,chang xin dian zhen,3,110106,/upload/images/ht.jpg,0,0,0
102,北京市,北京市,丰台区,王佐镇,王佐镇,王佐,0,,,,,0,0,,,w,wang zuo,3,110106,/upload/images/ht.jpg,0,0,0
103,北京市,北京市,石景山区,,石景山区,石景山,0,,,,,0,0,,,s,shi jing shan,2,1101,/upload/images/ht.jpg,0,0,0
113,北京市,北京市,海淀区,,海淀区,海淀,372,,,,,520,6,,,h,hai dian,2,1101,/upload/images/ht.jpg,0,69,447
143,北京市,北京市,门头沟区,,门头沟区,门头沟,2,,,,,922,3,,,m,men tou gou,2,1101,/upload/images/ht.jpg,0,3,8
151,北京市,北京市,门头沟区,潭柘寺镇,潭柘寺镇,潭柘寺,0,,,,,0,0,,,t,tan zhe si,3,110109,/upload/images/ht.jpg,0,0,0
152,北京市,北京市,门头沟区,军庄镇,军庄镇,军庄,0,,,,,0,0,,,j,jun zhuang,3,110109,/upload/images/ht.jpg,0,0,0
153,北京市,北京市,门头沟区,雁翅镇,雁翅镇,雁翅,0,,,,,0,0,,,y,yan chi,3,110109,/upload/images/ht.jpg,0,0,0
154,北京市,北京市,门头沟区,斋堂镇,斋堂镇,斋堂,0,,,,,0,0,,,z,zhai tang,3,110109,/upload/images/ht.jpg,0,0,0
155,北京市,北京市,门头沟区,清水镇,清水镇,清水,0,,,,,0,0,,,q,qing shui,3,110109,/upload/images/ht.jpg,0,0,0
156,北京市,北京市,门头沟区,妙峰山镇,妙峰山镇,妙峰山,0,,,,,0,0,,,m,miao feng shan,3,110109,/upload/images/ht.jpg,0,0,0
157,北京市,北京市,房山区,,房山区,房山,0,,,,,0,0,,,f,fang shan,2,1101,/upload/images/ht.jpg,0,0,0
169,北京市,北京市,房山区,阎村镇,阎村镇,阎村,0,,,,,0,0,,,y,yan cun,3,110111,/upload/images/ht.jpg,0,0,0
170,北京市,北京市,房山区,窦店镇,窦店镇,窦店,0,,,,,0,0,,,d,dou dian,3,110111,/upload/images/ht.jpg,0,0,0
171,北京市,北京市,房山区,石楼镇,石楼镇,石楼,0,,,,,0,0,,,s,shi lou,3,110111,/upload/images/ht.jpg,0,0,0
172,北京市,北京市,房山区,长阳镇,长阳镇,长阳,0,,,,,0,0,,,c,chang yang,3,110111,/upload/images/ht.jpg,0,0,0
第 13 行，第 62 列 100% Windows (CRLF) 带有 BOM 的 UT
```

图 8-46

8.5.1 添加对象

利用以上 CSV 数据文件，首先，创建省份级别行政区域标签对象，并与所属国家之间建立关系；其次，创建相关城市的标签对象，并与上一步创建的省份之间建立关系。

```
LOAD CSV WITH HEADERS FROM " FILE: ///CHNProvinceneo4j2.csv " AS row
MATCH (C: COUNTRY {id: 86, name: "中国", ename: " China "} )
WITH C, row
MERGE (d: PROVINCES {id: row.PID, name: row.PROVINCE} )
MERGE (d) - [r: 属于 {CREATED_BY: " T3 "} ] -> (C)

LOAD CSV WITH HEADERS FROM ' FILE: ///全国各地经纬度 Neo4jPROCITY.CSV ' AS
ROW
MATCH (d: PROVINCES) WHERE d.name = ROW.PROVINCE
MERGE (h: PROVINCES {name: ROW.PROVINCE} )
WITH ROW, h
MERGE (m: CITIES {name: ROW.CITY} )
WITH m, h
MERGE (m) - [: 属于] -> (h); //以上两段代码分别执行后，输出的结果
如图 8-47 所示。
```

在之前创建对象数据的基础上，再创建县级别行政区域标签，并与市级之间建立关系。

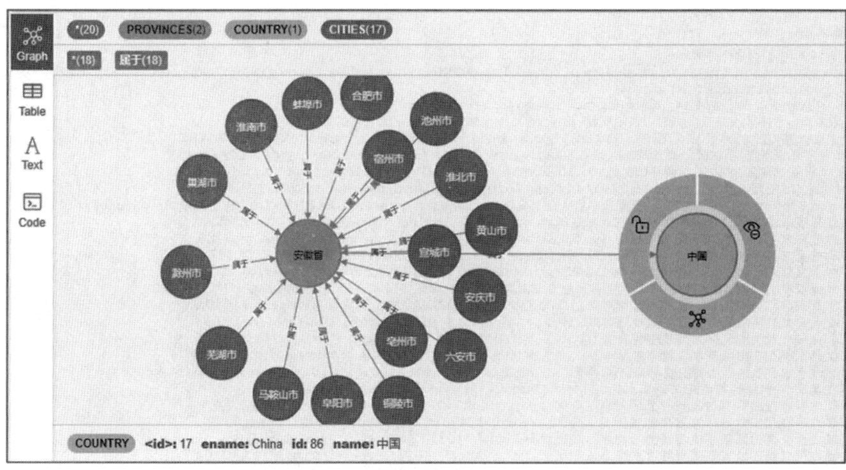

图 8-47

```
LOAD CSV WITH HEADERS FROM 'FILE: ///全国各地经纬度 Neo4jPROCITY.CSV' AS ROW
MATCH (d: CITIES) WHERE d.name = ROW.CITY
MERGE (h: CITIES {name: ROW.CITY} )
WITH ROW, h
MERGE (m: COUNTIES {name: ROW.COUNTY} )
WITH m, h
MERGE (m) - [: 属于] -> (h)
//输出的结果如图 8-48 所示。
```

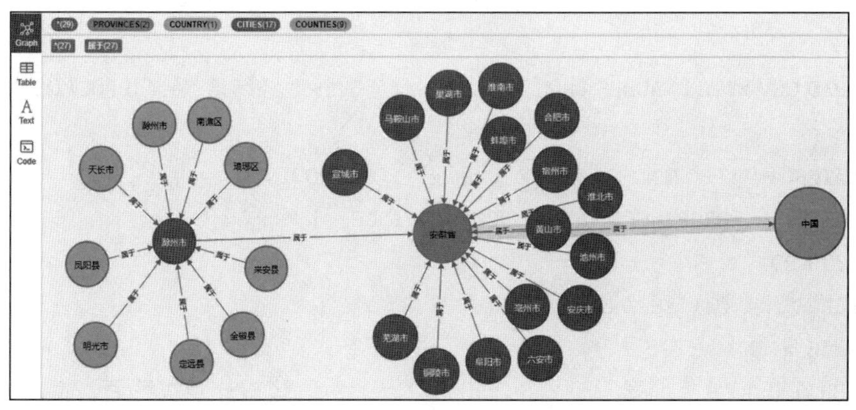

图 8-48

再创建乡镇级别行政区域标签，并与县级之间建立关系。

```
LOAD CSV WITH HEADERS FROM "FILE: ///全国乡镇数据.csv" AS ROW
WITH ROW
WHERE ((ROW.area IS NOT NULL) OR (ROW.city IS NOT NULL)) AND (ROW.street
IS NOT NULL)
CREATE (: TOWNS {shortname: ROW.street, name: ROW.province + ROW.city
+ ROW.area + ROW.street, pinyin: ROW.py, province: ROW.province, area:
ROW.area})

MATCH (p: PROVINCES), (c: COUNTIES), (ts: TOWNS)
WHERE p.name = ts.province AND c.name = ts.area
MERGE (ts) - [: 属于] -> (c)
//分步骤执行以上两段代码，输出的结果如图 8-49 所示。
```

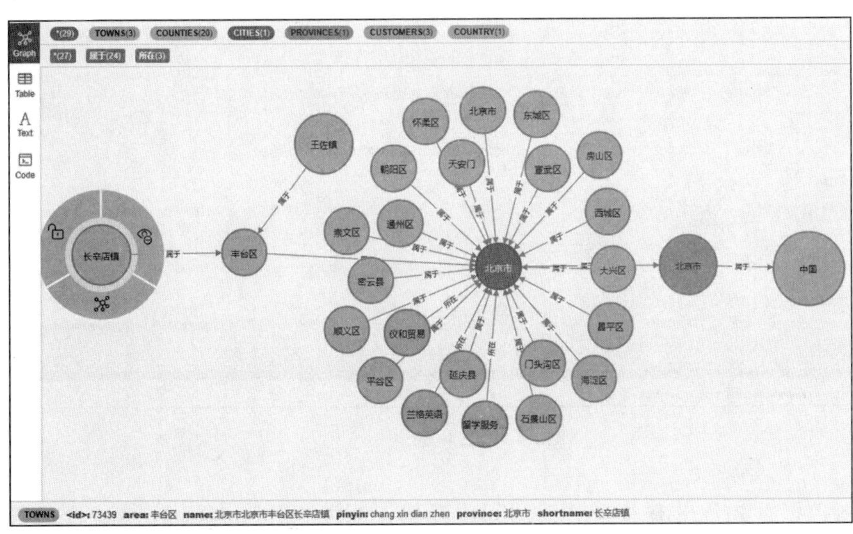

图 8-49

8.5.2　更新对象

根据 CSV 数据，对已有的图数据库对象进行更新，包括节点的更新、关系的创建和更新，以及节点、关系的属性的更新。

```
CREATE INDEX product_id FOR (p: PRODUCTS) ON (p.productID);
CREATE INDEX product_name FOR (p: PRODUCTS) ON (p.productName);
CREATE INDEX supplier_id FOR (s: PROVIDERS) ON (s.providerID);
CREATE INDEX employee_id FOR (e: EMPLOYEES) ON (e.empID);
CREATE INDEX type_id FOR (c: PTYPES) ON (c.typeID);
CREATE CONSTRAINT order_id ON (o: ORDERS) ASSERT o.orderID IS UNIQUE; //创建唯一性约束
CALL db.awaitIndexes ();
CALL db.indexes //查询图数据库中所有已创建的索引对象。输出的结果如图8-50所示。
```

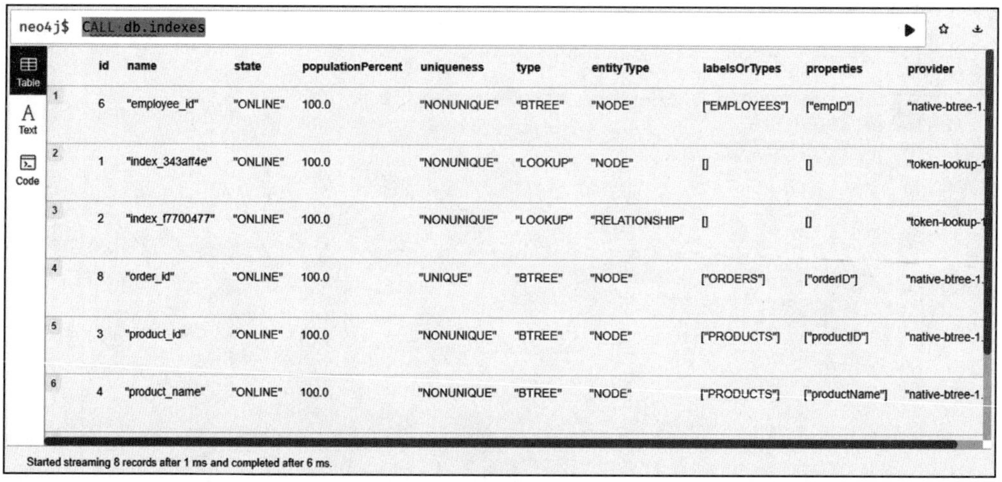

neo4j$ CALL db.indexes

	id	name	state	populationPercent	uniqueness	type	entityType	labelsOrTypes	properties	provider
1	6	"employee_id"	"ONLINE"	100.0	"NONUNIQUE"	"BTREE"	"NODE"	["EMPLOYEES"]	["empID"]	"native-btree-1.
2	1	"index_343aff4e"	"ONLINE"	100.0	"NONUNIQUE"	"LOOKUP"	"NODE"	[]	[]	"token-lookup-1
3	2	"index_f7700477"	"ONLINE"	100.0	"NONUNIQUE"	"LOOKUP"	"RELATIONSHIP"	[]	[]	"token-lookup-1
4	8	"order_id"	"ONLINE"	100.0	"UNIQUE"	"BTREE"	"NODE"	["ORDERS"]	["orderID"]	"native-btree-1.
5	3	"product_id"	"ONLINE"	100.0	"NONUNIQUE"	"BTREE"	"NODE"	["PRODUCTS"]	["productID"]	"native-btree-1.
6	4	"product_name"	"ONLINE"	100.0	"NONUNIQUE"	"BTREE"	"NODE"	["PRODUCTS"]	["productName"]	"native-btree-1.

Started streaming 8 records after 1 ms and completed after 6 ms.

图 8-50

更新数据首先从已有节点关系的创建开始，所以，并没有用到 LOAD CSV 语法，而是直接使用 MATCH…MERGE…等方法。

```
//构建订单、订单详情和产品节点之间的关系
MATCH (orders: ORDERS) WITH orders
MATCH (ordetail: ODETAILS) WITH orders, ordetail
```

```
MATCH (product: PRODUCTS) WITH orders, ordetail, product
WHERE orders.orderID = ordetail.orderID AND ordetail.productName = product.productName
RETURN orders.orderID, ordetail.productName
MERGE (orders) -[od: 详情]->(ordetail)-[op: 包含]->(product)

//构建订单和雇员节点之间的关系
MATCH (order: ORDERS), (emp: EMPLOYEES)
WHERE order.employeeName = emp.empName
MERGE (emp) -[oe: 销售]->(order)

//构建订单和客户节点之间的关系
MATCH (order: ORDERS), (cust: CUSTOMERS)
WHERE order.name = cust.custName
MERGE (cust) -[co: 购买]->(order)
//输出的结果如图 8-51 所示（以订单号 = 10268 为例）。

//构建产品与供应商节点之间的关系
MATCH (prod: PRODUCTS), (prov: PROVIDERS)
WHERE prod.productSupply = prov.providerName
MERGE (prov -[sp: 供应]->(prod)

//构建产品与产品类别节点之间的关系
MATCH (prod: PRODUCTS), (pty: PTYPES)
WHERE prod.productType = pty.typeName
MERGE (prod) -[pc: 归类于]->(pty)
//输出的结果如图 8-52 所示（以供应商“佳佳乐”为例）。
```

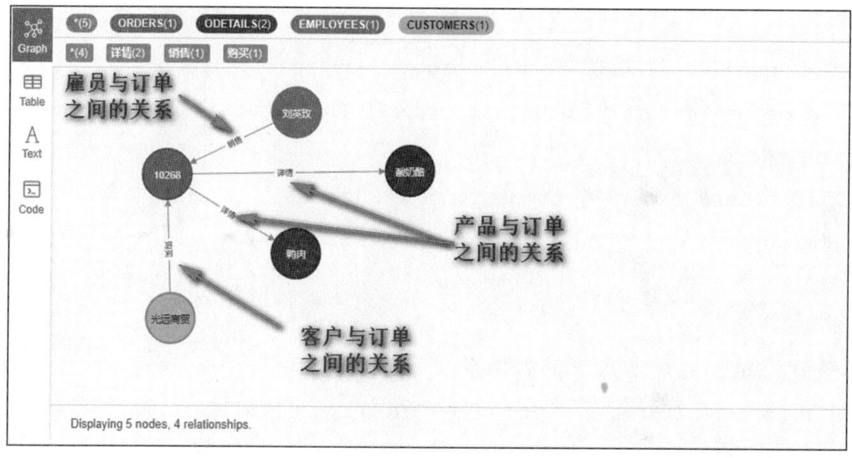

图 8-51

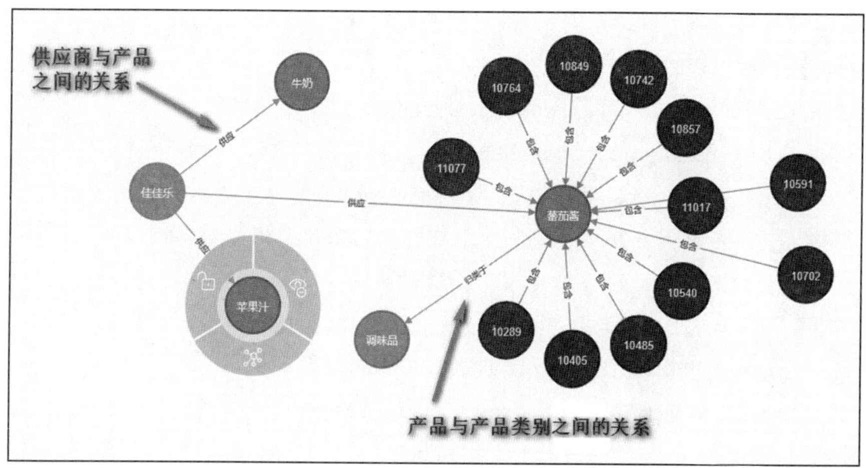

图 8-52

```
//构建订单与所连接的城市节点之间的关系
MATCH (cust: CUSTOMERS) WITH cust
MATCH (city: CITIES) WITH city, cust
WHERE city.name CONTAINS cust.custCity
MERGE (cust) - [co: 所在] -> (city)

//构建雇员与领导节点之间的关系，他们均来自节点 EMPLOYEES 中的数据对象
MATCH (emp: EMPLOYEES), (leader: EMPLOYEES)
WHERE emp.empLeader = leader.empName
MERGE (emp) - [el: 汇报] -> (leader)
//输出的结果如图 8-53 所示。
```

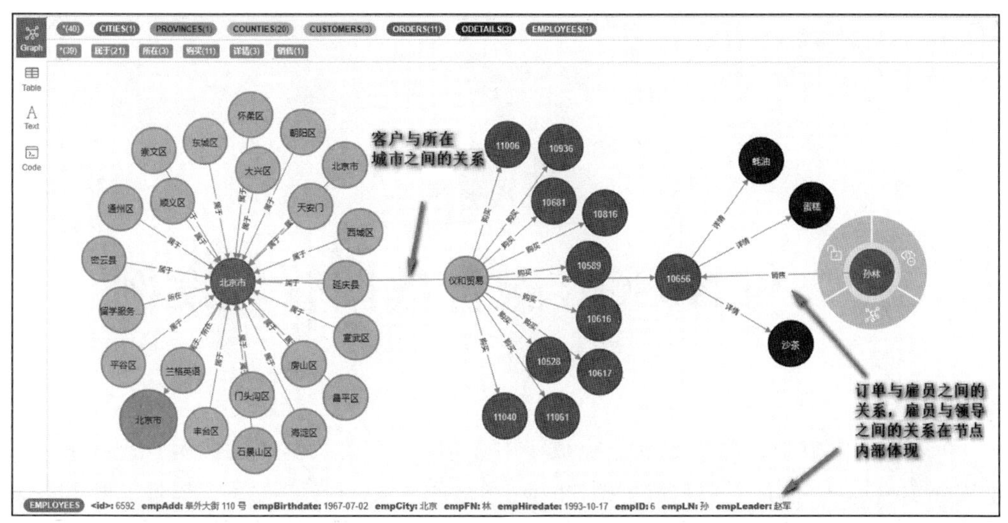

图 8-53

8.6 小　　结

本章基于常见的 CSV 数据文件，利用 LOAD CSV 方法创建图数据库对象。同时，也利用 Python 技术，结合 pandas 方法，完成数据的读取、整理，并利用 py2neo 第三方库，完成图数据库节点、关系等对象的创建，并创建了基于图数据库的索引。另外，基于索引，开展图数据的各种形式的深度查询、最短路径查询以及 OPTIONAL 查询，同时利用 WITH 方法完成相关查询结果的筛选与限制。在数据增改的高级管理中，使用了更加复杂的条件筛选，使得图数据库对象的创建更加“纯净”，管理和应用变得更加高效。

第 9 章

SQL 与 NoSQL 融合数据管理案例

在之前的章节中，通过 SSMS 完成了对 SQL 关系型数据库的典型管理任务，通过 Web Browser CQL 方式完成了对 Neo4j 图数据库中节点、关系、属性、标签等对象的管理。同时，还利用 Python 下的 py2neo、Pandas 结合 CQL 语言，高效地实现了 SQL 与 NoSQL 数据的转换等管理任务。

本章节将继续基于 Python 及第三方库、SQL 和 NoSQL（以 Neo4j 图数据库为例）进行融合数据管理案例实战讲解，包括如何从 SQL 结构化数据集中获取非结构化字段数据，转换为结构化数据类型或图数据库类型，并完成数据的增、删、改、查等系统工作。

本章学习要点：

☑ 了解融合数据管理的方法与技术

☑ 掌握融合管理 SQL 数据的方法与技术

☑ 掌握提取 SQL 与 NoSQL 数据的方法与技术

☑ 掌握构建图数据库的方法与技术

9.1 SQL 与 NoSQL 融合数据管理概述

9.1.1 融合数据管理概念

在大数据时代，数据的来源、格式、功能等各不相同，但它们都有一个共同点，就是具有为用户提供决策支持的价值。数据的核心价值在于它是现象之间、数据之间、数据与现象之间关系的集中反映，它的价值需要通过对数据进行管理、分析、挖掘与应用得到体现和提升。

面对不同规范、格式的数据时，会有不同的理论与技术对其进行支撑。由于数据所具有的共同属性，为了挖掘更深、更大的数据价值，不同数据规范之间往往具备相互转换的可能性，比如通过接口可对不同的数据进行映射、转换、分析等操作。

综上所述，本教程将融合数据管理（fusion data management）的概念定义为：

面向异构平台和数据，采用应用编程接口（API），降低系统各部分的相互依赖，提高组成单元的内聚性，降低组成单元间的耦合程度，从而提高系统的可维护性和可扩展性，实现不同应用程序间的业务统筹、流程协同、数据共建、价值共享。

9.1.2　融合数据管理任务

融合数据管理的主要任务是在数据理解与关系把握的前提下，基于不同的理论模型和技术手段完成数据之间的整合、融合、分析、挖掘、应用。主要有以下几个步骤与任务：

1. 业务理解

业务理解是数据管理、分析的前提。不同的组织机构、个人因不同的需求，对于数据的来源、格式、维度等均有不同的要求，但数据需求最终是为决策支持服务提供帮助的。比如客户关系分析、用户画像与精准推荐、交通运输管理与规划、网络管理与安全访问控制、金融与保险欺诈检测、反腐败等。

2. 获取数据

根据数据获取的位置，数据主要分为本地文档型数据、网络数据库数据、Web 页面封装数据等；

根据数据的格式，数据主要分为关系型数据（比如 Excel 表格、关系型数据库数据等）、非关系型数据（比如文本、音频、视频等）。

数据的来源、格式不同，数据获取的方法、手段以及结果也就各不相同。

3. 整理数据

获取后的数据可能存在不满足业务需求的情况，比如存在缺失值或异常值、格式不规范、数据维度不足等问题，这时需要对数据进行纠偏、补充，以满足数据管理与分析的需求。

4. 提取数据

提取数据指的是根据业务需求和已掌握的数据，在理解数据关系和数据特质的情况下，消除或者最小化异构的过程，并选择所需的数据集及属性（维度或特征）。

5. 转换数据

转换数据指的是在提取所需数据的前提下，再次根据数据管理与分析业务的需求，对数据进行后续的格式转换，以利于后续分析。比如将二维关系型数据转换为键值对数据、图数据或者列存储数据等，并保证具有必要的数据规范性（如 ACID 约束等）。

6. 数据分析

数据分析是指在已经转换数据的前提下，开展满足业务需求的分析工作，这是数据管理的核心功能之一。在数据分析过程中，因为业务需求不同，应用的模型、算法也各不相同，因此对于数据维度、质量也会有不同的需求。

7. 共享反馈

分析的结果往往需要共享、分享给特定的需求方，比如其他部门、管理层、社会公众等，此阶段需要对不同的分析结果再次进行转换，比如从图数据库转换为二维表，或者对数据及关系进行可视化呈现，其中还涉及数据隐私与安全控制问题。另外，在需求发生变化时，应将变化的需求反馈到数据融合管理的起点，开启新周期的数据获取、整理等工作。

9.2 基于城市公交数据的融合管理案例

9.2.1 需求理解

本案例将以“福州公交.doc”文档作为最原始的数据（NoSQL 格式），利用 Python 第三方库进行格式的转换，并构建 DataFrame（SQL 格式），导出为“.CSV”格式后，由 Neo4j LOAD CSV 完成数据的导入，并对图数据库对象进行增、删、改、查等管理工作，进一步完成线路、站点最佳路径查询以及制作运输成本最优方案等。

9.2.2 原始数据探索

原始数据文件“福州公交.doc”的内容与格式部分如图 9-1 所示。

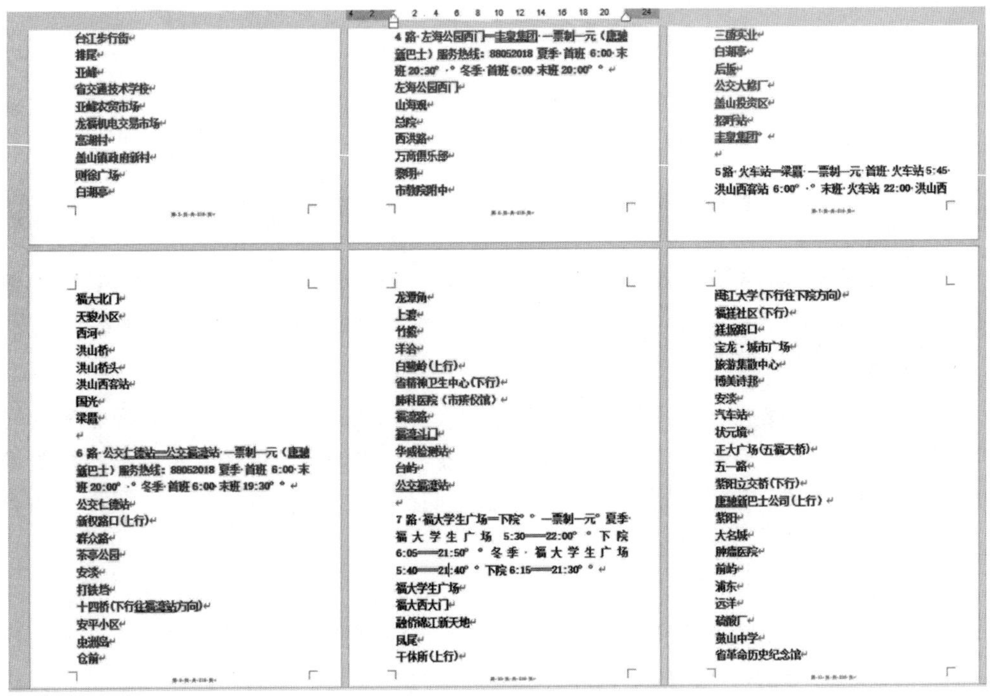

台江步行街
排尾
亚峰
省交通技术学校
亚峰农贸市场
龙福机电交易市场
高湖村
盖山镇政府新村
则徐广场
白湖亭

4 路 左海公园西门—圭皇集团 一票制一元（康驰新巴士）服务热线：88052018 夏季 首班 6:00 末班 20:30 冬季 首班 6:00 末班 20:00
左海公园西门
山海观
总院
西洪路
万商俱乐部
黎明
市教院附中

三盛实业
白湖亭
后坂
公交大修厂
盖山投资区
招呼站
圭皇集团

5路 火车站—梁厝 一票制一元 首班 火车站 5:45 洪山西客站 6:00 末班 火车站 22:00 洪山西

福大北门
天骏小区
西河
洪山桥
洪山桥头
洪山西客站
国光
梁厝

6 路 公交仁德站—公交福湾站 一票制一元（康驰新巴士）服务热线：88052018 夏季 首班 6:00 末班 20:00 冬季 首班 6:00 末班 19:30
公交仁德站
新权路口(上行)
群众路
茶亭公园
安泰
打铁垱
十四桥(下行往福湾站方向)
安平小区
虫洲路
仓前

龙潭角
上渡
竹榄
洋洽
白鹭岭(上行)
省精神卫生中心(下行)
肺科医院（市殡仪馆）
福湾路
福湾斗门
华威检测站
台屿
公交福湾站

7 路 福大学生广场—下院 一票制一元 夏季 福大学生广场 5:30—22:00 下院 6:05—21:50 冬季 福大学生广场 5:40—21:40 下院 6:15—21:30
福大学生广场
福大西大门
融侨锦江新天地
凤尾
干休所(上行)

闽江大学(下行往下院方向)
福祥社区(下行)
祥坂路口
宝龙·城市广场
旅游集散中心
博美诗邦
安泰
汽车站
状元境
正大广场(五福天桥)
五一路
紫阳立交桥(下行)
康驰新巴士公司(上行)
紫阳
大名城
肿瘤医院
前屿
浦东
远洋
硝酸厂
鼓山中学
省革命历史纪念馆

图 9-1

为了利用 Python 进行数据读取与处理，首先需要安装好 python-docx 和 pywin32 第三方库。读取并转换为“福州公交 . txt”的主要代码如下：

```
from win32com.client import Dispatch

word = Dispatch('Word.Application')      # 打开 word 应用程序
word.Visible = 0    # 后台运行，不显示
word.DisplayAlerts = 0  # 不警告

path=r"F:\From_J\@Python\ZSMPy\T04DdataReductions\福州公交.doc"
doc = word.Documents.Open(FileName=path, Encoding='gbk')

with open("福州公交fromdoc.txt", mode="a+", encoding="utf-8-sig") as
f: # 创建“福州公交.txt”并设置格式为utf-8
    for para in doc.paragraphs:
        f.write(para.Range.Text)
        print(para.Range.Text)
#输出的部分结果如图 9-2 所示。
```

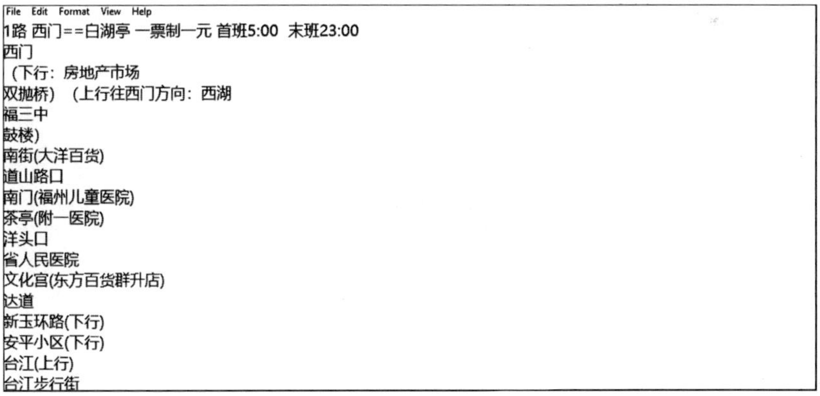

File　Edit　Format　View　Help
1路 西门==白湖亭 一票制一元 首班5:00 末班23:00
西门
（下行：房地产市场
双抛桥）（上行往西门方向：西湖
福三中
鼓楼）
南街(大洋百货)
道山路口
南门(福州儿童医院)
茶亭(附一医院)
洋头口
省人民医院
文化宫(东方百货群升店)
达道
新玉环路(下行)
安平小区(下行)
台江(上行)
台江步行街

图 9-2

再用 Python 打开“. txt”文件，并保存到 data 变量中。

```
with open('福州公交线路.txt', "r", encoding='utf-8-sig') as f:
    data = f.read()
    print(data)
    f.close()
#输出的结果如图 9-3 所示。
```

```
1 data

'最新福州公交车全线路详细表\n \n福州公交车全线路详细表\n\n从今年开始闽运介入福州公交线路运营后，福州目前被分为四家公交公司，下面我帮大家收集了些福州目
路，及路线，首末班时间，隶属于哪家公司，客服电话，希望可以帮助到各位家友，如果以下有啥错误信息，欢迎大家指时告知！\n\n1路 西门==白湖亭 一票制一元 首班5
0 \n西门\n房地产市场\n双抛桥\n西湖\n福三中\n鼓楼)\n南街(大洋百货)\n道山路口\n南门(福州儿童医院)\n茶亭(附一医院)\n洋头口\n省人民医院\n文化宫(东方百货
\n新玉环路(下行)\n安平小区(下行)\n台江(上行)\n台江步行街\n桥南(福州市二医院)\n汇达广场\n三叉街\n三叉街新村\n三盛实业\n白湖亭 \n\n2路 火车站==南台路
季 火车站5:30====22:00  南台路6:10====22:40 冬季 火车站5:30====21:30  南台路6:10====22:10          \n火车站\n闽运汽车北站(上行往火车站方向)\
洋下新村\n省图书馆\n温泉路口\n闽江饭店(外贸中心酒店)\n五四路口\n省立医院(下行)\n旗汛口\n东街口(上行)\n南街(大洋百货)\n于山(协和医院)\n五一广场\n群众
汇多利\n亚细亚广场\n市一医院\n十四桥(下行)\n安平小区\n中洲岛\n梅坞口\n桥南环岛\n桥南(福州市二医院)\n汇达广场\n南台路  \n\n3路 公交苍霞站==螺洲 一票制
士)  服务热线:88052018夏季 首班6:00 末班20:30   冬季 首班6:00 末班20:00   \n公交苍霞站\n苍霞嘉兴园\n隆平路口\n小桥头\n达道\n台江(上行往公交苍霞站
安平小区\n台江步行街\n排尾\n亚峰\n省交通技术学校\n亚峰农贸市场\n龙福机电交易市场\n高湖村\n盖山镇政 府新村\n则徐广场\n白湖亭\n后坂\n公交大修厂\n葫芦阵
地质医院\n排下\n螺洲镇政府新村\n杜园\n闽江局\n轴承厂\n螺洲\n\n4路 左海公园西门==丰泉集团 一票制一元(康驰新巴士)服务热线:88052018夏季 首班6:00 末班20
班6:00 末班20:00  \n左海公园西门\n山海观\n总院\n西洪路\n万商俱乐部\n黎明\n市教院附中\n万象城\n宝龙·城市广场(下行)\n浦东\n华侨中学(红旗村)\n南禅山\n
程埔头\n福州工业学校\n上三路口\n三叉街\n三叉街新村\n三盛实业\n白湖亭\n后坂\n公交大修厂\n盖山投资区\n招呼站\n丰泉集团 \n\n5路 火车站==梁厝 一票制一元
45 洪山西客站6:00   末班 火车站22:00 洪山西客站21:30 \n火车站\n闽运汽车北站(上行)\n斗门(下行指在北二环路上的车站)\n电建二公司\n茶园桥(上行)\n省老干
树兜\n古三座\n闽江饭店(外贸中心酒店)\n五四路口\n省立医院(下行指往西客站方向)\n旗汛口\n东街口\n双抛桥(东方百货)\n侨雄(下行)\n房地产市场\n高峰桥\n杨南
大口腔医院)\n茶园山\n福大北门\n天骏小区\n西河\n洪山桥\n洪山桥头\n洪山西客站\n国光\n梁厝\n\n6路 公交仁德站==公交福湾站 一票制一元(康驰新巴士)服务热线:
首班6:00 末班20:00   冬季 首班6:00 末班19:30  \n公交仁德站\n新权路口(上行)\n群众路\n茶亭公园\n安淡\n打铁垱\n十四桥(下行往福湾站方向)\n安平小区\n中
```

图 9-3

显然，data 中的数据并不是规范的关系型格式化数据。下面将逐步对该数据进行整理、提取，为后续 Neo4j 数据管理做好准备。

9.2.3 数据整理

如图 9-3 所示，要从文本中获取有价值的较规范数据，首先要进行一定的数据整理，数据整理包括数据的上卷、下钻，还包括去除脏数据、重复数据，以及修正异常数据等。

以下操作在 Python 环境下完成：

1. 正则表达式整理公交线路

```
import re
pattern = re. compile (r'\n (. * \d. ?) +') #正则表达式匹配模型
result = pattern. findall (data) #应用正则表达式模型获取 result
result
#输出的结果如图 9-4 所示。
```

利用 list 容器对象 split () 函数对公交线路数据进行进一步整理。

```
results = []
for rst in result:
    rst2 = str (rst) . split ('', 2)
    results. append (rst2)
#输出的结果如图 9-5 所示。
```

2. DataFrame 封装公交数据

将获取的 list 格式 results 转换为二维关系表 fzbusdf。

```
['1路 西门==白湖亭 一票制一元 首班5:00  末班23:00 ',
 '2路 火车站==南台路  一票制一元夏季 火车站5:30====22:00  南台路6:10====22:40 冬季 火车站5:30====21:30  南台路6:10====22:10 ',
 '3路 公交苍霞站==螺洲 一票制一元(康驰新巴士)  服务热线:88052018夏季 首班6:00 末班20:30   冬季 首班6:00 末班20:00 ',
 '4路 左海公园西门==丰泉集团 一票制一元(康驰新巴士)服务热线:88052018夏季 首班6:00 末班20:30   冬季 首班6:00 末班20:00 ',
 '5路 火车站==梁厝 一票制一元 首班 火车站5:45 洪山西客站6:00   末班 火车站22:00 洪山西客站21:30 ',
 '6路 公交仁德站==公交福湾站 一票制一元(康驰新巴士)服务热线:88052018夏季 首班6:00 末班20:00   冬季 首班6:00 末班19:30 ',
 '7路 福大学生广场==下院  一票制一元 夏季 福大学生广场5:30====22:00  下院6:05====21:50  冬季 福大学生广场5:40====21:40  下院6:15=
 '8路 白湖亭==软件园 一票制一元(营达公交) 服务热线:83534154首班6:00  末班 白湖亭22:10 软件园23:00',
 '9路 水上公园==康城小区 (动物园) 一票制一元(康驰新巴士)服务热线:88052018夏季 首班6:00  末班21:30冬季 首班6:00  末班21:00(动物园 首
0)(备注:线路隔班发往动物园)首末班时间:夏季:6:00--21:30 冬季:6:00--21:00 ',
 '10路 火车站==公交鳌峰洲站   一票制一元首班5:30  末班22:30',
 '11路 公交鹤林站==肺科医院   一票制一元 首班6:00  末班 公交鹤林站22:20 肺科医院23:00',
 '12路 帮洲长寿路口==仓山科技园   一票制一元首末班 帮洲长寿路口7:00====20:00  仓山科技园6:30====19:30 ',
 '13路 金山工业区鼓楼园==公交鳌峰洲站   一票制一元(康驰新巴士)服务热线:88052018夏季 公交鳌峰洲站6:00====21:10  金山工业区鼓楼园6:0
0====20:40  金山工业区鼓楼园6:00====21:30',
 '14路 梁厝==华威城乡客运站   一票制一元首班6:00   末班 洪山西客站22:10 华威城乡客运站21:30 ',
 '15路 台江广场==洪湾北路  一票制一元  首班6:00  末班21:00 ',
 '16路 总院分院==公交鳌峰洲站  一票制一元 首班6:00  末班22:00',
```

图 9-4

```
[['1路', '西门==白湖亭', '一票制一元 首班5:00  末班23:00 '],
 ['2路',
  '火车站==南台路',
  ' 一票制一元夏季 火车站5:30====22:00  南台路6:10====22:40 冬季 火车站5:30====21:30  南台路6:10====22:10 '],
 ['3路',
  '公交苍霞站==螺洲',
  '一票制一元(康驰新巴士)  服务热线:88052018夏季 首班6:00 末班20:30   冬季 首班6:00 末班20:00 '],
 ['4路',
  '左海公园西门==丰泉集团',
  '一票制一元(康驰新巴士)服务热线:88052018夏季 首班6:00 末班20:30   冬季 首班6:00 末班20:00 '],
 ['5路', '火车站==梁厝', '一票制一元 首班 火车站5:45 洪山西客站6:00   末班 火车站22:00 洪山西客站21:30 '],
 ['6路',
  '公交仁德站==公交福湾站',
  '一票制一元(康驰新巴士)服务热线:88052018夏季 首班6:00 末班20:00   冬季 首班6:00 末班19:30 '],
```

图 9-5

```
import pandas as pd
fzbusdf = pd.DataFrame (results, columns = ['LineID', 'LineName', 'LineMemo'] )
#输出的结果如图 9-6 所示。
```

	LineID	LineName	LineMemo
0	1路	西门==白湖亭	一票制一元 首班5:00 末班23:00
1	2路	火车站==南台路	一票制一元夏季 火车站5:30====22:00 南台路6:10====22:40 冬季...
2	3路	公交苍霞站==螺洲	一票制一元(康驰新巴士) 服务热线:88052018夏季 首班6:00 末班20:30 ...
3	4路	左海公园西门==丰泉集团	一票制一元(康驰新巴士)服务热线:88052018夏季 首班6:00 末班20:30 冬...
4	5路	火车站==梁厝	一票制一元 首班 火车站5:45 洪山西客站6:00 末班 火车站22:00 洪山西客站...
...	...	...	...
147	508路	福建商业高等专科学院====公交鹤林站	一票制二元首末班时间:7:00--19:00
148	509路	台江==上渡建材市场	一票制二元首末班时间:7:00--19:00
149	510路	金牛山公园==上街橄榄园下	一票制二元首末班时间7:00-19:00
150	601路		首末班时间:6:30--19:45
151	602路		首末班时间:6:30--19:45

152 rows × 3 columns

图 9-6

```
##对 LineName 切割
fzbusdf['LineName'] = fzbusdf['LineName'].apply(lambda x: x.replace('-', "=")) #将部分 "-" 替换为 "="
fzbusdf['LineName2'] = fzbusdf['LineName'].apply(lambda x: x.replace('=', "/", 1))
fzbusdf['LineName2'] = fzbusdf['LineName2'].apply(lambda x: x.replace('=', ""))
#输出的结果如图 9-7 所示。
```

	LineID	LineName	LineMemo	LineName2
0	1路	西门==白湖亭	一票制一元 首班5:00 末班23:00	西门/白湖亭
1	2路	火车站==南台路	一票制一元夏季 火车站5:30====22:00 南台路6:10====22:40 冬季...	火车站/南台路
2	3路	公交苍霞站==螺洲	一票制一元(康驰新巴士) 服务热线:88052018夏季 首班6:00 末班20:30 ...	公交苍霞站/螺洲
3	4路	左海公园西门==丰泉集团	一票制一元(康驰新巴士)服务热线:88052018夏季 首班6:00 末班20:30 冬...	左海公园西门/丰泉集团
4	5路	火车站==梁厝	一票制一元 首班 火车站5:45 洪山西客站6:00 末班 火车站22:00 洪山西客站...	火车站/梁厝
...	...	...	...	...
147	508路	福建商业高等专科学院====公交鹤林站	一票制二元首末班时间:7:00--19:00	福建商业高等专科学院/公交鹤林站
148	509路	台江==上渡建材市场	一票制二元首末班时间:7:00--19:00	台江/上渡建材市场
149	510路	金牛山公园==上街橄榄园下	一票制二元首末班时间7:00-19:00	金牛山公园/上街橄榄园下
150	601路		首末班时间:6:30--19:45	
151	602路		首末班时间:6:30--19:45	

152 rows × 4 columns

图 9-7

```
//起点站和终点站
fzbusdf = pd.concat([fzbusdf, fzbusdf['LineName2'].str.split(r'/', expand=True)], axis=1)
fzbusdf2 = fzbusdf.rename(columns= {0: 'Tstart', 1: 'Tend'})
fzbusdf2[["LineID", "LineName", "Tstart", "Tend", "LineMemo"]].to_csv("fzbuslines.csv", index=None, encoding="utf-8-sig")

#输出的结果如图 9-8 所示，整理数据后，增加了两个维度：Tstart 和 Tend，同时将整理后的数据保存在当前目录下的 fzbuslines.csv 文件中备用。
```

	LineID	LineName	Tstart	Tend	LineMemo
0	1路	西门==白湖亭	西门	白湖亭	一票制一元 首班5:00 末班23:00
1	2路	火车站==南台路	火车站	南台路	一票制一元夏季 火车站5:30====22:00 南台路6:10====22:40 冬季...
2	3路	公交苍霞站==螺洲	公交苍霞站	螺洲	一票制一元(康驰新巴士) 服务热线:88052018夏季 首班6:00 末班20:30 ...
3	4路	左海公园西门==丰泉集团	左海公园西门	丰泉集团	一票制一元(康驰新巴士)服务热线:88052018夏季 首班6:00 末班20:30 冬...
4	5路	火车站==梁厝	火车站	梁厝	一票制一元 首班 火车站5:45 洪山西客站6:00 末班 火车站22:00 洪山西客站...
...	...	...	...	...	...
147	508路	福建商业高等专科学院====公交鹤林站	福建商业高等专科学院	公交鹤林站	一票制二元首末班时间:7:00--19:00
148	509路	台江==上渡建材市场	台江	上渡建材市场	一票制二元首末班时间:7:00--19:00
149	510路	金牛山公园==上街橄榄园下	金牛山公园	上街橄榄园下	一票制二元首末班时间7:00-19:00
150	601路			None	首末班时间:6:30--19:45
151	602路			None	首末班时间:6:30--19:45

152 rows × 5 columns

图 9-8

接着整理每条公交线路中涉及的站点。

```
    fzbuslineidls = list (fzbusdf2 ['LineID']) # 得到格式为 list 的线路名称列表
    fzbusstations = []
    for i in range (len (fzbuslineidls)):
        stations = []
        if i<len (fzbuslineidls) -1:
    ls = fzbuslineidls [i] + data [data.find (fzbuslineidls [i]) + len (fzbuslineidls [i]): data.find (fzbuslineidls [i+1])]
            print (ls)
            stations.append (ls)
            fzbusstations.append (stations)
        else:
    ls = fzbuslineidls [i] + data [data.find (fzbuslineidls [i]) + len (fzbuslineidls [i]):]
            stations.append (ls)
            fzbusstations.append (stations)
    fzbusstationsdf = pd.DataFrame (fzbusstations)
    fzbusstationsdf
    # 输出的结果如图 9-9 所示。
```

	0
0	1路 西门==白湖亭 一票制一元 首班5:00 末班23:00 \n西门\n房地产市场\n...
1	2路 火车站==南台路 一票制一元夏季 火车站5:30====22:00 南台路6:10...
2	3路 公交苍霞站==螺洲 一票制一元(康驰新巴士) 服务热线:88052018夏季 首班...
3	4路 左海公园西门==丰泉集团 一票制一元(康驰新巴士)服务热线:88052018夏季 首班...
4	5路 火车站==梁厝 一票制一元 首班 火车站5:45 洪山西客站6:00 末班 火车站...
...	...
147	508路 福建商业高等专科学院====公交鹤林站 一票制二元首末班时间:7:00--19:0...
148	509路 台江==上渡建材市场 一票制二元首末班时间:7:00--19:00\n台江\n新玉...
149	510路 金牛山公园==上街橄榄园下 一票制二元首末班时间7:00-19:00\n金牛山公...
150	601路 首末班时间:6:30--19:45 一票制一元\n员工公寓\n新城丽景\n昙石...
151	602路 首末班时间:6:30--19:45 一票制一元\n员工公寓\n实验中学\n交警...

152 rows × 1 columns

图 9-9

```
fzbusstationsdf['Lanes'] = fzbusstationsdf[0].apply(lambda x: x[x.find('\n')+1:])
fzbustationsdf2 = fzbusstationsdf['Lanes'].str.split('\n', expand=True).stack()
fzbustationsdf2 = fzbustationsdf2.reset_index(level=1, drop=True)
fzbuslineiddf = pd.DataFrame(fzbuslineidls)
fzbuslanes = fzbuslineiddf.join(fzbusstationsdf['Lanes'])
fzbuslanesv1 = fzbuslanes.rename(columns={0:'LaneID'})
fzbuslanes2 = fzbuslanesv1['Lanes'].str.split('\n', expand=True).stack()
fzbuslanes2 = fzbuslanes2.reset_index(level=1, drop=True).rename('LaneID2')
fzbuslanesv2 = fzbuslanesv1
fzbuslanest = fzbuslanesv2.copy()
fzbuslanest['Lanes2'] = fzbuslanest['Lanes'].str.replace("\\n", ",")
fzbuslanest[['LaneID','Lanes2']].to_csv("D:\neo4j\import\FZbuslanesstations.csv", index=False, encoding='utf-8-sig')
#输出的结果如图 9-10 所示。同时将数据导出到 FZbuslanesstations.csv 文档中备用。
```

	LaneID	Lanes2
0	1路	西门,房地产市场,双抛桥,西湖,福三中,鼓楼),南街(大洋百货),道山路口,南门(福州儿童医...
1	2路	火车站,闽运汽车北站(上行往火车站方向),斗门,湖塍,洋下新村,省图书馆,温泉路口,闽江饭店...
2	3路	公交苍霞站,苍霞嘉兴园,隆平路口,小桥头,达道,台江(上行往公交苍霞站),新玉环路,安平小区...
3	4路	左海公园西门,山海观,总院,西洪路,万商俱乐部,黎明,市教院附中,万象城,宝龙·城市广场(下...
4	5路	火车站,闽运汽车北站(上行),斗门(下行指在北二环路上的车站),电建二公司,茶园桥(上行),...
...	...	...
147	508路	福建商业高等专科学院,黄铺,江厝路,福飞南路,东浦路,华林路,晋安北路,金鸡山路,三八路,公...
148	509路	台江,新玉环路(下行),五一南路(下行),台江路,闽江大桥,六一南路(下行),观海路(上行往...
149	510路	金牛山公园,洪山桥,洪山桥头,神蜂科技,农林大学南门,金山寺,洪塘桥头(西),余盛,金桥,上...
150	601路	员工公寓,新城丽景,昙石,县医院,铁岭,流洋,工业区口,华红,顺邦纺织,金喜实业,集锦电子,...
151	602路	员工公寓,实验中学,交警大队,世纪芳洲,闽侯县委,甘蔗广场,横街,县建行,亭下,山前,横屿,...

152 rows × 2 columns

图 9-10

	LaneID	Station
0	1路	西门
0	1路	房地产市场
0	1路	双抛桥
0	1路	西湖
0	1路	福三中
...	...	...
151	602路	交警大队
151	602路	实验中学
151	602路	员工公寓
151	602路	
151	602路	

4445 rows × 2 columns

图 9-11

```
fzbusstationsall = fzbuslanesv2. join (fzbuslanes2)
fzbusstationsall = fzbusstationsall [ ['LaneID', 'LaneID2'] ] . replace
()
fzbusstationsallv2 = fzbusstationsall. rename (columns = {' LaneID2 ':
'Station'} ) . replace ()
#输出的结果如图 9-11 所示。每条线路名称后面都有对应该线路的所有站点。
```

```
#去除部分空值
fzbusstationsallv2 [fzbusstationsallv2 ['Station'] = = ""] . index
fzbusstationsallv3 = fzbusstationsallv2 [fzbusstationsallv2 [' Station ']
. str. len () >0]
fzbusstationsallv3. to_csv ('fzbusstationsallv3. csv', index = None, en-
coding = 'utf-8-sig')
```

9. 2. 4　数据提取

根据数据规范，从整理过的数据中提取需要的属性、记录，或通过聚合等计算方式得到更适合业务需求的维度。

1. 统计每个站点有多少条线路经过

```
fzbusstations = fzbusstationsallv3.groupby ('Station') .count ()
fzbusstations = fzbusstations.reset_index () .replace ()
fzbusstations2 = fzbusstations [fzbusstations ['Station'] .str.len ()
>0] [6:]
fzbusstations2
#输出的结果如图 9-12 (a) 所示。

#统计所有站点出现的次数，输出的结果如图 9-12 (b) 所示。
fzbusstops = fzbusstationsallv3.groupby ('Station') .count ()
fzbusstops.reset_index (inplace = True)
fzbusstops.rename (columns = {'LaneID': 'Stop_count'}, inplace = True)
fzbusstops = fzbusstops [['Station', 'Stop_count']]
fzbusstops2 = fzbusstops [fzbusstops ['Station'] .str.len () >0] [5:]
fzbusstops2.to_csv ('fzstationcounts.csv', index = False, encoding =
'utf-8-sig')
```

	Station	LaneID
6	D区路口	1
7	一桥	1
8	七星井	2
9	万事利花园	3
10	万事利花园(下行往喜盈门方向)	1
...	...	...
1309	龙福机电交易市场(下行)	1
1310	龙腰	7
1311	龙腰(钜东游乐园)	2
1312	龙舟河	1
1313	龙门	4

1308 rows × 2 columns

(a)

	Station	Stop_count
5	A一路口	1
6	D区路口	1
7	一桥	1
8	七星井	2
9	万事利花园	3
...	...	...
1309	龙福机电交易市场(下行)	1
1310	龙腰	7
1311	龙腰(钜东游乐园)	2
1312	龙舟河	1
1313	龙门	4

1309 rows × 2 columns

(b)

	LaneID	Station_count
0	100路	30
1	101路	29
2	102路	32
3	103路	16
4	105路	30
...	...	...
147	96路	22
148	97路	21
149	98路	19
150	99路	17
151	9路	36

152 rows × 2 columns

(c)

图 9-12

2. 计算每一条线路的站点数量

```
fzbuslanestops = fzbusstationsallv3.groupby ('LaneID') .count ()
fzbuslanestops.reset_index (inplace = True)
fzbuslanestops.rename (columns = {'Station': 'Station_count'}, inplace = True)
fzbuslanestops.to_csv ("fzbuslanestops.csv", index = False, encoding = 'utf-8-sig')
#输出的结果如图 9-12 (c) 所示。
```

3. 基于线路站点的计算，将维度添加到相对应的线路表中

```
fzbusdfv2 = fzbusdf.merge (fzbuslanestops, left_on = 'LineID', right_on = "LaneID")
fzbusdfv2.rename (columns = {0: 'Tstart', 1: 'Tend'}, inplace = True)
fzbusdfv2.to_csv ('fzbuslines.csv', index = False, encoding = 'utf-8-sig')
#输出的结果如图 9-13 所示。
```

	LineID	LineName	LineMemo	LineName2	Tstart	Tend	LaneID	Station_count
0	1路	西门==白湖亭	一票制一元 首班5:00 末班23:00	西门/白湖亭	西门	白湖亭	1路	24
1	2路	火车站==南台路	一票制一元夏季 火车站5:30====22:00 南台路 6:10====22:40 冬季...	火车站/南台路	火车站	南台路	2路	28
2	3路	公交苍霞站==螺洲	一票制一元(康驰新巴士) 服务热线:88052018夏季 首班6:00 末班20:30 ...	公交苍霞站/螺洲	公交苍霞站	螺洲	3路	29
3	4路	左海公园西门==丰泉集团	一票制一元(康驰新巴士)服务热线:88052018夏季 首班6:00 末班20:30 冬...	左海公园西门/丰泉集团	左海公园西门	丰泉集团	4路	26
4	5路	火车站==梁厝	一票制一元 首班 火车站5:45 洪山西客站6:00 末班 火车站 22:00 洪山西客站...	火车站/梁厝	火车站	梁厝	5路	29
...	...	...	...	...	...	...	...	...
147	508路	福建商业高等专科学院====公交鹤林站	一票制二元首末班时间:7:00--19:00	福建商业高等专科学院/公交鹤林站	福建商业高等专科学院	公交鹤林站	508路	10
148	509路	台江==上渡建材市场	一票制二元首末班时间:7:00--19:00	台江/上渡建材市场	台江	上渡建材市场	509路	15
149	510路	金牛山公园==上街橄榄园下	一票制二元首末班时间7:00-19:00	金牛山公园/上街橄榄园下	金牛山公园	上街橄榄园下	510路	15
150	601路		首末班时间:6:30--19:45			None	601路	24
151	602路		首末班时间:6:30--19:45			None	602路	45

152 rows × 8 columns

图 9-13

4. 每条线路的 from…to（上一站、下一站）判断标注

```
fzbusstationsallv3 ['TF'] = (fzbusstationsallv3 ['LaneID'] = = fzbusstationsallv3 ['LaneID'] .shift (-1) )
fzbusstationsallv3 [23: 28]
fzbusstationsallv3.to_csv ("fzbusstationsallv3TF.csv", index = None, encoding = 'utf-8-sig')
#输出的结果如图 9-14 所示。TF 代表是否是同一条线路的分界点。
```

	LaneID	Station	To	TF
0	1路	白湖亭	火车站	False
1	2路	火车站	闽运汽车北站(上行往火车站方向)	True
1	2路	闽运汽车北站(上行往火车站方向)	斗门	True
1	2路	斗门	湖塍	True
1	2路	湖塍	洋下新村	True

图 9-14

```
fzbusstationsallv4 = fzbusstationsallv3.copy ()
fzbusstationsallv4.loc [(fzbusstationsallv4 ['TF'] = = False, 'To') ]
fzbusstationsallv4 = fzbusstationsallv4.reset_index ()
#只要是 TF 为 FALSE, 那么 TO 的数据就用 Station 替换
fzbusstationsallv4.loc [(fzbusstationsallv4 ['TF'] = = False, 'To') ] = fzbusstationsallv4 ['Station']
fzbusstationsallv4.rename (columns = {'Station': 'From'}, inplace = True)
fzbusstationsallv4.to_csv ("fzbusfromto.csv", index = False, encoding = 'utf-8-sig')
#输出的结果如图 9-15 所示。
```

	index	LaneID	From	To	TF
23	0	1路	白湖亭	白湖亭	False
24	1	2路	火车站	闽运汽车北站(上行往火车站方向)	True
25	1	2路	闽运汽车北站(上行往火车站方向)	斗门	True
26	1	2路	斗门	湖塍	True
27	1	2路	湖塍	洋下新村	True
28	1	2路	洋下新村	省图书馆	True
29	1	2路	省图书馆	温泉路口	True

图 9-15

到这里，Neo4j 图数据库对象所需要的参考数据集，已经从最初的 Word 文档，通过 Python 及第三方库，完成了数据的整理与提取，主要文档如图 9-16 所示。

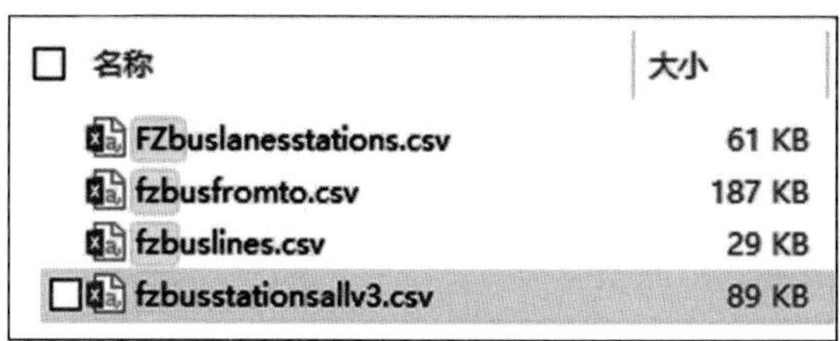

图 9-16

9.2.5　数据应用

数据应用指的是利用整理和提取的数据文件、数据集构建 Neo4j 图数据库对象，包括节点标签、关系、属性等。

1. 创建数据对象

（1）创建公交线路节点 FZbus

```
LOAD CSV WITH HEADERS FROM 'file:///fzbuslines.csv' AS data
CREATE (:FZbus {name:data.LineName, lineid:data.LineID, tstart:data.Tstart, tend:data.Tend, linememo:data.LineMemo, stationcount:data.Station_count})
//输出的结果如图 9-17 所示。
```

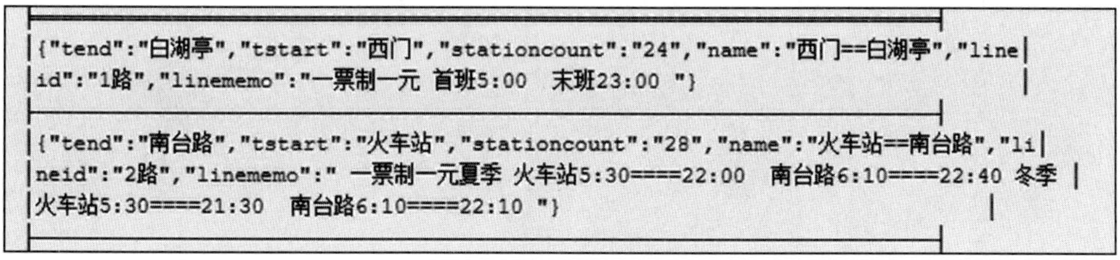

```
{"tend":"白湖亭","tstart":"西门","stationcount":"24","name":"西门==白湖亭","line
id":"1路","linememo":"一票制一元 首班5:00  末班23:00 "}

{"tend":"南台路","tstart":"火车站","stationcount":"28","name":"火车站==南台路","li
neid":"2路","linememo":" 一票制一元夏季 火车站5:30====22:00  南台路6:10====22:40 冬季
火车站5:30====21:30  南台路6:10====22:10 "}
```

图 9-17

（2）创建公交站点节点

```
LOAD CSV WITH HEADERS FROM 'file:///fzstationcounts.csv' AS data
CREATE (:FZbusstation {name:data.Station, passcounts:data.Stop_count})
//输出的结果如图 9-18 所示。
```

```
{"name":"万事利花园","passcounts":"3"}
{"name":"万事利花园(下行往喜盈门方向)","passcounts":"1"}
{"name":"万商俱乐部","passcounts":"8"}
{"name":"万春路","passcounts":"1"}
{"name":"万象城","passcounts":"8"}
```

图 9-18

(3) 创建公交线路中上一站与下一站的关系

```
LOAD CSV WITH HEADERS FROM 'file:///fzbusfromto.csv' AS data
MATCH (a: FZbusstation {name: data.From} ), (b: FZbusstation {name: data.To} )
MERGE (a) - [r: 下一站] -> (b)
//输出的结果如图 9-19 所示。
```

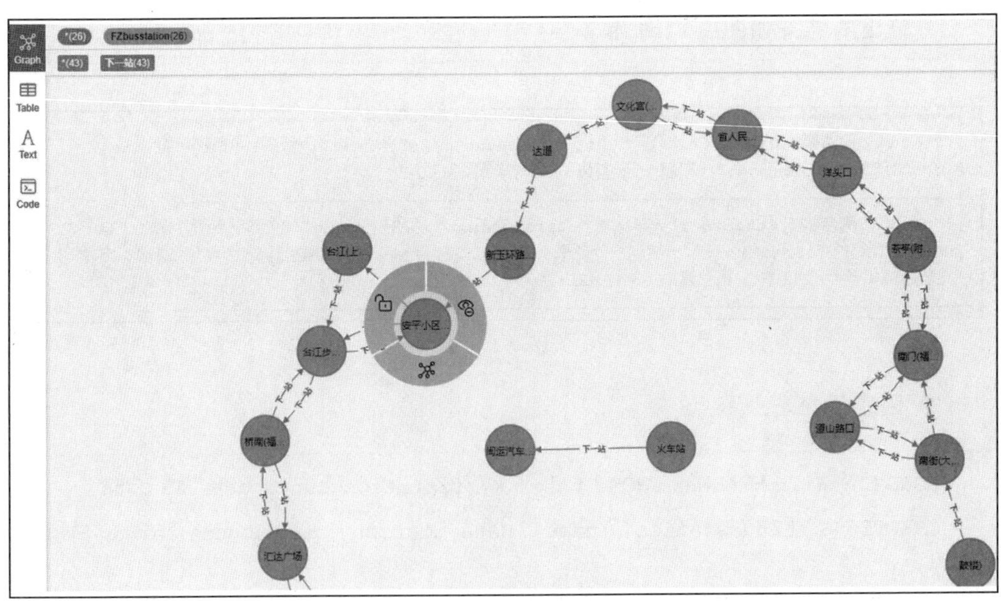

图 9-19

（4）创建公交线路与公交站点的隶属关系

```
LOAD CSV WITH HEADERS FROM 'file: ///fzbusfromto.csv' AS data
MATCH (L: FZbus) WITH L, data
MATCH (S: FZbusstation) WITH L, S, data
WHERE data.LaneID = L.lineid and data.From = S.name
MERGE (S) - [r: 公交属于] -> (L)
//输出的结果如图 9-20 所示。
```

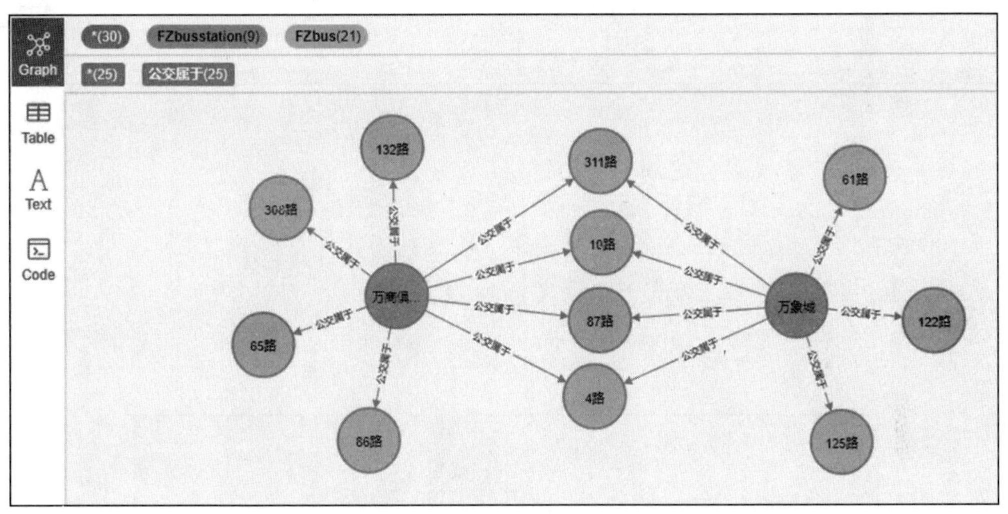

图 9-20

2. 图数据库查询

（1）查询某站点的关联线路

```
RETURN (: FZbusstation {name: '福大东门'} ) --> ()
//输出的结果如图 9-21 所示。
```

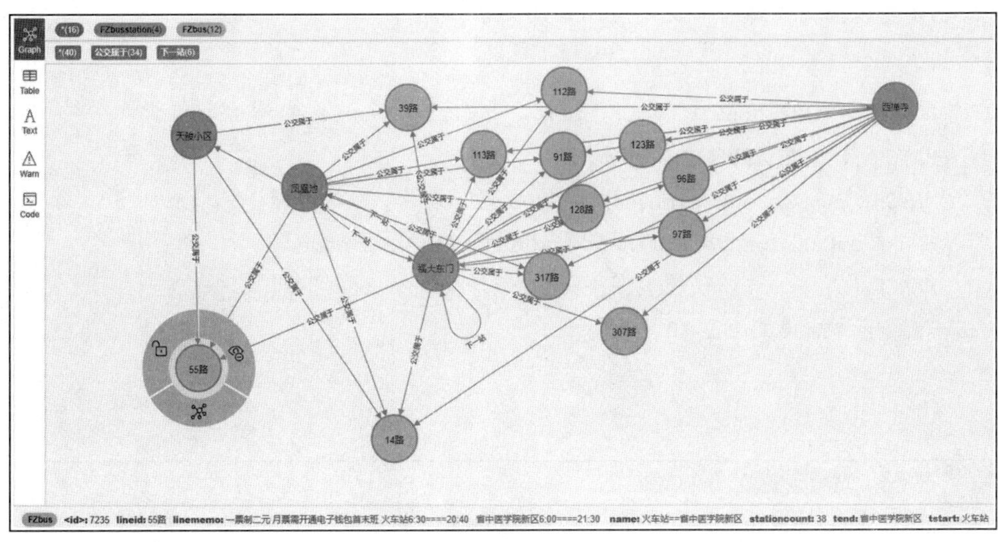

图 9-21

(2) 查询两个公交站点之间的公交线路

```
MATCH p= (n: FZbusstation {name: '福大东门'}) - [*..2] - (m: FZbusstation {name: '福大新区北门'}) RETURN p
//输出的结果如图9-22所示。
```

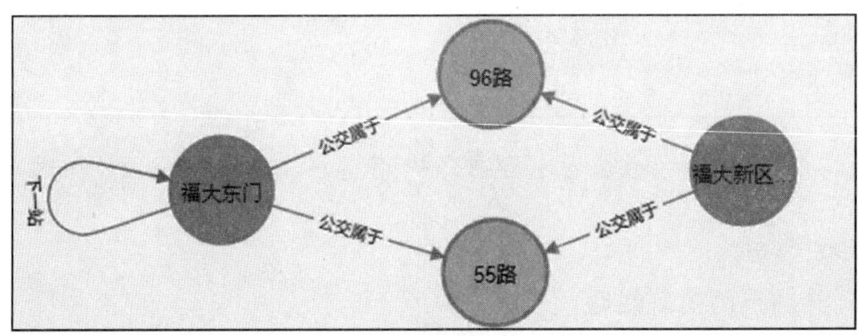

图 9-22

(3) 查询某站点有多少条公交线路经过

```
MATCH (b: FZbusstation {name: '福大东门'}) - [: '公交属于'] - (c: FZbus)
RETURN b, c
//输出的结果如图9-23所示。
```

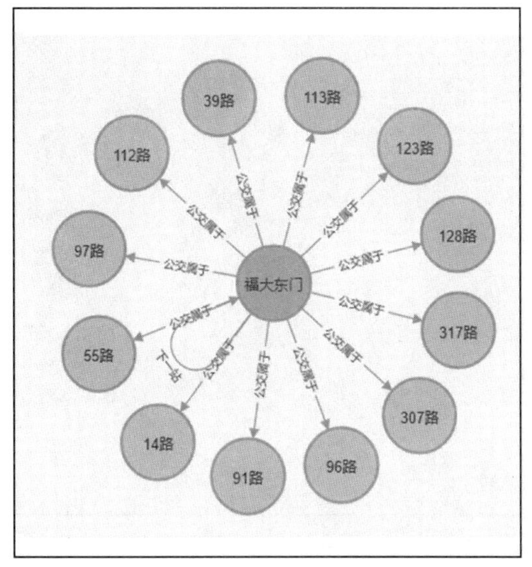

图 9-23

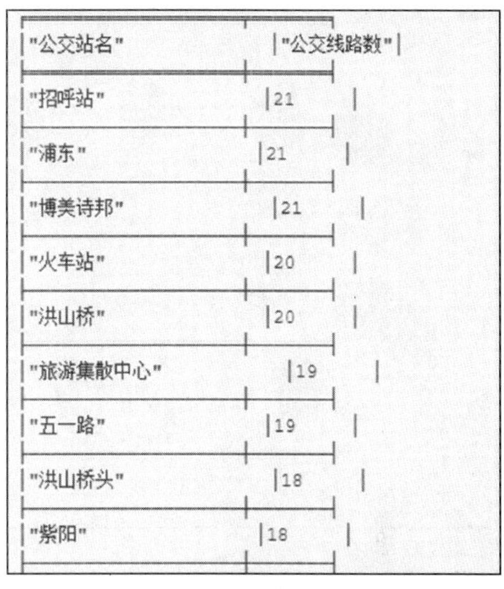

"公交站名"	"公交线路数"
"招呼站"	21
"浦东"	21
"博美诗邦"	21
"火车站"	20
"洪山桥"	20
"旅游集散中心"	19
"五一路"	19
"洪山桥头"	18
"紫阳"	18

图 9-24

（4）计算每个公交站经过的线路数量

```
match (a: FZbusstation) - [r: 公交属于] -> (l: FZbus)
return a.name as 公交站名, count (l) as 公交线路数 order by 公交线路数 desc
//输出的结果如图 9-24 所示。
```

（5）查询两个站点之间最少要经过多少个中间站点（求最短路径）

```
MATCH (a: FZbusstation {name: '福大东门'} ),
(b: FZbusstation {name: '福大新区东门'} ),
p = shortestPath ( (a) - [*..] -> (b) )
RETURN p
//输出的结果如图 9-25 所示。
```

9.2.6　反馈优化

若要探查线路成本，如从站点 A 到站点 B 的成本，则存在以乘车经费或乘车时间为权重的引子，这样就会使得在规划线路时必须进行成本计算。

我们给每一个公交节点中的“下一站”标签添加一个属性 buscost，代表到下一站所需要的经费成本（0.1—1 之间的随机数）。

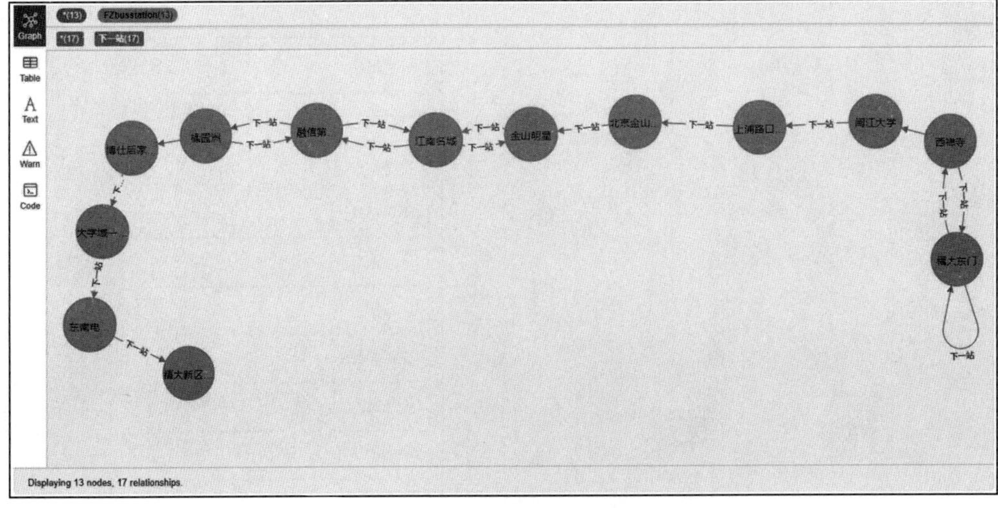

图 9-25

```
MATCH p= () - [r: '下一站'] -> ()
SET r.buscost=ceil (rand () * 10) /10
//输出的结果如图 9-26 所示。
```

```
neo4j$ MATCH p=()-[r:`下一站`]→() RETURN p LIMIT 25
"p"
[{"name":"西门","passcounts":"4"},{"buscost":0.3},{"name":"房地产市场","passcounts":"11"}]
[{"name":"房地产市场","passcounts":"11"},{"buscost":0.8},{"name":"双抛桥","passcounts":"2"}]
[{"name":"双抛桥","passcounts":"2"},{"buscost":0.5},{"name":"西湖","passcounts":"9"}]
[{"name":"西湖","passcounts":"9"},{"buscost":0.2},{"name":"福三中","passcounts":"6"}]
[{"name":"福三中","passcounts":"6"},{"buscost":0.9},{"name":"鼓楼)","passcounts":"1"}]
[{"name":"鼓楼)","passcounts":"1"},{"buscost":0.1},{"name":"南街(大洋百货)","passcounts":"9"}]
[{"name":"南街(大洋百货)","passcounts":"9"},{"buscost":0.5},{"name":"道山路口","passcounts":"11"}]
[{"name":"道山路口","passcounts":"11"},{"buscost":0.4},{"name":"南门(福州儿童医院)","passcounts":"13"}]
[{"name":"南门(福州儿童医院)","passcounts":"13"},{"buscost":1.0},{"name":"茶亭(附一医院)","passcounts":"10"}]
```

图 9-26

通过以下语句构建可考虑权重的图对象：

```
CALL gds. graph. create ('busgraph', 'FZbusstation', '下一站', {
  relationshipProperties: 'buscost' } );
//构建 gds. grahp 图对象的结果如图 9-27 所示。
```

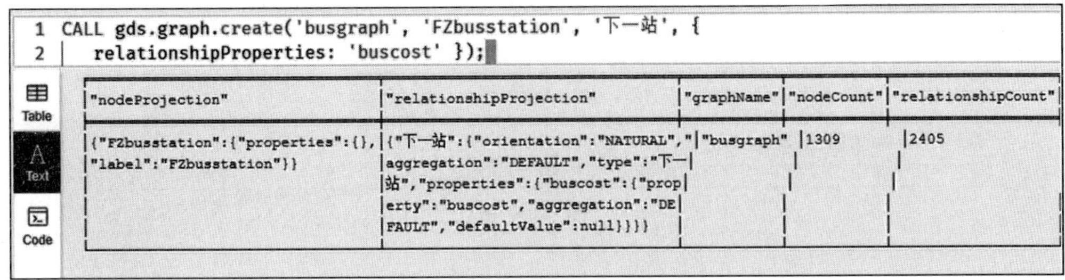

```
CALL gds.graph.create('busgraph', 'FZbusstation', '下一站', {
  relationshipProperties: 'buscost' });
```

"nodeProjection"	"relationshipProjection"	"graphName"	"nodeCount"	"relationshipCount"
{"FZbusstation":{"properties":{},"label":"FZbusstation"}}	{"下一站":{"orientation":"NATURAL","aggregation":"DEFAULT","type":"下一站","properties":{"buscost":{"property":"buscost","aggregation":"DEFAULT","defaultValue":null}}}}	"busgraph"	1309	2405

图 9-27

假设要基于 buscost 成本权重考虑两个站点之间的线路规划（3 条）。

```
//以 Yen's k-Shortest 算法为例
MATCH (source: FZbusstation {name: '福大东门'} ), (target: FZbusstation
{name: '福大生活三区'} )
CALL gds. shortestPath. yens. stream ('busgraph', {
  sourceNode: id (source),
  targetNode: id (target),
  relationshipWeightProperty: 'buscost',
  k: 3
} )
YIELD nodeIds, costs
RETURN [id IN nodeIds | gds. util. asNode (id) . name] AS path, (costs) as
totalcost;
//输出的结果如图 9-28 所示。
```

9.3　基于 TMDB5000 电影数据的融合管理案例

9.3.1　需求理解

本项目的数据集源自 Kaggle，整理后变成现有的两个“. CSV”数据集，如图 9-29 所示。

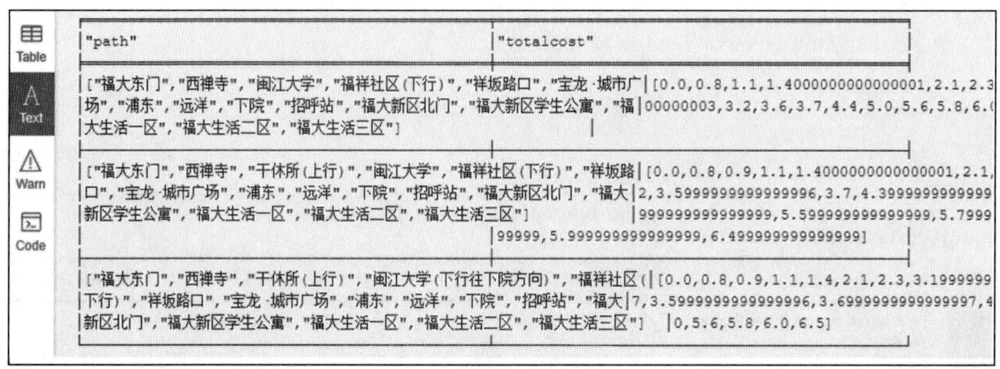

图 9-28

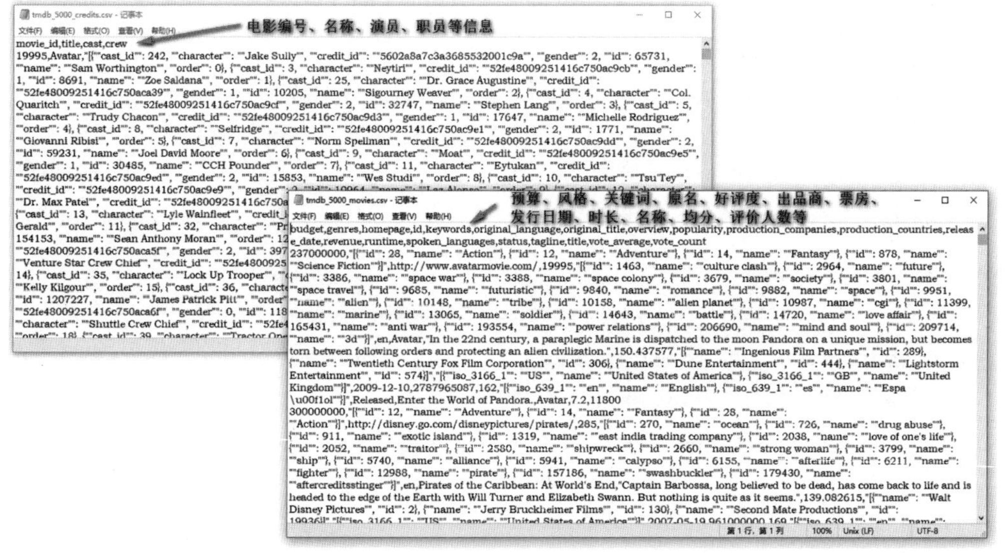

图 9-29

该数据集取自1960年以来近5000部电影的The Movie Database（TMDB），包含电影基本信息和电影评价信息。电影基本信息涉及演员、导演、关键字以及电影类型等，评价信息如票房、评分、热度等可以用来进行电影、观众等的分类，以及用来探查电影、演员、导演之间的关系等。

9.3.2 原始数据探索

该数据集的基本内容如图9-29所示，其关系型数据结构如图9-30所示。可以发现，两个数据集总体上是以关系型数据集存在的，但其中某些数据类型为文本的数据维度存储的是键值对、文本串，要进行完整的数据分析需要进行提取、转换。还有部分属性存在大量的空值，可采取填充、删除等方式进行处理。

```
creditsdf.info()
```

```
<class 'pandas.core.frame.DataFrame'>
RangeIndex: 4803 entries, 0 to 4802
Data columns (total 4 columns):
 #   Column    Non-Null Count  Dtype
---  ------    --------------  -----
 0   movie_id  4803 non-null   int64
 1   title     4803 non-null   object
 2   cast      4803 non-null   object
 3   crew      4803 non-null   object
dtypes: int64(1), object(3)
memory usage: 150.2+ KB
```

(a)

```
moviesdf.info()
```

```
<class 'pandas.core.frame.DataFrame'>
RangeIndex: 4803 entries, 0 to 4802
Data columns (total 20 columns):
 #   Column                Non-Null Count  Dtype
---  ------                --------------  -----
 0   budget                4803 non-null   int64
 1   genres                4803 non-null   object
 2   homepage              1712 non-null   object
 3   id                    4803 non-null   int64
 4   keywords              4803 non-null   object
 5   original_language     4803 non-null   object
 6   original_title        4803 non-null   object
 7   overview              4800 non-null   object
 8   popularity            4803 non-null   float64
 9   production_companies  4803 non-null   object
 10  production_countries  4803 non-null   object
 11  release_date          4802 non-null   object
 12  revenue               4803 non-null   int64
 13  runtime               4801 non-null   float64
 14  spoken_languages      4803 non-null   object
 15  status                4803 non-null   object
 16  tagline               3959 non-null   object
 17  title                 4803 non-null   object
 18  vote_average          4803 non-null   float64
 19  vote_count            4803 non-null   int64
dtypes: float64(3), int64(4), object(13)
memory usage: 750.6+ KB
```

(b)

图 9-30

9.3.3 数据整理

1. 读取数据

```
import json
import pandas as pd
import numpy as np
from pandas import Series, DataFrame
from datetime import datetime
credits_file = 'tmdb_5000_credits.csv'
movies_file = 'tmdb_5000_movies.csv'
```

2. 合并数据

```
fulldf = pd.concat ([credits, movies], axis = 1) #基于两个数据帧的共同属性 title，进行横向合并
```

3. 选取所需数据

```
moviesnames = ['movie_id', 'original_title', 'cast', 'crew', 'release_date', 'genres', 'keywords', 'production_companies', 'production_countries', 'revenue', 'budget', 'runtime', 'vote_average']
moviesdf = fulldf [moviesnames]
```

4. 不规范数据整理

```
#处理不理想的数据空值，异常值，不规范的数据
release_date_null = movies ['release_date'] .isnull ()
moviesdf ['release_date'] = movies ['release_date'] .fillna ('2014-06-01')
moviesdf ['release_date'] = pd.to_datetime (moviesdf ['release_date'], format = '%Y-%m-%d') #日期格式的转换
moviesdf.to_excel ('moviesdf.xlsx', index = False) #导出为 .XLSX 或 .CSV 文件备用

#寻找放映时长为缺失的数据
runtime_null = moviesdf ['runtime'] .isnull ()
moviesdf [runtime_null]
value1 = {'runtime': 98.0}
value2 = {'runtime': 81.0}
moviesdf.fillna (value = value1, limit = 1, inplace = True)
moviesdf.fillna (value = value2, limit = 1, inplace = True)
moviesdf.to_excel ('moviesdf.xlsx', index = False)
```

5. 获取基础特征工程

```
#提取电影风格数据 genres
moviesdf['genreslist'] = moviesdf['genres'].apply(json.loads)

#获取其他主要特征原始数据
moviesdf['castlist'] = moviesdf['cast'].apply(json.loads)
moviesdf['countires'] = moviesdf['production_countries'].apply(json.loads)
moviesdf['companies'] = moviesdf['production_companies'].apply(json.loads)
moviesdf['crewlist'] = moviesdf['crew'].apply(json.loads) #里面有导演信息
moviesdf['kwlist'] = moviesdf['keywords'].apply(json.loads)

#设置临时性副本
moviesdftemp = moviesdf.copy()
moviesdf = moviesdftemp.copy()

#删除一些无意义数据（不一定是空值）
moviesdfv2 = moviesdf[moviesdf['crewlist'].str.len()>0].replace()
moviesdfv2 = moviesdfv2[moviesdfv2['castlist'].str.len()>0].replace()

moviesid = moviesdfv2['movie_id']
moviesid #获取影片的编号，为 merge 做准备
```

```
#通过自定义函数对 json 数据进行按需提取
def decode1208 (column):
  z = []
  for i in column:
    z.append (i ["name"] ) #原来函数出现 string indices must be integers
return ''.join (z)
#
def decode (column):
  z = []
  for i in column:
    z.append (i ['name'] )
  return ''.join (z)

#获取 dict 第一个元素的 name
def decode1 (column):
  z = []
  for i in column:
    z.append (i ['name'] )
  return ''.join (z [0: 1] )

#获取演员列表，中间用逗号分隔
def decodeactors (column):
  z = []
  for i in column:
    z.append (i ['name'] )
  return ', '.join (z)

#获取前两位演员列表，中间用逗号分隔
def decodeactors0102 (column):
  z = []
  for i in column:
    z.append (i ['name'] )
  return ', '.join (z [0: 2] )
```

```
#获取导演信息
def decodedirector (column):
  z= []
  for i in column:
    if i ['job'] == "Director":
      z.append (i ['name'] )
  return ', '.join (z [0: 1] )
```

```
#获取电影中的具体数据
moviesdfv2 ['genresls'] =moviesdfv2 ['genreslist'] .apply (decode)
moviesdfv2 ['actorsls'] = moviesdfv2 ['castlist'] .apply (decodeactors)
moviesdfv2 ['actors0102'] =moviesdfv2 ['castlist'] .apply (decodeactors0102)
moviesdfv2 ['actors01'] =moviesdfv2 ['castlist'] .apply (decode1)
moviesdfv2 ['region'] =moviesdfv2 ['countires'] .apply (decode1)
#提取公司名称本来是后置任务，提前看看是否存在数据集的问题，包括关键字，也是如此
moviesdfv2 ['prodcompany'] =moviesdfv2 ['companies'] .apply (decode) #在这里执行数据没有问题
moviesdfv2 ['kws'] =moviesdfv2 ['kwlist'] .apply (decode)
moviesdfv2 ['director'] = moviesdfv2 ['crewlist'] .apply (decodedirector) #获取导演所在列表的名称数据
```

```
#使用 groupby 去除重复值
directorsgb = moviesdfv2.groupby ( ["director"], as_index = False) ["original_title"] .apply (lambda x: '; '.join (x.values) ) .replace (" ", "") .reset_index (drop = True)
directorsgb ['directcounts'] = directorsgb ['original_title'] .apply (lambda x: len (x.split ("; ") ) )
directorsgb = directorsgb.sort_values ( ['directcounts'], ascending = False) .replace ()
directorsgb.to_csv ("alldriectorsv2.csv", encoding = 'utf-8-sig', index_label = 'directorID') #用来创建导演节点的数据
#输出导演数据整理后的结果如图 9-31 所示。
```

```
1 directorsgb
```

	director	original_title	directcounts
2095	Steven Spielberg	Indiana Jones and the Kingdom of the Crystal S...	27
2306	Woody Allen	Midnight in Paris;The Curse of the Jade Scorpi...	21
1423	Martin Scorsese	Hugo;The Aviator;The Wolf of Wall Street;Gangs...	20
375	Clint Eastwood	Space Cowboys;Invictus;American Sniper;Changel...	20
2039	Spike Lee	Inside Man;Miracle at St. Anna;Malcolm X;He Go...	16
...	...	...	...
923	Jason Bateman	Bad Words	1
922	Jason Alexander	Just Looking	1
920	Janusz Kamiński	Lost Souls	1
917	Jan Pinkava	Ratatouille	1
2329	Étienne Faure	Bizarre	1

2330 rows × 3 columns

图 9-31

```
#如何生成一份所有演员的合作关系表？参考 TMDB 系列操作
allactors = moviesdfv2 [ ['actorsls', 'original_title'] ] .replace ()
allactors ['actorsls02'] = allactors ['actorsls'] .apply (lambda x: x.split (",") )
allactors.to_csv ("allactorsinmoive.csv", index_label = 'actormovieID', encoding = 'utf-8-sig') #创建一张包含电影、演员的数据表，但演员位于 actorsls02 列表中
import numpy as np
allactorsv2 = pd.DataFrame ( {'original_title': allactors.original_title.repeat (allactors.actorsls02.str.len ( ) ), 'actor': np.concatenate (allactors.actorsls02.values) } )
allactorsv2 = allactorsv2 [allactorsv2 ['actor'] .str.len ( ) > 0] .replace ()

allactorsv3 = allactorsv2.groupby ( ['actor'] ) .count ()
allactorsv3 = allactorsv3.reset_index () .replace ()
allactorsv4 = allactorsv3.rename (columns = {'original_title': 'actorcounts'} ) .sort_values ( ['actorcounts'], ascending = False) .replace ()
```

```
allactorsv4.to_csv("allactorsv2.csv", index_label='actorID', encoding="utf-8-sig") #作为演员节点的创建数据
allactorsv2.to_csv("allactors.csv", index_label='ID', encoding="utf-8-sig")
#将每个演员置于每个影片中
allactorsv2.to_csv("everyactorinmovie.csv", index_label='ID', encoding="utf-8-sig")
actorsgb=allactorsv2.groupby(["actor"], as_index=False)["original_title"].apply(lambda x: ';'.join(x.values)).replace("", "").reset_index(drop=True)
actorsgb=actorsgb[1:].replace()
actorsgb['actcounts']=actorsgb.original_title.apply(lambda x: len(x.split(";")))
actorsgb.to_csv("everyactormoviesv2.csv", index_label="actorID", encoding='utf-8-sig')
moviesdfv2['genresls02']=moviesdfv2['genresls'].apply(lambda x: x.split(" "))
```

```
#对电影风格进行提取
import numpy as np
allgenresdf=pd.DataFrame({'original_title': moviesdfv2.original_title.repeat(moviesdfv2.genresls02.str.len()), 'genres': np.concatenate(moviesdfv2.genresls02.values)})
allgenresdfv2=allgenresdf[allgenresdf['genres'].str.len()>0].replace()
allgenresdfv2.to_csv("allgenres.csv", index_label="ID", encoding='utf-8-sig')
```

```
#对每部电影的主要参数进行提取
moviesdfv2[['movie_id', 'original_title', 'director', 'actorsls', 'release_date', 'genresls', 'kws', 'prodcompany', 'region', 'revenue', 'budget', 'runtime', 'vote_average', 'genresls']].to_csv("allmoviesinfo.csv", index=False, encoding='utf-8-sig')
```

9.3.4 数据提取

1. 创建演员节点

```
actorq = '''
LOAD CSV WITH HEADERS FROM 'FILE: ///actorsgb.csv' AS DATA
CREATE (: Actors {name: DATA.actor, actorid: DATA.actorID, inmoives: DATA.original_title, actcounts: DATA.actorcounts} )
'''
graph.run (actorq)
//输出的结果如图 9-32 所示。
```

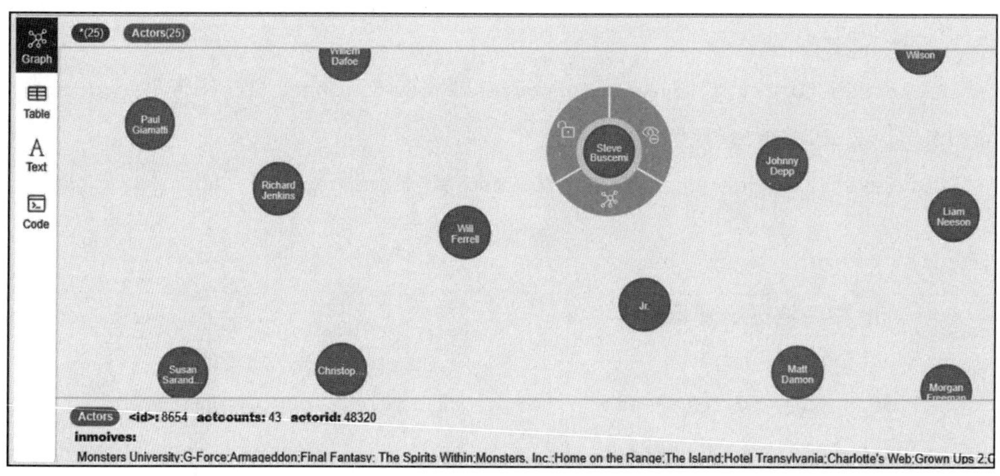

图 9-32

2. 创建导演节点

```
directorq = '''
LOAD CSV WITH HEADERS FROM 'FILE: ///directorsgb.csv' AS DATA
CREATE (: Directors {name: DATA.director, directorid: DATA.directorID, directmoives: DATA.original_title, directcounts: DATA.directcounts} )
'''
graph.run (directorq)
//输出的结果如图 9-33 所示。
```

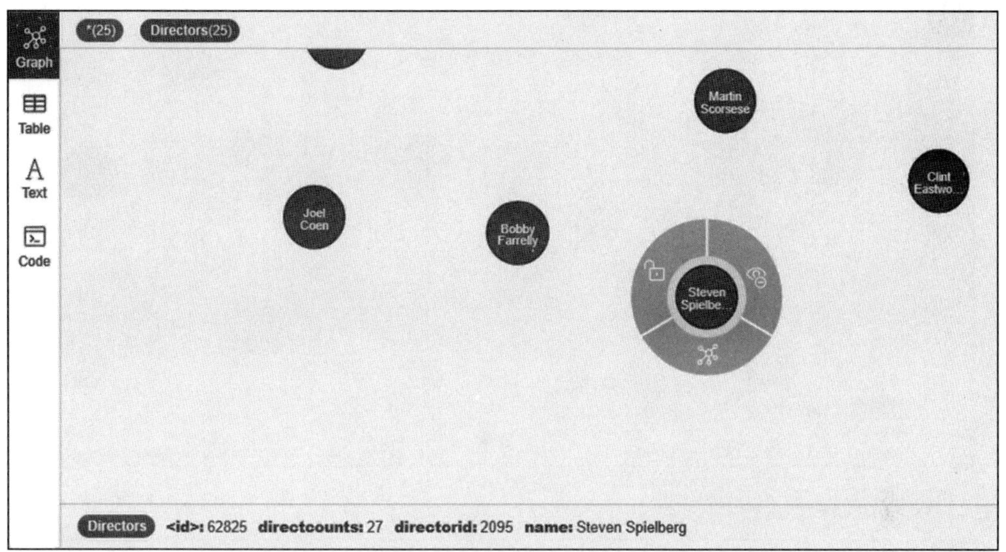

图 9-33

3. 创建电影节点

```
allmoviesq = '''
LOAD CSV WITH HEADERS FROM 'FILE: ///allmoviesinfo. csv' AS DATA
CREATE (: AllMovies {name: DATA. original_title, movieid: DATA. movie_id, direct: DATA. director, releasedate: DATA. release_date, keywords: DATA. kws, products: DATA. prodcompany, regions: DATA. region, budget: DATA. budget, revenue: DATA. revenue, runtime: DATA. runtime, points: DATA. vote_average, genresls: DATA. genresls, actorsls: DATA. actorsls} )
'''
graph. run (allmoviesq)
//输出的结果如图 9-34 所示。
```

4. 创建电影和导演之间的关系

```
m_d_relq = '''
MATCH (M: AllMovies), (D: Directors) WHERE M. direct = D. name
MERGE (D) - [r: 执导] -> (M)
'''
graph. run (m_d_relq)
//输出的结果如图 9-35 所示。
```

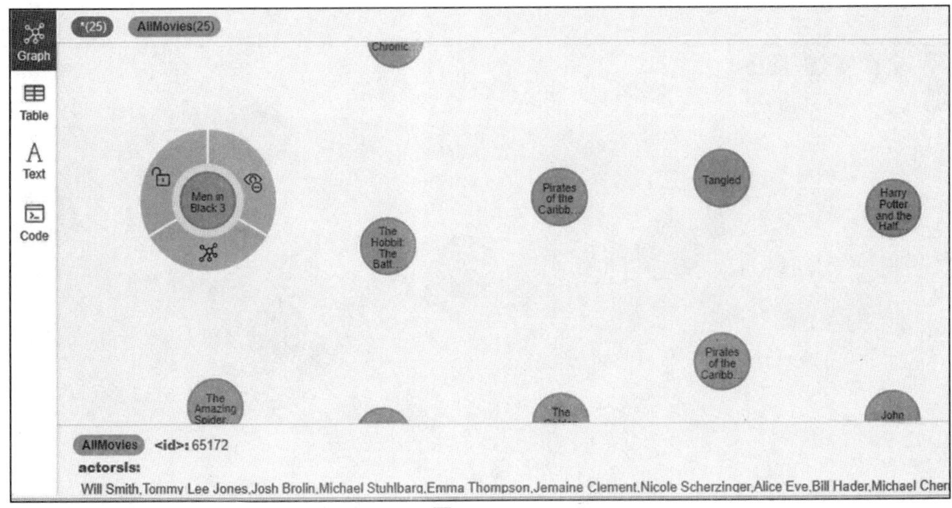

图 9-34

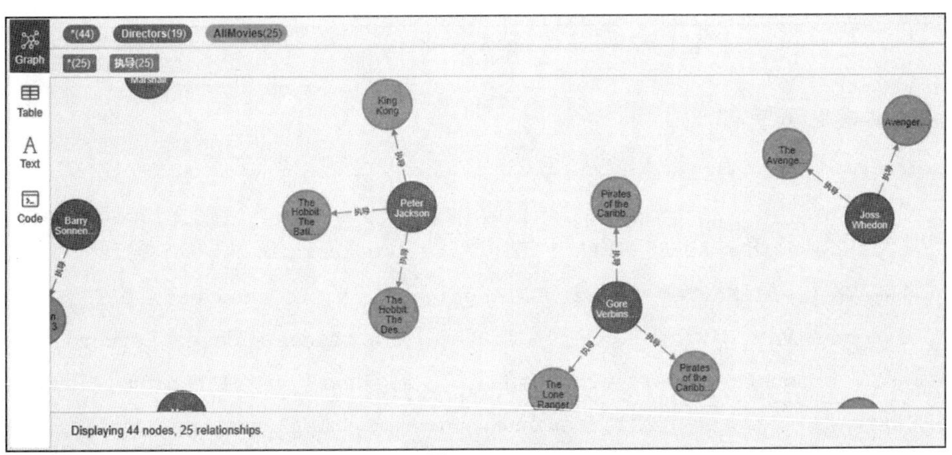

图 9-35

5. 创建电影和演员之间的关系

样本数据的多少，以及索引的管理状态，都会影响关系创建所耗费的时间。

```
m_a_relq = '''
LOAD CSV WITH HEADERS FROM "FILE:///allactors.csv" AS row
MATCH (M:AllMovies) WITH M, row
MATCH (A:Actors) WITH M, A, row
WHERE M.name = row.original_title and row.actor in A.name
MERGE (A) -[r:出演]->(M)
'''
graph.run(m_a_relq)
//输出的结果如图 9-36 所示。
```

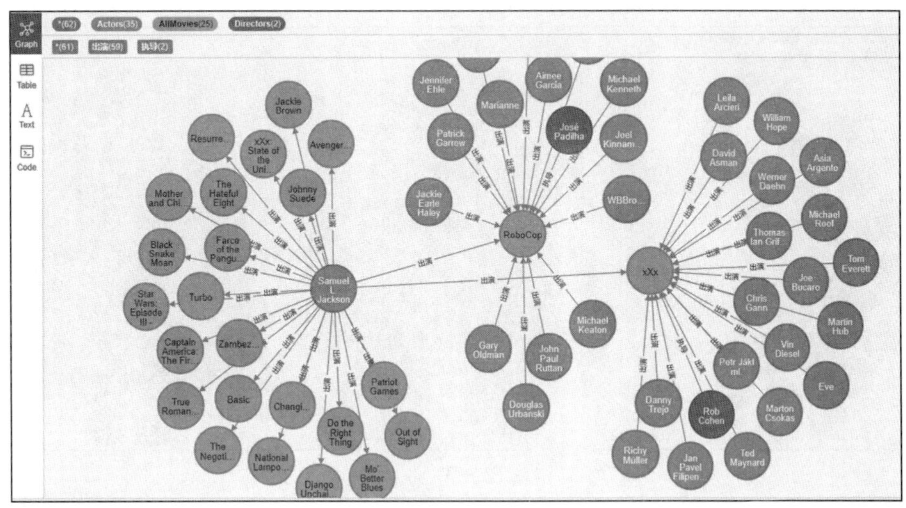

图 9-36

6. 创建导演和演员之间的关系

```
d_a_relq = '''
LOAD CSV WITH HEADERS FROM "FILE:///allactorsdirectors.csv" AS row
MATCH (D:Directors) WHERE D.name = row.director
WITH D, row
MATCH (A:Actors {name: row.actor} )
MERGE (A) - [r:合作] -> (D)
'''
graph.run (d_a_relq)
//输出的结果如图 9-37 所示。
```

7. 创建电影和风格之间的关系

```
m_g_relq = '''
LOAD CSV WITH HEADERS FROM "FILE:///allgenres.csv" AS ROW
MATCH (M:AllMovies) WHERE M.name  = ROW.original_title
WITH M, ROW
MERGE (G:Genres {name: ROW.genres} )
MERGE (M) - [r:具有] -> (G)
'''
graph.run (m_g_relq)
//输出的结果如图 9-38 所示。
```

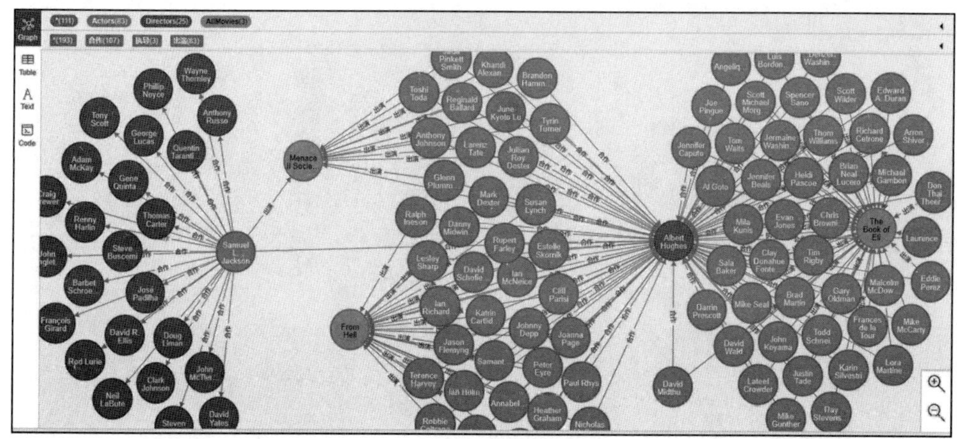

图 9-37

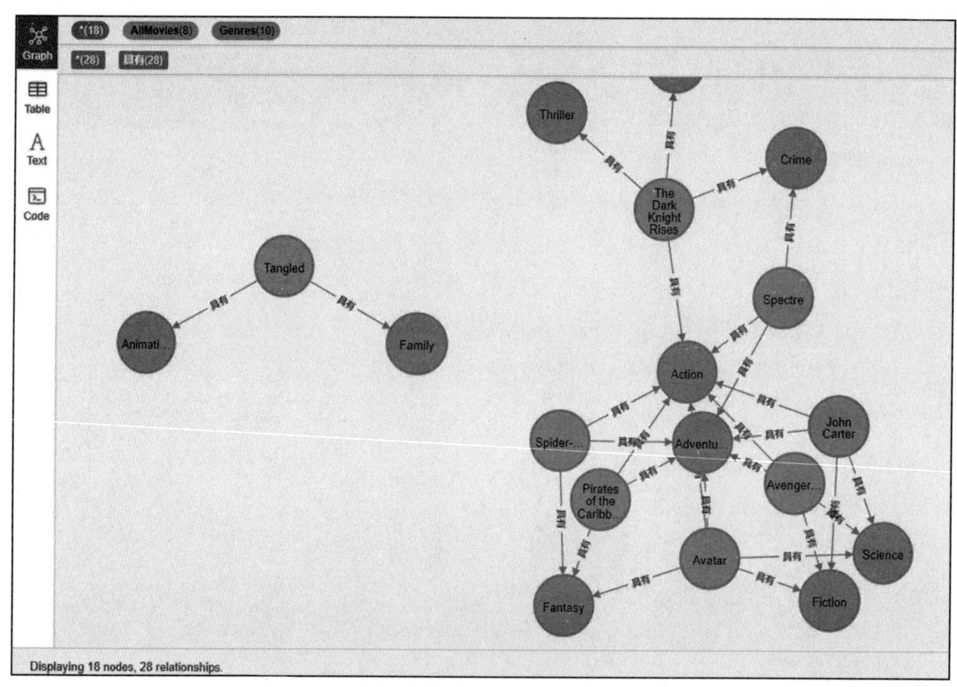

图 9-38

9.3.5 数据应用

1. 贝肯数

1967 年，哈佛大学心理学教授米尔格拉姆曾做过一个连锁信件实验：将一封信件随机寄给 160 个人，信中印有千里之外的一名普通股票经纪人的名字，要求这 160 人通过自己的亲朋好友将信送到股票经纪人的手中。结果大多数人只经过了 5—6 个步骤就将信送到了。这就是“六度分割”理论的由来。该理论体现了一个普遍的客观规律：社会化的现代人类成员之间，都可能通过“六度空间”联系起来。这个理论奠定了社交网络的理论基础。

贝肯数（Bacon numbers）是一个建立在“六度分割”理论基础上的概念，是描述好莱坞影视界一个演员与著名影星凯文·贝肯（Kevin Bacon）的“合作距离”的一种方式。它来源于一个好莱坞游戏，这个游戏要求参与者们尝试用各种方法，把某个演员和凯文·贝肯这个美国好莱坞演员联系起来，并且尽可能减少中间环节。

贝肯是好莱坞的一名普通演员，从来都是以配角的身份出现在电影中，他与当时好莱坞的明星发生联系所需要的中间人数量即为“贝肯数”。弗吉尼亚大学的一个实验室为大约 25 万上过银幕的演员统计他们的“平均贝肯数”，这个数值是 2.6—3。这个数字体现在网络上有两个表现：一是如果想进入网络的链接中心，并不一定要成为一个“大人物”，只要成为一个“永不退场的配角”就可以非常接近网络的中心。二是一个网络社区是兴旺还是崩溃，其实不在于多少普通用户进入或流失。但是，若“贝肯”这样高链接的节点用户丢失，就会造成整个社区崩溃。

```
//查询演员 Keanu Reeves 与 Kevin Bacon 之间能够产生连接的路径长度
MATCH p = shortestPath ( (keanu: Actors) - [: 出演 * ] - (kevin: Actors) )
WHERE keanu. name = " Keanu Reeves " and kevin. name = " Kevin Bacon "
RETURN length (p)
//输出的结果如图 9-39 (a) 所示。
```

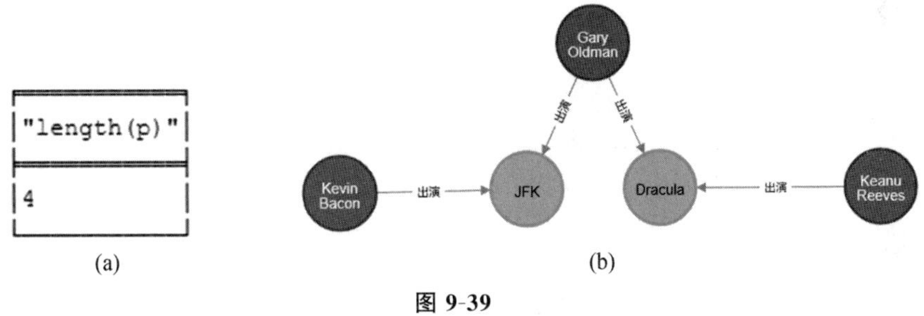

(a)　　(b)

图 9-39

```
//以可视图形方式返回演员 Keanu Reeves 与 Kevin Bacon 之间能够产生连接的路径
MATCH p = shortestPath ( (source: Actors) - [: 出演 * ] - (kevin: Actors) )
WHERE keanu. name = " Keanu Reeves " and kevin. name = " Kevin Bacon "
RETURN p
//输出的结果如图 9-39 (b) 所示。
```

```
//路径长度的获取等价于
MATCH (keanu: Actors {name: " Tom Hanks "} ),
(kevin: Actors {name: " Kevin Bacon "} )
MATCH p = shortestPath ( (keanu) - [: 出演 * ] - (kevin) )
RETURN length (p);
```

```
//哪些演员、电影节点参与了连接
MATCH (keanu: Actors {name: " Keanu Reeves "} ),
(kevin: Actors {name: " Kevin Bacon "} )
MATCH p = shortestPath ( (keanu) - [: 出演 * ] - (kevin) )
RETURN [ n in nodes (p) | n. name ];
//输出的结果如图 9-40 所示。
```

	[n in nodes(p) | n.name]
1	["Keanu Reeves", "Dracula", "Gary Oldman", "JFK", "Kevin Bacon"]

图 9-40

```
//去除第一和最后一个节点标签后的连接链路（包含中介电影、演员节点）
MATCH (keanu: Actors {name: " Keanu Reeves "} ),
(kevin: Actors {name: " Kevin Bacon "} )
MATCH p = shortestPath ( (keanu) - [: 出演 * ] - (kevin) )
RETURN [ n in nodes (p) [1.. -1] | n. name ];
//输出的结果如图 9-41 所示。
```

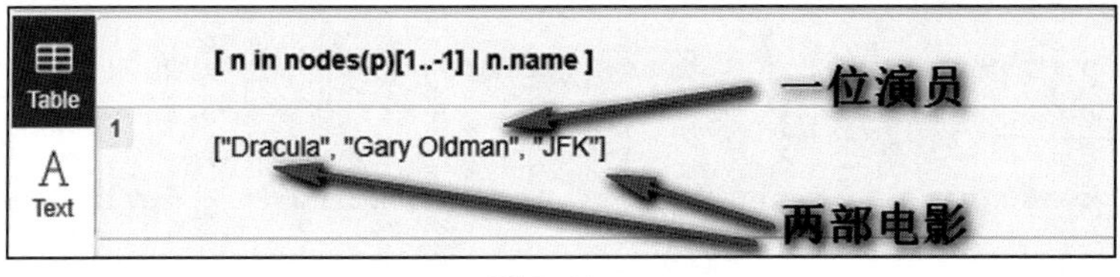

图 9-41

2. 查找与 James Cameron 导演合作次数高于 3 次的演员

```
#统计与 James Cameron 导演合作超过 3 次的演员
q = '''
MATCH (CAMERON {name: 'James Cameron'}) -- (otherPerson: Actors)
--> ()
WITH otherPerson, count (*) AS mynum
WHERE mynum>3
return otherPerson. name
'''
graph. run (q)
#输出的结果如图 9-42 所示。
```

otherPerson.name
Nikki Cox
Arnold Schwarzenegger
Michael Chapman

图 9-42

3. 查找与 Tom Hanks 一起参演但 Tom Hanks 与 Tom Cruise 并不在一起参演的电影及演员

```
//与 Tom Hanks 一起参演、但 Tom Hanks 与 Tom Cruise 并不在一起参演的电影
及演员
MATCH (tom: Actors {name: 'Tom Hanks'}) - [: 出演] -> (movie1:
AllMovies) <- [: 出演] - (coActor: Actors) - [: 出演] -> (movie2:
AllMovies) <- [: 出演] - (cruise: Actors {name: 'Tom Cruise'})
WHERE NOT (tom) - [: 出演] -> (: AllMovies) <- [: 出演] - (cruise)
RETURN tom, movie1, coActor, movie2, cruise
//输出的结果如图 9-43 所示。
```

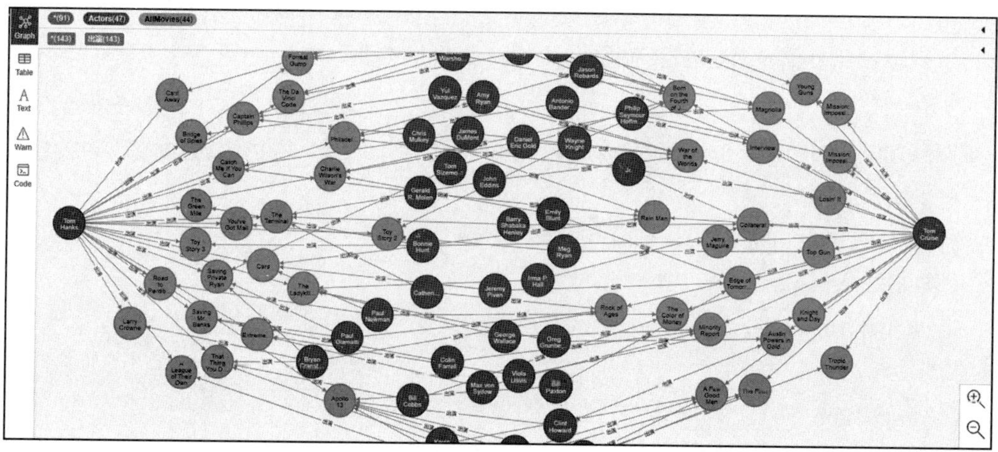

图 9-43

```
//用表格方式呈现
MATCH (tom: Actors {name: 'Tom Hanks'} ) - [: 出演] -> (movie1: AllMovies) <- [: 出演] - (cofactor: Actors) - [: 出演] -> (movie2: AllMovies) <- [: 出演] - (cruise: Actors {name: 'Tom Cruise'} )
WHERE NOT (tom) - [: 出演] -> (: AllMovies) <- [: 出演] - (cruise)
RETURN movie1, cofactor, movie2
//输出的结果如图 9-44 所示。
```


"movie1"	"coActor"	"movie2"
{"regions":"Australia","keywords":"biography animation writer moviemaking","direct":"John Lee Hancock","runtime":"125.0","movieid":"140823","releasedate":"2013-11-16","genresls":"Comedy Drama History","products":"Walt Disney Pictures BBC Films Ruby Films Essential Media & Entertainment Hopscotch Features","points":"7.3","revenue":"112544580","name":"Saving Mr. Banks","actorsls":"Emma Thompson,Tom Hanks,Paul Giamatti,Colin Farrell,Ruth Wilson,Jason Schwartzman,Bradley Whitford,Annie Rose Buckley,B. J. Novak,Kathy Baker,Lily Bigham,Melanie Paxson,Andy McPhee,Rachel Griffiths,Ronan Vibert,Fuschia Sumner,David Ross Paterson,Laura Waddell","budget":"35000000"}	{"name":"Colin Farrell","actorid":"10076","inmoives":"Alexander;Minority Report;Epic;S.W.A.T.;Hart's War;Winter's Tale;Horrible Bosses;Saving Mr. Banks;American Outlaws;Pride and Glory;Fright Night;The New World;The Imaginarium of Doctor Parnassus;Dead Man Down;A Bridge Too Far;Gandhi;Veronica Guerin;In Bruges;Seven Psychopaths;Ondine;Phone Booth;Crazy Heart;A Home at the End of the World;Miss Julie","actcounts":"24"}	{"regions":"United States of America","keywords":"selling prophecy washington d.c. evidence future hologra ia murder neo-noir future noir","direct":"Steven Spie runtime":"145.0","movieid":"180","releasedate":"2002- genresls":"Action Thriller Science Fiction Mystery"," ":"DreamWorks SKG Cruise/Wagner Productions Amblin En ent Twentieth Century Fox Film Corporation Blue Tulip ions Ronald Shusett/Gary Goldman Digital Image Associ oints":"7.1","revenue":"358372926","name":"Minority R actorsls":"Tom Cruise,Colin Farrell,Samantha Morton,M ydow,Lois Smith,Peter Stormare,Tim Blake Nelson,Steve Kathryn Morris,Mike Binder,Daniel London,Neal McDonou ca Capshaw,Patrick Kilpatrick,Jessica Harper,Ashley C Gross,Fiona Hale,George Wallace,Frank Grillo,Cameron lliam Mapother,Jason Antoon","budget":"102000000"}
{"regions":"United States of America","keywords":"based on novel autism key scavenger hunt death of father young boy new york city tambourine lock grieving post 9/11","direct":"Stephen Daldry","runtime":"129.0","movieid":"64685","releasedate":"2011-12-24","genresls":"Drama","products":"Paramount Pictures Scott Rudin Productions Warner Bros.","points":"6.9","revenue":"55247881","name":"Extremely Loud & Incredibly Close","actorsls":"Thomas Horn,Tom Hanks,Sandra Bullock,Max von Sydow,John Goodman,Viola Davis,Jeffrey Wright,Zoe Caldwell,Hazelle Goodman,Adrian Martinez,Stephen Henderson,Dennis Hearn,Paul Klementowicz,Julian Tepper,Caleb Reynolds,Gregory Korostishevsky	{"name":"Max von Sydow","actorid":"35136","inmoives":"Robin Hood;Rush Hour 3;Minority Report;Conan the Barbarian;Shutter Island;What Dreams May Come;Dune;Extremely Loud & Incredibly Close;Never Say Never Again;Snow Falling on Cedars;Flash Gordon;The Greatest Story Ever Told;Exorcist II: The Heretic;Le scaphandre et le papillon;The Exorcist;The Ice Pirates;March or Die;The Night Visitor","actcounts":"18"}	{"regions":"United States of America","keywords":"selling prophecy washington d.c. evidence future hologra ia murder neo-noir future noir","direct":"Steven Spie runtime":"145.0","movieid":"180","releasedate":"2002- genresls":"Action Thriller Science Fiction Mystery"," ":"DreamWorks SKG Cruise/Wagner Productions Amblin En ent Twentieth Century Fox Film Corporation Blue Tulip ions Ronald Shusett/Gary Goldman Digital Image Associ oints":"7.1","revenue":"358372926","name":"Minority R actorsls":"Tom Cruise,Colin Farrell,Samantha Morton,M ydow,Lois Smith,Peter Stormare,Tim Blake Nelson,Steve

MAX COLUMN WIDTH:

图 9-44

9.3.6　反馈优化

在数据管理与查询分析过程中，观众对电影的评价及参与评价的观众数据将会有利于对电影与观众进行画像，最终有利于促进电影行业的发展。

假设参与评价的观众数据在 movies_users.csv 文件中，利用 Pandas 进行读取。

```
movieusers = pd.read_csv ('movies_users.csv', encoding = 'gbk')
#输出的结果如图 9-45 (a) 所示。
```

	userId	userName
0	1	亓言苗
1	2	尤婉秀
2	3	归慕卉
3	4	乔华皓
4	5	沃曼凡

(a)

	userId	movieId	rating	timestamp
0	1	31	2.5	1260759144
1	1	1029	3.0	1260759179
2	1	1061	3.0	1260759182
3	1	1129	2.0	1260759185
4	1	1172	4.0	1260759205
...	...	...	...	...
99999	671	6268	2.5	1065579370
100000	671	6269	4.0	1065149201
100001	671	6365	4.0	1070940363
100002	671	6385	2.5	1070979663
100003	671	6565	3.5	1074784724

100004 rows × 4 columns

(b)

图 9-45

统计观众评价电影的数据。

```
ratingsmalldf = pd.read_csv ("ratings_small.csv")
#输出的结果如图 9-45 (b) 所示。
```

```
#movies_smalldf 为电影数据集
movieratingsmalldf = ratingsmalldf.merge (movies _ smalldf, left _ on =
'movieId', right_on = 'id', how = 'inner')
#输出的结果如图 9-46 (a) 所示。
```

统计观众对电影评价的平均分。

	userId	movieId	rating	timestamp	id	original_title	idlens
0	1	1371	2.5	1260759135	1371	Rocky III	4
1	4	1371	4.0	949810302	1371	Rocky III	4
2	7	1371	3.0	851869160	1371	Rocky III	4
3	19	1371	4.0	855193404	1371	Rocky III	4
4	21	1371	3.0	853852263	1371	Rocky III	4
5	22	1371	2.0	1131662302	1371	Rocky III	4
6	41	1371	3.5	1093886662	1371	Rocky III	4
7	78	1371	4.0	1344470332	1371	Rocky III	4
8	118	1371	3.0	951009005	1371	Rocky III	4
9	130	1371	3.0	1138999999	1371	Rocky III	4

(a)

	userId	rating
0	1	2.333333
1	2	3.517241
2	3	3.540000
3	4	4.271930
4	5	3.915094

(b)

图 9-46

```
usersgb = movieratingsmalldf.groupby(by=['userId'])[['rating']]
.mean()
usersgbv2 = usersgb.reset_index()
#输出的结果如图 9-46(b)所示。
```

```
#用户的真实姓名(本案例中为虚拟姓名,如有雷同,实属巧合)
usersgbv3 = usersgbv2.merge(movieusers)
#输出的结果如图 9-47 所示。
```

	userId	rating	userName
0	1	2.333333	亓官苗
1	2	3.517241	尤婉秀
2	3	3.540000	归慕卉
3	4	4.271930	乔华皓
4	5	3.915094	沃曼凡

图 9-47

	userName	original_title	rating_x
0	亓官苗	Rocky III	2.5
1	亓官苗	Greed	1.0
2	亓官苗	American Pie	4.0
3	亓官苗	My Tutor	2.0
4	亓官苗	Jay and Silent Bob Strike Back	2.0
...	...	...	...
44989	谬雨伯	Totally Blonde	5.0
44990	谬雨伯	Mean Streets	4.0
44991	谬雨伯	Romeo Is Bleeding	3.0

图 9-48

基于 userId 进行数据合并。

```
usersMoviesRatingdf = movieratingsmalldf.merge (usersgbv3, on = 'userId')
userMovieRate = usersMoviesRatingdf [ ['userName', 'original_title',
'rating_x'] ]
#输出的结果如图 9-48 所示。
```

```
userMovieRatev2 = userMovieRate.rename (columns = {'rating_x': 'rating'} )
q = '''
LOAD CSV WITH HEADERS FROM "FILE: ///usersMoviesRating.csv" AS LINE
MERGE (U: ratingUsers {uid: LINE.userId, uname: LINE.userName} )
WITH LINE, U
MERGE (M: ratingMovies {mid: LINE.movieId, mname: LINE.original_title} )
WITH LINE, U, M
MERGE (U) - [: 打分 {RATING: LINE.rating_x} ] -> (M)

'''
graph.run (q)
#输出的结果如图 9-49 所示。
```

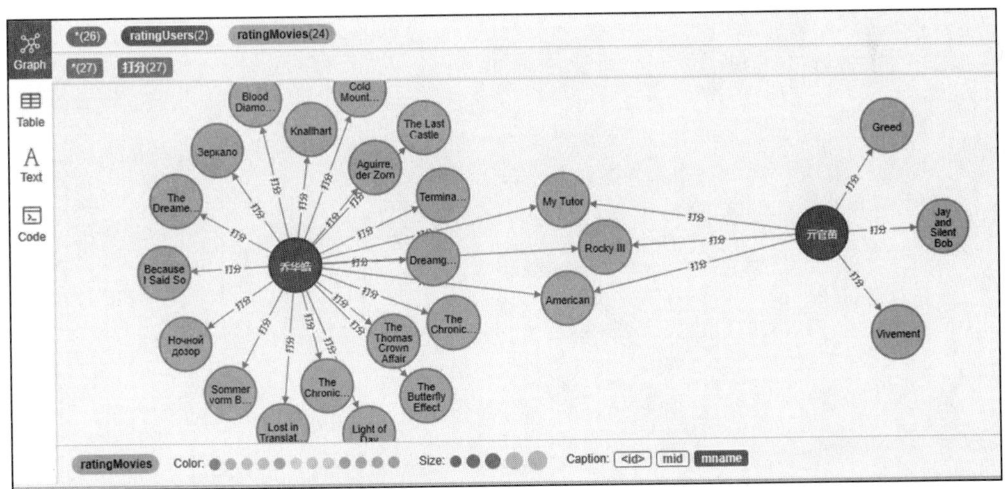

图 9-49

图 9-49 中，两位观众对若干电影都有评价，其中共同对 3 部电影进行了评价。有了观众对电影的评价，将更有利于对电影、观众、电影风格等进行深度分析。

9.4 小　　结

大数据环境下，数据的来源、格式、模型等均可能不同，导致数据之间存在异构，但数据管理和分析的目的是公共的，就是为用户决策提供辅助或支撑作用。因此，为了深度挖掘数据的价值，就需要对不同的数据格式进行融合管理。融合管理的出发点和落脚点都在于数据关系——价值的核心。本章节通过两个基础案例，讲解了SQL关系型数据与NoSQL中以图数据库为代表的非关系型数据之间的相互转换等管理过程，以及在Neo4j环境下进行图数据库基本查询的过程，为后续进行深入的数据分析奠定了一定的基础。

参考文献

1. Jesús Barrasa, Maya Natarajan & Jim Webber. *Building Knowledge Graphs: A Practitioner's Guide*. O'Reilly Media, 2023.

2. Estelle Scifo. *Graph Data Science with Neo4j*. Packt, 2023.

3. Ravindranatha Anthapu. *Graph Data Processing with Cypher*. Packt, 2022.

4. Dr. Alicia Frame and Zach Blumenfeld. *Graph Data Science for Dummies* (Second Edition). Wiley, 2022.

5. Mahesh Lai. *Neo4j Graph Modeling*. Packt, 2015.

6. What are NoSQL Database?. https://www.ibm.com/topics/nosql-databases.

7. 黄章树，吴海东. 数据库原理及应用综合实践教程. 厦门大学出版社，2016.

8. RDBMS & Graphs: Relational vs. Graph Data Modeling. https://neo4j.com/blog/rdbms-vs-graph-data-modeling/.

9. SQL Server 技术文档. https://docs.microsoft.com/zh-cn/sql/sql-server/?view=sql-server-ver15.